LE BRÉSIL

EXCURSION A TRAVERS SES 20 PROVINCES

SCEAUX. — IMP. CHARAIRE ET FILS.

LE BRÉSIL

EXCURSION A TRAVERS SES 20 PROVINCES

PAR

ALFRED MARC

Rédacteur du journal *Le Brésil*,
Vice-président de la 3e section de la Société de géographie
commerciale de Paris.

ÉDITÉ PAR M. J.-G. D'ARGOLLO-FERRÃO

TOME Ier

EN VENTE
AU JOURNAL *LE BRÉSIL*
10, BOULEVARD MONTMARTRE, 10
PARIS

1890

AVANT-PROPOS

A M. JAYME GOMES DE ARGÔLLO-FERRÃO,

lieutenant de vaisseau en retraite de la marine brésilienne,
directeur du journal *le Brésil*.

Il y a deux ans, je me disposais, appelé par une affaire personnelle, à partir pour le bassin de l'Amazone, et profondément convaincu de l'état insuffisant, arriéré de toutes les publications traitant du Brésil, vous me témoigniez le grand désir de me voir profiter de cette excursion pour réunir sur ce grand pays les éléments d'une étude un peu plus complète ; vous me demandiez de porter mon attention sur le développement économique de votre patrie, de regarder toutes choses sans idées préconçues, sans préjugés comme sans parti-pris, et de vous rapporter des notes suffisantes pour faire un livre consciencieux, montrant le Brésil tel qu'il est, sous son vrai jour, avec ses défauts comme avec ses qualités.

Ce livre, le voici, et c'est grâce à vous qu'il verra le jour. Je le présente avec confiance au lecteur de bonne foi, avec l'unique prétention de lui mettre sous les yeux un tableau sincère de la situation de votre pays sous ses principaux aspects, avec le seul désir de montrer aux Européens ce que vaut ce pays, ce qu'on y fait, comment il marche, comment il utilise les ressources et les activités que le Vieux-Monde lui confie.

Le Brésil est si peu et si mal connu au dehors ; tout ce que l'on trouve à son sujet dans les livres est si vieux, si rebattu, quand ce n'est pas un dénigrement systématique dû à la légèreté d'observation ou à des rancunes dictées par les calculs déçus d'une avidité excessive, qu'il vous a paru utile d'apporter au grand jour la note de l'impartialité et de l'observation sincère.

Les pages qui suivent n'ont pas d'autre mérite. Français et étranger, je me suis efforcé de voir le Brésil et les Brésiliens, comme j'aurais regardé les Américains du nord, et de me préserver des plaisanteries aussi faciles qu'usées, qui traînent un peu partout, devant les singularités qu'on ne peut manquer de constater dans un pays neuf, chez un peuple issu des croisements de tant de races diverses et qui aujourd'hui seulement est en voie d'acquérir sa physionomie ethnique définitive.

La participation, toute d'initiative privée et

d'autant plus honorable, du Brésil à l'Exposition universelle de Paris, a provoqué, pendant que j'étais adonné à ce travail, la publication de divers volumes sur ce pays. Leur apparition m'a déterminé à retarder celle de cet ouvrage qui me semble venir les compléter, en éclairer les généralités, et donner à ceux qui ont gardé l'impression de l'exhibition brésilienne au Champ de Mars, un manuel leur permettant d'apprécier en meilleure connaissance de cause, les ressources et les garanties qu'offre le Brésil aux capitaux et aux bras tentés de lui accorder leur confiance.

L'article consacré au Brésil dans la *Grande Encyclopédie*, et les chapitres de l'œuvre collective appelée *Le Brésil en 1889*, consacrés aux grands services du pays, m'ont dispensé tout à fait de m'en occuper ici. Traités par des écrivains d'une compétence reconnue, ils fournissent tous les renseignements désirables sur l'organisation de l'État dans ses différentes applications.

J'avais délibérément négligé de traiter ces questions, d'ailleurs les mieux connues et les plus souvent exposées, pour m'attacher spécialement à serrer de près, un par un et sur place, les éléments de la vie économique du pays. J'ai fait entrer dans ce travail tout ce que j'ai pu trouver de sérieux à cet égard, tout ce dont un examen attentif m'a permis de contrôler la valeur. La besogne a été dure et longue, car le Brésil est immense, et souvent il est un peu un inconnu pour les Brésiliens eux-mêmes ; en bien des cas, on se heurte à des lacunes énormes, non seulement dans les statistiques toujours si incomplètes et si peu rigoureuses, mais dans les notions géographiques elles-mêmes.

Quoi qu'il en soit, ce modeste volume aura au moins le mérite d'un témoin ; il marquera, lui aussi, dans l'histoire du progrès, la date de 1889, en traçant le tableau exact des efforts dépensés et des résultats obtenus jusque-là.

ALFRED MARC.

Août 1889.

Cher Monsieur Alfred Marc,

Voici en effet deux ans que je vous priais de m'écrire sur le Brésil un livre tel que je le comprends, c'est-à-dire vrai sous tous les rapports, et tel que vous le comprenez vous-même, comme je m'en aperçois en vous lisant.

Comme le temps passe ! Voici déjà l'Exposition Universelle près de sa fin ! J'avoue que s'ils ont passé vite ces deux ans où je vous ai vu près de moi collaborant au journal *Le Brésil*, votre dévouement à mon pays n'a pas grandi moins rapidement.

Vous avez raison de l'aimer ce beau pays du soleil, auquel la nature a prodigué ses dons les plus précieux, ce pays surprenant, où à côté des plantes des tropiques, le blé, l'orge, l'avoine, la vigne et les fruits des climats tempérés donnent tout aussi bien et tout autant que dans votre belle patrie de France !

N'est-il pas merveilleux notre *Far West* avec ses vastes plaines ondulées qui n'attendent que le sifflet de la locomotive pour devenir le grenier d'alimentation des deux mondes ? Et notre système hydrographique, qui paraît bien l'œuvre la plus merveilleuse du Créateur ?

Plus je vous lis, plus je m'aperçois que tous ces plateaux et tous ces fleuves seront un jour sillonnés les uns par la charrue, les autres par de nombreux bateaux à vapeur. Déjà la ville de Belém du Pará est aux portes du Pérou ; le Madeira est le chemin de la Bolivie, et il deviendra un jour prochain celui de Matto-Grosso. Alors le Brésil ne sera qu'une île, entourée d'un côté par l'Atlantique, et de l'autre par l'Amazone, le Madeira, le Guaporé, le Paraguay, le Paraná et le vaste estuaire de la Plata.

Vous avez grandement raison de faire ressortir dans ce livre que je ne me lasserai jamais de lire, que l'avenir tout entier du Brésil réside dans ses plateaux et dans ses fleuves. C'est là qu'est la grandeur future de la Terre de Santa Cruz. Je ne la verrai pas, moi, c'est certain, et c'est mon regret. Mais vous, qui êtes plus jeune, vous la verrez.

Eh bien ! j'ai une prière à vous faire, c'est qu'alors continuant votre œuvre, avec la collaboration de mes enfants, vous leur montriez, comme vous me l'avez appris, de quelle façon on peut rendre intéressant un journal qui ne parle que du Brésil et écrire un livre qui est pour moi une révélation sur les choses de mon pays que je croyais connaître mieux que vous-même.

Acceptez, dans la chaude poignée de main que je vous offre, l'expression de ma profonde et affectueuse reconnaissance.

ARGOLLO FERRÃO.

7 septembre 1880.

LE BRÉSIL

EXCURSION A TRAVERS SES 20 PROVINCES

INTRODUCTION

D'EUROPE A L'AMAZONE

Le 16 octobre 1887, au moment où la grande horloge des ateliers de Laird frères, à Birkenhead, jetait dans les airs les douze vibrations sonores annonçant midi, un coup de sifflet strident retentissait sur la *Esperança*, dont l'ancre était déjà levée, puis le bateau se mettait en mouvement pour quitter la rade de Liverpool et entrer dans les eaux du canal Saint-Georges.

La *Esperança* n'est qu'un bateau de rivière, mais il déplace un peu plus de 700 tonneaux, ce qui en fait un navire respectable; il cale plus de 6 pieds et offre sur le pont une longueur de 181 pieds sur 36 de large. Tel quel, ce bateau va franchir l'Atlantique pour ainsi dire dans sa ligne diagonale la plus longue, car il va traverser l'Équateur et se rendre dans les eaux de l'Amazone, à la navigation desquelles il est destiné.

Son prochain départ a presque décidé, sinon mon

voyage au Brésil, du moins l'itinéraire que j'ai adopté. L'administration de la Compagnie de navigation de l'Amazone, connaissant mon vif désir de parcourir le vaste bassin qu'elle a tant contribué à mettre en valeur, en y organisant la régularité, la fréquence et la rapidité des transports, avait, avec une courtoisie des plus gracieuses, mis obligeamment à ma disposition une place sur ses bateaux, pour tous les itinéraires qu'il me conviendrait de suivre, et tout d'abord m'avait offert de profiter du départ imminent de la *Esperança* pour faire commodément, dans des conditions de confort peu ordinaires, la traversée d'Europe au Brésil.

Bien qu'on m'eût à Paris instamment mis en garde contre l'ennui et le danger d'un pareil voyage sur un bateau spécialement construit pour la navigation d'eau douce: que des loups de mer, voire des loups de rivière, car l'un de ces conseilleurs n'était autre qu'un ami, qui pendant 12 ans avait précisément commandé un des steamers de l'Amazone, m'eussent un peu effrayé de ce qu'ils me présentaient comme une aventure téméraire, je fus tenté par la description que l'on m'avait envoyée du bateau et de ses aménagements. De toutes façons, d'ailleurs, je devais aller au Pará, et après avoir entendu force lamentations de gens qui avaient été passagers à bord des navires de la *Red Cross Line*, qui fait chaque mois ce service, je me dis que loin de perdre, je n'avais qu'à gagner au change. L'hospitalité qui m'était offerte ne pouvait manquer d'être préférable à celle que j'aurais payée sur les navires de M. Singlehurst; la *Esperança* n'était pas énormément plus petite qu'eux, et puisqu'aux essais elle s'était admirablement comportée, j'étais en droit de supposer qu'elle ferait sur mer honneur à sa bonne réputation.

J'avais donc accepté avec reconnaissance la gracieuse proposition de la Compagnie et, depuis le matin, j'étais installé à bord, dans une spacieuse cabine, ayant quelques compagnons de voyage seulement, mais tous bien élevés, d'agréable humeur, invités comme moi, ou fonctionnaires de la Compagnie, ce qui devait forcément en peu d'heures établir entre nous une grande intimité.

M. le lieutenant da Costa, qui allait à Manáos rejoindre son poste d'agent de la Compagnie, s'était en particulier constitué mon guide, et ce fut pour moi une bonne fortune, car il connaissait admirablement le pays que j'allais visiter et je lui dois une foule de renseignements que, sans son obligeance, j'aurais eu infiniment de peine à me procurer.

Je me félicite aujourd'hui à tous points de vue d'avoir pris ce parti, car notre traversée fut absolument charmante. La *Esperança* filait ses 12 nœuds avec une correction irréprochable, et sans jamais un seul accroc. Le capitaine semblait d'ailleurs y avoir mis son amour-propre, et il avait juré que nous n'aurions rien à envier aux passagers des grands steamers transatlantiques. Bientôt nous avions quitté les eaux anglaises et perdu de vue les côtes tant de l'Irlande que de la Grande-Bretagne; en pleine mer, le navire était bien d'aplomb, affermi sur l'onde par sa voilure complètement déployée; ses deux hélices fonctionnaient avec une parfaite régularité, et nous avancions d'autant plus charmés que l'aménagement du pont était pour nous bien plus agréable que celui qu'on trouve habituellement sur les paquebots.

Nous sommes, en effet, sous un toit véritable qui nous abrite à ravir des rafales, dont le ciel nous a gratifiés les deux premiers jours de notre parcours sur l'Océan. D'élégantes colonnettes de fer, placées sur le pont, soutiennent ce plafond; des nattes, faisant l'office de stores, se baissent rigides et nous préservent du baiser glacé de la pluie, du côté où le vent la projette. Plus tard, quand nous aurons sur la tête un soleil brûlant, nous sentirons mieux encore le prix de cette disposition, par l'ombre qu'elle nous procurera sans peine et sans ennui. La salle à manger, placée à l'arrière, nous sert de salle de travail, de lecture, de récréation. Nous y passons à vrai dire toutes nos journées.

Après six jours vécus entre le ciel et l'eau, sur le soir nous arrivons à Madère et mouillons devant Funchal. Nous allons presque tous dîner à terre, où nous faisons la rencontre des aspirants-élèves de la marine française, car leur frégate-école d'application, l'*Iphigénie*, est en rade. Cette agréable rencontre nous vaut une soirée charmante, qui s'est prolongée assez tard. Nous nous trouvons si bien à bord, toutefois, que la plupart d'entre nous préfèrent y revenir coucher, et nous rentrons sur la *Esperança*, portant chacun un petit tonnelet de vin de Madère, de la maison Gordon, le meilleur et surtout le plus sûr de l'île. Je ne sais trop si c'est par galanterie, mais on nous l'a fait payer seulement 1 fr. 25 le litre. C'est pour rien. Tous les aspirants rapportent un ou deux de ces barillets, qu'ils vont s'empresser d'expédier à leurs familles, comme témoignage et souvenir de leur première relâche en pays lointain.

Nous quittons Madère le lendemain matin 23 octobre, et maintenant nous nous lançons tout droit vers la côte brésilienne du nord, mettant le cap sur le Pará où nous sommes arrivés le 6 novembre, 20 jours après avoir quitté Liverpool-Birkenhead, 13 jours après être sortis de la baie de Funchal. — Le capitaine est enchanté, car nous avons gagné deux jours au moins sur les paquebots qui font la navigation régulière; ceux de la *Red Cross* mettent 26 jours pour venir de Liverpool.

Je n'ai rien à mentionner de cette traversée; les gens heureux sont comme les peuples, ils n'ont pas d'histoire, et nous avons mené durant cette période une existence paisible, que deux ou trois orages dans ce que les marins appellent le *pot au noir* n'ont pas réussi à troubler. La *Esperança* s'est admirablement comportée; nous n'avons pas été trop secoués et je ne me suis même pas aperçu que quelqu'un ait eu le mal de mer.

En approchant de l'Équateur, l'eau de l'Océan commence à montrer çà et là des plaques d'un jaune sale, qui tachent la surface bleue de la mer; plus nous avançons, plus ces taches se multiplient, s'élargissent, et bientôt, en se rapprochant, elles forment une nappe compacte, à chaque instant plus dense. Je suis fort surpris de l'apparition de ce colossal ruban pâle; un matelot descend un seau dans cette nappe, et le remontant me fait palper cette eau : « Goûtez, » me dit-il. Ma surprise s'augmente en constatant que cette eau n'est pas salée.

— C'est l'Amazone lui-même qui vient en personne au devant de nous, me dit M. da Costa. Nous voyons bien son eau, nous n'apercevons pas ses bords; nous serons déjà entre ses rives que notre regard ne pourra encore les atteindre. Mais, pour le moment, nous sommes toujours en pleine mer. Le courant du fleuve est si fort qu'il se conserve jusqu'ici.

Et en effet, ce fleuve jaunâtre fait, d'une façon bien visible, sa trouée dans l'Océan. Pendant 200 milles nous le remontons, n'apercevant déjà plus à droite ni à gauche les flots azurés de la mer.

Toutefois l'entrée de l'Amazone ne m'offre pas l'aspect grandiose sur lequel je comptais. A la couleur de l'eau près, c'est la pleine mer qui se prolonge. Ce n'est qu'un peu plus loin, lorsque le navire quitte le milieu du lit pour se rapprocher d'une des berges, qu'on découvre la terre et l'opulente végétation dont elle est vêtue.

Je n'ai pas besoin de dire, avant d'entrer dans le récit de mon voyage, que j'ai lu plusieurs de ceux qui ont été écrits auparavant, et que maintes fois, lorsque j'ai reconnu qu'appréciations et descriptions se trouvaient encore exactes, au moment de mon passage, je leur ai fait volontiers des emprunts. Si pour moi le Brésil a été une révélation, dépassant tout ce que j'avais imaginé, je n'ai jamais pensé l'avoir découvert. Néanmoins, à en juger par ce que j'ai toujours entendu autour de moi, par ce qui se répète constamment et partout, le Brésil actuel peut être découvert et mérite de l'être, car, s'il n'est pas tout à fait inconnu, il est singulièrement méconnu et travesti.

I

LA PLACE DE PARA

Belém du Pará, la baie et le port. — La ville, mœurs, vie locale, aspect. — Navigation fluviale. — Mouvement commercial et du transit. — Participation des étrangers dans le trafic. — Banques et entreprises. — Tableaux du développement remarquable et rapide de la place.

152 kilomètres environ après avoir franchi la ligne idéale, tirée de la pointe Magoury dans l'île Marajó à celle de Tijioca sur le continent, la *Esperança*, remontant le vaste estuaire aux eaux blanches du Pará, double l'île Mosqueiro, puis, s'engageant dans un chenal parfaitement balisé entre l'île Barreiros et une série de bancs de sable, pénètre dans la grandiose baie de Guajará, et mouille bientôt dans le port de l'antique *Supererá*, aujourd'hui *Nossa senhora de Belém*. Nous sommes à 1° 27' au sud de l'Équateur.

La baie est formée par les eaux réunies du Guamá et du Mojú, sous le nom de Guajará donné au collecteur commun. Le Guamá vient d'une très basse ramification de la Serra de Tiracambú, en contreversant du Gurupy; il se grossit du Capim, descendu de la Serra da Desordem, tout au sud; après avoir coulé vers le nord, le second pendant 150 lieues, le premier un peu plus de 40, ils se réunissent et courent tout droit à l'ouest sur plus de 100 kilomètres. Le Mojú est plus considérable encore, car il a au moins 700 kilomètres, dont 400 régulièrement navigués : lui aussi se grossit d'un cours non moins important, l'Acará, et tout près de Belém, dont ensemble ils arrosent le territoire. Le Guajará qui est leur estuaire commun forme la baie, dont l'ouverture a au moins 12 kilomètres, de la ville à la grande île das Onças, qui lui fait face. Sa profondeur lui permet de recevoir les vaisseaux du plus haut bord.

C'est la digne tête de ligne d'un vaste système de routes naturelles, constitué par l'admirable réseau fluvial amazonien, réseau unique au monde par son énorme étendue, par sa configuration, par les particularités de sa constitution hydrographique. Si du côté du nord, le Pará, la rivière par excellence, ainsi que l'a très justement appelée l'admiration des aborigènes, ouvre, sur une largeur qui va croissant de 60 à 80 kilomètres, une route splendide vers l'Atlantique et par lui vers le monde entier, à l'ouest, au sud, à l'est même, une vraie mer d'eau douce entoure la rade de Belém : des fleuves, les uns géants et d'une extension navigable fantastique, les autres plus ordinaires, mais néanmoins sillonnés par les steam-boats du commerce jusque fort loin vers leurs sources, sur des parcours toujours de plusieurs centaines de kilomètres, sinon sur plusieurs milliers, font de cette baie un centre de communications absolument sans rival aucun dans l'univers. Je ferai plus loin l'énumération de ces merveilleux parcours, tels que les utilise actuellement la navigation régulière.

Quand le navire a dépassé la forteresse de la barre, la ville apparaît au voyageur tout au fond de cette imposante baie; elle semble émerger des eaux troubles et bouillonnantes. Le panorama est riant : à gauche on découvre de pittoresques *sitios* et des tuileries bordant la rive; à droite des îles, couvertes d'arbres au feuillage épais et touffu, s'alignent à la suite comme les anneaux d'une longue chaîne. Tout au bout, fermant l'horizon, la reine du Guajará, la Liverpool brésilienne, comme l'appellent un peu emphatiquement peut-être ses habitants.

Le simple aspect du mouillage donne à l'arrivant l'impression du grand développement de cette place commerciale. Le va-et-vient continuel des vapeurs, des canots, des bateaux et des barques innombrables, sillonnant les eaux dans toutes les directions, le mouvement du travail sur les quais et sur les appontements, témoignent qu'on pénètre dans un centre d'activité en plein épanouissement.

Assise au sud-ouest d'un grand promontoire qui s'avance entre les eaux du Guajará et celles du Pará, la ville de Belém rappelle beaucoup l'aspect de Montevideo. La cité commerciale est peu régulière, quelques rues sont étroites, tortueuses, d'une propreté qui laisse à désirer; un magnifique quai en pierres de taille la borde, portant quantité de débarcadères, de docks, de magasins, appartenant aux sociétés de navigation et à la douane.

Nous débarquons le 6 novembre, et allons nous reposer des fatigues de la traversée dans un hôtel très confortable tenu par un Français, M. Martin; l'*Hôtel Central* est, avec celui du *Commerce* tenu par M. Leduc et l'hôtel *Europeo*, le meilleur de la ville.

Un orage épouvantable éclate, dès que nous avons touché le plancher des vaches. L'eau tombe par masses aveuglantes, avec un bruit qui étouffe toutes les rumeurs de la vie urbaine. Cette avalanche est aussi courte que violente. Bientôt le ciel se rassérène, le bleu intense de sa voûte reparaît, la brise disperse les nues, dont les flocons s'évanouissent rapidement, et le soleil sèche en grande hâte les torrents boueux que sont devenues les rues. Tout à l'heure, elles ne seront plus que poussière rougeâtre, et je ne vois pas que les Paraenses aient encore songé à emprunter ses lances ni ses tonneaux d'arrosage à notre édilité parisienne.

Nous sommes presque sous l'Équateur; il est 4 heures de l'après-midi, et l'on respire à l'aise. J'ai moins chaud qu'à Paris, à certains jours de mai, beaucoup moins qu'en France en juillet et en août. Le thermomètre marque 28° centigrades cependant, car nous sommes ici au cœur de l'été, si les noms de nos saisons peuvent s'appliquer aux variations climatériques de l'Amazonie, mais cette température n'a rien d'étouffant; il y a beaucoup d'air, un air frais, plein de senteurs balsamiques ou marines, et, en dépit des prophéties dont on m'avait à bord rebattu les oreilles, je ne trouve pas que la transpiration soit excessive, ni fatigante.

On sue cependant; les indigènes le proclament avec une telle ardeur de conviction que pour eux cette transpiration semble une gloire nationale, ou du moins amazonienne. Et quand je pénètre dans la salle à manger, moi qui me suis empressé de revêtir un costume de flanelle légère aux couleurs gaies, quelle n'est pas ma stupéfaction de trouver devant moi des Paraenses, en redingote de drap noir, avec pantalons noirs également, portant des chemises à col droit, très haut, très serré! Oh! ces cols! ils sont brillants, nacrés, raides comme de la porcelaine. On blanchit bien ici; il faudra que je sache comment les repasseuses composent cet empois qui rend le linge presque translucide.

Le dîner était bon. La viande seule n'a pas grande saveur, malgré la science culinaire avec laquelle le cuisinier, un Français aussi, l'a apprêtée. En revanche elle est abondante : tous les plats en sont. Peu ou point de légumes; du fromage que tous nos compagnons trouvent passable, que je déclare excellent. Par hasard, il est du pays, fabriqué dans les environs par un colon qui fait un peu d'élevage et trouve une bonne défaite des produits soignés de sa laiterie. Les fruits sont peu variés; ils ne répondent pas à ce que j'attendais. Quant à la boisson, on nous sert du bon vin de France, et des vins fort épais de Portugal. Beaucoup des convives ne boivent que de l'eau. Le café est exquis et l'eau-de-vie de canne à sucre qui l'accompagne, bien qu'empyreumatique, ne me paraît pas désagréable.

Voilà un point réglé à ma satisfaction. Si, par la suite,

la nourriture ne diffère pas trop de ce que je viens de voir, je me ferai aisément aux particularités de l'alimentation brésilienne. Et puisque j'en suis à cet article, je dirai immédiatement que la vie est beaucoup moins chère qu'on ne l'avait annoncé : même à l'hôtel 1 milreis de chambre soit 2 fr. 50; 1 $ 500 le déjeuner soit 3 fr. 75, 2 milreis au plus le dîner soit 5 francs; le bon vin de France 1 fr. 25 à 1 fr. 50 la bouteille. Avec 12 francs par jour on s'en tire aisément. Et il est de nombreux établissements où les prix sont plus doux.

A six heures et demie, la nuit tombe tout d'un coup; aucune transition pour ainsi dire; il semble qu'on ait brusquement tiré un grand rideau noir sur le ciel. Je risque un tour dans la vieille ville, éclairée au gaz; il y règne la plus grande animation, des fenêtres ouvertes s'échappent des bruits de conversation, des rires perlés, des chants exprimés par des voix fraîches, des sons de piano, de violon ou de guitare; je rencontre ce qu'on appelle ici une *banda de musica*, qui parcourt les rues en jouant les plus beaux morceaux de son répertoire et de temps à autre pousse des vivats. C'est, me dit-on, une manifestation d'estime, de *apreço*, à un gros personnage politique du cru, arrivé ce matin même de Rio de Janeiro. Un compatriote me conduit dans un café, *Café Central*, où il y a foule. Contraste singulier, c'est ici qu'on fait le moins de bruit. On y discute cependant avec passion les affaires locales. Il paraît que je suis dans la patrie par excellence du *politicagem*, la politique de clocher. La discussion s'envenime, je distingue des injures, des menaces; bientôt même j'assiste à une tentative de voies de fait, mais tout cela sans grands éclats de voix, sans ce tumulte qui est la note habituelle de nos cabarets.

Le lendemain, après une bonne nuit de repos, je parcours la ville. Le marché est devant moi, au bord de l'eau; à toute minute accostent des *montarias*, pirogues légères, longues et étroites, ou des *igarités*, embarcations plus larges et couvertes à l'arrière d'un toit de feuille sèches; cette cabane est l'habitation de l'Indien *Tapuya* et de sa famille, qui apportent en ville le produit de leur *roça*, leur culture. Des femmes y préparent le café, et font griller la galette de manioc, le *beijú*. Puis elles étalent des poteries, qu'elles sortent de la *tolda*, de la tente, pour les offrir à la vente. Ces poteries sont le plus souvent tournées avec grâce; elles ne valent pas celles que M. Ladisláo Netto et M. Rumbelsperger ont retirées des fouilles de Marajó et que fabriquaient les ancêtres des Tupis, mais la forme en est souvent élégante, et les dessins, quoique grossiers, témoignent d'un goût inné assez surprenant. Le marché est vaste, bien tenu, mais peu varié dans son approvisionnement. Les légumes sont rares et fort chers; les fruits eux-mêmes plus abondants sont déjà d'un prix élevé.

Sur le quai, il y a beaucoup de docks particuliers dont les magasins s'avancent sur leurs pilotis jusqu'au dessus de l'eau, en sorte que les bateaux déchargent à niveau du plancher. Chaque compagnie de navigation a le sien; beaucoup d'armateurs et d'entrepositaires en ont un aussi. La douane, la capitainerie du port y possèdent en outre de beaux appontements qui rendent le débarquement fort aisé.

Presque toutes les rues de la cité, ou vieille ville, ont leur chaussée pavée; les rues de l'Empereur, de l'Impératrice, des *Mercadores*, de l'Industrie, de *S. Antonio*, *Formosa*, les artères principales, sont toutes parallèles au quai; elles sont coupées perpendiculairement par d'autres traversières, effectivement et uniformément appelées *travessas : da Companhia*, où est un grand dock servant d'abri aux petites embarcations employées par le commerce du cabotage; la *travessa do Pettourinho* (*potence*), celles de *S. Matheus*, longue d'une demi-lieue, et coupant toute la ville en diagonale d'un côté de la baie à l'autre; du *Passinho*, *das Mercês*, etc.

C'est dans ce quartier que sont les plus grosses maisons de commerce et de banque, les bureaux et les agences des nombreuses sociétés et entreprises. Ses rues, les plus fréquentées, sont aussi les plus spacieuses et les plus jolies. Celle de l'Empereur est entièrement bordée de beaux arbres, qui ombragent ses élégantes maisons. Parmi les plus notables édifices, il faut citer le théâtre de la Paix, la place D. Pedro II, l'une des plus belles de tout le Brésil, la résidence du président de la province sur la place ou *Largo* du Palais, devant lequel est érigée la statue en marbre du général Gurjão; ce palais est d'une architecture massive; il fut bâti sur les plans et par les ordres du marquis de Pombal, qui dès le XVIIIe siècle en voulait faire une résidence royale; puis une sorte d'énorme caravansérail, l'antique couvent du *Carmo*, où étaient naguère installés, assez mal du reste, les bureaux de la douane, ceux du Trésor et de la Recette provinciale (*Thesouraria da fazenda* et *Recebedoria provincial*), et chose plus bizarre, deux tavernes de chaque côté de l'église. Ce grand bâtiment donne sur la place *das Mercês*, au bout de la rue de l'Empereur, et près du dock du *Redouto*.

Faisant face à la baie, tout au sud, vis-à-vis de l'estuaire du Mojú, sur le *Largo da Sé*, ou place du Siège, se dresse la cathédrale, Notre-Dame-de-la-Grâce, vaste temple à trois nefs, l'un des plus importants de l'Empire; ce vieux monument de l'époque coloniale vient d'être restauré, grâce au zèle infatigable de dom Antonio de Macedo Costa, aujourd'hui comte de Belém, évêque du Pará, et à la munificence de l'Assemblée législative provinciale. La construction, commencée en 1748, en avait été achevée seulement en 1782, et depuis cette époque l'entretien avait beaucoup laissé à désirer. Mgr de Macedo avait l'ambition d'en faire la plus belle cathédrale du Brésil. Depuis 1886, il a fait renouveler la toiture, revêtir les voûtes d'une couche de ciment afin de préserver de l'humidité leurs peintures à fresques, décorer dans le style corinthien le grand arc triomphal de $8^{m},30$ d'ouverture, qui surmonte le maître-autel et qui repose sur deux grandes colonnes de marbre; je ne parle pas des colonnes doriques soutenant le pourtour semi-circulaire de l'abside du chœur, ni des escaliers de marbre conduisant à la chapelle principale, de l'installation d'une canalisation pour l'éclairage au gaz de toute l'église, des vitraux peints aux fenêtres, des fresques semées sur toutes les voûtes et les murailles. — Mais je dois une mention particulière au maître-autel en marbre, l'orgueil des Paraenses; il a été construit en Italie, sur le type de ceux qu'on admire dans les plus renommées basiliques de Rome. Il n'a pas moins de 10^{m},50 de hauteur, est surmonté d'un immense retable, qui se déroule entre quatre colonnes corinthiennes d'albâtre, et offre, avec un grand tableau de la Vierge, la statue du Christ adoré par deux fidèles, puis un peu au-dessous celle de saint Pierre et de saint Paul. Ces statues de grande taille sont également en marbre. L'artiste italien qui a composé et exécuté ce travail est Luca Carimini. L'ensemble est peut-être bien un peu compliqué, mais on n'en saurait contester la richesse ni le grand effet

La ville neuve, qui s'étend vers le nord, en arrière de l'ancienne, est d'un aspect charmant; ses rues bien tracées, d'une grande largeur, se croisent avec une correction presque géométrique; la plupart sont ombragées par des allées d'arbres superbes : de gigantesques mongubeiras, mangueiras et palmiers impériaux (*oreodoxa oleracea*), magnifiques spécimens de la végétation merveilleuse du pays. Ces rues se prolongent hors de la ville sous le nom d'*estradas*, de routes, bordées de *chacaras*, de *sitios*, de *rocinhas*, maisons de campagne plus ou moins luxueuses et originales, mais toujours enfouies sous la verdure et les fleurs, *homes* préférés des riches négociants que le travail retient dans la journée près du port et au cœur de la cité. De jolies grilles se dressent sur les allées de la route, à travers lesquelles on aperçoit la demeure basse, ornée le plus souvent de galeries à colonnes, où serpentent les lianes fleuries, semant l'ombre et les parfums.

La superficie ainsi bâtie est très considérable; aussi a-t-on béni l'installation des tramways qui a permis aux habitants de se transporter assez vite et à peu de frais d'un point à l'autre. Ici on appelle ces véhicules des *bonds*. Ce nom fut inventé à Rio de Janeiro, parce que l'inauguration en coïncida dans cette ville avec une émission de titres ou *bonds* faite en 1868 par le ministre vicomte d'Itaborahy. Ces bonds font un trafic considérable.

On n'en peut dire autant d'un embryon de chemin de fer qui doit relier Belém à Bragança, sur la côte atlantique nord-est, à 263 kilomètres. Ce malheureux chemin vient d'être racheté par le gouvernement provincial, et l'on espère, non qu'il fera ses affaires, mais qu'il va pouvoir fonctionner à peu près régulièrement. Il est construit sur 59 kilomètres, jusqu'à Apehú, embryon lui aussi d'une colonie encore à créer. Il part de Sam Braz, un faubourg de Belém, et passe à 36 kilomètres par Benevides, colonie créée il y a quelques années pour des Français, mais où il y a aussi des Irlandais, quelques Italiens et des Portugais des îles Açores. Après avoir traversé des péripéties douloureuses, cette colonie semble se ranimer. Elle ne demande qu'à prospérer, et elle prospérera, si on la peuple un peu plus activement, si la ligne ferrée lui fournit un service plus régulier et des tarifs plus raisonnables. C'est elle qui apporte à Belém les meilleurs légumes, les plus jolies fleurs, les plus beaux fruits, ainsi que des produits de la ferme et de la basse-cour. Les autres centres producteurs de ces denrées, volailles, œufs, etc., sont sur la côte maritime nord-est, à Vizeu, Bragança, Santarém Nova, Curuçá, Sam Caetano, Vigia et Collares.

Tout près de ce chemin de fer qui aujourd'hui a porté ses rails jusqu'au centre de la ville, à la place de l'ancien jardin public, est un très gracieux faubourg, vaste collection de villas ravissantes, Nazareth, lieu de pèlerinage annuel et de fêtes très populaires; une splendide avenue de manguiers, longue de plus de 6 kilomètres y conduit le promeneur sous un ombrage épais, qui en plein midi l'abrite entièrement des rayons du soleil. De Nazareth, cette *estrada*, sous le nom nouveau de *Independencia*, se poursuit jusqu'à Sam Braz, à la gare principale du chemin de fer. La *estrada de S. José* va du Palais à la place de la Prison (Cadeia) et au Gazomètre; chacune de ces deux avenues est sillonnée par un tramway.

Une autre *estrada*, celle de *S. Jeronymo*, partant de l'arsenal de marine sur le quai fait entièrement le tour de la ville. Enfin, celle du *Marco de Legua* est bordée de palmiers géants dont les hauts panaches flottent à une hauteur énorme sur les troncs lisses, à 20 ou 30 mètres au-dessus du sol. Elle aussi est sillonnée par un tramway et est éclairée au gaz pendant la nuit.

La population de Belém doit approcher de 100,000 âmes, mais c'est là un chiffre que je ne garantis pas, car toute statistique exacte fait défaut. Je sais qu'on y compte plus de 10,000 maisons et quand on songe combien les familles brésiliennes sont nombreuses, ce chiffre total de la population n'a rien d'exagéré.

Grâce au développement du commerce, au progrès des affaires, le sol y a rapidement pris une grande valeur. Dans le périmètre urbain, il est assez fréquent de voir un immeuble se vendre 100 contos ou 250,000 francs; ce chiffre élevé se comprend aisément lorsqu'on note le prix du loyer de ces mêmes immeubles, de 9 à 12 contos, 22,500 à 30,000 francs par an.

Voici d'ailleurs un fait qu'il suffit de citer pour donner une idée de l'importance des transactions à ce sujet. Il s'est passé en 1883 : Un immeuble, appartenant à la feue vicomtesse de Souza Franco, vint à être détruit par un incendie, sans être préalablement assuré. Son locataire, un commerçant, offrit de le rebâtir à ses frais, de le rétablir dans son état primitif, prenant l'engagement d'en payer le même loyer, sans demander en échange d'autre faveur que la garantie de ne pas voir le taux de ce loyer augmenter durant dix ans !

Il me paraît bon, avant de poursuivre, d'indiquer ici les communications dont la ville de Belém est la tête de ligne vers l'intérieur.

La principale société, la compagnie de l'Amazone, (*Amazon Steam Ship Company*) effectue :

3 voyages par mois de Belém à Manáos, avec escales à Breves 146 milles, Gurupá 269, Porto de Móz 317, Prainha 413, Monte Alegre 456, Santarém 515, Obidos 583, Parintins 678, Itacoatiára 815, Manáos 925.

1 voyage par mois de Manáos à Iquitos (Pérou) avec escales à Codajáz 155 milles, Coary 239, Teffé 346, Fonte Boa 479, Tonantins 619, S. Paulo de Olivença 714, Tabatinga (frontière) 818, Loreto 881, Cochinguina (Cotequina) 1,024. Pebas 1,029, Iquitos 1,141. Ces deux lignes sur l'Amazone même.

1 voyage par mois de Manáos à Santa Izabel, sur le rio Negro, avec escales à Tauapesasú 65 milles, Ayrão 135, Pedreira 174, Carvoeiro 201, Barcellos 268, Moreira 314, Sta Izabel 423.

1 voyage par mois de Manáos à Hyutanahan, sur le Purús, avec escales à Manacapurú, 57 milles, Anaman 117, Berury 133, Paricatuba 178, Araman 233, Guajaratuba 320, Boa Vista 347, Piranhas 401, Itatuba 413, Jatuarana 431, Ariman 461, Tanariá 491, Jaburú 535, Canotama 689, Boa Esperança 696, Bella Vista 700, Santo Antonio 720, Vista Alegre 739, Labrea 815, Providencia 910, Sepatiny 942 et Hyutanahan 1,014. Durée 36 jours, aller et retour, à toute époque de l'année.

1 voyage par mois de Belém à Macapá sur l'Amazone, avec escales à Ponta de Pedra 42 milles, Muaná 76, Boa Vista 108, Curralinho 144, Breves 180, Rio Macacos 189, Rio Araman 239, Boca de Mapuá 251, Rio Anajáz 351, Affuá 441 et Macapá 481.

1 voyage par mois de Manáos à Santo Antonio, sur le Madeira, avec escales à Canuman 80 milles, Borba 146, Sapucaioroca 168, Taboral 194, Santa Rosa 222, Baetas 414, Tres Casas 506, Me de S. Pedro 530, Humaytá 550,

Mº de S. Francisco 600, Jamary 634 et Santo Antonio 692.

1 voyage par mois de Belém à Itaituba sur le Tapajóz, avec escales à Breves 146 milles, Ituquára 215, Gurupá 276, Porto de Moz 324, Prainha 428, Santarém 520, Alemquer 557, Buim (Tapajóz) 619, Aveiro 540, Urucurituba 680 et Itaituba 729.

1 voyage mensuel de Belém à Piriá, avec escales à Abaeté 40 milles, Sam Domingos 56, Boa Vista 115, Oeiras 186, Curralinho 204, Bagre 251 et Piriá 310.

1 voyage mensuel de Belém à Portel sur le Pará au confluent des Pacajá et Uanapú, avec escales à Abaeté 40 milles, S. Domingos 56, Boa Vista 115, Oeiras 186, Curralinho 204, Piriá 251, Breves 301, Bagre 360, Melgaço 405 et Portel 440.

1 voyage mensuel de Belém à Baïão par le Tocantins, avec escales à Abaeté 40 milles, S. Domingos 56, Cametá 96, Tocantins 114, Mocajuba 124 et Baïão 141.

1 voyage mensuel de Manáos à Marary par le Juruá, avec escales à Manacapurú 57 milles, Anaman 106, Codajáz 166, Coary 328, Teffé 435, Fonte Boa 598, Juruapuca 838, Gavião 894, Popunha 959, Chué 1,057 et Marary 1,090.

2 voyages par mois de Belém à Soure, dans le Pará, 48 milles.

730 voyages par an de Belém au Pinheiro, 5 milles, à l'embouchure du rio Magoary, en face la pointe sud-est de l'île des Barreiros.

24 vapeurs sont employés aux voyages ci-dessus, tous subventionnés.

Elle doit aussi effectuer un voyage de Belém au bas Xingú, par Gurupá, Villarinho do Monte, Porto de Móz, Veiros, Pombal et Souzel.

La compagnie Pará et Amazonas exécute elle aussi plusieurs des voyages ci-dessus, sur le Purús, le Madeira, l'Amazone, le Juruá, le Javary, etc. Comme elle n'est pas subventionnée, ses itinéraires varient, la péridiocité de ses départs aussi, selon les convenances de son trafic.

La province subventionne encore les compagnies de Marajó et Tocantins, pour la navigation de l'Igarapé-Mirim; cette société envoie ses vapeurs sur le bas Tocantins jusqu'à Alcobaçá, 500 kilomètres en amont de l'embouchure, et dessert Sam Francisco, Mucajubá, Baïão, Pederneiras.

D'autres voyages subventionnés ont lieu : de Belém à Obidos et Juruty avec escale à Faro; — de Belém à Chaves avec escales à Marajó-Assú; — sur le Guamá et le Capim de Belém à Porto Grande, par Jungapy, Bôa Vista, S. Miguel, Irituya et Ourém; — de Belém au rio Acará, jusque Acará; de Belém sur le Mojú, jusqu'à Cairary, par Mojú et Igarapé Mirim; — de Belém à l'Arary de l'île Marajó, par Ponta de Pedras et Cachoeira et à Condeixa, sur le rio Camará, dans la même île; — de Belém à Marapanim, par Mosquéiro, et Cintra (ligne côtière); — de Belém à Vigiá, Cintra, Bragança et Vizeu, exécuté par la Compagnie du Maranhão; — enfin de Belém à l'Amapá, au cap de Nord, sur la côte Guyanaise, par l'Araguary, avec escale à Macapá (Cie de Marajó).

La Compagnie Pará et Amazonas emploie 8 vapeurs; celle de Marajó et Tocantins, 6; il y faut ajouter 14 vapeurs appartenant à des particuliers et exécutant ces divers voyages.

(Ces itinéraires ayant été fournis par les compagnies intéressées, je me borne à les transcrire, sans assumer aucune responsabilité.)

Avec l'extérieur, les communications du port de Belém ne sont pas moins assurées. — La *Red Cross Line* envoie de Liverpool un bateau qui touche au Havre le 9 de chaque mois et va à Manáos par Lisbonne, Pará, Parintins, Itacoatiára. — Les paquebots de la *Booth Line* font le même trajet jusqu'à Pará, puis de là continuent jusqu'au Ceará, quand ils ne s'arrêtent pas à Belém. — Un autre paquebot de cette ligne part tous les mois de New-York et va à Manáos par Pará, où il fait escale. — Une fois par mois aussi un vapeur de la *United States Mail* venant de New-York touche à Belém en allant à Rio de Janeiro.

— Enfin trois fois par mois les bateaux de la compagnie *Brazileira* y touchent en venant de Rio de Janeiro pour Manáos, à l'aller et au retour.

Avec des communications aussi actives, aussi variées, on ne s'étonnera pas que Belém du Pará soit un grand centre commercial.

J'en voudrais donner une idée exacte et pour cela puiser largement aux sources officielles. Malheureusement, sauf à S. Paulo peut-être, nulle part au Brésil ces sources ne sont complètes. Il y a des lacunes formidables qu'il est très malaisé de suppléer. Pour Belém, je prends le rapport de l'Association commerciale du Pará présenté à l'Assemblée générale du 20 janvier 1888 par le comité directeur ainsi composé : Francisco Gaudencio da Costa, président ; Domingos José Dias, vice-président ; João Lucio de Azevedo et Rodrigo Alberto de Brito Amorim, secrétaires ; Theophilo de Oliveira Condurá, trésorier ; Joaquim Nunes da Silva Matta, Émilio A de Castro, Martins, Manoel José Rebello Junior, Rudolph Zietz, directeurs.

MOUVEMENT DU PORT EN 1887

ENTRÉES

Pavillons.	Voiliers.	Vapeurs.	Tonnage.	Équipage.
Allemands	7		1.869	69
Américains. . . .	10	32	68.357	2.117
Brésiliens.	14	90	144.889	4.014
Danois	5		1.385	40
Français	10		3.469	110
Anglais.	47	123	125.113	4.458
Norvégiens	33		12.012	322
Portugais.	14		3.443	151
Suédois.	9		3.051	70
	149	245	363.588	11.949
En 1886.	105	210	325.108	10.528
En 1885.	104	222	333.027	10.889
En 1884.	143	215	306.567	10.285
En 1883.	183	170	261.659	8.877

SORTIES

Pavillons.	Voiliers.	Vapeurs.	Tonnage.	Équipage.
Allemands.	6		1.696	52
Américains. . . .	10	32	68.357	2.119
Brésiliens.	9	85	141.728	4.498
Danois.	5		1.385	40
Français.	12		4.085	130
Anglais	49	120	124.042	4.391
Norvégiens	30		10.874	289
Portugais	14		3.282	142
Suédois	8		2.512	67
	143	273	357.961	11.728
En 1886.	96	213	327.615	10.565
En 1885.	99	221	329.121	10.720
En 1884.	139	197	281.362	9.287
En 1883.	179	177	254.567	8.635

La part de la France est représentée exclusivement par les trois mâts de la maison Denis Crouan et Cie de Nantes.

Il va de soi que ces tableaux concernent seulement le long cours et les relations maritimes avec les autres provinces du Brésil.

Voyons maintenant sur quels éléments de trafic porte ce mouvement des transports à l'extérieur.

Les bateaux fluviaux ont amené de l'intérieur sur la place (en kilogrammes) :

	Caoutchouc.	Cacáo.	Châtaignes.
Cie de l'Amazone.	3.714.517	1.854.682	1.498.750
— Pará et Amazonas.	3.258.131	120.932	785.425
— de Marajó	1.752.908	1.029.784	1.765.800
Particuliers	2.841.906	535.588	469.175
Barques	337.365	103.827	70.650
Cie Brésilienne	170	440	
Transit	1.826.755	77.072	748.350
Kilos.	13.728.752	4.122.375	5.008.150

Les quantités en transit sont celles provenant de la province voisine de Amazonas et expédiées directement de Manáos à l'étranger.

EXPORTATION DE LA PLACE DE PARA EN 1887

ARTICLES	UNITÉS	ÉTATS-UNIS		ANGLETERRE	
		QUANTITÉS	VALEUR EN $	QUANTITÉS	VALEUR EN $
Caoutchouc	Kilogramme.	8.386.089	19.444.777$050	3.530.046	8.331.199$407
Cacao	»	3.822	1.606 050	»	»
Châtaigne toucas	Hectolitre.	55.877	497.536 980	28.644	233.012 392
Cumarú	Kilogramme.	15.015	8.935 452	16.575	10.452 556
Cuirs de cerfs	»	60.842	74.902 825	»	»
Cuirs verts	»	69.271	13.408 510	31.250	4.548 855
Cuirs secs salés	Unité	96	260 100	628	1.517 530
Cuirs secs enfilés	»	»	»	»	»
Chapeaux panamas	»	»	»	»	»
Guaraná	Kilo.	5.194	12.986 250	3.724	9.308 750
Colle de poisson	»	1.584	2.147 600	39.864	60.445 200
Denrées étrangères	Valeur.	»	»	»	»
Bois divers	»	»	»	»	»
Ivoire végétal	Hectolitre.	»	»	2.375	12.504
Huile de capahiba	Kilo.	7.585	7.746 109	2.378	2.379 972
Autres articles	Valeur.	»	»	»	982 478
Puxury	Kilo.	»	»	»	»
Salsepareille	»	325	958 750	»	»
Urucú	»	10.384	3.322 080	9.593	2.944 260
Totaux			20.068.587 756		8.668.962 400

EXPORTATION DE LA PLACE DE PARA EN 1887

FRANCE		SUD DU BRÉSIL		PORTUGAL		TOTAL	
QUANTITÉS	VALEUR EN $	QUANTITÉS	VALEUR EN $	QUANTITÉS	VALEUR	QUANTITÉS	VALEUR OFFICIELLE EN $
223.477	534.934$514	1.350	3.585$500	212	42$400	12.150.874 kg.	28.314.548$871
4.137.999	2.408.071 830	8.900	5.183 530	»	»	4.159.724 »	2.414.861 410
7	72 100	37	275 687	138	1.108 998	84.703 hect.	732.006 457
803	491 436	»	»	»	»	32.393 kg.	19.879 444
8.634	14.008 330	103	123 600	»	»	69.579 »	86.034 775
455.422	71.700 950	1.500	330	29.538	3.987 630	586.681 »	93.975 945
7.809	47.625 250	»	»	904	2.597	9.437 unit.	21.999 880
31.425	96.488 994	»	»	34	99 450	31.459 »	06.588 414
»	»	»	»	»	»	49.355 »	106.970
441	1.102 500	49.355	106.970	»	»	21.377 kil.	55.305 750
823	1.444 050	12.113	31.908 250	»	»	42.221 »	63.373 850
»	»	»	»	»	1 125	»	77.075 829
»	9.779 160	»	75.950 829	»	991	»	11.703 460
188	940	»	932 900	»	»	2.563 hect.	13.444
1.171	1.478 646	»	»	»	»	11.378 kil.	11.548 677
»	1.591 664	344	244	»	5.842 480	»	40.438 696
»	»	»	32.032 134	»	»	10 kil.	21
»	»	10	21	»	»	3.140 »	8.307 700
»	»	2.815	7.428 950	320	102 400	20.294 »	6.368 740
	3.456.096 324		265.006 380		15.866 758		32.474.519 618

Il convient d'ajouter à ces articles les produits suivants, également amenés de l'intérieur : Coton 401 kilogrammes, riz 538,804 kilogrammes, sucre 215,259 kilogrammes, huile de andiroba 101,292 litres, cuirs de cerfs 49,536 kilogrammes, cuirs secs salés 12,091 pièces, cuirs vert 10,792 kilogrammes, cuirs secs en brochette, 2,280 pièces, viande salée et sèche 31,106 kilogrammes, Cumarú 27,235 kilogrammes, chapeaux de Panama 51,840 pièces, cachaça (eau-de-vie de canne) 1,843,345 litres, chanvre 2,185 kilogrammes, haricots 152,040 kilogrammes, farine de manioc 328,097 alqueires (de 36 litres) soit 11,929,607 litres, colle de poisson 24,990 kilogrammes, guaraná 21,680 kilogrammes, graisse de tortue 7,776 kilogrammes, mixirá 33,690 kilogrammes, ivoire végétal (corroso) 95,578 hectolitres, miel 131,580 litres, maïs 21,032 kilogrammes, huile de copahyba 10,072 kilogrammes, piassava 230,740 kilogrammes (dont 92,752 en transit de Manáos), pirarucú 1,508,538 kilogrammes, poisson sec et salé 85,616 kilogrammes, Puxury 38 kilogrammes, quinquina 300 kilogrammes, salsepareille 5,321 kilogrammes, savon de cacáo 24,770 kilogrammes, suif 639 kilogrammes, tabac 687,732 kilogrammes, urucú 22,692 kilogrammes, ucuhubá 20,659 kilogrammes.

L'Allemagne a cessé de figurer dans le tableau des exportations de la province du Pará depuis 1884.

Ce qui est particulièrement instructif, c'est d'examiner le tableau comparé de l'exportation et de sa distribution dans les divers pays durant les 5 dernières années. Le voici :

ANNÉES	TOTAUX	ÉTATS-UNIS	ANGLETERRE	FRANCE	SUD DU BRÉSIL	PORTUGAL
1883	37.066.127$484	15.532.139$562	16.045.084$684	4.781.316$529	646.075$774	28.535$935
1884	26.139.572 567	10.992.254 280	9.814.773 177	3.832.595 082	1.080.898 207	221.309
1885	28.917.101 563	16.617.204 972	8.458.880 401	3.405.362 679	337.722 118	97.931 393
1886	31.108.582 900	18.504.165 769	10.147.685 094	2.175.750 242	202.580 565	18.401 430
1887	32.174.519 618	20.068.587 756	8.668.962 400	3.156.096 324	265.006 380	15.866 758

Je laisse au lecteur le soin de conclure; les variations très considérables qu'il peut constater. sont surtout dues à la fluctuation dans les prix des principaux produits : caoutchouc, cacao, châtaignes, sur les marchés de consommation dès qu'il y a trop-plein pour l'un d'eux. les bras se rejettent sur les autres; la production s'augmente et sauf circonstances exceptionnelles. l'année d'ensuite, cette surproduction amène une baisse qui rétablit tant bien que mal l'équilibre.

La *Provincia do Pará*, du 8 janvier 1889, m'apporte au moment d'imprimer ces chiffres pour 1888 :

Exportation du caoutchouc : États-Unis 8,887,145 Kg; Europe 6,123,976 Kg; total: 15,011,121 Kg. Cette fois c'est la maison La Rocque du Costa et Cie, qui a pris la tête. — L'exportation directe de Manáos s'élève à 2,124,379 Kg, dont 439,682 pour les États-Unis et 1,684,697 pour l'Europe.

Si, malgré l'aridité de telles nomenclatures, j'ai donné tous les chiffres et les détails qu'on vient de lire, c'est qu'avant d'aller plus loin il m'a paru bon de rendre éclatantes aux yeux la variété et l'abondance des produits de la région, en même temps que par un seul coup d'œil on pouvait apprécier leur importance comparée actuelle, et le commerce dont ils font l'objet.

Malheureusement il m'est totalement impossible de fournir les données correspondantes pour l'importation, quelque bonne volonté que j'en aie. Ni la douane, ni l'Association commerciale n'en produisent le tableau. Le seul chiffre qu'elles publient est celui des droits de douane perçus, et grâce à la confusion inextricable qui règne dans les proportions appliquées par la douane pour les droits impériaux, provinciaux et municipaux, à l'arbitraire absolu qui préside chez elle à l'appréciation des valeurs bases de ses perceptions, il est totalement impossible d'inférer du chiffre de ses recettes celui de la valeur totale de l'importation même étrangère.

Les indications recueillies auprès des principaux négociants varient elles-mêmes beaucoup. D'après les chiffres ci-dessus, l'exportation au change moyen de 400 reis pour 1 franc, a été de 82,665,311 francs en 1883 et de 80,436,299 francs en 1887. — L'importation approcherait de 70 ou même 75 millions si elle n'égale pas l'exportation. Elle se répartissait en 1885 entre les pays de provenance comme suit : Angleterre 33 0/0; États-Unis 20 0/0; France, 17 0/0; Allemagne 10 0/0; sud Brésil 15 0/0; Portugal 5 0/0. — La part actuelle de la France pourrait donc être évaluée à 12,750,000 francs. Mais, je le répète, c'est là un chiffre purement hypothétique et quelque peu plausible. Si pourtant nous l'admettons comme raisonnable, on voit que sur un total d'échanges de la place de Pará avec l'extérieur, se montant en 1887 à 150,436,299 fr., la France contribue pour 20,640,261 francs, dont 7,890,241 francs pour ce qu'elle en reçoit et 12,750,000 pour ce qu'elle y introduit.

Dans l'impossibilité où l'on se trouve de détailler les quantités et les valeurs de l'importation, au moins convient-il d'énumérer les objets qui en font la matière. Voici la liste des principaux soigneusement relevée sur les manifestes des navires arrivants : farine de froment, vins en bouteilles et en pipes, cognacs, tafia, liqueurs, bière, houille, allumettes, morue sèche, bijoux, horlogerie, papier d'impression, de tenture et à écrire, tissus divers, vaisselle diverse, fer ouvragé, conserves de viande, de légumes et de poisson; meubles, boutons, laine, coton, étain, plomb en feuille et ouvré, fer en barres, pianos, lingerie confectionnée, confections, chapeaux, étoupes, savons, clous, coutellerie, bougies, brai, balances, vitres, verrerie, cristaux, pétrole, chaises et sièges, saindoux, machines à coudre, machines, etc.

Il me paraît utile de donner également ici les noms des principaux exportateurs de Pará. Ce sont par ordre décroissant : Pour le caoutchouc, maison Schramm et Cie; La Rocque, da Costa et Cie; Barros et Vianna, Nouvelle Cie União, R. F. Sears et Cie; Gonçalves Sampaio et Cie; Henri A. Gould et Cie; S. Brocklehurst et Cie; Robinson et Norton; J. Alexandre Soares et Cie; Denis Crouan et Cie; W. Brambeer et Cie.

Pour le cacao, maisons Denis Crouan et Cie (Nantes); Denis Callère et Cie La Rocque, da Costa et Cie; W. Brambeer et Cie; Rudolphe Zietz; Barros et Vianna; R. F. Sears et Cie; Nouvelle Cie União.

Pour la châtaigne, maisons S. Brocklehurst et Cie; La Rocque da Costa et Cie; R. E. Sears et Cie; Rudolphe Zietz; Barros et Vianna; W. Brambeer et Cie; E. Schramm et Cie; Martins et Cie, Robinson et Norton, Nouvelle Cie União, Gonçalves Sampaio et Cie.

On voit que les étrangers occupent une place importante, soit par leur nombre, soit par leur rang dans les affaires. Les deux tiers des transactions sont dans leurs mains, et si nous comprenons parmi eux les Portugais commerçants, on peut dire hardiment les huit dixièmes, car ceux-ci se trouvent partout, tiennent tout et s'occupent de tout, principalement du commerce de détail. C'est à ce point que l'importation même des autres pays étrangers passe par leur intermédiaire, de sorte qu'il devient très difficile de savoir exactement à quelle source cette importation s'approvisionne. Après eux viennent les Anglais, qui sont aussi les maîtres des principales sociétés de navigation. — Les maisons françaises importantes sont Denis Crouan de Nantes, Robert de Nantes représenté par Denis Cullère et Cie, et la maison Mouraille, qui s'occupe surtout du transit pour le Pérou et dont le siège est à Iquitos. La colonie française, forte peut-être de 250 personnes, est surtout livrée au petit commerce.

Six établissements financiers de crédit apportent au commerce un concours qui est à peine suffisant : le *Banco commercial do Pará*, au capital de 2,000 contos ; le *Banco do Pará*, au capital de 3,000 contos; le *Banco de Belém*, au capital de 1,000; puis les succursales du *London and Brazilian Bank*, au capital de 12,500 contos; du *English Bank of Rio de Janeiro*, au capital de 10,000 contos; du *Banco Internacional do Brazil*, au capital de 20,000 contos. Le mouvement de ces établissements est de plus en plus développé : le Banco commercial avait durant l'année 1887 escompté des traites pour 3,571,506 $ et reçu 5,701,279 $ de dépôts, avec 2,071,479 $ en comptes courants; les escomptes du Banco du Pará s'élevaient à 2,285,181 $, ses comptes courants à 763,474 $, ses dépôts à 1,775,617 $; les escomptes du Banco de Belém à 1,322,567 $, ses comptes courants à 487,378 $ et ses dépôts à 587,650 $; la *London and Brazilian* avait escompté 477,973 $, prêté en comptes courants 318,316 $, sur garantie de valeurs 848,322 $, reçu en dépôt 2,486,945 $; l'English Bank avait escompté 616,737 $, reçu en dépôt 794,923 $; le *Banco Internacional* accusait 137,188 $ d'escomptes, 85,000 $ de prêts, et 15,954 $ de comptes courants.

Malgré la crise qu'en ce moment traverse la place, le Banco commercial et le Banco de Belém viennent d'annoncer que pour le deuxième semestre de 1888, ils distribuent un dividende de 6 $ par action de 100 $.

Aux diverses sociétés et entreprises déjà indiquées, il faut ajouter deux compagnies de tramways ou bonds, qui chaque jour étendent davantage leurs lignes dans les divers quartiers de la ville, une compagnie des eaux au capital d'environ 3 millions; trois compagnies provinciales d'assurances, sans parler des nombreuses agences de sociétés étrangères semblables; une *Companhia Pastoril* ou société d'élevage, au capital de 5 millions; une de céramique perfectionnée, une de métaux ouvragés, une de téléphones; plus un champ de courses établi dans le quartier de S. João.

Mentionnons encore la Société de *Sam Miguel* et celle des *Bonds maritimes*, qui louent des canots à vapeur; puis deux établissements de l'État : l'arsenal militaire et celui de la marine; enfin les superbes ateliers de réparation et de construction maritime de la Compagnie de l'Amazone, les plus beaux et les mieux outillés du Brésil, et qui ne seraient pas déplacés même à Glascow.

II

DE PARA A MANAOS

L'Amazone et l'Amazonie. — La province du Gram-Para, son développement extraordinaire, ses ressources, ses industries. — Le merveilleux système hydrographique de l'Amazone.

Belém n'a acquis le développement et l'importance dont on vient de voir les éléments que par son admirable situation de tête de ligne, qui en fait l'entrepôt forcé de tout le bassin de l'Amazone, ou comme on dit ici de l'Amazonie. C'est là un nom relativement nouveau, que la nature des choses a dicté aux habitants du cru, pour désigner une contrée à part, formant une entité bien distincte de toutes les autres régions du Brésil. Selon eux l'Amazonie comprend seulement les deux provinces du Gram Pará et de Amazonas; le Maranhão et le Goyaz réclament au nom de la géographie et de la solidarité des intérêts qu'elle crée. Je partage l'avis de leurs habitants, et ce qu'on verra plus loin du vaste bassin du Tocantins-Araguaya montrera clairement qu'en effet il fait partie du système amazonien à tous les points de vue imaginables.

Avant de remonter son cours jusqu'au Pérou, pour l'étudier en détail, jetons un coup d'œil d'ensemble sur le fleuve-mer, le *Rio-Mar*, géant à nul autre pareil dans le monde.

Il naît, d'après l'opinion la plus généralement acceptée,

dans le lac Lauricocha, au district de Huanuco département de Tarmá et province de Junin, du Pérou (ce lac est situé dans un pli du Huanico-Viejo, de la Cordillère andine, par 10°30' de latitude sud, à 210 kilomètres N.-N.-E. de Lima, et à une altitude de 5,560 mètres). — Formant le canal d'écoulement du lac, il en sort à sa partie orientale, sous le nom de Tunguraguá et tout d'abord coule dans la direction N.-N.-O. entre les deux chaînes occidentale et orientale des Andes Le lac-source, qu'Herndon a mesuré, a 13 kilomètres sur 3 de large. Le canal d'écoulement est faible; ce n'est qu'un mince filet d'eau: même après avoir reçu divers ruisseaux et petites rivières, comme la Guanama et le Puleño, il n'est qu'un torrent fertilisant la riante vallée du Huantar; quelques pirogues indiennes seules le peuvent utiliser jusqu'à Jaen de Bracomoros. Ici son cours change de direction, il incline vers le N.-N.-E., reçoit à gauche le Chinchipé, à droite le Cachapoya, ses égaux en volume, et devient une grande rivière de 300 mètres de large. que de grands bateaux navigueraient aisément. Après avoir, comme s'exprime M. Wiener, descendu cette gigantesque échelle hydraulique de 5,500 mètres, il se rétrécit jusqu'à 30 mètres, pour s'échapper de l'énorme barrière andine, qu'il traverse au Pongo de Manseriche, canal de 13 kilomètres de long, ouvert entre des rochers très élevés, et d'une rapidité extraordinaire. L'eau s'y précipite contre les parois avec un rugissement formidable; on dirait le cri de triomphe de l'élément vainqueur. A quelques centaines de mètres plus bas, c'est un courant calme et puissant, qui semble se reposer de sa course folle à travers les gorges des Cordillères. Sa transparence tranquille révèle la profondeur de son lit, que nul rocher n'obstrue.

A partir de ce point, le fleuve prend le nom de Maranhão ou Maragnon; il se grossit au nord du Morona, du Pastaza, et au sud du Huallaga, né sur la pente orientale des Andes, dans la province de Junin, en contreversant pour ainsi dire du fleuve principal, le premier grand affluent de celui-ci, navigué jusqu'à Jurimaguas sur 200 kilomètres, navigable sur plus de 300. Du nord se déversent le Chambirá, le Tigreyacú ou rio du Tigre: du sud débouche l'Ucayali, longtemps regardé comme le vrai cours supérieur de l'Amazone, né sous le 15e parallèle dans la serra de Sica-Sica, et d'une longueur de 1,000 kilomètres environ, grossi de nombreux tributaires, d'une navigation assez difficile sauf dans les 100 derniers kilomètres de son cours inférieur. Le Maranhão reçoit encore à gauche le Nonaï (Nonay) et le Napó, d'un cours de 1,500 kilomètres et d'une largeur de 150 mètres, que des vapeurs parcourent sur une étendue de 600 kilomètres au moins, s'approchant de Quito, à la distance de 250 kilomètres; c'est par son lit que descendirent Orellana et ses compagnons, qui découvrirent le fameux El Dorado et l'Amazone.

Le Maranhão coule dès lors franchement vers l'Est et arrive à la frontière brésilienne à 2,406 kilomètres de sa source; il entre dans l'Empire à Tabatinga et prend le nom de Solimões.

Le Solimões s'étend presque droit de l'Ouest à l'Est, de Tabatinga jusqu'au confluent du rio Negro, sur une longueur de 1,550 kilomètres : il a dès lors une largeur dépassant 1,800 mètres. Sur la frontière même, il reçoit à droite le Javary, limite du Brésil et du Pérou, d'un cours de 700 kilomètres au moins, puis successivement et du côté du Sud, — le Jundiatyba ou Janahytuba, — le Jutahy, large à sa bouche de près de 2 kilomètres, navigable sur plus de 800 kilomètres; — le Juruá, affluent énorme, large à sa bouche de 500 mètres et, à 1,800 kilomètres en amont, large encore de 150 mètres; sa profondeur en amont est de 9 mètres, au confluent de 16 mètres; — le Teffé, d'un cours de 90 kilomètres, et d'une profondeur de 1 mètre dans les plus grandes sécheresses; — le Coary, débouchant dans le lac de ce nom (12 milles sur 5) après un cours de 500 kilomètres, et qui supporte des embarcations calant 2 mètres; — enfin le Purús, l'énorme rio des Purús sauvages, long de 2,650 kilomètres. — Le bas Purús à 935 kilomètres, toujours navigables par les bateaux à vapeur : le moyen Purús en a 715 et le haut Purús 2,000 ; dans les pleins, les vapeurs y circulent librement ; dans les maigres, il faut employer des embarcations d'une calaison moindre. — Il se déverse par cinq branches dont la principale mesure 2 kilomètres de largeur.

Sur sa gauche et au nord, le Solimões reçoit l'Içá ou Putumayo, venu des Andes Colombiennes, d'un cours de 1,500 kilomètres, d'une largeur variant entre 100 et 800 mètres, et une profondeur de 10 mètres ; navigable sur 2,400 kilomètres ; — le Japurá, en communication avec le précédent par les deux canaux Peridá et Paréos, navigable sur 1,000 kilomètres de cours, au-dessus tout encombré par des chutes ; sa largeur atteint souvent 2 kilomètres ; son bassin, d'après Martius, aurait 9,800 lieues carrées ; enfin le rio Negro, dont la jonction avec le Solimões, forme l'Amazone. Il vient de la Colombie, avec une largeur de 1,500 mètres qui va parfois jusqu'à 5 kilomètres et entre dans le territoire brésilien près de la Serra de Cacuhy, reçoit le Uaupés, presque aussi considérable, et descend par des chutes une échelle hydrographique inclinée sur 500 kilomètres. A partir de ce point il offre une libre navigation aux grands vapeurs ; sa largeur est énorme et son cours très faible, en sorte qu'il présente souvent l'aspect d'un lac tranquille. Le rio Branco, qu'il reçoit à gauche, est lui-même un grand fleuve, venu des Guyanes, formé par l'Uraricuera et le Tacutú, ce dernier prenant ses sources sur un plateau dont les eaux vont également se déverser au nord par l'Essequibo dans le golfe des Antilles. On sait que le rio Negro supérieur communique par le *Cassiquiare*, un grand canal naturel et navigable, avec l'Orénoque.

Le fleuve-mer, qui a désormais pris le nom de Amazonas ou Amazone, continue sa course droit vers l'est ; il reçoit à droite le Madeira, 180 kilomètres au-dessous du confluent du rio Negro. Formé par la réunion du Beni et du Mamoré, sur le territoire bolivien, le Madeira, long de

3.500 kilomètres, entre au Brésil par une série de chutes célèbres, qui se succèdent sur une étendue de 416 kilomètres; il devient ensuite navigable jusqu'à son embouchure, c'est-à-dire sur 1,150 kilomètres. Une section plus longue encore de son cours au-dessus des chutes est navigable pour de grands bateaux de rivière : pour relier ces deux sections, l'on a songé à un canal, ou à un chemin de fer qui les raccorderait. La profondeur est considérable, elle va jusqu'à 30 mètres; — le Canuman, long de 600 kilomètres dont 200 navigables en tout temps; — l'Abacaxis, — le Maué-Assú; — le Tapajóz, formé du Juruena et de l'Arinós, d'un cours mesurant chacun 600 kilomètres au moins, très obstrué de cataractes dans sa partie moyenne, lorsqu'il descend les échelons du plateau où il a pris naissance, navigable dans le bas par de grands vapeurs jusqu'à Itaituba; dans cette dernière partie sa largeur énorme dépasse souvent 15 kilomètres; à sa bouche, il est rétréci et ne mesure plus qu'une largeur de 2,413 mètres : son cours total est évalué à 2,200 kilomètres. — Le Xingú, d'un cours de 1,500 kilomètres, lui aussi dans sa partie moyenne tout encombré par les chutes et les rapides, navigable à sa partie inférieure jusqu'à Souzel, sur une longueur de 165 kilomètres.

Sur sa rive gauche ou septentrionale, l'Amazone recueille maintenant des eaux qui toutes descendent du massif Guyanais; ce sont l'Urubú, qui finit dans le furo Arauató; — le Jamundá, 540 kilomètres de cours, le fameux rio où la légende place les Amazones guerrières que vit et dut combattre Orellana; — le Trombetas, d'un cours évalué à 700 milles, — le Curuá, le Gurupatuba, le Parú, le Jary, et l'Anauarapucú.

Dès qu'il a reçu le Xingú, l'Amazone offre une largeur de 13 kilomètres; ses eaux profondes de 50 à 70 mètres coulent droit vers l'est, entraînant avec elles leurs habitants; le fleuve s'élargit toujours, et va heurter à la mer sa masse puissante, 18,734 mètres cubes par seconde, avec une vitesse de 1m,34. La lutte qui s'engage entre les deux flots est saisissante; son fracas est celui du tonnerre et le grondement s'en entend à 2 lieues. Aux approches de la pleine lune et de la nouvelle lune, le flux atteint en quelques minutes sa plus grande hauteur, jusqu'à 5 mètres; cette muraille d'eau se dresse puis s'étend sur toute la surface du canal, suivie de deux ou trois autres le plus souvent. Ces vagues impétueuses brisent au passage tout ce qu'elles rencontrent, et la marée ensuite remonte paisiblement jusqu'au-dessus du confluent du Xingú; à Obidos elle élève encore le niveau du fleuve de 33 centimètres, et cependant cette ville est à 1,400 kilomètres de Belém et à 500 milles de la mer en ligne directe. Ce phénomène de mascaret, qui atteint ici des proportions grandioses nulle part ailleurs connues, a reçu des indigènes le nom de Pororóca. — L'Amazone s'élargit jusqu'à 300 kilomètres entre le cap de Nord et la pointe Magoary, à l'est de l'île Marajó, puis pénètre dans les eaux bleues de l'Océan, comme un colossal ruban jaunâtre, qui se prolonge uni et indivisé jusqu'à une distance de 300 milles, tant est puissante malgré sa faible déclivité la force d'impulsion de ce formidable courant. L'eau douce du fleuve-roi se conserve ainsi en faisceau homogène dans l'onde salée de la mer, et ne se laisse saturer par celle-ci que peu à peu, bien longtemps après qu'on a perdu de vue les rivages.

Près de l'île Gurupá, à droite, le fleuve géant détache des bras ou *furos* qui vont contourner les îles d'un colossal archipel. Le Tajapurú, le principal de ces bras, va rejoindre par le sud de Marajó l'estuaire du Tocantins, ou le rio Pará, c'est-à-dire, selon la signification du mot indigène, la Rivière par excellence. Dans cet estuaire débouchent l'Anapú, le Pacajá, deux rios très habités, d'un cours de 140 et de 110 kilomètres respectivement, mais très promptement obstrué par les chutes; après le Tocantins et au-dessous, le Pará reçoit le Guajará, dont j'ai déjà expliqué la formation, puis s'écoule dans l'Océan avec une largeur de 81 kilomètres entre les pointes Magoary et Tijioca.

C'est par le Pará que les navires entrent dans l'Amazone; le bras principal a son embouchure obstruée à la fois par la pororóca et par un vaste banc qui ne laisse pas de passage bien régulier aux grands bateaux.

La déclivité du fleuve est peu sensible. Près de Tabatinga, son altitude d'après Agassiz n'est que de 71 mètres. Cependant la rapidité du courant est de un demi-mille à l'heure, et s'explique seulement par l'énormité de la masse d'eau. Elle s'augmente beaucoup toutefois à l'époque des inondations, sauf dans la partie inférieure du fleuve. Ici le courant diminue à mesure que le fleuve s'accroît, et au moment de l'inondation il arrive à son minimum, où il reste quelque temps; il ne redevient sensible qu'au commencement de la décroissance. Cette singularité est probablement due à l'influence du vent sur le flux et le reflux à l'embouchure. C'est encore pour le même motif que le courant n'offre jamais de grands obstacles à la navigation.

Bien qu'il soit en quelque sorte le seul grand fleuve du monde coulant de l'ouest à l'est, à peu près sous la même latitude, et qu'il possède le même climat sur ses deux rives, cependant les pluies n'ont pas lieu au même moment sur toute son étendue; on constate même une différence de six mois entre le nord et le sud. Sur les versants des Andes Boliviennes et les plateaux du Brésil septentrional, le mois propre des pluies est septembre; elles commencent en mars sur le plateau Guyanais; durant cet intervalle de six mois, les affluents de droite et de gauche s'emplissent alternativement, et quand le Madeira, le Purús et le Xingú n'ont que des eaux maigres et basses, le Napó, l'Içá et le rio Negro débordent, et réciproquement.

La conséquence de ce fait, c'est que les crues de l'Amazone dépendent beaucoup moins de la fonte des neiges à ses sources, que des pluies périodiques tombant dans la région de ses affluents. Ceux du nord exercent toutefois moins d'influence que ceux du sud, que le Madeira en particulier, dont la crue et la décroissance coïncident avec celles du fleuve principal. Les habitants affirment que la crue dure 120 jours, et chaque trois ans elle survient spécialement considérable. La hauteur atteinte par l'eau dépasse rarement 10 mètres dans le rio Negro, 8m,375 dans le Branco, 11m,125 dans le Tapajóz et le Xingú, et dans le Solimões, elle est de 13m,40. Néanmoins Martius a sur bien des points rencontré des arbres qui étaient couverts de vase jusqu'à 16m,75 au-dessus des basses eaux. Agassiz évalue à 17 mètres le niveau maximum au-dessus, et à 10 mètres le niveau minimum au-dessous de la hauteur moyenne des eaux du fleuve.

Les maxima et les minima varient d'une façon considérable sur les différents points; dans le Maragnon, qui est l'Amazone péruvien, la crue se produit en janvier; dans le Solimões, elle commence en février; dans l'Amazone proprement dit, en avril tout au plus; dans le Pará, elle n'arrive qu'en juin.

Sur le territoire brésilien et même plus haut, ses rives sont basses, nulle part relevées par des montagnes; depuis le confluent du Madeira, c'est à peine si elles s'élèvent de quelques décimètres au-dessus de l'eau. Constamment rongées par le courant, elles ont une figure constamment mobile et ne laissent pas pousser de grande végétation. Là, où les rives sont plus élevées, comme à Obidos, Santarém et Gurupá, on remarque dans les cavernes et les anfractuosités de leurs falaises les traces des crues, traces qui deviennent plus considérables à mesure qu'on s'avance vers l'ouest, où la crue plus rapide parfois fouille des murailles escarpées qui semblent près de s'écrouler. En général, la rive septentrionale est plus haute que la rive méridionale; toutefois c'est le contraire qu'on voit dans le Solimões.

Une des particularités de l'Amazone est dans les nombreux lacs qui le bordent; ils sont dus en partie à l'inondation, en partie aux nombreuses sources souterraines qui, selon les dispositions du terrain, tantôt s'étendent en bassins permanents, tantôt coulent vers le grand récepteur en *igarapés* ou en rivières. La plupart de ces lacs sont reliés par des canaux au fleuve ou à ses affluents. Quant à leurs dimensions, elles varient des plus minuscules aux plus colossales. Il faut citer le Lago Grande de Villa Franca, ceux de Faro, de Monte-Alegre, celui du Arary dans l'île de Marajó, et celui de l'Araguary près du cap Nord; tous sont extrêmement poissonneux.

Une autre caractéristique de l'Amazone se trouve dans les fréquentes communications que présentent ses affluents au-dessus de leurs bouches, en sorte que la terre y est coupée dans une multitude de directions par des *furos* et des *paraná-mirim*. Le nom de *furo* est plus particulièrement attribué au canal de communication entre deux fleuves; celui de *paraná-mirim* à une dérivation du cours principal, une fausse rivière, qui va rejoindre le lit dont elle s'était d'abord séparé.

Ce réseau fluvial constitue entre ses mailles des îles innombrables. On peut les ranger dans deux catégories. Les unes situées au milieu des fleuves qui les ont produites sont basses, plates, sans rochers ni récifs, rarement marécageuses, couvertes d'une végétation particulièrement épaisse d'*imbaúbas* au tronc blanc (espèce de *cecropia*), les autres sont des portions du continent morcelées et modifiées par les eaux, elles ont l'aspect des terres adjacentes et atteignent parfois de grandes dimensions. Telles sont l'île de Paricatuba de 166 kilomètres carrés, celle des Tupinambaranas qui en a 2,453 et celle de Marajó qui en mesure 5,328, plus que n'en contient la Suisse, d'une superficie supérieure à celle du Danemark, de la Hollande, de la Belgique. Cette dernière île, bien que située dans la mer, est complètement entourée d'eau douce; basse et plate, elle n'est cependant pas entièrement constituée par l'alluvion; sur quelques points elle montre des rochers et des renflements; le gazon et les arbustes la couvrent en grande partie, mais au sud et à l'est, ils font place à la forêt vierge. Ses vastes pâturages nourrissent les 250,000 têtes de bétail dont la capitale du Pará s'alimente.

Si l'on regarde de haut cet immense bassin de l'Amazone, on est saisi par son admirable contexture intérieure et sa colossale étendue. Celle-ci est des 5/6 de l'Europe. Au Brésil seulement, la superficie qu'elle embrasse est de 4,800,000 kilomètres carrés; en y ajoutant le vaste territoire baigné par ses affluents au Pérou et en Bolivie, on peut sans exagérer porter l'étendue totale du bassin à près de 7 millions de kilomètres carrés. — Le circuit de cet immense bassin est fermé au nord par les serras qui bordent le plateau de Guyane; le long des terrasses qu'elles supportent, il y a des montagnes dont les points culminants se dressent à 2,000 mètres et plus de hauteur; leurs contreforts s'approchent en *serranias* ou chaînes de collines jusqu'à quelques lieues du fleuve, en beaucoup de points à partir de la mer, jusqu'au rio Negro; jusque là le bassin ne dépasse pas 200 milles, mais au-dessus, la dépression s'élargit, les serras s'écartent de façon à dessiner comme le contour d'un vase florentin; elles vont rejoindre les Andes, dont tous les contreforts orientaux laissent échapper les sources des affluents du *rio-mar*. Au sud et en revenant vers l'Est, le circuit est fermé par la muraille rocheuse qui soutient le plateau central du Brésil, ce sont les serras de Matto Grosso, de Goyaz, et toute la chaîne de partage qui vient mourir dans la province du Maranhão. Cette muraille se dresse de 800 à 1,000 mètres de hauteur au sud, en face du Guaporé, qui la longe et la contourne; c'est la serra des Parecis; elle garde une hauteur variable, mais souvent un peu plus forte en revenant vers l'Océan. Tous les rios qui descendent du plateau le font par une série de *cachoeiras* ou cataractes, qui sont autant de degrés de l'échelle hydrographique. Celle-ci a son pied et sa fin à une distance de 100 à 200 milles du lit même de l'Amazone.

Dans sa vallée supérieure en général peu accidentée, il est bordé de pleines alluviales fort larges sujettes à l'inondation; à peine si, çà et là, on aperçoit des plateaux n'atteignant pas une élévation de 300 mètres, formés par des dépôts particuliers à cette dépression, ou bien des contreforts, têtes dénudées des bords des grands plateaux.

Une particularité encore est à noter. Les tributaires du haut Amazone, en amont du rio Negro au nord et du Madeira au sud, jusqu'à la base orientale des Andes, présentent une exception très remarquable et très importante à la loi générale qui fait subir aux cours d'eaux la descente par une échelle de cataractes. Ils effectuent la descente du plateau où ils naissent à la partie tout à fait supérieure de leur cours, parfois même sans aucune chute, et peuvent ainsi fournir de longues lignes de navigation. Ils révèlent en même temps qu'une vaste région encore mal connue du haut bassin de l'Amazone est à un niveau beaucoup moindre que celui des plateaux voisins. Il en résulte que la communication fluviale tant recherchée entre les bassins du Paraguay et de l'Amazone doit logiquement être plus aisée et plus économique à établir, en suivant le contour de la dépression ainsi déterminée par cet abaissement du plateau. — C'est là une grosse question sur laquelle j'aurai à revenir plus tard.

« Cette Amazonie, comme le dit si bien l'un de ses enfants, M. le baron de Marajó, est un monde nouveau qui s'ouvre devant notre fin de siècle; alors qu'en Europe l'espace des terres cultivables se restreint, que la vie s'y heurte à des difficultés croissantes, que la misère y conseille l'émigration, elle présente des terrains infiniment riches, une facilité surprenante et merveilleuse des communications et des transports; elle permet à la plupart des cultures de recueillir deux récoltes par an, et son climat si doux épargne au prolétaire européen les dures précautions et les coûteuses dépenses de chauffage que lui cause l'hiver. »

Voyons-la maintenant en détail, et successivement dans les trois provinces qu'elle renferme et dont Belém est la tête.

LE GRAM PARA

La province du Gram Pará, ou du Pará, la basse Amazonie, s'étend de l'Atlantique au Jamundá, à la Serra des Parintins et au Tapajóz; du nord au sud, elle va des chaînes Guyanaises du Tumucumaque au confluent du Tocantins-Araguaya et au Gurupy, sorti du même bassin que le Capim. Sa superficie est évaluée par les uns à 1,149,762, par les autres à 1,744,000 kilomètres carrés: entre 4°3' au nord de l'Équateur et 6° au sud, entre 48° et 71° de longitude O du méridien de Paris (2°10' et 15°20' E du méridien de Rio de Janeiro); superficie double de celle de la France, quadruple de celle de l'Italie, double encore de celle de l'Allemagne et même de l'Autriche-Hongrie. — Elle compte 463,000 habitants.

Administrativement, elle possède une cour d'appel ou *relação*, siégeant à Belém et étendant sa juridiction sur la province voisine de Amazonas; 15 comarcas avec 17 varas ou sièges de juges de droits; 46 municipes groupés en 26 *termos* ou districts de juges municipaux, 11 cités, 35 villes, 73 paroisses; elle envoie 3 représentants au Sénat, 6 à la Chambre des députés, 36 à son Assemblée législative provinciale.

Sa contribution au budget général de l'Empire a été en 1886 de 9,021,053 $ 340 pour les recettes et de 2,419,562 $ 595 pour les dépenses. — La recette provinciale s'est élevée en 1886 à 3,268,381 $ 085 et la dépense à 2,935,124 $ 880. — Sa dette consolidée était en 1886 de 3,194,200 $ et sa dette flottante de 10,461 $ 808, soit une dette totale de 3,204,661 $ 808. — La douane y a indiqué pour le commerce au long cours 10,445,445 $ à l'importation et 12,242,800 $ à l'exportation; pour le commerce interprovincial, 6,617,000 $ à l'importation et 5,076,600 $ à l'exportation (1885-1886).

Le véritable essor économique et commercial de la province, comme de toute l'Amazonie, a commencé en 1867, quand le décret du 7 septembre eût rendu la navigation de l'Amazone entièrement libre à tous les pavillons. Jusque-là, c'était une contrée endormie dans sa torpeur, végétant sur des monceaux de richesses inexploitées. De 1868 à 1882, la valeur officielle de l'exportation accusait un accroissement de 700 0/0 en quinze ans. — Les revenus généraux qui étaient de 4,300 contos ou 10,400,000 francs en 1878 atteignaient déjà en 1882 10,300 contos, soit 25,850,000 francs. En 1886, ils ont fourni 12,289,434 $ 425 ou 30,723,586 fr. 06.

On a vu quel est le montant de l'exportation de Belém pour 1887; je reçois à l'instant par le courrier du Pará le total pour 1888, qui est en valeurs officielles estimées par la douane de 33,381,577 $ 341 ou au change moyen de 400 reis, 83,903,193 fr. 35 soit une augmentation de 3.565,894 francs.

Le caoutchouc figure pour 12,886,642 kilos valant 24,610,443 $ 232; le cacáo pour 7.209,450 kilos, valant 3.103,789 $ 747; les châtaignes pour 125,809 hectolitres valant 841,397 $ 270.

Le tableau détaillé des produits exportés par Belém montre avec éclat quelle variété de ressources possède cette province. Nous allons les rencontrer successivement au cours de notre rapide voyage et je tâcherai de dire comment on les utilise, et comment on en pourrait tirer un parti plus fructueux encore.

LE BAS-AMAZONE

Grâce à l'extrême et gracieuse obligeance du gérant à Belém de la compagnie de l'Amazone, M. le capitaine John Hudson, un passage en 1re classe m'était gracieusement offert sur la *Esperança*, qui allait remonter l'Amazone et son affluent le Purús, jusqu'au plus haut de l'Acre ou Acquiry, son formateur de droite. Le lieutenant de vaisseau de la marine impériale, Alfredo Fernandes da Costa, agent de la même compagnie à Manáos, m'avait retenu à bord une place à l'arrière, sous un joli toit supporté par des colonnettes. « Cela, me dit-il, vaut mieux que de vous enfermer même la nuit dans une cabine ; vous dormirez comme moi dans un hamac ; d'ailleurs c'est ici le lit favori de tout le monde, et vous verrez quel dodo confortable cela fait à la brise du soir ! »

Nous partons le 8 janvier à 9 heures du matin : le soleil darde en plein ses rayons sur le pont supérieur de la *Esperança* : malgré les 36° indiqués par le thermomètre, une brise fraîche rend la température très supportable ; d'ailleurs nous nous sommes mis à l'aise, et ne ressemblons plus, mais plus du tout, aux funèbres bonshommes de la civilisation. Pour ma part j'ai carrément arboré un costume de coutil blanc et j'ai de nombreux imitateurs.

Nous sommes encore dans une véritable mer d'eau douce, il est vrai, car le courant est imperceptible à la vue, et tout d'abord nous ne voyons pas de rivages, dès que nous avons dépassé l'île de Arapiranga, dont la pointe ferme au nord la baie de Guajará. Après midi seulement, nous nous rapprochons de la terre, entrant dans l'estuaire ou mer de Breves ; nous longeons des îles et toujours des îles, dont il serait fastidieux de donner même la liste ; celles que nous laissons sur notre droite forment en quelque sorte une ligne de tirailleurs autour de l'immense Marajó. Une végétation étrange les couvre, avec laquelle j'ai quelque peine d'abord à me familiariser : le svelte et élégant palmier Assahy ou Assay élève au-dessus des masses de verdure son gracieux panache de feuilles légères, au-dessous duquel les touffes de ses fruits, pareils à des mûres, pendent à une branche projetée presque horizontalement. Des *Paraenses*, mes compagnons du bord, me vantent cet arbre, dont la baie d'un brun foncé est pour eux d'un prix inestimable. Ils font bouillir ces baies, en extraient par la pression un jus abondant, d'une couleur pourpre sombre, tout à fait comme celle de nos mûres, puis passent au tamis ce jus, qui prend bientôt la consistance du chocolat. C'est l'*Euterpe edulis*. Les fougères géantes, des cactacées colossales encadrent l'eau où elles se réfléchissent en noir. De temps à autre, une éclaircie laisse entrevoir des habitations. Beaucoup sont bâties sur pilotis très élevés, afin que leurs habitants ne soient pas surpris par les eaux lors des crues; elles sont presque toutes couvertes de feuilles de palmier; ces toits rustiques penchés s'avancent au-dessus d'une galerie ouverte, un vrai balcon, mais assez large pour que la famille y prenne son repas. L'aspect fort pittoresque de ces cases me remet en l'esprit les demeures lacustres dont les archéologues ont fait tant de bruit. On pourra tout à l'heure contempler la restitution qu'en a faite M. Alphand à l'esplanade des Invalides. Ici, cela n'a rien d'archéologique; le terrain explique cette architecture, qui est d'ailleurs absolument conforme à ce qu'exigent l'hygiène et la logique.

Le confortable apparaît déjà; les tuiles rouges ont souvent remplacé le chaume des toitures; parfois même brille l'affreux faîtage en zinc, une sottise probablement due à la vanité envieuse, car sous ce soleil, ce genre de couverture transforme évidemment l'habitation en fournaise. Le pisé lui aussi a fait place aux murailles de briques. Presque toujours les pirogues sont amarrées dans une anse voisine; des groupes d'enfants quasi nus, quelques-uns tout à fait, d'autres couverts seulement d'une longue robe d'indienne ou *chita*, jouent sur le sable à l'ombre des arbres.

Nous laissons Muaná, Boa Vista, Curralinho, sur notre droite, Oeiras, sur notre gauche, en face de ce dernier; villages ou bourgades peu peuplées si l'on ne considère que l'agglomération des maisons groupées autour de l'église, mais sièges de municipes ou cantons fort étendus, et dont les habitants sont nombreux; ceux-ci sont disséminés dans les *sitios*. Dans toute l'Amazonie, le *sitio* est une habitation entourée de sa *roça*, c'est-à-dire d'une aire d'abatis qui a été défrichée et mise en culture.

A la nuit nous atteignons Breves, jolie petite ville, qui rappelle assez nos bourgs, chefs-lieux de canton. Il y a cinquante maisons, dont une vingtaine à un étage et con-

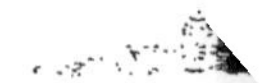

struites dans le goût européen. La ville a bien 500 habitants, la banlieue dont elle est la tête en compte plus de 12,000. — Curralinho, que nous avons négligé tout à l'heure, prétend en posséder au moins 5,000. La population de Breves est très mélangée par des croisements où il est malaisé de se retrouver. On y voit le blanc, l'Indien à la chevelure noire, raide et grosse, le métis, mi-parti nègre, mi-parti indien, à la chevelure hérissée, d'un volume fantastique; le type indien pur est caractéristique : front bas, face carrée, épaules très hautes et brutalement équarries. Il paraît que jadis ces Indiens fabriquaient ici des poteries remarquables par leur goût, par la finesse et la grâce de leur ornementation. Celles que de vieilles femmes nous offrent n'ont aucune valeur. La production de Breves consiste en caoutchouc ou *borracha*, cacáo, cumarú, châtaignes, vanille, huiles végétales.

Après avoir fait du combustible, la *Esperança* reprend sa marche, courant au milieu d'îles de plus en plus nombreuses, et s'enfonçant dans le Tajapurú, ce furo qui vient de l'Amazone et qui y conduit. On navigue comme dans un vrai tunnel, dont la voûte est formée par le feuillage d'arbres énormes. Ce canal n'a guère que 50 mètres de largeur, mais il a constamment un fond de 15 à 20 mètres. A chaque pas, de nouveaux canaux s'ouvrent, furos ou paranás-mirim, qui se croisent, s'ajustent, se bifurquent de la façon la plus bizarre, et donnent sur ce point au réseau fluvial l'aspect d'un filet immense dont les mailles seraient contournées par autant de cours d'eau.

Des forêts d'un jet magnifique, fraîches, luxuriantes, forment comme deux grands murs parallèles, dont le sommet, entraîné par le poids des lianes, se contourne en volute. Un vert tapis d'aroïdées étendu à leur base cache la ligne des terrains et trempe dans l'eau sa frange végétale. Quand le crépuscule a envahi le paysage, effacé les couleurs, les contours et les formes, tous les objets revêtent une sombre et uniforme livrée; dans cette nuit profonde, le milieu du canal reste lumineux et comme vivant,

3.

les étoiles qui s'y reflètent le transforment en voie lactée.

Les plantes que nous avons aperçues à la base des palmiers et des lataniers, sont des héliconias, des marantas, des cannacorus, des calocassiées et des arums, dont l'axe jaune et charnu, au centre de la spathe d'un blanc laiteux, donne assez bien l'impression d'une bille de beurre dans un godet d'albâtre. Cette végétation, grassement modelée, fraîche, humide, lustrée, est des plus appétissantes : on voudrait débarquer pour se vautrer dessus.

Je remarque à mon aise pour la première fois le palétuvier ou *mangue*, le rhizophore-mangle; ces arbres, arrondissant leurs branches nues au bord de l'eau, offrent un pêle-mêle d'arcades romanes et d'ogives gothiques les plus curieuses, les plus fantaisistes. Ils ont en effet la faculté d'être leur propre horticulteur, comme le figuier-banyan ou des Pagodes, et de s'attacher par une racine à tout ce qu'ils touchent. Sous leurs voûtes ombreuses grouille une étrange population de petits crustacés.

Au matin, nous stoppons devant Gurupá, l'antique Mariocay, sur la droite de l'Amazone même, à l'entrée du furo de Tajapurú. La ville compte peut-être 40 maisons et 600 habitants; derrière elle s'étend une végétation superbe; de hautes forêts s'étagent jusque dans le lointain. C'est aux reconnaissances à main armée des Hollandais et des Français que cette ville doit sa naissance. Parente, capitaine-mór du Pará, transforma la Mariocay des Tupinambas en une forteresse chargée de surveiller la passe du fleuve. Elle a bien perdu de son activité de jadis ; des toits de chaume, des pans de murs délabrés apparaissent de loin à travers le réseau que la végétation équatoriale tend autour de Gurupá et dont chaque année resserre les mailles. — Il semble cependant que la main de l'homme la veuille réveiller de sa léthargie. Quelques constructions neuves ont vraiment bon air, et bien que la nature les fleurisse toujours, elles sont bien tenues. Dans l'une d'elles, grâce à mon obligeant guide, j'ai même rencontré un excellent déjeuner.

Nous reprenons notre marche, longeant toujours la rive droite, mais soudain le lit du fleuve s'élargit tout d'un coup d'une manière formidable; c'est le Xingú qui vient lui apporter le grand contingent de ses eaux. De 300 mètres, nous sommes passés à 1,500, puis soudain à plus de 13 kilomètres de largeur. A mesure que notre bateau oblique à gauche pour remonter le Xingú, un phénomène très particulier me frappe vivement. Le courant de l'Amazone proprement dit se porte droit sur le nord nord-est, rallie la gauche et laisse la droite à la seule action des marées. La vie et l'animation suivent la direction du flot. Les troncs d'arbres enguirlandés de plantes volubiles qu'on croirait des orchidées, les îles de *Capim* ou gazon flottant à l'aventure, les épaves de toute espèce, en passant devant la bouche du Xingú, sont brusquement saisis par le courant et entraînés vers la Guyane, au lieu d'aller en suivant l'est-sud-est aborder dans le Pará.

Fait plus caractéristique encore; tortues, caïmans, poissons et autres habitants du fleuve subissent également cette influence du courant; tous défilent sous l'eau par bandes éparses, se dirigeant vers Macapá; dans l'air, oiseaux-pêcheurs, insectes, les moustiques eux-mêmes et les neuf légions de leur terrible armée amazonienne, suivent le même chemin. C'est l'énorme masse de Marajó qui, en appuyant sa hanche à la rive droite, a refoulé le fleuve, et par cette pression l'a brutalement obligé de rejeter son trop-plein sur la gauche.

Voilà qui, à mes yeux, tranche la célèbre controverse : le Pará est-il une bouche de l'Amazone, ou bien l'estuaire du Tocantins et des fleuves moindres se déversant dans la mer de Breves? Comme la grande majorité des fleuves du bassin, il communique par un furo avec le Rio-Mar, mais il n'en fait pas partie. Les eaux des canaux entourant son archipel n'ont ni la couleur, ni la saveur, ni la population de celles du fleuve-roi. La nature a donc prononcé; autrefois le Pará était probablement, certainement même, un bras déverseur de l'Amazone; aujourd'hui il ne l'est plus.

On a vu déjà l'importance du Xingú, que nous abordons en faisant escale à Porto de Móz, autrefois Maturú, village-mission fondé par des Carmes. C'est là, me dit-on, qu'en 1710 fut fait le premier essai de labourage avec la charrue dont les pays de l'Amazone aient conservé le souvenir. L'histoire des luttes qui se sont produites sur ce fleuve serait elle-même fort intéressante, mais elle dépasse de beaucoup mon cadre.

Je note ici que les eaux du Xingú sont d'un aspect cristallin, d'une nuance verte, comme celles de l'Océan. Cette remarque trouvera un peu plus loin son intérêt.

M. Carl von den Steinen vient d'explorer ce fleuve pour la seconde fois, d'en préciser le cours; il a surtout étudié l'ethnographie des tribus sauvages, très nombreuses, qui en habitent la vallée. Quant aux productions de son bassin, il a pu vérifier ce que la tradition affirmait, qu'il abonde en grandes forêts vierges, où dominent les *seringueiras* (arbres à caoutchouc), le cacáo, le girofle, la salsepareille, la copahyba, la châtaigne, le puchury, et tous les autres produits qui sont la source des revenus de l'Amazonie. La Compagnie de Marajó fait remonter ses vapeurs à 165 kil. jusqu'à Souzel, avec escales à Veiros et à Pombal.

La *Esperança* reprend le cours de l'Amazone, serrant toujours la rive droite, mais le fleuve se rétrécit un peu, et nous distinguons très clairement les particularités de la rive gauche. Voici les collines tout à fait étranges d'Almeirim, précédées d'autres hauteurs, ou mieux de falaises qui s'étendent entre le Parú et le Jary; sur la rive nord, vers l'est, on ne compte que deux villes, Mazagão, située sur le rio Mutuacá, un peu dans l'intérieur, et Macapá, la forteresse ancienne, presque démantelée, servant encore de *presidio* ou pénitencier à des soldats qui prendraient aisément la clé des champs, s'ils le voulaient. Macapá a 2,000 hab., Mazagão 500; son municipe ou canton en compte 4,500. Celui-ci exporte du cacáo, des castanhas et du caoutchouc. Almeirim n'est qu'un village, bien qu'il soit lui aussi tête d'un municipe;

il a peut-être 200 hab., son nom vient sans doute de *aï-mirim* (*aï*, paresseux; *mirim*, petit). Le village a son horizon borné par une serra blanchâtre, que les riverains appellent pittoresquement *Serra Velha Pobre*, la pauvre vieille, en souvenir d'une légende amazonienne. Ces collines, hautes de 250 mètres au-dessus du niveau du fleuve, sont coupées carrément à leur sommet; on les dirait nivelées au rabot et séparées les unes des autres par de larges brèches, dont les côtés auraient été également équarris. En arrière de la ligne du rivage, elles se prolongent de chaque côté du Parú, enveloppant d'autre part la vallée inférieure du Jutahy, qui débouche un peu plus haut, après avoir baigné de beaux *castanhaes*, ou bois de châtaigniers. L'autre côté du Jutahy, et avec les mêmes singularités, la serra de Paraquára fait front au fleuve, puis développe vers le nord, comme les branches d'un parallélogramme, deux contreforts assez massifs.

Nous gagnons la rive droite et touchons à Prainha, la petite plage, à l'embouchure de l'Urubucuara, jadis village-mission sous le nom d'Outeiro, et peuplé d'Indiens Maués, croisés avec des Portugais; une colline à pente douce sert d'assise à ses 30 maisons qui abritent quelque 200 hab.; 25 d'entre elles sont couvertes en chaume et 5 en tuiles rouges; les unes bordent le sommet du coteau, les autres sont éparpillées le long du rivage. Au centre, dans un espace vide, apparaît l'église, maison carrée percée d'une porte et de deux fenêtres. La ligne du coteau est accusée par un plan de végétation magnifique, où dominent les palmiers, les puxirys, les bombax et les hevæus; au bord de l'eau se balancent de gracieuses embarcations à voile. Les campos qui s'allongent en arrière nourrissent environ 20,000 bêtes à cornes. Les habitants vont exploiter le caoutchouc dans les rios Jutahy et Tamatahy.

Les collines continuent à se dérouler devant nous, et cette fois sur les deux rives de l'Amazone. Au nord, c'est toujours la serra de Paraquára; ses sommets seuls sont apparents, ses pentes disparaissent jusqu'à la base sous d'épaisses forêts; entre cette chaîne et le fleuve on voit de vastes nappes d'eau sans profondeur que l'été met à sec, et qu'alors envahit le *capim*, le gazon brézilien. Les bœufs et les moutons d'Obidos, de Santarem et d'Alemquer y sont conduits pour se refaire et prendre du corps, après quoi ils sont embarqués sur des *batelões* pour le marché de Pará.

La chaîne de droite, la serra do Curuá, séparée elle aussi du fleuve par une épaisse végétation, a ses flancs absolument nus de la base au sommet. Les rives offrent à mon admiration un spectacle nouveau pour moi; des forêts de palmiers *miritis* ou *mirilys*, dont les stipes grêles s'élancent droits à une hauteur considérable, et singulièrement pressés les uns contre les autres. Au-dessus de ces fûts aux tons clairs, les panaches s'emmêlent, gracieux, légers, très aérés. Le soleil se joue dans les feuillages, et bien qu'il ne réussisse pas à en percer la couche, cependant on ne sent pas régner en bas l'horreur sombre dont parle le poète. L'impression est gaie, riante, bien que le sol soit nu, presque comme dans nos bois de sapin.

Quelques heures plus tard, nous stoppons encore sur la rive droite devant Monte-Alegre, la colline riante, un des points les plus salubres de l'Amazonie, mais il nous a fallu remonter le Gurupatuba, dont les bords sont parsemés de sitios cachés dans la végétation des terres sèches. Monte-Alegre n'a guère plus de 2,000 hab. dont 500 seulement sont permanents; les autres sont absents pour la culture du cacáo, le soin des troupeaux, la pêche ; située sur la crête méridionale d'un plateau haut de 300 mètres, d'où l'on jouit d'un point de vue superbe, et rare en cette région si unie, Monte-Alegre est une localité charmante, et jouit de l'avantage d'une température fort douce, d'une atmosphère pure, en même temps que d'eaux excellentes. Sur le port du Gurupatuba, large à cet endroit de 260 mètres, est une scierie mécanique, qui travaille pour l'arsenal maritime de Pará. L'église achevée en 1872, est une des plus gracieuses et des meilleures de l'Amazonie. Je recommande au touriste de séjourner ici : le panorama le récompensera, car il est multiple, et toujours magnifique. La ville basse contient près de 30 maisons à un étage, dans le goût européen, et où l'on peut trouver une hospitalité très confortable.

Nous redescendons le Gurupatuba pour rentrer dans l'Amazone; le fleuve change d'aspect, il paraît beaucoup plus large, parce que les îles ont disparu. Seules, des masses vertes et flottantes viennent à notre rencontre; ce sont des herbages, parfois même des arbustes arrachés par le courant avec la terre où plongent leurs racines et entraînés par lui; des troncs d'arbres énormes passent aussi, et je me demande comment on n'a pas l'idée de les recueillir pour les débiter méthodiquement. Il me semble qu'on ferait aisément une grosse fortune en exploitant cette idée, car ces bois, venus des grandes forêts du Tapajóz, et du Madeira, appartiennent aux essences les plus précieuses.

Nous laissons sur notre droite dans un grand coude du fleuve une île immense, toute garnie de cacoyers sylvestres, de cupú-assú, puis bientôt sous une pluie battante, entremêlée d'éclairs et de coups de tonnerre, le vent faisant rage, nous entrons dans le Tapajóz, dont les eaux d'un noir bleuâtre contrastent avec celles d'un jaune sale de l'Amazone. Son nom, Tapayu-Paraná ou tapanhon-hú (Indiens Mundurucús) veut dire rivière noire. En dépit de cette apparence, son onde est absolument limpide, et le long de la côte méridionale, elle file durant plusieurs kilomètres comme un ruban chatoyant, avant d'être absorbée par la masse de l'Amazone.

Santarém, où nous accostons en pleine nuit, est une ville importante, que je n'ai bien vue qu'au voyage de retour. J'en parle tout de suite pour éviter toute confusion dans le récit. Fondée en 1758, à l'embouchure et sur la rive droite du Tapajóz, avec une forteresse pour en défendre l'entrée, Santarém s'est rapidement développée. Au pied de cette forteresse, bâtie sur le sommet uni d'une longue colline, dominant les alentours, dans l'angle formé par le confluent, s'étendent les maisons que dépassent les deux tours carrées, à la coupole basse, d'une église; des goëlettes, des sloops, des igarités et des pirogues, des *lanches* et de petits vapeurs ancrés devant la ville, donnent un air d'animation joyeuse à cette capitale du Tapajóz, qui compte aujourd'hui près de 300 maisons et contient 6,000 âmes. Elle jouit dans le bas Amazone d'une réputation méritée d'élégance et de politesse. Le Tapajóz, d'un vert louche glacé de gris (aspect du plein jour), étale une masse d'une immobilité telle qu'on la croirait figée. La baie qu'il forme en arrivant dans l'Amazone est immense; de part et d'autre, l'ourlet des terres fermes se recule si loin que l'œil a grand' peine à en saisir les sinuosités. Une double ligne de coteaux bas et dénudés profile la rive droite de l'affluent. Les forêts qu'on voit au bas des coteaux fournissent en abondance la châtaigne, le caoutchouc, le copahu, la vanille et des plantes médicinales. Le commerce des habitants consiste principalement en poisson, en bétail et en cacáo.

J'ai déjà dit que les steam-boats de la Cie de l'Amazone remontent régulièrement le Tapajóz, jusqu'à Itaituba, à 443 kilomètres, avec escales à Boim, Aveiro, et Urucurituba. La vallée est très riche en produits naturels; sur les rives mêmes, on recueille en grande quantité les châtaignes, le tabac, le guaraná, le caoutchouc, le brai, l'étoupe d'écorce ou d'aubier, le cumarú. — Le bassin supérieur est très aurifère, mais la montée est fort malaisée, bien qu'aux temps coloniaux son cours fût souvent le chemin préféré par les expéditions des chercheurs d'or et des *bandeirantes*.

Nous reprenons l'Amazone, filant presque droit vers le nord, longeant de grandes îles, et laissant sur notre droite le gros bourg d'Alemquer, situé sur un paraná de gauche de l'Amazone. Les circonstances ne m'ont pas permis de le visiter, malgré mon vif désir. Une feuille locale, la *Gazeta de Alemquer* que m'a remis complaisamment un citoyen de cette localité, m'en donne une description complète. J'y vois que le canton est d'un aspect enchanteur, que la terre s'y prête à tous les genres de culture, que les *varzeas*, les lagunes desséchées où l'eau est remplacée par un riche tapis d'herbes et de graminées, sont insignifiantes à côté de l'immense *Campo Grande*, parsemé de charmants bouquets de bois, strié de légères ondulations, arrosé par des ruisseaux et des lacs, qui s'étend des bords du rio Curuá jusqu'à la Guyane Française. Ce campo est en effet une prairie ou savane sèche, toute verdoyante, très salubre, où l'Européen même du Nord pourrait sans appréhension aucune fouiller le sol et se livrer à la culture.

Les *Alemquerenses* (il faut se familiariser avec cette terminaison générale, nons eulement ici, mais dans le Brésil : pour désigner les gens d'un pays ; elle s'ajoute au nom de la localité), aiment naturellement la vie paisible, ils sont gens d'ordre, amis du foyer et ce sentiment honnête leur a donné la bonne idée de résister à la tentation du caoutchouc, nouvelle soif de l'or. Chose rare dans ces parages, ils sont de préférence cultivateurs : ils produisent beaucoup de cacáo, et leur élevage de bétail se développe considérablement. Les *castanhaes* et les *cumarùsaes* abondent ; il y a aussi des caféières, des cotonnières et des champs de canne à sucre. Le climat est magnifique ; il y meurt par an 50 personnes seulement sur une population de près de 20,000 âmes.

La ville proprement dite a 5 rues parallèles, coupées par 9 traversières et 3 places. Elle renferme un nombre respectable de commerçants. Ses habitants permanents doivent approcher de 2,500

Les bords du fleuve apparaissent plus peuplés ; sitios, hameaux, villages mêmes sont fréquents sur les deux rives. A chaque pas est un débarcadère, sorte d'escalier creusé dans l'argile de la falaise, et dont les degrés sont fixés par un rondin de bois ; à l'ombre de quelques grands arbres, des montarias y sont amarrées avec plusieurs igarités. Çà et là des *Maromas*, ou maisons bâties sur pilotis, avec porche, auvent et galerie ouverte sur trois côtés. La falaise est d'un ton d'ocre rouge éclatant.

Nous dépassons sur notre gauche le déversoir du grand lac de Villa-Franca, le plus profond de l'Amazonie; puis aussitôt le grand *Cacoal Imperial*, propriété de la nation qui est une cacaoyère cultivée, fort mal, il est vrai. Jadis organisée et fort bien entretenue par les Jésuites, qui en tiraient un excellent revenu, elle comptait plus de 40,000 pieds; en 1872, ceux-ci étaient réduits à 4,000. Depuis plus d'un siècle qu'elle a été faite, cette plantation n'a jamais été renouvelée ni améliorée. On peut dire qu'à cette heure, dans les mains qui la négligent, elle est une non-valeur. L'acheter et l'exploiter méthodiquement constituerait une excellente opération.

Vers 9 heures du matin, un peu en avant de l'embouchure du Trombetas, rive gauche de l'Amazone, nous rencontrons Obidos, l'antique Pauxis, en face d'un étranglement du fleuve; bâtie sur des collines, et dans des replis de terrain, la ville est masquée par des hauteurs. Deux petits fortins armés de canons défendent la passe, qui a tout au plus 1,800 mètres. La ville a près de 2,000 habitants, son municipe 10,000 âmes et 20,000 têtes de bétail, car l'industrie de l'élevage y est la principale. Le Trombetas étant une rivière des plus riches en bois de toutes sortes, Obidos en exporte pour une valeur très respectable. L'agriculture s'occupe surtout du cacáo; elle produit du café tout juste pour la consommation locale, le tabac de même; les *Mocambos*, (hameaux de déserteurs et de réfugiés) du Trombetas lui en fournissent la meilleure qualité.

Un large sentier, tracé par la nature, et façonné par l'homme, conduit du rivage à la ville, dont les 80 maisons occupent le versant d'une colline tapissée d'herbe rase. La ville nous paraît très animée; son port surtout est encombré d'embarcations de toutes grandeurs que les Tapuyas apprêtent, chargent et disposent pour le départ. La *Esperança* ne s'arrête que le temps de prendre du combustible.

Nous courons bientôt au milieu du fleuve, qui reprend

sa largeur normale, dépassons la bouche du Trombetas et bientôt celle du Jamundá; dans l'angle formé à sa droite par le confluent de ce dernier, est la petite ville de Faro; ancienne aldée d'Indiens Jamundás, au centre de prairies magnifiques, mais à peu près inutilisées. Elle n'a guère que 500 habitants.

Ici nous quittons la province du Gram-Pará, pour entrer dans celle de Amazonas. Il y aura certain nombre de choses à dire sur les produits de la région, sur les habitudes, les coutumes, la façon dont elle se développe. Ces observations s'appliquant à tout le bassin de l'Amazone, on les trouvera comme conclusion du voyage, au retour.

III

LA PROVINCE DE AMAZONAS

De Parintins à Manáos. — La capitale du Haut-Amazone et les progrès de la province. — Le Solimões jusqu'au Pérou. — Vue d'ensemble de l'Amazone. — Les affluents. — Climat et colonisation.

La *Esperança* arrive bientôt à Parintins, ancienne Villa Nova da *Rainha*, puis Villa Bella da *Imperatriz*, et à qui l'on a rendu le nom de la serra voisine et des Indiens qui en furent les premiers habitants. Ce gros bourg est situé dans une île qu'entourent l'Amazone, le furo du Limão (citron) et le Limãosinho (petit citron), tous deux bras de sortie du grand furo du Canuman, qui dans une autre partie inférieure s'écoule aussi par le Ramos. Le bourg, qui a peut-être 600 âmes, est bâti sur une petite colline sablonneuse. Les maisons très basses, à rez-de-chaussée seulement, sont peintes à la chaux, et disposées sur une seule rue.

C'est près de cette localité, que commencent les *Cacoaes* ou cacaoyères, plantations dont le vert sombre et doux à l'œil tranche agréablement avec les verdures d'alentour. Chaque cacoal est pourvu d'une maisonnette blanche, ici couverte en chaume, là coiffée de tuiles, suivant la richesse et le goût de son propriétaire. Ces plantations qu'on voit naître à Parintins se poursuivent des deux côtés du fleuve jusqu'à Monte-Alegre; plus bas, elles se montrent seulement sur la rive droite, dans les îles de l'archipel de Marajó, et s'étendent fort haut le long du Tocantins.

Les habitants produisent aussi un tabac d'excellente qualité, du roucou, du *guaraná*, de l'huile de copahu ; ils font le commerce du caoutchouc, du *piracucú* sec. Il y a plusieurs maisons françaises : Zagury et Cie, Abraham Baruel, Gohim et Zagury, Marc Lévy, Salomon Zagury.

Nous mettons le cap sur le nord-ouest pour traverser le fleuve en diagonale et nous touchons presque à la rive gauche, dont certaines parties sont bien cultivées ; nous voyons des bananiers à larges feuilles avec leurs régimes pendants et terminés par un tubercule du plus beau violet, des cocotiers, des champs de maïs, des orangers ; partout des guirlandes de fleurs sauvages, de belles masses de verdure entremêlées avec les arbres à fruit. La nature vierge, s'unissant aux plantes cultivées, forme le plus magnifique spectacle.

Une série d'îles allongées resserre le lit du fleuve, dont le courant est sur ce point assez fort. Le bateau passe entre l'île de Bacoval et l'île Grande de Mocambo. L'autre côté de celle-ci, sur la terre ferme, au nord, il y a quantité de sitios, fondés par ces fugitifs, et qui ont donné au paraná leur nom de Mocambo. Nous longeons des mornes verdoyants, au pied desquels la falaise de la rive se dresse rouge et striée de cailloux gris. Nous laissons le furo déverseur du lac Uatunan, centre de pêche et de cueillette de plantes médicinales, peuplé d'Indiens Pariqués domestiqués, ainsi que les villages de Capella, et Sant' Anna ; plus loin nous dépassons encore Silves, l'ancienne Saracá, au penchant d'un monticule, dans une île du Uatunan, bourgade de pêcheurs de *peixe-boi* ou lamantin et de *tortues*, fondée au siècle dernier sur un emplacement appelé Muratapéra, mot lugubre qui signifie « endroit où il y eut des Murás ».

Après avoir longé la grande île Serpa, une longue colline s'élève doucement ; les berges striées de brun et de jaune, à dix mètres au-dessus des eaux, servent de soubassement à une quarantaine de maisonnettes basses, placées sur une seule ligne, et si bien serrées les unes contre les autres, qu'à distance on croirait qu'elles forment un seul corps de logis; devant ces maisons un vaste tapis d'herbes rares et jaunies: au fond la muraille verte de la forêt: sur les côtés, de petites cultures, d'où émergent des palmiers et des arbres fruitiers; c'est Itacoatiára, « la pierre peinte », nom qui lui vient de rochers portant une espèce d'hiéroglyphes, d'origine caraïbe.

L'aspect de ce hameau est misérable; il y a cependant une douane, sise au haut de la colline, élevée de 22 mètres, à laquelle on monte par un escalier de bois de cent degrés. Sur la place, où est le bâtiment de la Chambre municipale, des bœufs paissent à leur aise. On s'étonne que ce misérable *povoado* soit le point d'escale de toutes les compagnies de navigation, car il a tout au plus 500 habitants. Ce fait ne s'explique que par la situation de cette localité en face de l'embouchure du grand Madeira, situation qui donnera à cette station commerciale un grand avenir. Son port excellent est très profond; les navires du plus fort tonnage peuvent charger et décharger accostés à terre. C'est là que les Boliviens, descendus par le Madeira, laissent canots et batelões, pour descendre à Pará sur les bateaux à vapeur. Quand ils ont effectué dans cette grande ville leurs ventes et achats, ils viennent reprendre à Itacoatiára leurs embarcations pour rentrer chez eux par le même dangereux chemin. C'est pour eux qu'a été créée la douane.

Nous courons droit au sud-ouest, nous engageant dans dans les méandres de l'archipel Cauiny, groupes d'îles séparées par des canaux que les palmiers et les puxirys couvrent de leur ombre. Des pauxis à huppe crépelée et des perruches à croupion rouge habitent ces sites charmants; nous défilons le déversoir du lac Arary, rive droite, et, bien qu'on me dise que nous sommes devant la principale embouchure du Madeira, l'aspect nous en reste absolement masqué par la longue bande de palmiers miritis, pareille à un écran de plumes vertes, qui se dresse sur les îles das Tartaruguinhas et Madeira, semées dans l'estuaire, comme pour diviser le courant et en amortir le choc. Les eaux du Madeira sont blanches.

Pendant la nuit nous passons devant S. José du Matary, au débouché du lac da Gloria, régulateur du rio Urubú; ce village-mission ne compte guère que huit maisons et une église, celle-ci à peu près en ruines. Le fleuve est divisé en deux branches par la grande et large île du Carero, au centre de laquelle est le vaste lac do Rei ou du Roi, se déversant au nord. Le bateau prend ce côté et passe devant les célèbres roches de Parnquécoára, récifs assez dangereux, puis bien vite il entre dans les eaux du rio Negro : pendant plus de deux heures, nous assistons au conflit de ses eaux calmes et noirâtres avec les flots jaunes et précipités du Solimões, car c'est ici que l'Amazone prend ce nom et que commence son cours moyen. Comme le disent les Indiens avec cette précision imagée qui caractérise leur langue et fait honneur à leur faculté d'observation, c'est la « rivière morte » en face de la « rivière vivante »; le Solimões vient heurter le sombre et lent courant du rio Negro, avec une puissance tellement irrésistible, tellement vivante, que ce dernier semble bien à côté de lui une chose inerte et sans ressort. Au moment où nous passons, les eaux sont basses, et le rio Negro semble opposer une faible résistance à la force supérieure du fleuve; pendant un court instant, il lutte contre le flot impétueux, mais vite subjugué et étroitement pressé contre le rivage, il continue sa course jusqu'à une petite distance, côte à côte avec le Solimões. Il n'en sera pas ainsi un mois plus tard, à l'époque de la crue; l'énorme fleuve refoule alors l'embouchure du rio Negro avec une telle supériorité qu'il semble que pas une goutte des eaux, noires comme l'encre, de la rivière ne se mêle à l'onde jaunâtre de l'irrupteur; celui-ci se jette en travers du confluent et passe en le barrant complètement.

A 8 heures du matin, nous débarquons à Manáos, l'ancienne Barra du rio Negro, capitale de la province de Amazonas.

MANAOS ET LES PROGRÈS DE LA PROVINCE

On me permettra d'emprunter à Paul Marcoy la description du site où est bâtie cette jolie ville : « Deux talus d'ocre rouge. qui se développent parallèlement jusque dans les profondeurs de la perspective, forment la double rive du rio Negro, large à cet endroit de près d'une lieue. Sur ces talus se dressent les plans des forêts dont le vert, assombri par le reflet des eaux noires, passe dans l'éloignement au bleu d'indigo, et se fixe à l'horizon dans une teinte d'un velouté exquis. Un ciel de cobalt que ne voile aucune vapeur, que ne traverse aucun nuage, étend sur le décor sa splendide coupole. Rien de plus bizarre et en même temps de plus magnifique que ce vaste panorama, peint avec quatre couleurs distinctes et superposées, qui se joignent sans se confondre et se font valoir l'une l'autre; reproduites par l'artiste sur une toile, ces zones de bleu cru, de noir d'encre, de rouge étrusque et de vert sombre, formeraient une gamme de tons fausse, criarde, épouvantable à l'œil ; mais la nature, qui se rit des tentatives de l'artiste et des combinaisons de l'art, n'a eu qu'à rapprocher ces couleurs disparates et à prononcer sur elles son magique *fiat lux*, pour que la lumière et l'air les enveloppassent d'un double fluide, et qu'une harmonie souveraine résultât de leur désaccord apparent. »

Le port de Manáos a encore 35 mètres de fonds par les plus basses eaux. La ville est située sur la rive gauche, à 18 kilomètres environ de l'embouchure. Son assiette est très inégale; sur quelques points, les renflements du sol dépassent le faîte des toitures; une rue artérielle, longue, large, onduleuse, accidentée, partage la ville du nord au sud. A cette rue, s'en rattachent de plus petites qui dans l'est aboutissent à des pelouses, dans l'ouest à des espaces ouverts et un peu arides. Trois ruisseaux pourvus de passerelles, dont une fort jolie est en fer, serpentent à travers cet ensemble et servent de docks ou bassins à la flottille commerciale de la localité. Goélettes, lanches, sloops, igarités, montarias viennent s'y radouber, attendre un chargement, ou s'abriter contre les *trovoadas*, tempêtes brésiliennes qui se déchaînent sur le Bas-Amazone, et dont l'influence se fait sentir à plusieurs lieues dans l'intérieur du rio Negro. Il y a même une petite flottille de guerre, qu'entretient l'État, elle est composée de canots et chaloupes à vapeur, et de petites canonnières.

Aujourd'hui la ville compte de 15 à 20,000 âmes; une trentaine de rues et ruelles, dont plusieurs gracieusement arborisées, ainsi qu'on dit au Brésil, la majeure partie pavées, encadrent ses 600 maisons. Celles-ci sont vastes, bien aérées, entourées de jardins ou tout au moins de jardinets, jadis fort mal tenus, mais qui maintenant sont soignés et s'embellissent chaque jour. Il n'y a guère d'édifices à signaler, sauf l'église mère (*matriz*), *Nossa Senhora da Conceição*, récemment achevée, et qui ferait honneur à n'importe quelle petite cité européenne. Ses deux tours surmontées de belvédères sont gracieuses; les beaux palmiers qui ombragent les rues dont la rencontre forme la place d'avant donnent à l'aspect de l'édifice un cachet caractéristique; la place est d'ailleurs ornée du gazon naturel, du *capim* ras et jaunâtre, que l'absence de tout entretien suffit à y laisser pousser. Le palais du président est une pauvre bâtisse assez semblable à un hangar d'usine; celui de l'Assemblée provinciale a un étage, mais ne vaut pas une de nos mairies de chef-lieu de canton. Je parle là seulement de l'extérieur; quant à l'intérieur, c'est bien plus fruste encore. On ne semble pas s'y être douté de ce que peuvent être l'ameublement et le confortable.

Qu'importe, d'ailleurs? Ces petites lacunes, saillantes

4

seulement aux yeux du visiteur imbu des routines et des préjugés d'Europe, n'entraveront en rien l'avenir de cette Saint-Louis de l'Amazonie. J'avoue même qu'elles me frappent beaucoup moins que certains Manauenses venus à Paris, à Lisbonne et en Angleterre, et qui voudraient déjà que l'antique *capitania* du Rio Negro le disputât en superfluités civilisées avec les contrées les plus usées de notre vieux continent.

Les habitants de Manáos sont exclusivement voués au commerce. Les uns le font en gros, les autres en détail. Les premiers reçoivent du haut Amazone du cacáo, du roucou, de la salsepareille, des huiles de tortues et de lamantin, des huiles d'andirobá, de copahu et autres denrées, des cuirs, des peaux, des poissons séchés. Ces produits recueillis dans les sitios par les *montarias*, les *canôas* et les *igarités* des commis ou des *regatões*, par les lanches à vapeur, arrivent par petits lots et sont emmagasinés par eux en attendant qu'ils aient pu compléter le chargement d'un petit navire, ou constituer pour les paquebots un fret suffisant à justifier une réduction de transport.

Les commerçants de détail ont des caves-boutiques, qui sont bien la chose la plus pittoresque à voir. Au volet extérieur de la devanture pendent un mouchoir à carreaux, un rouleau de cordages, une botte de paille, destinés à servir d'enseigne; l'intérieur réunit les objets les plus hétérogènes, les plus disparates, mais d'ailleurs les plus estimables : une véritable *olla podrida*, mais pas plus étrange que les *tiendas* des grandes villes d'Espagne à cette heure encore : étoffes et saindoux, saucissons et rubans, viande salée et chapeaux de paille, tafia et souliers à clous, légumes secs et souliers à bordage; c'est notre bazar, un peu plus rapproché de celui de l'Orient. Mais puisque bazar il y a, déjà on le trouve aménagé à la mode d'Europe. Nous avons là quelques compatriotes Français dont les magasins révèlent le goût parisien, tout au moins nantais ou bordelais; par exemple MM. G. Pothey, Rabert et Cie, commission et banque, dirigée par

M. H. de la Baume; Bard et Cie, *idem;* Kahn, Polack et Cie, commission et détail; Charréard et Kahn; Isidore Noral, Léon Gaggi, E. Levy, Louis Schill frères, bijoutiers; G. Debusigne, horloger. M. Jacquot d'Anthouay tient l'*hôtel de France*, où l'on jouit d'un réel confortable; tout près de la ville. M. Berger possède un établissement rural. Les enseignes de nombre de magasins sont en français, surtout dans la rue *Municipal* et la rue de *Bôa-Vista* : « *Au Printemps*, *au Louvre*, *à Notre-Dame-de-Paris*, *Café Chic*, etc. ». On parle français partout, beaucoup anglais et parfois aussi allemand.

Tous, étrangers ou indigènes, commercent de la même façon; ils expédient leurs articles mêlés, véritable pacotille, dans les divers affluents du grand fleuve, au Venezuéla, au Pérou, en Bolivie, et reçoivent en échange le caoutchouc, le cacáo, et les divers produits de la contrée.

Pour éviter des répétitions qui deviendraient inévitables, j'examinerai tout de suite ce qu'est la province d'Amazonas, ce qu'elle produit et exporte et quelles sont ses ressources.

Occupant tout l'ouest de la partie brésilienne du bassin de l'Amazone, la province n'a au nord et à l'ouest d'autres voisins que ceux de l'Empire lui-même, la Guyane Anglaise, le Venezuéla, la Colombie, le Pérou et la Bolivie; au sud et à l'est, elle confine à Goyaz et au Gram-Pará; sa superficie est évaluée de 1,897,020 à 2,874,960 kilomètres carrés; le million de différence représente la partie mal délimitée de territoire litigieuse avec Matto Grosso. La population fort mal connue, peut être, selon moi, estimée à 150,000 habitants; elle a beaucoup progressé durant ces dernières années, par l'émigration spontanée de Brésiliens de la côte Atlantique.

Judiciairement elle dépend de la *Relação* ou cour d'appel de Belém, à laquelle ressortissent ses 6 comarcas avec leurs juges de droit, et 7 *termos* avec leurs juges municipaux; au rapport ecclésiastique, elle dépend de l'évêché de Belém; administrativement elle comprend 15 municipes, dont 4 cités, 11 villes, formant 33 paroisses. Elle envoie 1 représentant au Sénat, 2 à la Chambre des députés et son Assemblée législative provinciale compte 24 membres.

Constituée en 1852 à l'état autonome par son démembrement de celle du Pará, la province de Amazonas avait dès cette année 19,006 $ 465 de recettes et 18,894 $ 457 de dépenses. 10 ans plus tard, en 1862, son budget était de 95,347 $ 803 en recettes et de 93,328 $ 698 en dépenses.

Vient l'ouverture de l'Amazone à la navigation libre. En 1868, on voit 274,427 $ en recettes contre 238,331 $ en dépenses; en 1883, les recettes à 2,502,424 $ 774, et les dépenses à 1,600,088 $ 903; en 1887, les recettes à 2,713,686 $ 084 et les dépenses à 2,548,068 $ 315. On voit combien rapide a été la progression, accompagnant le mouvement du développement économique du pays.

Sa contribution au budget général de l'Empire pour 1886-87, a été de 963,346 $ 197 en recettes et de 526,294 $ 103 en dépenses.

La dette de la province est purement flottante. D'après une notice de l'inspecteur de la *Thesouraria da Fazenda*, M. L. R. Cavalcanti de Albuquerque, en date de mai 1888, cette dette était de 408,592 $ 224 en 1885 et de 557,090 $ 571 en 1887. Déduction faite des sommes à recouvrer elle se monte réellement à 410,360 $ 080. L'excédent de recettes du dernier semestre de 1887 a même réduit ce chiffre à 66,374 $ 691, ce qui est insignifiant.

Les ressources de la province proviennent des droits perçus pour son compte et celui de l'État, principalement sur le commerce d'importation et d'exportation. Le développement de ce commerce est saisissant. On va en juger par les chiffres suivants :

PRODUCTION ET EXPORTATION DE LA PROVINCE DE AMAZONAS

ANNÉES	CAOUTCHOUC	CHATAIGNE	CACAO	VALEUR OFFICIELLE		EXPORTATION
	KILOGR.	HECTOLIT.	KILOGR.	DIVERS	TOTAUX	DIRECTE
1876-77	1.733.329	39.400	9.970	454.705$350	2.600.600$091	75.039$041
1877-78	2.573.396	342.284	20.254	310.451 416	2.670.671 565	253.566 750
1878-79	2.773.863	25.234	34.767	309.359 114	4.531.832 734	418.635 710
1879-80	2.805.425	27.070	102.454	521.505 250	7.403.060 067	942.383 569
1880-81	2.917.420	55.446	61.397	322.528 457	7.322.904 682	1.173.526 305
1881-82	4.347.358	44.217	35.724	494.955 150	10.342.107 600	1.563.321 405
1882-83	3.686.666	173.690	70.404	570.121 610	13.063.853 695	2.290.179 090
1883-84	4.255.987	57.555	43.574	364.921 090	12.877.209 393	2.517.100 978
1884-85	5.107.895	42.056	427.718	733.376 772	13.057.971 435	2.636.581 613
1885-86	6.477.001	69.586	468.250	576.940 496	16.575.811 505	3.275.290 710
1886-87	6.430.125	35.908	131.603	348 956 496	14.634.808 078	5.133.533 068
1887 Juill.-déc.	2.604.446	2.824	23.491	120.142 250	6.697.824.825	1.412.092.203

L'exportation directe comprend les chargements faits à Manáos même, sur les navires partant directement pour l'Europe ou les États-Unis. — Le reste du total forme le contingent fourni par la province au port de Belém du Para. Quant aux articles divers, ils représentent des produits non spécifiés comme ceux qu'on trouve à la nomenclature que j'ai donnée pour l'exportation du Pará.

4.

Je joins ici les résultats de la campagne 1888, qui me parviennent au commencement de mars 1889. Voici ce qu'a directement exporté l'an dernier le port de Manáos :

Articles.	Quantités.		Valeur officielle.	
Caoutchouc	2.125.870	kilog.	4.240.058 $	145
Châtaignes	89.696	hectol.	284.092	038
Cacáo.	329.630	kilogr.	148.722	086
Piassaba	121.457	»	18.218	550
Cuirs verts	101.387	»	11.378	705
Peaux de cerfs	2.219	»	3.320	400
Huile de Copahu. . . .	2.166	»	2.386	182
Cumarú	161	»	75	600
Cuirs secs	84	»	201	600
Total de l'exportation directe			4.708.463 $	806

L'importation s'est accrue dans une proportion analogue : inutile de répéter ce que nous avons vu pour la place de Pará, elle comprend ici absolument les mêmes articles.

Années.	Cabotage		Long cours	
1876-77.	1.640.553 $	760	189.653 $	324
77-78.			328.544	816
78-79.	3.406.514	493	329.778	857
79-80.	2.832.630	646	444.547	456
80-81.	1.909.274	660	678.479	086
81-82.	3.132.505	352	746.491	899
82-83.	5.220.336	182	1.099.674	258
83-84.	4.595.271	380	1.494.939	266
84-85.	3.780.431	074	1.061.038	638
85-86.	5.236.300	880	1.040.634	436
86-87.	5.094.760	451	1.274.877	087
1887 (juillet-décembre)	1.292.008	475	645.415	925

En 10 ans, l'augmentation est de	3.450.206	682
pour le cabotage, et de	1.084.723	763
pour le long cours, soit augment. totale.	4.534.930 $	445

Comparant seulement les chiffres pour 1886-87, nous avons au change de 400 reis, une importation totale de. . .	16.122.848 fr.	85
Contre une exportation totale de	36.587.245	20
Soit un commerce total de	52.710.087 fr.	05

Les relations directes de Manáos avec l'étranger ne datent que de 1876, où elles furent ouvertes par un navire danois venant de Hambourg. Ces relations sont entretenues actuellement, — je suis toujours la notice citée plus haut, — par des lignes subventionnées, pour lesquelles la province dépense actuellement 438,000 $. — Ce sont : 1° *Red cross line*, 1 fois par mois de Liverpool, par le Havre, Lisbonne, Pará, Parintins, Itacontiára, à Manáos et *vice-versa*; — 2° *Booth Steamship Company*, 1 fois tous les mois de New-York à Manáos, par Pará et vice-versa; — 3° *Cie Brazileira* qui étend son parcours de Rio de Janeiro à Pará jusqu'à Manáos, 3 voyages par mois, aller et retour.

Le cabotage subventionné est effectué par la Cie de Manáos, qui fait par mois les mêmes voyages sur le Purús et le Juruá que celle de l'Amazone; plus un voyage sur le Javary, avec escales sur le Jutahy et un voyage sur l'Acre. — La Compagnie de l'Amazone exécute pour le compte de la province des voyages sur l'Amazone jusqu'à Jurimaguas (Huallaga) 1,913 milles; sur le Juruá à la bouche du Ipixuna 1,900 milles; sur le Madeira à Santo-Antonio, 697 milles; sur le rio Negro à Santa Isabel, 423 milles; sur le Purús, à la bouche du Hyacú ou Yacó 1,900 milles, puis sur les tributaires du même Purús, 1,010 milles, dont 500 sur l'Acre, 150 sur le Hyacú ou Yacó, 200 sur le Pauhiny, 60 sur le Inauhiny et 100 sur le Ituxy.

La Compagnie Pará et Amazonas, non subventionnée, effectue elle aussi presque tous ces voyages, mais à des époques qu'elle détermine selon ses convenances.

Le mouvement du port de Manáos se résume dans les chiffres suivants :

ANNÉES.	VAPEURS.		TONNAGE.
	Nationaux.	Étrangers.	
1876-77	49	6	22.434
1879-80	94	12	45.878
1882-83	111	23	66.678
1885-86.	300	16	130.477
1887	306	20	186.584

Soit en 10 ans une augmentation de 257 vapeurs brésiliens et de 14 étrangers, représentant un accroissement de 164. 150 tonnes; phénomène qu'on ne retrouvera certainement aussi caractérisque dans aucune province du Brésil ni peut-être sur aucun autre point du monde.

Il ne faut pas oublier que la situation de la province, limitrophe de quatre États étrangers en fait un centre de transit. Elle est l'entrepôt de ses voisins et son port est, comme dit fort justement M. L. R. Cavalcanti de Albuquerque, fréquenté par la plus considérable navigation fluviale de l'Amérique du Sud, et cela bien qu'elle soit aussi mal outillée à cet effet qu'on le peut imaginer. A mon regret, il m'a été impossible de trouver des éléments sérieux d'évaluation de ce transit; la douane locale n'a su m'en fournir. M. Néry lui-même, un enfant du pays et bien que disposant à loisir de toutes les sources officielles d'information de la province qui a fait les frais de son ouvrage, n'a pu fournir que des chiffres incomplets et presque hypothétiques. Il me paraît cependant qu'en évaluant ce transit à 4 millions de francs, on ne serait pas très éloigné de la réalité.

Il eut été également intéressant d'avoir une idée précise des revenus des administrations municipales, ou plutôt de cantons, revenus provenant surtout des droits de licences et de patentes et autres analogues, et surtout d'un droit additionnel de 2 0/0 sur le caoutchouc exporté de chaque canton. Le distingué fonctionnaire cité tout à l'heure le remarque avec raison : « la difficulté de parcourir des zones immenses, de naviguer les innombrables lacs et *parands* avec des *canôas* pour fixer et recouvrer de tels impôts, auxquels est soumise cette infinité d'embarcation de *regatões*, de dépôts de marchandises destinées au service de la cueillette du caoutchouc, en empêche constamment la perception complète, comme il conviendrait aux intérêts du fisc, et c'est pourquoi le recouvrement des recettes municipales n'est pas en rapport avec le développement du revenu provincial ».

Voici toutefois les données que ce distingué inspecteur a pu trouver pour le dernier exercice liquidé, celui de 1885-86 : elles fournissent une idée des recettes et des dépenses de chacune des administrations municipales ou cantonales :

Cantons (municipios.)	Recettes.		Dépenses.		Excédent.	
Borba	14.411 $	475	10.180 $	330	4.231 $	145
Coary	23.280	569	19.817	363	3.963	206
Codajáz	24.918	326	5.230	573	19.687	753
Itacoatiára	4.179	716	4.035	042	144	674
Labrea.	11.762	959	5.817	504	5.345	455
Manicoré	106.611	640	52.430	452	54.181	188
Olivença	10.201	192	2.187	558	8.013	634
Parintins	3.977	643	3.977	281		362
Silves.	3.731	742	3.509	884	221	858
Barreirinha	1.383	248	1.093	236	290	012

Les chiffres pour Olivença concernent seulement le premier semestre, celui de Labrea se rapporte à la période du 7 mars au 30 juin 1886, date de son inauguration. Quant aux cantons ou municipes de Barcellos, Conceição, Moura et Teffé, il a été impossible de se procurer les documents financiers des derniers exercices.

La Chambre municipale de Manáos dont les revenus de beaucoup les plus importants se sont rapidement développés, a toutefois vu ses recettes sensiblement diminuer par l'érection de Labrea en municipe distinct, car cette dernière ville est l'*Emporium* du caoutchouc, et ne perçoit pas moins à cet égard de 82,500 $, somme prévue pour 1888. Actuellement, la municipalité cantonnale de Manáos a une situation dont voici les chiffres :

	Recettes.		Dépenses.		Excédent.	
1872-73	81.806 $	419	78.958 $	280	2.848 $	139
1877-78	90.730	279	90.673	618	56	661
1882-83	124.535	829	123.622	085	913	744
1886-87	144.083	941	145.344	376		

En poursuivant le voyage, nous allons voir qu'un développement si rapide s'explique aisément par l'extraordinaire fécondité et la merveilleuse abondance des ressources naturelles du pays. Quelques hommes vigoureux, hardis, entreprenants, suffisent pour créer entre une année et la suivante des différentes stupéfiantes, soit dans la production, soit dans le mouvement commercial. Et combien n'en serait-on pas plus frappé encore s'il y avait seulement un peu de souci des statistiques !

LE SOLIMOES OU HAUT-AMAZONE

J'avais laissé partir la *Esperança* qui ne pouvait s'attarder à Manáos ; mais la semaine suivante, le bateau de la même Compagnie qui fait mensuellement le service du Solimões et du Pérou, allait remonter l'Amazone jusqu'à Iquitos. Je pris donc place à bord de la *Perseverança*.

Nous sommes séparés de Belém par 925 milles ou 1,713 kilomètres. Jusqu'à Tabatinga, à la frontière, nous allons en franchir 318 ou 589 kilomètres, et nous en parcourerons encore 823 soit 1,524 kilomètres pour arriver à Iquitos. La ligne parcourue par les grands paquebots de Belém à Iquitos a donc 2,066 milles ou 3,823 kilomètres.

La *Perseverança* est bonne marcheuse : elle jauge 763 tonneaux et a 500 chevaux de force qui actionnent deux hélices. La *Esperança* en avait 750 pour un tonnage d'environ 1,000 tonneaux. Tous deux peuvent développer une vitesse de 12 nœuds, comme ils l'ont montré aux essais. Néanmoins nous n'en faisons guère que 10, ce qui est déjà une allure très satisfaisante. Le pont est recouvert d'une toiture légère, soutenue par d'élégantes colonnettes en fer qui mettent passagers et marchandises à l'abri du soleil comme de la pluie. Ces deux ponts forment de plus balcon au-dessus et en dehors de la coque de ce navire. Cabines et salons, pour les passagers de première classe sont au centre; la salle à manger à l'arrière. Le pont inférieur est réservé au bétail. La cale renferme les marchandises, mais contrairement à l'usage, au lieu de les recevoir par en haut, à travers le pont, elle les reçoit par quatre ouvertures pratiquées dans les flancs. De la sorte, aucun encombrement du pont; la réception et le déchargement n'incommodent aucunement les voyageurs. On ne saurait imaginer d'aménagement plus confortable.

Le premier jour nous filons, longeant des îles qui nous masquent la rive droite, et contemplant sur la rive gauche les déversoirs d'une quantité de lacs-rivières aux eaux noires. Plusieurs de ceux-ci ont des furos qui les mettent en communication avec le rio Negro, d'où sans doute l'aspect de leur nappe liquide. Le Solimões a encore deux bonnes lieues de large. Bientôt nous avisons les trompes par lesquels le Purús apporte son contingent puissant au fleuve-roi. La principale bouche a une largeur de 1.247 mètres; les autres sont des *furos* par lesquels le Solimões mêle ses eaux jaunes aux eaux plus claires du Purús. Le courant dans ces canaux va du grand fleuve à l'affluent, au lieu d'en venir si les canaux étaient réellement des bouches de confluence, comme on le redit depuis La Condamine.

Rangeant toujours au plus près la rive gauche du Solimões, nous faisons halte à Codajáz, chef-lieu d'une municipalité de canton, simple bourgade encore, dont les habitants font spécialement le commerce du caoutchouc, du pirarucú, du mixirá, de la graisse de peixe-boi ou lamantin, et des chataignes. Ils sont environ 400. Mais ils ont beaucoup de voisins dans les *sitios* et l'on a vu tout à l'heure par le revenu de cette municipalité qu'ils font preuve d'une activité fort louable. A la descente, la *Perseverança* y a pris un respectable chargement. Près de la bourgade est le lac de Codajáz à l'est, celui de l'Onça à l'ouest, entourant la localité de vastes nappes d'eaux noires.

Quelques heures plus tard nous abordons sur la rive droite à Coary, autre municipalité de canton bâtie dans un étranglement au sortir du lac qui est le récepteur de l'affluent du même nom; encore une rivière aux eaux noires. Cette bourgade n'est pas jolie, ni bien développée.

Les environs sont plutôt tristes; la végétation est basse, plus fragmentée, plus éparse, moins luxuriante aussi que celle que nous avons aperçue jusqu'à présent. Des calebassiers, des orangers plantés par des Carmes portugais qui, au XVIIIe siècle, avaient fondé la mission d'Arvellos, témoignent qu'on y fit jadis un essai de culture. Le lac est bon pour les embarcations de pêche, mais il est sujet à des tempêtes terribles. Le commerce des habitants s'exerce comme à Codajáz, sur le caoutchouc, la copahyba, la salsepareille, les chataignes, puis sur les graisses de tortues, le mixirá de peixe-boi, le puxiry. — Leurs *sitios*, petites plantations de manioc et de café, pourvus d'une *ajoupa* couverte en palme, sont situés dans l'intérieur des forêts, assez loin de la rivière.

La rive se relève: nous longons constamment des falaises rougeâtres, au pied desquelles se déroule une plage basse couverte de limon. Nous rencontrons des îles étroites aux élégantes palmeraies de miritis; on aperçoit quelques roches grises émergeant du drift roux ou blanchâtre. Le deuxième jour, nous sommes à Teffé ou Ega, très jolie petite ville, chef-lieu de la comarca du Solimões, ayant environ 4,000 habitants. Elle est bâtie au bord d'un petit lac que forme le rio Teffé avant de se rendre à l'Amazone, et dont les eaux noires en réfléchissent les élégantes maisons.

Une large plage sablonneuse s'étend entre la rive et les maisons qui s'étagent au flanc d'une verte colline, où paissent des bœufs et des moutons. Par suite de l'inégalité du terrain, du côté du lac au nord, les maisons dépassent à peine le niveau du lac, tandis que du côté du sud, elles le dominent d'une hauteur de quelques mètres. Les premières durant la saison des pluies voient l'eau du lac s'avancer jusqu'à leur seuil. La plupart de ces maisons sont en pisé, blanchies au lait de chaux, couvertes en feuilles de palmier ou en tuiles rouges; les portes et les volets sont peints en vert d'épinard ou en bleu de roi. Presque toutes sont entourées d'un petit verger enclos et planté d'orangers et de palmiers : le corotier, l'assahy, le pupunha ou palmier à pêches; celui-ci porte ses fruits en touffes gracieuses; on les mange après cuisson avec du sucre, comme une vraie compote, qui est d'un goû très agréable.

La colline herbeuse qui s'élève doucement derrière la ville se couronne de forêts qui forment au paysage un gracieux arrière-plan. Presque toutes les habitations ont dans leur enclos, ombragé par des orangers, un réservoir ou vivier à tortues, car la chair de cet animal est la base de leur alimentation. Aussi la récolte des tortues et de leurs œufs constitue-t-elle pour les habitants à la fois une grosse affaire et une grande fête. Ils partent en familles nombreuses et vont planter leurs tentes sur les plages sablonneuses de l'Amazone. Puis retournant le sable, ils mettent les œufs en tas et la préparation de l'huile ou graisse commence. Cette *manteiga de tartaruga*, très répandue dans l'Amazonie et qui est un de ses objets importants d'exportation, est d'un travail fort simple. Les œufs jetés au fond d'une pirogue, foulés avec les pieds, on jette sur la mousse un peu d'eau : la partie grasse vient nager à la surface, on la retire et on la fait épurer au feu. Elle est ensuite mise en pots, d'où elle est en cet état apportée sur le marché. S'ils sont trop loin de chez eux, ils se font des *coches*, avec des troncs d'arbre évidés, qu'ils emplissent de graisse, et rebouchent avec un tampon de bois calfaté. Ce système a pour eux l'avantage de ne pas charger la barque; ils traînent à la remorque les *coches* qui peuvent impunément flotter. Cette huile sert à assaisonner les aliments, à frire le poisson, et surtout à l'éclairage domestique; ils la mélangent aussi au brai pour calfater leurs embarcations.

Une autre industrie des habitants de Teffé, et de beaucoup des riverains de l'Amazone, c'est la *mixira* du peixe-boi (lamantin) ou du tambaquy (tambaké). C'est la chair de ces poissons en conserve dans l'huile. Ils découpent la chair en petits morceaux et la font frire après cuisson:

quand elle est refroidie, ils la placent dans des pots remplis d'huile de tortue ou de peixe-boi. — On fait de la *mixirá* ou *michirá* avec les œufs de tortue, avec les petites tortues, prises au moment où elles sortent des nids de sable de la plage : on en fait également avec de la viande. La meilleure *mixirá* (rôti, en langue tupi), est celle de peixe-boi et de tambaké.

Outre ces deux articles, Teffé exporte le caoutchouc, la salsepareille, la châtaigne, le cacao. Il y a plusieurs maisons françaises : Abraham Mathias, Abraham Elazar, Serfaty et Cie, Salomon Levy et fils.

En face de la ville, de l'autre côté de son joli lac, est le charmant village de Nogueira, fondé par les Carmes pour y amener à la vie sédentaire des Indiens Umaúas, et un peu plus loin, sur la rive gauche du lac Caiçára, récepteur de la rivière Uraúa, un hameau coquet, autre village-mission jadis appelé Alvaraés, dont les habitants sont les plus rudes coupeurs de salsepareille de tout le haut Amazone.

En reprenant sa marche, la *Perseverança* passe devant la bouche du Japurá, aux bords duquel habitent encore quelques Indiens, reste de la nation des Umaúas-Mesayas, d'un type robuste et assez beau, qui adorent l'Oiseau-dieu *Buéqué*, (*Trogon couroucou*, ou *couroucou splendens* des naturalistes), charmant sylvain à la chappe or et vert, au poitrail nacarat, et dont une variété a le ventre couleur de saumon.

Sur le soir nous dépassons encore l'embouchure du Juruá, où de gros dauphins se jouent devant nos yeux en d'étourdissantes cabrioles. Quelques-uns sont peints en jaune nankin, d'autres en rose paille avec de larges taches d'un gris clair ; souvent ils sont revêtus d'une livrée uniforme de gris de zinc. Cette dernière nuance est celle de la jeunesse.

Nous voici bien vite à Fonte-Bôa, simple escale des vapeurs, petit village qui doit son nom à la limpidité des eaux avoisinantes. Il est situé à trente pieds d'élévation de l'Amazone. Une pointe de terre sépare l'eau blanche du fleuve de l'eau noire du Cajaraby (*Cahiaraï*) dont l'eau a une transparence cristalline. Trente maisons convenablement espacées et formant un carré très simple; une église et la jolie habitation à parois blanches, avec tuiles rouges et volets verts du commandant, composent la physionomie du village. Devant Fonte-Bôa, en aval, est la *Barreira das Araras*, une haute falaise d'ocre rouge, profilant la rive droite; son sommet est bordé d'une rangée d'arbres touffus et corpulents, que les Indiens appellent *capuçayas*; à leurs fruits nous reconnaissons la *Bertholetia excelsa*, c'est-à-dire le châtaignier. — Les habitants en font soigneusement la cueillette, car de lourdes *igarités* et des *montarias* à couverture de palmes en sont chargées dans le petit port.

Nous défilons dans la nuit le confluent du Jutahy, ainsi nommé d'une espèce de palmier, dont les drupes, grosses comme une noisette, sont la friandise des *huacaris*, adorables petits singes au pelage d'un blanc souffré et à la face rouge. Ses eaux sont noires; la bouche est masquée par une grande île triangulaire, Invirá; d'ailleurs le cours du Solimões ou haut Amazone est dans ces parages encombré d'archipels inextricables; c'est sur les bords de ces îles qu'étaient ce que les Portugais appelaient autrefois les *plages royales*, dont ils retiraient annuellement 20,000 à 25,000 quintaux d'huile d'œufs de tortues. Elles ont été en partie dissoutes par les mêmes courants qui les avaient formées, et les tortues qui les hantèrent sont passées du lit de l'Amazone dans celui de ses affluents.

Mettant le cap sur le nord-ouest, nous avisons le rio Tonantins et le village de Tonantins; rien de plus noir et en même temps de plus cristallin que ce cours d'eau large de 120 mètres à sa jonction avec le fleuve. Le paysage avec ses détails, le ciel avec ses nuées, se décalquent sur ce sombre rideau, d'une lourdeur et d'une immobilité telles que la brise semble impuissante à en soulever les plis. Un silence profond règne aux alentours; seul, l'écho répète d'une façon étrange le bruit des coups de l'hélice.

Ici encore je prends la liberté d'emprunter à Paul Marcoy une description que j'ai trouvée d'une saisissante justesse : « Au delà de l'embouchure du Tonantins, et embrassant du nord-est au nord-ouest toute la longueur apparente de la rive gauche, s'étend une vaste prairie dont la courbe à l'horizon est bornée par le mur bleuâtre de la forêt. Un revêtement d'ocre rouge, élevé de dix pouces à peine, la sépare de la rivière. Le site, un des plus bizarres que nous eussions vu jusqu'alors, est formé, comme dessin, par d'immenses lignes droites et courbes, asymptotes qui se poursuivent sans jamais s'atteindre, et se compose comme couleur de cinq zones distinctes et superposées : l'eau noire du Tonantins, le rouge étrusque de la berge, la prairie d'un vert d'épinards, la ligne des forêts d'une teinte neutre et le ciel d'un bleu de cobalt rougeoyant.

« Sans les magiques secrets de la perspective aérienne qui relient l'une à l'autre ces couleurs disparates, les sature de je ne sais quel fluide et les fond dans un ensemble harmonieux, ce pays de Tonantins eût fait la plus détestable croûte du monde ; mais le bon Dieu y avait mis la main et la croûte était devenue un tableau sublime.

« A mesure que nous avancions dans la rivière, le charme de la scène allait augmentant. Une solitude complète, un silence de plus en plus profond, ajoutaient à son caractère je ne sais quoi de grave et de solennel. Les seuls êtres animés qui s'offrissent à nous étaient des aigrettes blanches debout sur la berge et mirant dans l'eau leur svelte corsage. Les beaux oiseaux nous regardaient venir d'un air étonné. Puis quand nous n'étions plus qu'à quelques pas d'eux, ils entr'ouvraient leurs ailes plates et obtuses, posaient sur leur dos leur col de satin, et rejetant en arrière leurs jambes grêles, filaient comme un flocon de ouate en rasant l'eau noire de la rivière, où leur silhouette, nettement découpée, faisait l'effet d'un second oiseau volant de concert avec eux. »

Le village moderne qui remplace la mission des *Tunali* se compose de douze maisons en pisé, couvertes de chaume et situées à deux cents mètres l'une de l'autre, ce qui leur permet d'occuper une courbe de rivière de 1,800 mètres de longueur.

A quelques lieues, en amont toujours sur la rive droite, débouche l'Iça, le Putumayo des Péruviens, dans une vaste baie divisée par trois îles oblongues allongées parallèlement; le nom d'Iça, est celui d'un gracieux petit singe à bouche noire (Pythecia) qui habite les forêts de ces rives. Celui de Putumayo (de *mayu*, rivière, et *pututu*, coquillage, en Quichua), est le nom de la corne dont les Indiens d'autrefois se servaient dans leurs jours de deuil et de réjouissances. Le murmure de l'air dans ce coquillage ayant paru à ces Indiens imiter le bruit lointain de l'eau courante, ils ont appelé rio du *Pututu* deux ou trois cours d'eau qui sillonnent leur territoire.

Les forêts des deux rives de ce fleuve, qu'a descendu notre infortuné Crevaux, abondaient autrefois en salsepareille, objet d'un commerce très étendu entre les Brésiliens de l'Amazone et les métis du Popayan. Mais l'habitude que prirent de bonne heure ces derniers de se faire aider dans leurs recherches de la smilacée par les diverses tribus cantonnées sur l'Iça et l'obligation d'arracher la plante pour s'en procurer des racines; cette habitude d'un côté et cette obligation de l'autre ont à la longue si bien appauvri les forêts de l'Iça du précieux végétal, que les explorateurs commerçants sont forcés aujourd'hui de diriger leurs recherches sur d'autres points.

Sur la rive droite, en continuant notre route, près de Sam José de Matura, on aperçoit une belle végétation. Au-dessus des palmiers et des autres essences, rivalisant de majesté avec les plus beaux, s'élève un arbre dont le dôme plat en forme de disque domine de haut la forêt, et qui, vu de loin, a quelque chose d'architectural, tant la forme en est régulière. Cet arbre majestueux est le sumaumeiro (*Eriodendron sumauma*); il est un de ceux, rares dans ce climat, dont les feuilles tombent périodiquement. Les branches aux ramifications multiples, très noueuses, d'une symétrie parfaite sont, comme le tronc, couvertes d'une écorce blanche. Ce géant des forêts amazoniennes peut justement être comparé au baobab d'Afrique. — Une autre bombacée, apparaît fréquemment avec lui, c'est le *Munguba* (*Bombax Munguba*) qui vient surtout dans les bas-fonds, où elle alterne sur de larges étendues avec le précédent. Alors que le sumauma, solitaire à sa hauteur, étend ses branches presque horizontalement à une grande distance du sol, et fascine le regard par l'imposante masse de son tronc, ses rameaux énormes et la beauté de son feuillage, le munguba se distingue par son branchage délicat et ses touffes gracieuses. Nous remarquons encore l'*imbaüba* (*cecropia*) et le taxi aux fleurs blanches, aux bourgeons mordorés. Étroitement serré près du bord, le roseau arum darde à six ou huit pieds au-dessus de l'eau ses innombrables tiges raides appelées *frexas* par l'Indien qui, en effet, en tire ses armes, c'est-à-dire ses flèches.

Mais voici sur la rive gauche les eaux noires du Jandiatuba (*Yandias-Teüa*, en tupi, abondant en *yandias*, poisson de la famille des silures, à robe grisâtre rayée de brun, d'une longueur de 2 pieds à 30 pouces). La baie de confluence a plus de 400 mètres de large. Trois lieues plus haut, le bateau s'arrête devant Sam Paulo de Olivença, chef-lieu de comarca et de municipe, petit bourg situé au sommet d'une falaise, qui se dresse presque à pic au bord de l'eau et s'abaisse en ravin par derrière. Cette colline, haute de 65 mètres, formée de trois étages en recul, que l'on gravit à l'aide d'escaliers taillés à coups de bêche, est couronnée par un vaste plateau garni d'herbe rase. De cette hauteur, l'Amazone, couleuvre immense, à la robe jaune tachetée d'îles vertes, offre à notre contemplation un spectacle magnifique.

Les indigènes sont d'origine Umaüa, Omagua ou Cambeba, les inventeurs du caoutchouc, de la chose et du mot, *cahechú* ou *cahuchú*. Ces métis forment un petit peuple gai, avenant, hospitalier, qui a gardé la langue de ses pères les Umaüas de Popayan, mais qui ne la parlent que dans l'intimité, se servant en public du *Tupi*.

Je note en passant, si je ne l'ai déjà dit, qu'on appelle du nom générique de *Tapuyas*, dans toutes les villes et villages de l'Amazone, tout individu de race indienne, soldat, rameur, pêcheur, homme du peuple.

Il y a à Sam-Paulo, pour ses 800 habitants, 80 maisons assez bizarrement groupées; quelques-unes ont des toits de tuile, la plupart sont couvertes de chaume. Une double rangée de ces maisons, hautes de 10 à 12 pieds, porte en raison de sa symétrie le surnom de *Rua direita*, rue droite. Cette rue commence à la pelouse qui fait face à l'Amazone et va s'achever dans les bois. Les ouvertures sont toutes pratiquées dans le mur du pignon, et sous une porte et une ou deux fenêtres, celles-ci à hauteur d'étage le plus souvent. Le commerce de la localité a pour objet : borracha ou gomme élastique, salsepareille, fils du palmier tucum, mixirás, copahyba et huile de tortue. Là aussi on trouve plusieurs maisons françaises : Charles Miller, Charles Weil à Santa-Rita; Thury frères au Javary.

Il est près du coucher du soleil quand nous abordons à Tabatinga. Nous avions dépassé l'entrée dans le grand fleuve de son affluent le Javary, ligne frontière entre le Brésil et le Pérou. Ce nom vient de la qualité de palmiers *yauharis* (metroxylon) qui au XVIIe siècle ombrageaient ses rives. Aujourd'hui on n'en trouve presque plus. Les rives sont basses et sinueuses, les eaux à teinte opaline, et le courant peu rapide.

Un peu auparavant, sur la rive gauche, nous avions entrevu un charmant hameau, Jurupari-Tapéra, dans une échancrure profonde de la rive, adossé à la forêt sur le fond sombre de laquelle il se détachait en vigueur; ses douze maisonnettes, si blanches, si proprettes, si correctement alignées, si pittoresquement encloses de massifs de verdure et de sveltes palmiers, nous avaient arraché une exclamation d'agréable surprise. A en croire son nom tupi, le diable (*Jurupari*) aurait habité là autrefois ; qui sait, il y est peut-être enseveli ? Quoi qu'il en soit, sa dernière demeure est jolie, car une rangée d'orangers en fleurs fait à ce hameau-bijou une virginale ceinture. L'aspect des habitants et de leurs demeures indique l'abondance ; la variété de leurs provisions, surtout en fruits, est très remarquable dans cette contrée.

Tabatinga, ou plutôt Tabuatinga, est un poste fortifié établi dès 1766, sur la rive gauche du fleuve. Il est situé à 30 pieds d'élévation sur une colline qui termine un vaste plateau dénudé. Un escalier taillé dans la falaise de limon, profondément crevassée, a ses marches garnies de rondins de bois coupé ; il conduit du rivage au sommet de cette éminence. Deux maisons en bois, à toiture de chaume, orientées au couchant et placées en retour d'équerre, servent de logement au commandant du poste. Le Quartel ou caserne des soldats, étroit et long bâtiment à une portée de fusil de ces maisons, leur fait vis-à-vis. Au bord de l'éminence, une bicoque en figure de poivrière, un mât de pavillon et quatre vieux pierriers de bronze que le temps a couverts d'une patine vénérable, voilà la *cidade militar* ou la citadelle. Je n'ai pas vu la douane ; il y en a une cependant, à moins qu'elle ne soit cachée par le gigantesque bouquet d'arbres qui se dresse derrière la maison du commandant et qui est d'ailleurs de toute beauté.

Devant ce point l'Amazone ou Solimões a encore 1,500 mètres de largeur.

VUE D'ENSEMBLE DE L'AMAZONE.

J'ai eu la curiosité de poursuivre le voyage jusqu'au bout avec la *Perseverança*, sur le Maragnon ou l'Amazone péruvien. Cette partie de mon excursion n'intéresse pas directement ce livre ; aussi n'entrerai-je dans aucun détail. Il me suffira de dire que la province péruvienne de Amazonas est une contrée non moins belle que toutes celles que nous venons de voir ; Loreto, le premier village que l'on rencontre, et où réside le préfet, est tout brésilien encore; on n'y parle guère que le portugais. Cochinquinas, la deuxième station, n'est qu'un hameau de coureurs des bois, chercheurs de salsepareille et de préparateurs de poisson salé : il est enfoui dans une verdure exubérante. Pebas n'est qu'une mission, comptant à peu près 50 ménages et 300 individus; Iquitos, enfin la station terminale, est un grand bourg divisé en deux quartiers, dont l'un affecté aux Indiens, l'autre aux métis. C'est un comptoir qui commence à prendre une grande importance commerciale. Il y a, dit-on, 10,000 habitants.

Les steamers des lignes régulières s'arrêtent ici; il en est cependant qui font des voyages exceptionnels, jusqu'à Jurimaguas, sur le Huallaga, et sur le Maragnon même ou haut Amazone, jusqu'à Punta Achual, à 787 milles ou 1,457 kil. au-dessus de Tabatinga. Les vapeurs de la marine péruvienne circulent constamment entre ces deux postes. C'est quelques lieues plus loin seulement que se trouve le Pongo de Manseriche, la vraie porte par laquelle s'élance l'Amazo au moment où de torrent il devient fleuve, et quel fleuve! Punta Achual n'est qu'à 155 mètres d'altitude; Nauta est à 97, Iquitos à 89, Loreto à 87, Tabatinga à 66, Manáos à 21, Obidos seulement à 16 mètres au-dessus du niveau de l'Océan. Pour un développement de 2,500 milles marins, le roi des fleuves n'a donc qu'une pente de 34 dix-millionnièmes par mètre. C'est donc une immense plaine liquide unie, qui explique sa merveilleuse facilité de navigation.

Si le courant n'est pas particulièrement rapide, il est extrêmement volumineux. Les ondes ont une puissance extraordinaire due évidemment à l'énormité de la masse qu'elles roulent. J'ai dit à satiété que ces eaux sont d'un jaune sale et qu'elles contrastent avec les eaux noires mais cristallines de la plupart des affluents, et j'ai promis de revenir sur cette différence. J'emprunte cette courte et piquante dissertation à un voyageur qui a su bien observer et dont à chaque pas j'admire la sagacité comme l'exactitude. Voici ce que dit à ce sujet Paul Marcoy :

« Pour expliquer la couleur de ces eaux singulières, les savants ont eu recours à une foule de petits systèmes fort bien imaginés, mais tout à fait distincts. Ainsi les uns ont attribué la teinte noire de ces eaux à une dissolution d'hydrogène carbonné, d'autres à des lits de tourbe qui formaient le fond de leur lit ; ceux-ci ont prétendu qu'elles passaient à travers des couches de houille, ceux-là qu'elles reposaient sur des bancs d'anthracite. Certains de ces savants qui ne se sentaient pas de force à créer un système, ont dit simplement que la richesse de la végétation tropicale et la multitude de plantes qui croissent au bord de ces eaux, étaient les seules causes de leur coloration étrange.

« Humboldt, dans les observations qu'il a laissées à ce sujet, mentionne, avec un refroidissement de la température dans les régions qu'elles parcourent, une diminution notable de moustiques sur leurs rivages et dans leur lit une absence totale de caïmans et de poissons. — Il ajoute que les eaux de l'*Atapabo*, du *Temi*, du *Tuamini* et du *Guainia*, par lui observées, ont à la lumière la teinte du café, prennent à l'ombre la couleur de l'encre, et, renfermées dans des vases transparents, sont d'un beau jaune d'or. Il affirme que ce sont les eaux les plus belles, les plus claires, les plus agréables au palais. Les rochers qu'elles baignent restent blancs, alors que noircissent ceux qui sont baignés par les eaux blanches ; les eaux noires ne transmettent pas leur couleur à celles-ci en se mêlant avec elles.

« Si nous n'avons pas exploré le Guainia, source et tête du Rio Negro, ni descendu ou remonté le cours de l'Atapabo, du Temi et du Tuamini, trois ruisseaux que ce même Rio Negro reçoit par la gauche, à moins qu'ils n'aillent au Guaviare, qui est dans le même cas d'ailleurs sous le rapport dont nous nous occupons, il nous a été donné de voir, en fait d'eaux noires, 2 rivières de premier ordre, larges d'une lieue et longues de 300 ; 2 de second ordre,

11 de troisième, 9 lacs-rivières de 10 à 12 lieues de tour et 37 lacs secondaires; c'en est assez, ce semble, pour que nous puissions, sans outrecuidance, parler d'eaux noires après Humboldt, et placer humblement nos observations sur leur compte à la suite des siennes.

« Or, ces eaux, dont nous laissons au lecteur le soin de rechercher les causes de la coloration, nous bornant, comme d'habitude, à constater leurs seuls effets, ces eaux nous ont toujours paru d'une température égale à celles des eaux blanches qu'elles coudoient et avec lesquelles elles finissent par se confondre.

« En outre, les terrains qu'elles parcourent, s'ils ne nous ont offert ni tourbières, ni gisements de houille et d'anthracite, nous ont semblé d'une nature très variable, porphyre feldspathique dans le Jutahy et le Jandiatuba, schiste calcaire dans le Japurá, grès quartzeux dans le Rio Negro; quant au fond des lacs, nous l'avons trouvé invariablement formé de couches arénacées, de veines d'ocre, de marne et de cette vase argileuse que les riverains appellent *Tijuco*.

« La teinte de l'eau noire vue en masse et dans son ensemble, est bien, comme l'a dit Humboldt, à la lumière celle du café noir et à l'ombre celle de l'encre, mais examinée en détail, c'est-à-dire dans un vase transparent, au lieu d'être d'un *jaune d'or*, comme il l'a prétendu elle est parfaitement incolore et limpide et peut rivaliser de pureté avec l'eau de source. Comme celle-ci, elle est légère, excellente à boire et n'a ni saveur, ni arrière-goût. Son influence secrète ne se borne pas à diminuer le nombre des moustiques, elle chasse et met en fuite toutes les espèces connues de ces insectes. Les lamantins, les dauphins, les poissons à écailles désertent volontiers les eaux blanches pour venir habiter ses ondes à la surface ténébreuse, mais au lit de cristal; enfin les caïmans y abondent et les tortues ne s'y montrent jamais[1]. »

1. MM. A. Muntz et V. Marcano, dans une note adressée à

LES AFFLUENTS.

La *Perseverança* ne mit pas plus de cinq jours à redescendre le Solimões, et le *Santarém* six autres pour me ramener à Belém du Pará. — Laissons les péripéties sans intérêt pour le lecteur de ce voyage de retour qui me permettra de placer, au fur et à mesure de leur rencontre, une courte notice sur les affluents brésiliens de l'Amazone afin d'exposer en peu de mots quelle est la condition présente des populations qui en exploitent les fabuleuses richesses.

Le Javary, remonté jusqu'aux sources, de février à mars 1874, par la commission mixte des limites entre le Brésil et le Pérou, sous la direction du contre-amiral Baron de Teffé et du commandant Guilhermo Black, n'est que peu exploité. Ses rives fangeuses sont malsaines aux blancs, et bien qu'elles abondent en *heveas*, en arbres à gomme, et en produits végétaux précieux, il ne sert à vrai dire qu'aux commerçants péruviens qui profitent de cette situation pour introduire au Brésil leur cargaison en contrebande, sous prétexte qu'elle pourrait bien avoir été recueillie sur la rive péruvienne du fleuve frontière.

Le Jandiatuba, le Jutahy sont déjà exploités assez activement. Les steamers de Manáos et de Pará les remontent régulièrement après l'époque des cueillettes. L'Içá appartient au Brésil seulement dans son cours inférieur, et les exploitations qu'on y rencontre sont encore de peu d'importance.

l'Académie des sciences de Paris, à la suite d'une récente exploration du haut Orénoque, estiment avoir découvert l'explication des propriétés de cette eau et la vraie cause de sa coloration. Nous ne reproduisons pas ici leurs explications techniques, nous bornant à faire observer qu'elles ressemblent beaucoup à celles de Humboldt, et qu'elles s'appliqueraient tout au plus à certains cours d'eau de la région précise qu'ils ont étudiée et à ceux-là uniquement.

Le Purús mériterait un volume : l'histoire de son développement est une merveille. Esquissons-la du moins en traits rapides. C'est seulement en 1852 que le président de la province nouvellement organisée de Amazonas, se préoccupe de ce fleuve, par lequel il croit trouver des communications régulières avec la Bolivie. Castelnau après son exploration de 1843-1847, en avait en 1851 laissé entrevoir tout le merveilleux avenir. Une première mission, S. Luiz Gonzaga, était en 1856 établie sur ses rives, mais elle disparaissait presqu'aussitôt. En 1865, Chandless essaya de passer de l'Acquiry au Madre de Dios et dut reconnaître que les deux cours d'eaux, loin de communiquer entre eux allaient se déverser, le premier dans le Purús, le second dans le Béni et le Madeira. Manoel Urbano da Encarnacão, un grand coureur des bois, en explorait en tous sens le cours et les affluents, cherchant toujours une route vers le Madeira supérieur et vers le Béni. Enfin en 1871 vint M. le colonel Antonio Rodrigues Pereira Labre, le véritable créateur de cette région, celui qui l'a colonisée et peuplée, qui en a fait une contrée à part, dont les progrès déroutent toutes les habitudes d'observation. La Compagnie de l'Amazone avait inauguré en 1869 la navigation régulière sur le cours inférieur du Purús, et sur le bateau du même nom, M. Labre avait remonté jusqu'au point extrême peuplé à Tauanhaú, 685 milles de l'Amazone. Les informations recueillies à Canotama, près de Manoel Urbano, le décidèrent à fonder un établissement au-dessus de la bouche de l'Ituxy; ce fut l'origine de la ville actuelle de Labrea, siége du municipe et de la comarca du Purús, créés par la loi provinciale du 14 mai 1881.

Depuis lors, le Purús est devenu de tous les rios de la province, celui qui représente chaque année les valeurs les plus considérables dans ses statistiques.

Voici son exportation exclusive pour la période 1881-83, d'après les chiffres fournis par la maison E. Schramm et Cie, 14 ans après l'ouverture à la navigation de ce fleuve inconnu :

Caoutchouc, kilog	3,423,464
Cacao —	11,823
Châtaignes, hectolitres	40,749
Huile de Copahyba, kilog.	34,253
Piraruců —	307,403
Salsepareille —	5,720
Cumarú —	1,073
Cuirs de bœuf, cerf, etc., kil.	6,422
Huile animale, litres.	981
Boîtes de Mixirá.	489
Tabac, kil.	247

Comparons avec son voisin et rival, le *Madeira*, où la navigation à vapeur régulière a été inaugurée à la même date, le 2 décembre 1869. Voici pour la même période 1881-83 l'exportation du Madeira :

Caoutchouc, kilog.	3,543,995
Cacao —	24,126
Châtaignes, hectolitres	10,913
Huile de Copahyba, kilog.	11,908
Piraruců séché —	26,438
Salsepareille —	281
Cumarú —	970
Cuirs de bœuf, cerf, etc., kilog.	16,020
Huile animale, litres.	20
Boîtes de mixirá, kilog.	26
Tabac —	72
Vanille —	42
Guaraná —	165
Etoupes —	1,190
Suif brut —	400

d'une valeur totale de 740, 958 $, — contre 197,918 $ à l'importation, formant un commerce général de 938,876 $.

Le commerce du Purús au contraire, s'élève à 9,000,000 $, dont 8,000 à l'importation.

Voici des données relatives aux années postérieures en ce qui concerne le caoutchouc du Purús : 1,952,000 kilog en 1884; 1,648,000 kil. en 1885; 1,967,000 kil. en 1886; 1,990,000 kil. en 1887. Ce sont là les quantités directement expédiées sur Belém du Pará : dans l'exportation directe de Manáos, figurent 600,000 kil. venus du Purús, qui, réunis au chiffre de 1887, forment un total de 2,590,000 k. de caoutchouc, avec tendance à augmenter chaque année, comme ces chiffres le montrent. S'il y a diminution pour 1885, c'est que cette année-là, l'exportation directe par Manáos fut beaucoup plus considérable.

Par son étendue navigable de 3,800 kilomètres, de la bouche à la fourche, et même au-delà, le Purús dans un pays de décentralisation aurait droit de former une province, et c'est peut-être ce qu'il conviendrait de faire pour donner tout son essor au développement de sa merveilleuse production.

Il n'est pas inutile de mentionner au passage la contribution des affluents du Purús : l'Acre ou Acquiry, très populeux, 10,000 âmes environ, sans parler d'au moins 20,000 aborigènes, exporte 500,000 kil. de caoutchouc, fournissant du fret à 15 grands vapeurs ; — l'Ituxy, 200 habitants à peine, qui exploitent sur une petite échelle 20,000 kilos de caoutchouc par an ; production qui s'augmentera avec l'amélioration des voies de communication ; — le Purús proprement dit, qui au début de 1871 comptait à peine 2,000 habitants ; en 1887, après 17 ans d'exercice de la navigation à vapeur, il en possède environ 60,000, en outre d'au moins 100,000 aborigènes, répandus sur une superficie de 6,000 kilomètres ; il a tout au plus une ville, Labrea, siège de ses autorités, dont la recette s'élève par an à plus de 100.000 $. Sa navigation est régulièrement effectuée par 3 compagnies. Amazone Steam, Pará et Amazonas, Cie de Manáos, plus les voyages particuliers entrepris par les maisons de commerce.

Dans cette ville, sortie comme par magie des berges du fleuve, Labrea, il se publie déjà deux journaux : *O Purús* et *O Labrense* do Purús. J'ai là sur la table, où j'écris ces lignes, les numéros de *O Purús* de novembre et décembre 1888, qui sont venus me trouver, comme un souvenir du voyage charmant de l'année précédente. J'y vois qu'on vient d'ouvrir à Labrea le *collegio amazonense* pour les filles, fondé antérieurement à Manáos ; qu'en même temps que le commerce de la ville s'augmente, ses maisons se modifient et ses constructions s'embellissent, ses terrains acquièrent une valeur toujours croissante, que les rues y sont bien alignées, larges, pourvues de bonnes chaussées, qu'il y avait à ce moment un cirque-théâtre, dont les soirées étaient fort courues, et qu'on y venait de fêter le retour du colonel Labre, porteur de l'autorisation gouvernementale qui allait lui permettre de tenter d'ouvrir une route par terre de l'Acre au Madre de Dios et au Beni à travers la Bolivie.

Nous n'avons que peu de choses à dire sur le Japurá, exploité seulement dans le bas et plutôt par les petites embarcations que par de grands vapeurs. C'est surtout un centre de pêche et de petites cultures pour les besoins des pêcheurs.

Le Juruá, au contraire, est de plus en plus exploité. Ce sont des Français, des *regatões* qui ont peut-être donné l'essor à cette exploitation. Les commis de la maison Kahn et Polack, de Manáos, l'explorent continuellement. Il y a même quelques Parisiens établis dans le haut fleuve, et qui y ont pris possession d'un *seringal*, grand comme un royaume, découvert par eux. Le courant d'affaires qu'ils y ont commencé se développe avec la plus grande activité.

Le Rio Negro forme un bassin considérable, presque un pays à part ; sa production de caoutchouc place cette rivière au dernier rang parmi celles de l'Amazonie, elle en fournit à peine 100,000 kilos par an. Son commerce total s'élève à un million de francs, dont 600,000 à l'exportation et 400,000 à l'importation ; j'emprunte ces chiffres à mon ami Coudreau, l'homme qui a peut-être le mieux étudié cette région dans ces derniers temps ; il ajoute que ce commerce est fait par 27 négociants petits et grands. La vallée est d'ailleurs fort peu peuplée, au moins dans la partie brésilienne; Coudreau y compta en 1884, de Manáos à la frontière venezuélienne, 91 habitations, *sitios* ou simples cases, ainsi réparties dans les villages : Tauapesasú 1 ; Muirapinima 1 ; Ayrão 8 ; Moura 6 ; Carvoeiro 4 Barcellos 10 ; Moreira 7 ; Thomar 6 ; Santa Izabel 2 ; Castanheiro 4 ; Aruti 4 ; Sam-José 4 ; Sam Pedro 4 ; Sam Gabriel 10 ; Sam Joaquim 1 ; Santa Anna 4 ; Sam Felipe 2 ; Guia 1 ; Sam Marcellino 6 ; Marabitanas 6 ; Cucuhy, 1 ; San-Carlos un peu au-dessus de celui-ci en compte plus de 100, peuplées d'Indiens laborieux, mais tenus en tutelle par les missionnaires du Venezuéla.

Le Rio Negro Brésilien a environ 300 habitants civilisés : Amazonenses, Paráenses, Cearenses, Maranhenses, Portugais, Caboclos divers, Espagnols d'Amérique, Français ; il n'y a pas un seul Anglais. La population totale est d'environ 3,000 hab. pour une superficie de 300,000 kil. carrés. Il n'y a plus aujourd'hui ni culture ni industrie ; il y a un siècle, sous l'impulsion des administrateurs portugais et des missionnaires, c'était une contrée florissante, où l'on trouvait en abondance les denrées alimentaires les plus variées et les matériaux nécessaires à l'industrie ; on fabriquait l'indigo, les tissus de tucum, on plantait le café, le coton, le roucou ; etc. Aujourd'hui on ne fait plus guère que des hamacs de Mirity, qui se vendent 20 à 25 $, de tucum qui se vendent 50 à 70, de caraná ou carata, qui valent 100 à 400 $.

Le Uaupés, l'affluent de droite, possède, sur une superficie de 160,000 kil. carrés, 36 villages, et environ 8,000 habitants, dont 4,000 pour les tribus errantes plus ou moins administrées par des religieux Franciscains, auxquels on doit tout ce qui s'est fait de bon dans cette vallée. On y fait surtout la récolte de la piassaba.

Le Rio Branco, l'affluent de gauche, est d'une navigation difficile à toute époque, avec les *batelões* employés ; ce sont des péniches de rivière, plates et longues, surtout destinées au transport du bétail, et qui nécessitent huit à dix hommes d'équipage, sans compter le patron. — Le gibier et le poisson abondent sur le parcours ; les tortues se trouvent en quantités innombrables sur les plages; jusqu'à Bôa Vista, à l'entrée des Campos du haut Rio Branco, il n'y a presque pas d'habitants; peut-être 250 Indiens plus ou moins sédentaires. Dans les Campos, qui s'étendent de Bôa-Vista jusqu'aux pentes des Serras enveloppant le haut bassin, il y a 32 fazendas particulières, plus les fazendas de l'État, toutes exclusivement consacrées à l'élevage du bétail. Elles possèdent ensemble un peu plus de 20,000 bêtes à cornes et 4,000 chevaux. L'État pour sa part y compte près de 9,000 bœufs. L'immense étendue des pâturages nécessite cette forte proportion de chevaux. Dans une visite qu'il y fit l'an dernier, M. le colonel Pimenta Bueno, dont la mort récente est une grande perte pour sa patrie, a trouvé ces campos en voie de développement. Il a été d'avis toutefois que les 3 fazendas nationales soient divisées en lots et vendues aux particuliers.

La population civilisée du Rio Branco, blancs, métis et Indiens vêtus, est de 1,000 individus; le commerce d'environ 400,000 francs, partagé par moitié entre l'exportation et l'importation. L'exportation est alimentée presque exclusivement par le bétail; 40 batelões de bœufs descendent par an à Manáos, dont 24 appartenant à des particuliers et 16 aux fazendas nationales. Un bœuf élevé dans ces fazendas vaut à Manáos 100 $ et un cheval 150. Les campos du Rio Branco sont immenses; ils mesurent environ 150,000 kilomètres. Les produits de la région sont riches et variés, mais ils sont peu cultivés. Le café, le cacao, l'indigo, la salsepareille, la vanille, la châtaigne, poussent partout à l'état sauvage. Le tabac y est de première qualité; il se vend à Manáos jusqu'à 90 $ l'arrobe de 15 kilogs. Il y a du caoutchouc, du copahu et même du quinquina dans les forêts des serras de Pacaraima et de la Parima, et du sel gemme dans les petits lacs de la première.

On a vu tout à l'heure quelle est l'importance de l'exportation de la vallée du Madeira. Le bassin de ce fleuve est d'une richesse à peine croyable : d'épaisses forêts colossales couvrent les terrains élevés de son voisinage, où la nature fournit en abondance le cacao, la châtaigne, la salsepareille, le girofle, le copahu, une grande variété de résines précieuses, des bois de construction, de menuiserie et d'ébénisterie qui n'ont pas leurs pareils dans le monde. Ces bois sont si multipliés, que le courant du fleuve en charrie des milliers de troncs continuellement arrachés à ses berges par la violence des eaux, et que la seule récolte de ces arbres flottants pourrait devenir une industrie très florissante. La fertilité du sol dépasse toute imagination ; on en a eu la preuve dans chaque essai fait, soit par les missionnaires qui ont tenté d'amener les sauvages à la vie sédentaire dans les *aldeamentos*, aldées ou villages indigènes, soit par les blancs qui ont fondé des *sitios*, entourés de défrichements et de plantations. Je ne répéterai pas ici la liste des localités, ou plutôt des centres commerciaux, qui attirent les produits de la cueillette des environs; on l'a trouvée en parcourant celle des escales faites par les vapeurs de la Cie de l'Amazone. Nulle part on n'a pu me fournir de données un peu précises sur la population de la partie brésilienne du bassin. Plus que partout ailleurs, cette population est mobile, inconstante ; elle se déplace aisément. A trois ans d'intervalle, vous repassez devant une colline riveraine, où une ville semblait se développer; vous n'y trouvez plus rien que des végétations rabougries : « C'est une *Tapéra* », vous dit-on ; ce mot lugubre a un peu le sens de cimetière, si on applique cette désignation aux cités comme aux individus. *Hic jacet!* ce qui fut une ville. Les habitants ne sont pas disparus cependant; ils sont à côté, à 30 ou 40 lieues plus loin, dans un site qui leur a paru plus salubre, plus propice, à portée de richesses plus facilement exploitables. — Le bas Madeira, de Santo Antonio à Itacoatiára, compte peut-être 20,000 âmes, plus des Indiens, sur l'importance numérique desquels je ne hasarderai même pas une évaluation. Tout ce que je puis dire, c'est qu'ils sont beaucoup plus nombreux qu'on ne le dit et qu'on ne le pense.

Ce qui fait du Madeira une voie incomparable, c'est la configuration hydrographique de son bassin supérieur. Depuis Santo Antonio jusqu'au confluent de l'Amazone, c'est un superbe canal de grande navigation, long de 1,300 kilomètres au moins; au-dessus de ce point, s'étend le massif de la grande chaîne de partage, la serra geral ou des Parecis, que descend le fleuve par degrés successifs, formant des sauts splendides, mais aussi éminemment redoutables, dont aucune navigation régulière ne saurait s'accommoder. De Santo Antonio à Guajará-Mirim en amont, il y a ainsi 18 cataractes, ou rapides, car c'est l'une ou l'autre selon la saison des crues ou des basses eaux. Cette section des chutes, *encachoeirada*, est longue d'environ 400 kilomètres.

Au delà sont le Beni, le Madre de Dios, le Mamoré et le Guaporé; les trois premiers plongeant leurs sources aux replis les plus lointains des gorges Andines, arrosant la contrée si plantureuse de la *Montaña* bolivienne ou péruvienne, haute plaine tropicale où fleurit un perpétuel printemps, et dont le seul défaut est son inaccessibilité actuelle, par suite des chutes du Madeira; ce dernier va chercher ses eaux originelles à deux pas de Cuyabá, au cœur même de la province brésilienne de Matto Grosso. Un *Varadouro* de quelques lieues, c'est-à-dire un portage, un bief de partage, suffit à établir la communication avec la navigation du Paraguay et de la Plata.

Pour le Brésil, cette communication économique est d'une suprême importance; quant à la Bolivie, il suffit d'observer que depuis la dernière guerre du Pacifique elle est internée sur ses plateaux; la mer lui est fermée sur le Pacifique, dont la sépare l'énorme muraille des Andes. Sa seule sortie logique, aisée, est l'Amazone qui lui donne sur l'Europe un débouché direct puisqu'il est aussi le plus rapproché des ports du vieux monde.

Or le port de sortie bolivien n'est même pas Pará, c'est Santo Antonio du Madeira. Le problème à résoudre, c'est de permettre à la grande batellerie du Beni et du Mamoré d'apporter son fret à Santo Antonio sans trop de frais et avec sécurité. De là l'idée d'un chemin de fer *Madeira-Mamoré*, ligne qui suivrait la corde de l'arc décrit par le Madeira *encachoeirado*, corde longue de 350 kilomètres. Ce chemin devrait être aujourd'hui en exploitation; il a été commencé; j'ai encore vu près de Santo Antonio des kilomètres de voie posée que recouvre la végétation sauvage, des magasins remplis d'un matériel coûteux que les pluies et la rouille se hâtent d'avarier gravement. Bien que M. Julio Pinkas, un ingénieur brésilien distingué et hardi, ait entrepris de le faire revenir sur... terre, ce chemin semble abandonné. Je connais cependant peu d'entreprises qui vaillent celle-là. Elle s'impose d'ailleurs et tôt ou tard il faudra rattraper le temps perdu.

M. le colonel Labre, au prix des sacrifices et des fatigues les plus méritoires, vient de découvrir la possibilité d'une route de terre, reliant le Beni et le Madre de Dios à l'Acre et au Purús. Il a même obtenu du gouvernement brésilien la concession du privilège nécessaire pour l'exécuter. J'applaudis à ce projet, dont je souhaite vivement la réussite. La route de l'Acre sera très utile, mais ne peut empêcher le chemin Madeira-Mamoré; chacun desservira une zone différente. A mon sens, le dernier a plus d'avenir et un avenir même plus immédiat que l'autre.

La communication par le Cayapó, de Goyaz à Cuyabá, qui, elle aussi, s'établira tôt ou tard, ne sera pas une concurrence ruineuse pour le Madeira-Mamoré. C'est une zone immense et complètement distincte qu'elle desservira en lui apportant le mouvement et la vie.

Quant au Pérou oriental, il a l'Amazone, que les steamers remonteront quand ils y auront intérêt jusqu'à Punta-Achual, à deux pas du Pongo de Manseriche, c'est-à-dire jusqu'à la base même du grand massif Andin. Or tout le côté fertile, productif de l'Amérique du Sud, est à l'Orient des Andes. A l'ouest, il n'y a qu'une langue étroite, le plus souvent stérile et desséchée, séparée de la première par une muraille épaisse de 30 lieues et haute de 6 kilomètres. Il en résulte que l'aire réellement exploitable, susceptible d'un grand développement du continent sud-américain, a seulement deux voies naturelles, logiques et commerciales de sortie; le rio de La Plata pour la partie sud, l'Amazone pour la partie nord. — Ajoutons l'Orénoque et la Magdalena pour les vallées du plateau septentrional Guyanais, et le Sam Francisco pour le bassin intermédiaire que forme la dépression orientale du plateau central brésilien.

Si l'on saisit bien cette situation, on comprend l'importance hors ligne de l'artère amazonienne; le fleuve-roi et ses affluents offrent à la navigation de haut bord près de 80,000 kilomètres au moins de parcours régulier. Ce chiffre fait comprendre l'inutilité de parler de routes dans une contrée en possession d'un tel réseau de « routes qui marchent ». Les chemins de terre, de roulage ou de fer sont utiles seulement pour racheter les tronçons obstrués des fleuves, ou sur les courts plateaux traversés par les défilés qui mettent en communication deux bassins. On vient de voir par le Madeira-Mamoré, qui est le plus long, qu'il ne s'agit pas d'entreprises bien gigantesques.

Un dernier mot à ce sujet : c'est absolument mauvaise foi, ou ignorance pure, que d'insister, comme on l'a fait parfois, sur la prétendue insalubrité des lieux qui rendrait ces entreprises irréalisables. Fournissez aux ingénieurs l'argent nécessaire, et que ceux-ci prennent pour leurs équipes les précautions requises, et tout marchera comme sur des rails solidement posés.

CLIMAT ET COLONISATION.

Au cours de ces pérégrinations, j'ai cité bien des particularités, qui prouvent éloquemment avec quelle facilité le blanc d'Europe s'est acclimaté dans l'Amazonie. Tout ce qu'est aujourd'hui cette contrée, tout ce qu'elle a été à l'époque coloniale, « au temps du Roi », comme disent les bonnes gens du crû, est l'œuvre du blanc. C'est une région tropicale sans contredit; bien mieux, c'est la zone même de la ligne, puisque de l'Atlantique aux Andes l'équateur la coupe dans sa plus grande largeur, et cependant, tout bien examiné, tout bien pesé, j'y cherche vainement une contrée réellement malsaine, un district inhabitable, incolonisable par le travailleur d'Europe.

Avant les Portugais, il y avait des Français et des Hollandais; c'est sur eux que le Portugal a fait la conquête du bas Amazone, la partie la plus humide, la plus marécageuse, parce qu'à l'époque des crues c'est la plus noyée. Ils étaient installés en Guyane, sur l'Araguary, sur le Jary, le Parú, le Trombetas, sur le Xingú et le Tapajóz, d'où les Portugais les délogèrent. Depuis, les uns et les autres y ont fait souche; leurs descendants se sont multipliés à miracle, bien qu'en fondant les éléments ethniques d'origine dans une entité nouvelle, qui est le *mamelnco* ou le *caburlo*, issu du croisement du blanc et de l'Indien, race vigoureuse, énergique, industrieuse et excellente.

Divers contingents sont à plusieurs reprises venus renforcer l'élément européen primitif. Ni dans l'histoire de leur établissement, ni dans les traditions, ni dans les vestiges restés des monuments témoins de leurs efforts et de leur vie, on ne découvre un indice permettant de croire qu'ils aient trouvé dans le climat un obstacle.

Humboldt, Agassiz, Hurth, Maury; avant eux Ives d'Évreux et Claude d'Abbeville, la Condamine, puis plus tard Herndon, Bates et Walles, Chandless, Keller, et plus récemment Crevaux, Wiener, Coudreau, Steinen, tous, explorateurs, savants, investigateurs se sont plu à affirmer la salubrité de l'Amazonie, et chantent avec un lyrique enthousiasme ses beautés, sa douceur, ses richesses. Je ne tenterai même pas de répéter, non plus d'analyser les théories par lesquelles ils ont essayé d'expliquer le contraste entre cette contrée équatoriale salubre, fertile, arrosée, ventilée à un degré merveilleux, avec les régions situées à la même latitude en Asie et en Afrique. Dans celles-ci, tout est sec ou desséché, il n'y a ni végétation ni eau; les habitants sont forcément clairsemés; la vie y est difficile, les cultures pénibles et fort problématiques; dans celle-là, au contraire, la poussée de la végétation effraie le regard par son exubérante énergie, l'eau surabonde, la richesse spontanée pullule, l'homme seul se sent petit, impuissant à la recueillir; il est écrasé par l'immensité de la moisson que lui offre libéralement la nature.

Sans doute, il y a en Amazonie des marais, des vallées marécageuses, des forêts noyées, des zones infestées de moustiques, de chiques et autres insectes des plus déplaisants: il n'est pas prudent de choisir ces bas-fonds pour y planter son habitation. Le voyageur touriste ou commerçant, qui les traverse dans une lanche à vapeur, peut contempler de pauvres Tapuyas émaciés, amaigris, grelottants de fièvre, couverts de dartres, etc. Lui-même, s'il s'y arrête trop, éprouvera des accès avant-coureurs de la fièvre intermittente. Le miasme paludéen y règne en maître, mais pas plus que dans n'importe quelle plaine basse au sol mouillé. — Quand on y pénètre, il y faut donc les précautions requises par l'hygiène ou la médecine. C'est la seule conclusion raisonnable à tirer de ces constatations.

Néanmoins l'exploitation des forêts riveraines, les plus malsaines, pourrait fort bien être sans danger sérieux, si l'on fournissait au travailleur chargé d'en récolter les produits l'alimentation fortifiante, le logis sec, les préparations préservatrices appropriées.

Quant au reste du pays, il est absolument sain; tout espace défriché, aéré, devient immédiatement habitable. Il ne faut sous aucun prétexte s'installer dans le grand bois; la forêt vierge est redoutable à l'organisme humain qu'elle mine en peu de mois. Mais aussi le premier soin du colon, quel qu'il soit, fût-ce l'Indien sauvage, est d'y mettre le feu, pour tracer la clairière où sera sa roça. Dans l'Amazonie comme partout, il faut à l'homme du bon sens, de l'observation, un peu d'expérience locale, et surtout il lui convient d'éviter l'indolence que favorise la douceur du climat. Propreté, hygiène, bonne alimentation : à cette condition la vie y est aisée, la santé assurée.

J'ai dit qu'il y a une colonie de Français à Benevides, près de Belém du Pará. Les premiers jours ont été durs pour ces cultivateurs qui ne savaient rien de cette robuste nature vierge; ceux que le découragement n'a pas fait fuir sur l'heure s'applaudissent d'avoir persévéré. Actuellement ils ont une situation très prospère; chaque famille est à la tête d'une exploitation de cannes à sucre avec son usine, complétée par des scieries, à eau ou à vapeur, et quantités de petites entreprises secondaires. Leur maraîchage alimente le marché de Belém et remplit l'escarcelle aux économies. A Santarém, au bord de l'eau jaune de l'Amazone, il y a une colonie américaine, absolument florissante, et qui peut servir de modèle à tous ceux qui seraient tentés de chercher fortune en Amazonie. Malgré le site moins favorable, jamais on n'a entendu ces Américains se plaindre de l'insalubrité de la contrée; et cependant les Brésiliens de la même localité se plaignent sans cesse des fièvres, du beri-beri. Que sais-je encore? Si j'étais leur conseiller, je répondrais à leurs doléances : « Imitez vos voisins Yankees; observez comme eux les lois de l'hygiène, de la propreté; sachez comme eux vous nourrir et vous soigner, et vos plaintes n'auront plus d'objet!... »

Donc, sans paradoxe aucun, l'immigration européenne peut aisément s'installer en Amazonie.

Qu'y fera-t-elle? qu'y peut-elle, qu'y doit-elle entreprendre pour réussir?

Distinguons, comme disaient les vieux scholastiques. S'agit-il des capitaux? Ceux-ci ont devant eux un champ merveilleux. Leur action sera aussi féconde pour les entrepreneurs qu'utile au pays même où s'appliquera leur activité. Les tableaux que j'ai produits montrent avec évidence quels immenses services a rendus à la contrée la Compagnie de navigation de l'Amazone, depuis qu'elle a organisé ses transports réguliers et que son exemple a été suivi par des rivaux. En matière de transports même, le dernier mot est bien loin d'être dit. Le bas prix des frets fera plus pour le développement des entreprises et de la contrée que les subventions administratives les plus grosses. Ceci est tellement vrai, qu'en ce moment on a vérifié que les bateaux navigant de Belém à Manáos font 87 arrêts ou escales entre ces deux points. Qu'on cherche sur la carte la plus détaillée, on ne découvrira ni villes ni villages d'un total approchant pareil chiffre. Eh bien, voici l'explication qui donne d'ailleurs une idée de l'organisation en voie d'établissement dans la région.

Les *sitios* dont j'ai maintes fois parlé, ces chaumières, qui parfois sont presque des villas, entourées d'un jardin et d'une culture, s'éparpillent de plus en plus le long des rivières et des igarapés. Le colon qui n'est pas satisfait de son ancienne installation s'enfonce sur sa montaria à la découverte, et s'il trouve un site qui lui plaît, si une *igarité* peut passer, il abandonne son ancienne demeure, et vite il se met à l'œuvre : c'est tôt fait, d'ailleurs. La forêt, en nourrice féconde, lui a tout préparé sous la main; à coups de hache, ou de sabre d'abatis, — celui-ci est l'outil indispensable, le plus précieux de quiconque sort des villes pour entrer dans l'intérieur, — il fabrique poutres et solives; le torchis, la glaise, le pisé sont devant lui; il pétrit son ciment, remplit ses joints; la chaux abonde, ne fût-ce que celle qu'un four primitif lui permet de retirer des coquillages; il en badigeonne ses murailles; en attendant qu'il puisse acheter des tuiles, le palmier lui fournit ses larges feuilles, dont une imbrication ingénieuse forme un toit solide, résistant; et voici la maison prête. Le feu lui trace une clairière, dont les baliveaux ombrageront ses plantations nouvelles. En trois mois, quatre au plus, la récolte est mûre.

Si le colon a eu du nez, il a fixé son *sitio* à portée d'une anse, où il installe un appontement, une sorte de petit port. Quand la rivière est assez profonde, le bateau à

vapeur n'hésitera pas : il viendra jusqu'à ce débarcadère primitif chercher le fret que le propriétaire de l'exploitation lui a préparé. Il lui apportera en même temps la commande que celui-ci a envoyée à la ville prochaine. Ainsi, sans se déranger, le *fazendeiro* expédie et reçoit ce qu'il veut. Il ne court plus, comme judis, le danger de manquer de pain, de farine, de vivres, de munitions, de provisions ou autres fournitures. Les flancs du bateau sont vastes, et il y a toujours assez de place pour son ravitaillement.

Quand le cours d'eau ne permet pas au steam-boat de remonter jusqu'au *sitio*, le colon n'est pas pour si peu dans l'embarras. Il sait le jour et à peu près l'heure du passage à l'escale. Vite, il grée son *igarité* ou sa *montaria*, la charge de ce qu'il destine au vapeur, et à la voile ou à la rame, il part en chantant une cantilène monotone, pour revenir le soir ou le lendemain matin, quand il aura opéré sa livraison et reçu sa commande.

Puis, quand il voudra aller à la ville, chez son *aviador*, le commerçant qui est son consignataire, son commissionnaire et son banquier, il endosse ses habits de fête, prend place sur le steamer, et s'offre un séjour suffisant à le reposer et à le distraire.

Cet éparpillement des *sitios*, des *fazendas* et des *fazendolas*, le long de tous les cours d'eau, explique l'apparente décadence de certaines villes. Jadis c'étaient les points extrêmes de la carrière d'un paquebot ; maintenant ce ne sont plus que des points d'escale. La contrée n'a perdu ni une activité, ni une exploitation, mais le commerce s'est décentralisé. Les petites villes ne reprendront leur mouvement que par la création d'industries dans leur rayon immédiat.

Le caoutchouc absorbe la meilleure part de l'argent et de l'activité des Amazonenses. C'est une fièvre au moins aussi ardente que celle de l'or. Je ne sais trop si en dehors du commerce proprement dit, il serait bon pour les capitaux d'Europe de se consacrer à cet article. On n'attend pas de moi, qu'après tant d'autres, je vienne raconter ici comment s'extrait et se prépare le caoutchouc. C'est chose aujourd'hui trop vulgarisée pour qu'il en soit besoin. L'exploitation actuelle toutefois est odieusement barbare pour les malheureux travailleurs qu'elle expose au danger des fièvres anémiantes et des conflits sanglants avec les Indiens sauvages, et pour les forêts où domine cette essence : *hevea guyanensis, siphonia elastica, seringueira.* Car, dans leur avidité, les *seringueiros* épuisent l'arbre et le font mourir; aussi sont-ils chaque jour obligés d'aller plus loin à sa recherche, de remonter jusqu'à leurs sources pour ainsi dire les affluents les plus ignorés et les plus lointains. Il faudrait méthodiser ces saignées, organiser un roulement, de façon à laisser les arbres se reposer et reconstituer leur richesse en sève; on pourrait même tenter la culture, déjà essayée avec succès.

Quant à la préparation, les procédés actuels de défumation par le feu de branches du palmier *Inajá* ne sont pas sans contredit la réalisation des *desiderata* de l'industrie. Divers systèmes perfectionnés sont en concurrence; je ne ferai de réclame à aucun; je me contenterai de dire qu'on pourrait trouver beaucoup mieux encore, et que l'on gagnerait beaucoup d'argent à transformer le caoutchouc brut en un produit qui se présenterait sur le marché dans des conditions irréprochables.

Il faut surtout dire la même chose du cacao. L'arbre donne à 5 ans; à 500 pieds par hectare, à 2 kilogrammes par pied, à 1 fr. 25 le kilog, c'est un rendement de 1,250 fr. par hectare, et un seul travailleur peut aisément entretenir plusieurs hectares, car l'arbre prospère partout, demande peu de soins et de frais.

Une industrie qui sur place améliorerait la préparation, qui saurait utiliser les sous-produits médicinaux ou industriels, serait très fructueuse.

Du reste, il n'y a vraiment ici que l'embarras du choix. Il se perd chaque année pour plus d'un milliard de produits naturels et spontanés, dédaignés, oubliés ou négligés par ignorance, par faute de main d'œuvre, ou par manque de moyens de transports. Presque tous ces produits sont sur les marchés de consommation des articles chers, qui peuvent par conséquent supporter des frais assez élevés de récolte, de manutention et d'expédition. Le capital pourrait donc fructueusement chercher à les utiliser.

Qu'il multiplie d'abord les banques et les établissements de crédit, améliore le fonctionnement de ceux qui existent, pour faciliter au commerce les entreprises raisonnables, et il aura obtenu beaucoup en fort peu de temps.

Quant à la main d'œuvre, elle constitue la principale et en quelque sorte l'unique difficulté de toute entreprise dans l'Amazone. En dehors du caoutchouc, on n'en trouve pas, et celle-même qui s'emploie au *seringal* est fort chère. L'immigration européenne ne s'est pas encore portée dans le pays : en dépit des sacrifices fort lourds que se sont imposées les provinces amazoniennes, on n'a obtenu aucun résultat. M. L. R. Cavalcanti d'Albuquerque, dans la brochure que j'ai citée plus haut, le dit nettement : « Malgré les ressources votées, malgré les grandes dépenses effectuées sous forme de subvention à un agent spécial en Europe, et pour la publication d'œuvres comme celle qui a pour titre *Le pays des Amazones*, nous n'avons obtenu aucun résultat, car un si grand effort n'a même pas réussi à éveiller la curiosité des investigateurs. Les rares étrangers qui viennent dans la province le font spontanément, ils s'établissent où il leur convient, et y exercent l'industrie que le hasard ou leurs aptitudes leur désignent. Le développement que présente aujourd'hui la richesse publique est donc exclusivement dû au concours de nos compatriotes, Cearenses pour la plupart, lesquels fuyant le fléau des sécheresses périodiques de leur patrie, s'internent dans les rios de l'Amazonie à la recherche du résultat avantageux que leur offre l'exploitation des produits naturels. » — D'après les relevés de ce fonctionnaire, la province de Amazonas a reçu des autres parties du Brésil, naturellement de celles qui sont au sud de Pará, dans la

6.

période de 1880 à 1887 inclus, successivement 3,075, 3,800, 3,205, 4,572, 5.564, 3.352, 6,865, et 6,265, soit en tout 36,648 individus. Presque tout ce monde s'est dirigé sur le *seringal*.

Même chose pour la province de Gram-Pará. Toutes les tentatives n'ont pas donné de résultats appréciables. Les quelques émigrants d'Europe venus et restés suffisent à prouver de la façon la plus éclatante que le colon européen peut vivre, travailler et prospérer dans la contrée; mais aucun courant d'immigration même léger ne s'est établi. On a vu venir et rester des émigrants du Ceará, du Piauhy, du Maranhão; on n'a pour ainsi dire reçu aucun immigrant d'Europe. Et pourtant la province offre à cette dernière catégorie des avantages très appréciables.

Qu'on ouvre tous les rapports de ses administrateurs, on y trouvera des gémissements justifiés sur cette lacune, qui est une blessure saignante au cœur des patriotes amazonenses. Je ne veux pas remuer le fer dans la plaie; j'ai reçu partout dans la contrée un accueil trop aimable, pour me permettre cette cruauté. Je crois cependant témoigner ma reconnaissance en disant à tous ceux qui pourront me comprendre : « Messieurs, un peu moins d'acharnement dans vos luttes pour la politique de clocher, un peu plus d'esprit de suite dans vos mesures; ne défaites pas ce qu'avec tant de peine ont commencé vos prédécesseurs, sous prétexte qu'ils n'étaient pas de votre chapelle. Et surtout, quand une bonne mesure est prise, ne criez ni si vite, ni si haut que c'est un vol, ou une scandaleuse concussion. En un mot, croyez un peu plus à votre honnêteté réciproque, et tâchez d'être pratiques. »

Pourtant l'immigrant d'Europe a peut être actuellement en Amazonie plus de chances que partout ailleurs, même au Brésil, d'acquérir promptement et aisément une large aisance. J'ai dit ce que sont devenus les *Français*, les *Italiens* de Benevides, les *Américains du Nord* de Santarém; je pourrais citer quantités de chefs de famille installés sur les rios affluents de l'Amazone, qui tous se trouvent très heureux et en voie de se créer une belle situation. A mon sentiment, qui contredit celui de beaucoup de Brésiliens, qui diffère de la pensée de plusieurs autres, l'immigrant européen a tout profit ici à reprendre la tradition coloniale portugaise, c'est-à-dire à créer sur le point où il se fixe, le plus près possible des centres de consommation, ou en relations aisées et rapides avec eux, une production très multiple de toutes les denrées dont on remarque le plus l'absence sur les marchés : légumes de toute sorte, fruits même indigènes améliorés par une intelligente arboriculture, produits de la ferme et de la basse-cour. Il y a 300,000 bêtes à cornes à Marajó, à une demi-heure de Belém, et le lait est hors de prix dans cette ville; il est même fort difficile de s'en procurer : — de même dans toutes les localités de l'Amazonie. Le maraîchage de grande banlieue serait particulièrement fructueux autour de Belém et de Manáos, où le terrain abonde en d'excellentes conditions pour cette exploitation, à la portée de toute bonne volonté servie par de bons bras.

On me dira, ce qui est vrai, que les habitants de la contrée n'ont pas l'habitude de consommer nombre de ces produits, ou du moins qu'ils s'en passent aisément. — Fournissez-leur-en seulement d'une façon continuelle, à un prix rémunérateur pour vous, mais qui ne les ruine pas, eux, et vous verrez s'ils en prennent vite le goût, quels bons et fidèles clients ils deviendront!

J'aurai la même chose à répéter par la suite, en ce qui touche la plupart des villes importantes du Brésil, où plus ou moins la situation sous ce rapport spécial est presque la même. Je prie donc qu'on n'oublie pas ces observations, applicables presque partout.

Quant aux bois, si beaux, si nombreux, si variés, si précieux, leur exploitation n'est possible pratiquement qu'à une puissante entreprise, disposant d'un gros capital, d'un outillage perfectionné, et sachant amener avec elle sa main d'œuvre, car ici elle n'en trouverait pas, ne pouvant je suppose offrir de salaire rivalisant avec le gain du *seringueiro*. — Ce que peut faire le petit colon, dans son *sitio*, c'est entre temps, dans les loisirs que lui laissera sa culture principale, de recueillir les produits forestiers de son voisinage; — il y en a toujours quelques-uns, et d'une défaite assurée, bien que le résultat soit très variable; — il ajoutera ainsi sans grande peine, un supplément très appréciable à son revenu régulier.

Plus loin, je reviendrai sur les bois, sur les produits naturels ou de la culture, le parti qu'on en tiré; ce que j'aurai à en dire n'est pas le plus souvent particulier à l'Amazonie, mais s'applique ordinairement à l'ensemble du Brésil. J'en ferai donc un chapitre à part, auquel je prie le lecteur de se reporter.

Je me suis suffisamment étendu sur cette magnifique région de l'Amazonie pour en montrer la beauté, les richesses, les ressources inépuisables, pour faire voir aux bras et aux capitaux quel utile emploi ils y peuvent trouver. Le développement fantastique de ce pays, que j'ai essayé par des chiffres, un peu arides peut-être, mais significatifs, de faire toucher du doigt, parle plus éloquemment que tout ce que l'on pourrait encore écrire.

IV

LE BASSIN DU TOCANTINS-ARAGUAYA

Le Tocantins et ses chutes. — La beauté de sa vallée. — Les cataractes d'Itabóca et le chemin de fer d'Alcobaça. — L'Alto Tocantins et l'Araguaya. — Goyaz : ressources et avenir de la province.

S'il est une chose qui pouvait vivement éveiller ma curiosité, c'était bien de remonter le Tocantins et d'aborder cette mystérieuse région des chutes, tout entourée de peuplades le plus souvent restées sauvages. Et justement, une magnifique occasion s'offrait : les représentants de la *Pará Transportation and Trading Company* allaient exécuter une première reconnaissance sur le grand fleuve, comme sur l'Araguaya, et entreprendre la lutte contre leurs rapides, leurs cataractes si redoutées, afin de porter la vie dans ces magnifiques vallées, jusqu'ici séparées du reste du monde par ces quelques rochers jetés dans le courant des deux rios.

Mais tout d'abord, je résolus d'utiliser le départ du bateau régulier de la compagnie de l'Amazone, qui dessert le bas Tocantins, jusqu'à Baião et même parfois, selon les occasions de fret, jusqu'à Alcobaça et l'île dos Santos.

Nous partons le 13 mars, mais au lieu de redescendre le Guajará, le bateau remonte droit jusqu'à la pointe méridionale de la longue île des Onces, s'engage dans un canal séparant l'île Carnapijó de la terre ferme ; nous dépassons une plantation de café, des fazendas verdoyantes, et les petites agglomérations de Barcarena, Conde, Beja, puis nous entrons dans un véritable *paraná-mirim*, qui s'engage dans les terres vers le sud-est, en face de la charmante île bien nommée du Capim, ou du gazon, car ce n'est qu'une prairie parsemée de bouquets d'arbres.

Nous sommes bien vite à Abaeté, où l'on fait une courte escale, puis nous débouchons devant une île qui masque les eaux du furo Igarapé Mirim, canal faisant communiquer le Mojú avec le Tocantins. Nous avons déjà fait 56 milles; nous mouillons quelques heures devant les fazendas de S. Domingos; il y en a tout un groupe : João Frade, Santa Rosa, Acariá, etc., disséminées soit dans l'île, soit sur les deux rives du furo. Le bateau leur apporte des marchandises de Belém, et embarque un caboclo superbe, vêtu à la planteur, et qui a l'air très pénétré de son importance. Il va, m'apprend-on, se procurer des bœufs au-dessus de Baião, dans la grande île de Jutahy.

Nous reprenons notre route et cette fois le bateau remonte le grand fleuve lui-même. Nous n'en voyons bientôt plus les bords, car à cet endroit son lit n'a pas moins de 25 kilomètres de large, et par extraordinaire il n'a pas d'îles. Bientôt celles-ci apparaissent, basses, mais couvertes d'une végétation sombre et épaisse, sur laquelle tranchent les frondaisons plus tendres de plantes aquatiques énormes. Le bateau passe entre les îles Paquetá et Jacaré Xingú, puis va longer de fort près la rive gauche, laissant sur notre gauche les îles Caruatá, Taiaúna, et jette l'ancre devant Cametá. C'est une localité fort ancienne qui avait déjà de l'importance à l'époque coloniale; aujourd'hui elle est devenue ville, siège de comarca, et assez commerçante. L'agglomération des maisons n'est pas très considérable, elle compte peut-être 4,000 habitants, mais si l'on comprend dans sa population celle des sitios et fazendas voisines, on peut l'estimer à 8,000 au moins. En face d'elle, le fleuve offre au spectateur un véritable archipel; on prétend qu'il a encore plus de 13 kilomètres de large.

Nous nous dirigeons de nouveau vers la rive droite, à travers un véritable labyrinthe d'îles, sur le bord desquelles les *jacarés* ou caïmans semblent dormir immobiles, et nous stoppons devant Tocantins, en face l'île du Tamanduá; ce n'est qu'un hangar, en quelque sorte, point de rendez-vous des habitants du *furo* de communication entre le Mojú, le Cairary et le Tocantins. Un peu plus haut, serrant toujours de près la même rive, nous abordons Mucajuba, petit centre, où au retour le bateau prendra des châtaignes que l'on est en train d'ensaquer.

Nous arrivons à Baïão sur le soir. La veille nous avions couché devant Cametá, mais à bord; cette fois il faut descendre. Le caboclo me prend sous sa protection et gracieusement m'offre de partager l'hospitalité qui lui est offerte par son ami et correspondant, José do Rego. Bien me prend d'accepter, car il n'y a pas d'auberge. Nous sommes très cordialement accueillis. Baïão n'est qu'un village, mais sa situation de tête de ligne de la grande navigation lui donne beaucoup d'importance. Nous y trouvons des gens de Goyaz, dont le canot, une grande barque longue avec une tolda de feuilles de palmiers, est amarrée près de l'appontement de la compagnie de l'Amazone.

Nous voici en plein dans la patrie de la châtaigne, la *castanha do Pará* ou *do Maranhão*, surtout connue en Europe sous le nom de noix du Brésil, et dans le commerce sous celui de *Touca*.

Les forêts de la vallée sont remplies de ces beaux arbres, dont le panache surmonte au loin la ramure des cacaoyers, plus amis des plages basses et humides.

Le châtaignier, qu'en l'honneur de son ami, Aimé Bompland appela *Bertholetia excelsa*, que les Tapuyas d'ici ont appelé *capuçaya*. a plus de 30 mètres de hauteur; le tronc a jusqu'à 2 mètres et demi de diamètre; il pousse fort dru et très vite dans les terrains gras d'alluvions fluviales. Ses fruits sont d'énormes capsules divisées en douze et même parfois jusqu'à dix-huit carpelles, renfermant chacune une amande douce et laiteuse, qui est proprement la châtaigne.

Il serait dangereux de se promener sous les Capuçayas, a l'époque de la maturité de leurs fruits; on attend pour les récolter qu'ils soient tombés d'eux-mêmes; sans cette précaution, on risquerait de recevoir sur la tête, et d'une hauteur de quelque cent pieds, une cabosse de huit à dix livres pesant, et qui pourrait fort bien tuer net l'imprudent promeneur. Pareil accident s'est plus d'une fois produit. La chute brusque d'un tel poids force la capsule à s'ouvrir et l'on n'a qu'à ramasser les amandes; c'est d'ailleurs le seul travail qu'occasionne ce produit, qui est un pur cadeau de la forêt. L'industrie tire de cette amande, du reste très comestible, une huile douce et agréable au goût, pouvant, tant qu'elle est fraîche, rivaliser avec l'huile d'olive, et qui est très appréciée surtout aux États-Unis. Le bois du châtaignier, dur et grisâtre, est couramment employé dans la bâtisse ordinaire et dans la construction navale; son écorce donne une étoupe utilisée pour le calfatage et la fabrication des cables. C'est, comme on voit, une espèce végétale, dont toutes les parties sont mises à profit par l'homme. La flore du Brésil, celle de l'Amazonie en particulier, offre de nombreux cas analogues.

Le cacaoyer est un bel arbre dont le port est celui de nos cerisiers, un peu plus tourmenté peut-être; la variété qui se rencontre surtout dans le Tocantins est le *Theobroma sylvestris*, ou cacoyer sylvestre sauvage; l'arbre ne dépasse guère 10 à 12 mètres; son fruit ovoïde pend aux articulations des branchages et des feuilles; il est jaune ou rouge, selon la variété, mais divisé en cinq à six bandes longitudinales, tout à fait lisses. Il contient de 40 à 60 graines ovoïdes, pareilles à de grosses fèves, d'un brun noirâtre et charnues. C'est avec elles que se fait le chocolat. Dans cette région on trouve bien çà et là, sur les rives, quelques plantations de cacaoyers, mais en général les habitants se bornent à recueillir le cacáo sauvage, extrêmement abondant, surtout au bord de l'eau.

Ces deux articles ne sont pas les seuls qui alimentent le commerce, exclusivement agricole, des gens de la région. Il faut y ajouter le miel, le tafia, le roucou et l'huile d'andiroba. Celle-ci se tire des fruits du *carapa guianensis*, amandes grasses, dures, amères, un peu rosées, formant un aggrégat globuleux au sein de la drupe ronde, ligneuse, partagée en 4 ou 5 valves. Cette huile, qui brûle sans fumée avec une belle flamme, est précieuse pour la saponification. Elle préserve de la piqûre des vers et des insectes les bois qui en sont enduits. L'arbre qui peut donner 30 litres d'huile (valant 1 fr. le litre), pousse en famille et bien souvent forme une forêt, où peut-être l'on ne rencontrerait pas le dixième d'autres espèces. Le rendement en huile va jusqu'à 70 0/0 du poids des amandes, et les tourteaux produisent une sorte de suif assez estimé. Le bois du carapa ou andiroba est précieux en ébénisterie; le tronc a de 16 à 18 mètres de hauteur, et jusqu'à 2 mètres et demi de diamètre.

Le roucou est bien connu en Europe par l'emploi qu'on fait sur une grande échelle de sa belle teinture rouge. Le roucouyer (*Bixa orellana*) ou *urucú*, comme l'appellent les indigènes, est un arbuste haut de 4 à 5 mètres, au tronc droit, partagé dans la partie supérieure en branches qui lui forment un sommet touffu, aux fleursl d'un blanc rosé; le fruit est une capsule hérissée d'épines contenant beaucoup de graines rouges qui fournissent une couleur résistant au savon et aux acides. Les Indiens, qui depuis longtemps la connaissent, s'en teignent le corps, comme aussi leurs hamacs et leurs poteries. La bixine ou pulpe résinoïde qui entoure les graines est également d'un rouge vermillon très vif, mais elle ne contient pas de mordant comme les graines. Le kilogramme préparé vaut de 2 à 3 fr. 50, sur place.

Je croyais que les grands bateaux fluviaux n'allaient plus au delà de Baïão, mais je suis heureusement surpris le lendemain de voir arriver l'*Arapixi*, de la Compagnie Marajó et Tocantins, qui après quelques heures d'arrêt, va, m'assure-t-on, remonter jusqu'à Arumatheua.

La population se raréfie beaucoup au-dessus de Baïão, mais les rives sont encore assez habitées jusqu'à Arêão, petit groupe de maisons sur les îles à la partie inférieure des chutes d'Itabóca.

Nous laissons sur notre droite la grande île de Bacury, dont la pointe inférieure très allongée est masquée à Baïão par l'îlot de Tinga, dépassons à gauche la barre du rio S. Antonio, que dérobe presque l'île de la Praia-Alta, puis nous prenons bientôt la gauche de la Grande Jutahy. Comme celle de Bacury, c'est plutôt un vaste morceau de la terre ferme, découpé par un paraná-mirim. Elle est bien longue et presque aussi large ; d'immenses pelouses toutes verdoyantes d'un capim émaillé de plantes grasses aux fleurs vives servent de pâturages à un bétail assez abondant. C'est justement là qu'avait affaire notre caboclo, qui m'avoue être propriétaire d'un de ces troupeaux, plus ou moins gardés par le dieu Hasard.

Le courant devient plus dur à remonter ; à divers indices, nous nous apercevons que le fond du fleuve devient bien inégal ; des bancs de sables très fréquents se montrent très mobiles ; le pilote fait buter le bateau là où le mois précédent le passage était des plus aisés. Sur la rive gauche, nous n'avons eu depuis l'île de Bacury qu'une jolie plage de sable ; des falaises argileuses, çà et là hérissées de roches grises, commencent à se montrer ; soudain la plage de sable fin reparaît, coupée par le rio Hipabué, qui débouche toujours sur la rive gauche, et traversant le fleuve obliquement, nous faisons un court arrêt à l'*Enseada dos Patos* (anse des canards). Aucun des volatiles d'où elle tire son nom ne se montre dans ce petit port ; quelques cabanes couvertes d'une toiture en feuilles de palmiers, bâties en torchis sur des pilotis en bambous, entourant une misérable chapelle en pisé, inachevée ou à demi ruinée, c'est tout le hameau. Nous y laissons trois *regatões*, colporteurs, brocanteurs, camelots, car le *regatão* est tout cela en même temps, qui vont en face, sur la rive gauche, le long de l'Igarapé du Trucará, *arranjar* un achat de châtaignes. Les bords de cet igarapé sont, paraît-il, d'une abondance phénoménale, en ce qui concerne ce fruit. Je regarde avec curiosité la pacotille que ces camelots débarquent pour opérer leurs échanges, car désormais, le long des rios peu peuplés, c'est plutôt la *troque* qu'on pratique que l'achat contre espèces ; de la farine de manioc, des bouteilles de tafia ou cachaça, des étoffes, de l'indienne et du calicot surtout et divers articles de taillanderie, c'est tout leur assortiment. Les *moradores*, les gens qui stationnent dans ces régions ont surtout un pressant besoin de ce qu'ils ne produisent pas, et en première ligne des denrées alimentaires, qu'il leur serait cependant si facile de cultiver.

Voici un premier rapide, à forme ovoïde, dont la pointe est tournée vers l'amont ; un canal étroit reste libre au milieu du lit principal, entre le chapelet de roches de l'île Tabuá, sise à notre gauche ; aussitôt après nous rasons l'antique village de Pederneiras, pauvres masures en mauvais état sur la berge de la rive gauche, reste d'un poste de surveillance fondé à l'époque coloniale par les Portugais ; nous dépassons l'île Crioulinha, côté de la rive droite, et déjà la falaise reparaît sur la rive gauche, s'allongeant durant des lieues : c'est la *costa de Juquirá-puá*, qui ne va plus nous quitter de longtemps ; bien vite, une autre falaise rocheuse parallèle se montre sur la rive droite ; le courant devient plus rapide et bouillonnant. Nous nous éloignons de la Pedra Grande, un îlot accolé à la rive droite, et après avoir longé le fort de Alcobaça, venons mouiller à un autre îlot, accolé à la rive gauche, l'Ilha dos Santos.

Il y a peu de temps encore, on ne croyait pas possible de remonter plus loin avec des bateaux ; c'était bon tout au plus pour des montarias, ou de véritables périssoires. La carte si soignée de José Velloso Barreto, elle-même, assignait ce point comme le terminus de la navigation régulière possible. Le fleuve en effet a ici la moindre profondeur reconnue, 1m,10 ; le fort est en ruine ; le hameau est presque désert ; à une lieue seulement on rencontre un village ou aldée d'Indiens Anambés, aussi *mansos* et domestiqués que possible, tout à fait au confluent de l'igarapé Caripé. Les roches et les îlots rocheux se multiplient sur la rive droite, le *travessão* y devient fréquent : il tient à la fois du gué, du rapide et de l'écueil ; c'est un banc de consistance pierreuse formant saillie au dessus de l'eau, mais à surface tourmentée, aux reliefs irréguliers ; quand en se prolongeant de la berge, il n'atteint que la moitié ou les deux tiers du lit du fleuve, cela va encore ; mais parfois il le coupe tout entier et produit une espèce de saut : au loin les blocs qu'il dresse forment une ligne continue, donnant à peine place au passage du bateau, qui doit surmonter l'effort violent de l'onde comprimée en s'ouvrant violemment la route. Nous allons néanmoins sans grand'peine, serrant de près la rive gauche, laissant sur celle de droite au moins sept embouchures d'igarapés, passant devant l'île des Pacás, au bout de laquelle est la jolie enseada du Janaucú-quára, suivie de l'île du Arco; nous passons sans encombre le travessão du Janaú et bientôt nous abordons sur la rive gauche à Arumatheua.

C'est un groupe de chaumières, placées dans un site délicieux, enchanteur, au bout de la falaise, et d'où l'on jouit d'un vaste horizon. En face, le débouché torrentueux du Guaribás, aux rugissements de tonnerre ; en amont, l'écume bouillonnante des eaux secouées par les remous jusqu'au rapide du Tacumandubа ; devant soi, un peu à gauche, les mornes de Arroyos avec leur couronne de grands arbres ; au bas, sur la rive, de jolies plages et les eaux calmes du fleuve glissant paisiblement jusqu'à l'île du Arco, éternellement verdoyante.

Les maisons, les *roças*, les hangars-magasins des commerçants qui y résident pendant la cueillette des châtaignes, c'est-à-dire en janvier et février, durant les beaux mois de l'été, constituent tout Arumatheua. Mais l'installation d'une navigation facile en a fait un but de promenade et d'excursion pour les Paraenses aisés. Des familles entières prennent passage sur les bateaux pour y venir jouir de la contemplation de la cataracte, et l'on parle déjà d'en faire une station hygiénique, un sanatorium pour les infortunés atteints du terrible *beriberi*. La dépense serait pour eux infiniment moins considérable que celle d'un voyage au Ceará.

On me pardonnera de ne pas relater ici les péripéties, si émouvantes qu'elles puissent être, du passage à la remonte des chutes d'Itabóca et du Tauiry. Cela nous entraînerait beaucoup trop loin. Il me suffira de dire que ces chutes, formant un saut peu élevé, de 1 à 2 mètres seulement, sont principalement redoutables par l'étroitesse des huit canaux qu'elles laissent comme passage aux eaux; celles-ci mugissent, s'engouffrent avec violence, puis tourbillonnent en projetant haut et loin une écume blanchâtre. Il y a six ou sept séries de ces sauts, fort rapprochés et au-dessus d'Itabóca, le fleuve traversant les massifs rocheux du Tauiry, descend des gradins plus redoutables encore, resserré, tourmenté, sauvage, émietté en quelque sorte par les écueils qui le brisent; les rapides du Tauiry sont plus difficiles sans contredit que ceux d'Itabóca. Grand dommage pour la contrée environnante, qui abonde en châtaigneraies, sans parler des minéraux du Pucuruhy, un affluent de gauche, et qui sont inexploitables, faute de moyens aisés de transport. Les *castanhaes* du Jacundá, rive droite et celles de Timbosal, près du Pucuruhy, rive gauche, sont les plus fameuses.

En dépit de tout, lors des crues, en mars et en avril, les eaux emplissent le lit du Tocantins, et des bateaux d'une calaison modérée, 80 centimètres à un mètre, passent aisément. De mai à décembre, la sécheresse amaigrit le fleuve, les cataractes se trouvent en relief et gênent beaucoup l'ascension. On est alors obligé de décharger l'embarcation, puis de la haler à la cordelle, sur la berge, pendant que deux hommes avec des avirons la détournent du choc brutal des roches qui la mettraient en pièces.

De Itabóca à S. João de Araguaya ou *das duas Barras*, situé au confluent du Tocantins et de l'Araguaya, le pays n'est pas peuplé; entre ces deux points, le cours du fleuve avec ses méandres mesure 187 kilomètres. Sur toute cette étendue, on trouve en quantité prodigieuse la châtaigne, le cumarú, le copahu, et les bois de construction. Mais tout cela reste inexploité, à cause des obstacles terribles opposés à la navigation par les chutes d'Itabóca et les rapides du Tauiry.

Nous sommes arrivés à la limite des provinces du Pará et de Goyaz; cette dernière, comme la partie du Gram-Pará baignée par le Tocantins, a tous ses intérêts économiques liés à cette question des communications aisées, rapides et régulières par leur fleuve. Il convient donc, avant d'aller plus loin, de jeter un coup d'œil d'ensemble sur cette grande artère intérieure.

« Le Tocantins est un fleuve magnifique, arrosant l'une des régions du climat le plus délicieux du Brésil, courant sur un lit de diamants, de rubis, de saphirs, de topazes, d'opales, d'or, d'argent et de pétrole. » Ainsi parle l'explorateur James Orton (*The Andes and the Amazon*, p. 271). Castelnau lui donne une largeur moyenne de 1,800 mètres et un courant de 1,500 mètres à l'heure. Son bassin comprend le vaste territoire qui s'étend du parallèle 1° au 19° de latitude sud, de la bouche du Pará jusqu'aux plus lointaines origines de l'Araguaya, le torrent des *Duas Pontes* ou des Deux Ponts, qui descend des pentes septentrionales de la Serra de Cayapó. Il a plus de 8 degrés en largeur de l'est à l'ouest. Le plateau, où il a ses sources, contient également celles du Tapajóz, du Paraguay, du Guaporé et des bras occidentaux du Paraná. Avec ses six grands tributaires, il est supérieur à tous les fleuves de l'Europe, même au Danube.

Les territoires à travers lesquels ce superbe fleuve creuse 6,000 kilomètres de routes qui marchent, sont liés au vaste plateau, qui, au confluent du Tocantins et de l'Araguaya mesure 94 mètres au-dessus du niveau de la mer, qui au Pongo de Manseriche monte à 386 mètres selon Humboldt, à 266 près de la bouche du Mamoré, selon

Gibbon, est à 133 au confluent du rio Negro et du Cassiquiare, selon Wabace, qui à Tiago Mario, dans le Huallaga, s'élève d'après Herndon à 746, et qui à Coca, dans le Napó, redescend suivant Orton à 284. Un pays qui possède dans son sol les plus précieuses facultés de production, qui jouit du plus vaste et du plus admirable système hydrographique du monde, paraît devoir être dans l'avenir le foyer le plus actif des transactions commerciales.

A la partie tout à fait supérieure de son bassin, près du 16° parallèle sud, descendent des sérras des Pyreneos, du Paranan, de Santa Rita et de Goyaz, quantité de ruisseaux torrentueux, coulant tous plus ou moins directement vers le nord; c'est en partant de l'est, le Maranhão, véritable lit d'écoulement du lac Formosa ou Felix da Costa (qu'on dit avoir 25 kilomètres de long sur 3 et demi de large), et qui recueille successivement toutes les eaux sorties de ce versant de la chaîne des Pyreneos, les rios des Angicos, Verde très volumineux et des Patos, puis fait le grand saut du Machadinho, 12 kilomètres avant de s'unir au rio das Almas; l'Uruhú qui coule pendant près de 180 kilomètres du sud-ouest au nord-est avant de se perdre dans celui-ci; le rio das Almas né au pied des Pyreneos, se dirige vers le nord-ouest, se grossissant du ruisseau du Padre Souza, du Pary, du rio dos Patos, du Sucuriú, sur sa gauche, et sur sa droite du Sam Patricio; après un cours de 200 kilomètres environ, navigable pour des pirogues, il se confond avec le Maranhão, un peu au-dessous du bourg d'Aguaquente; c'est seulement 250 kilomètres plus bas, que le Maranhão prend le nom de Tocantins, après avoir reçu à droite le grand Paranatingua, formé lui-même du rio da Palma et du Paraná, qui tous deux recueillent des rivières innombrables, et sont navigables pour de grandes embarcations sur plus de 400 kilomètres.

Le Tocantins ainsi formé reçoit ensuite, à gauche et 160 kilomètres plus bas, le Santa Theresa, d'un cours supérieur à 450 kilomètres dont plus de 200 navigables, formé par Canna Brava, Areia et Ouro; puis à droite le Somno

Grande, très étendu, formé des rios das Balsas, Somno, Palmas, et dont la barre contourne une grande île; le Manoel Alves Grande, assez long lui aussi et qui vient du sud. Il décrit alors deux courbes à l'ouest et à l'est, formant ainsi une sorte de S retourné, et 100 kilomètres plus au nord, il tourne droit à l'ouest pour s'unir à l'Araguaya.

L'Araguaya naît plus au sud que le Tocantins; il sort près du 19° parallèle sud de la Serra Cayapó, tout près de la source du Taquary affluent du Paraguay; il coule du sud-ouest au nord-est sous le nom de Cayapó Grande, grossi du Pitombas et du Jatobá, s'augmente du Bonito et du Barreiros, devient aussitôt navigable et prend alors le nom d'Araguaya, reçoit à droite le rio Claro, au-dessous de la route de Goyaz à Cuyabá, et 250 kilomètres plus bas, le Vermelho, qui baigne la ville de Goyaz, puis 120 kilomètres au-dessous le Crixá-Assú, tous deux navigables.

66 kilomètres au-dessous de ce point, l'Araguaya se divise en deux bras qui contournent la grande île de Bananal ou de Sant'Anna, de près de 500 kilomètres de superficie; celui de droite a 250 mètres de large, celui de gauche 300; ce dernier reçoit au point de sa sinuosité la plus occidentale le grand et impétueux rio das Mortes ou Manso venu de l'ouest, puis, ses deux bras de nouveau réunis, le fleuve se creuse un lit profond entre deux rives élevées, et va à travers divers rapides dans la direction nord-est jusqu'à la barre du Tocantins, qui lui expédie trois bras pour le recevoir. Leur jonction se fait devant S. João des Deux Barres ou d'Araguaya, à 1,450 kilomètres de la ville de Goyaz.

L'Araguaya a donc un cours de 2,627 kilomètres, sur lesquels 1,200 arrosent des terres de la province de Matto-Grosso, dont il forme la limite de séparation avec celle de Goyaz. Au confluent du Vermelho, il est à l'altitude de 235 mètres. Ajoutons ici que ledit Vermelho a un cours d'au moins 300 kilomètres, dont 180 de très facile navigation depuis le port ou *travessão* de Jurupensen, à 80 kilomètres de la ville de Goyaz

« Cette région esquissée à grands traits n'est déjà plus un désert : en moins d'un quart de siècle, il s'y est formé plus de cinquante localités, parmi lesquelles on compte six villes importantes et de nombreux bourgs, » dit en 1884 le rapport du président de Goyaz; dans l'Araguaya, où les populations vivent encore sous un régime primitif, il y a beaucoup d'aldées ou villages d'Indiens, deux pénitenciers militaires, Santa Maria et S. José dos Martyrios; deux bourgades, Leopoldina et S. João de Araguaya, et le poste militaire de Camery. La navigation y est encore effectuée par des *canôas*, lourdes barques, un peu semblables à des péniches, mais moins plates; elle dessert les bourgs de Porto Imperial, Palmas, Peixe, dans Goyaz; Imperatriz, Pôrto Franco et Carolina, dans le Maranhão. Entre les *Sertões* de Goyaz et la capitale du Pará, des communications actives sont entretenues par des bateaux (*botes*), qui au prix de voyages extrêmement pénibles transportent les produits des districts de Pilar, Amaro Leite, S. José de Araguaya, Santa Maria, Rio Bonito, Santa Rita, Rio Claro, Itacayú, Curralinho et Goyaz. En 1882, la recette des frets de ces bateaux fut de 23,198,929 ; en 1883, elle se monta à 31,468 682, soit 57,997 francs et 78,672 francs.

Plus de 150,000 âmes sont disséminées sur cette zone si vaste, dont on peut vaguement apprécier l'opulence par la valeur des produits qui à travers des difficultés sans nombre arrivent au marché de Belém. C'est là que se trouve l'inépuisable trésor minéral du Brésil, que l'on ne peut encore exploiter, parce que le transport de l'outillage de cette exploitation est actuellement trop difficile. En ce moment, la navigation du haut Tocantins se fait de Porto-Imperial à Boa-Vista, sur une longueur de 740 kilomètres. L'exploration faite en 1875 par M. le Dr A.-F. Fereira do Lago a constaté que le fleuve a 3,000 kilomètres, dont 1,218 navigables; cette navigabilité, comme pour l'Araguaya, pour être complètement mise à profit, dépend d'un chemin de fer de 850 kilomètres, entre Arrayas, S. João das Duas Barras et Santa Maria. Le courant d'immigration cherche de préférence la vallée du Tocantins et de son affluent, le rio do Somno; les îles du double bassin de ces fleuves jumeaux sont riches en caoutchouc, salsepareille, ipecacuanha, châtaignes, etc.

Ainsi qu'il arrive dans toute la vallée de l'Amazone, la climatologie du Tocantins-Araguaya est aussi simple que sa géographie physique. La température moyenne thermométrique est de 27 à 28°, d'après Orton et Agassiz. A Cametá, il est vrai, comme à Belém, comme à Manáos, comme à Tabatinga, la moyenne ne dépasse pas 27°, climat tempéré, qui fait oublier, comme dit Herndon dans son *Exploration of the vally of Amazon*, qui fait oublier les jours de chien, *dogs days*, des climats froids. « Grand est le contraste entre les sombres hivers et les étés poudreux, entre les printemps transis et les automnes glacés de nos zones tempérées, avec la beauté sereine et éternelle de l'Équateur! Aucun voyageur de l'Amazonie ne voudrait échanger ce que Wallace appelle la demi-heure magique d'après le coucher du soleil avec le long crépuscule embrumé du Nord. L'homme épris de ce climat, a écrit Herndon, *is ever unwilling to give it up for a more bracing one!* ne sera jamais disposé à l'échanger contre un autre, où l'air est plus vif. » (J. Orton, p. 286.)

L'exploitation de cette merveilleuse région, dont il serait impossible d'exagérer la richesse, est devenue une préoccupation constante depuis le commencement du XVIIe siècle. Alors, un Père capucin, Frei Christovão de Lisboa, remonte du port de Belém jusqu'à Goyaz. Les explorations se répètent, et tous les explorateurs racontent des prodiges de ces territoires. Le dernier, M. Couto de Magalhães, a démontré pratiquement l'importance du problème géographique à résoudre, lorsque, étant président de la province de Matto-Grosso, il fit transporter la lancha à vapeur (sorte de baleinière) l'*Araguaya*, à travers plus de 600 kilomètres d'affreux terrains, de Cuyabá à Leopoldina, et établit des communications à vapeur entre ce *presidio* (pénitencier) et Januaria, sur une distance que

M. Moraes Jardim évalue à 921 kilomètres. La collection des lois provinciales de Goyaz et de Pará témoigne de dispositions tendant à assurer à l'industrie et au commerce la conquête de cette zone, destinée à être le théâtre du plus considérable et du plus rapide progrès économique.

Ce problème des communications va-t-il être résolu cette fois? Si nous étions ailleurs qu'au Pará, dans la patrie par excellence du *politicagem* le plus furieux et le plus impénitent, je répondrais sans hésiter d'une façon affirmative après ce que je viens de voir. Mais déjà les députés de cette province ont apporté des entraves à l'exécution des lois votées, quoique le budget général de l'Empire contienne et des autorisations et des crédits pour mener à bien l'entreprise décrétée.

Le 22 juin 1887, M. Francesco José Cardoso Junior, premier vice-président, qui était par intérim chargé du gouvernement de la province, avait signé un traité avec M. le colonel João José Corrêa de Moraes, chargeant celui-ci, moyennant divers subsides du Trésor Provincial, de la construction et de l'exploitation d'un chemin de fer, raccordant le point terminus de la grande navigation du bas Tocantins, avec Santo Anastacio, considéré comme le point initial possible de la navigation fluviale du haut Tocantins et de l'Araguaya; cette ligne de 103 kilomètres au plus, partira soit de Arumatheua, soit de Alcobaça, plutôt de cette dernière localité, et côtoyant la rive gauche du fleuve dans la section des chutes, des rapides et des tourbillons, ira porter le fret et les voyageurs jusqu'à Santo Anastacio, où l'un et les autres pourront de nouveau s'embarquer sur les bateaux à vapeur à fond plat, à roue unique placée à l'arrière, du système Jarrow, construits exprès pour la navigation des rivières d'une médiocre profondeur.

La navigation régulière du Tocantins, de l'Araguaya et du Vermelho était mise à la charge du même contractant, qui paraissait fort disposé à l'étendre au rio das Mortes, remonté naguère avec un bateau à vapeur, sur une longueur de 480 kilomètres absolument libre de tout obstacle. Une compagnie où se sont unis les capitaux canadiens, yankees et brésiliens, la *Pará Transportation and Trading*, s'est constituée selon toutes les règles, pour exploiter cette concession. Son capital est de 7,000 contos, soit 17,500,000 francs. En 1888, M. le Dr Miguel Pernambuco, président du Pará, a approuvé le transfert du contrat à cette compagnie, dont les représentants, MM. A. Midleton et Edmond Reynolds, font maintenant une reconnaissance sur le terrain.

Les études pour la construction de la première section de la voie ferrée sont très avancées, et si par ce que produit déjà la région qui va être ouverte à l'activité de l'industrie et du commerce, nous pouvons calculer la progression énorme de sa production grâce à un emploi meilleur du temps et de l'espace, comme à la facilité et à la rapidité de la circulation, il est hors de doute que l'on entre ici dans une ère nouvelle, une ère de grande prospérité.

Aussitôt que cette facilité de circulation deviendra un fait réel, la compagnie sera tenue d'introduire et de placer des colons aux environs du chemin de fer et du fleuve Par ce que nous venons de voir au passage, il n'est pas un instant douteux que l'immigration ne trouve ici un champ fertile. Le terrain et le climat lui sont très favorables, seules les routes lui manquaient. L'énergie de l'immigrant fera merveille sur ce sol béni et réveillera les Paraenses depuis trop longtemps engourdis dans leur somnolente torpeur.

Si l'on veut comprendre l'avenir qui attend la colonisation par l'immigrant dans cet immense et admirable bassin, il faut qu'on note certaines particularités topographiques et orographiques, dont la présence modifie et tempère le climat intertropical, diversifie les terrains et leurs aptitudes aux cultures les plus différentes.

Une chaîne de montagnes sort comme une ramification colossale de la grande serra de partage, appelée de Santa

Martha et de Santa Rita, au 15° parallèle sud; elle remonte au nord dans la province de Goyaz, entre le Tocantins et l'Araguaya, portant très souvent ses sommets à une altitude de 3,000 mètres. A la hauteur des sources du Crixá-Assú, elle se partage en deux branches; celle de droite, relativement courte, passe par Amaro Leite, Santo Antonio et Descoberto, bourgades assises sur ses versants, côtoie le rio Santa Theresa et contient les sources du rio do Ouro, affluent de ce dernier. Celle de gauche se prolonge sous les noms de Santa Luzia, Chavante, Estrondo et Serra Grande, jusqu'au dessus de la réunion du Tocantins et de l'Araguaya, près de S. João des deux Barres. La multitude des contreforts que ces chaînes détachent soit au nord, soit à l'est, enserrent autant de vallées, qu'arrosent les innombrables affluents de ces deux grands fleuves.

Si l'on gravit le sommet d un de ces monts, le cercle du panorama visuel ne montre que des serras; de tous côtés l'on ne distingue que des pics aux formes irrégulières, extravagantes, comme si un cataclysme de la nature, déchirant au moment même la croûte terrestre, n'offrait plus au regard que les éclats produits par cette effroyable solution de continuité. L'imagination populaire a été si frappée de cet aspect des choses, qu'elle a appelé dans son ensemble cette chaîne la Serra du chaos, *do Estrondo*.

Perdues au milieu de ces montagnes, disséminées le long de leurs pentes, existent une grande quantité de villes, dont la fondation en des sites pareils s'explique seulement par l'ardeur à la recherche de l'or dans les temps coloniaux, villes jadis très animées et florissantes, stationnaires maintenant que l'extraction de l'or est devenue difficile, que l'élevage du bétail et la culture des céréales ne peuvent, faute de moyens de transport, fournir au développement du commerce.

Venue de S. Paulo, par le sud, de Minas Geraes, par le sud-est, du Piauhy et du Maranhão par les défilés de l'est, la population qui s'est fixée dans ce fertile bassin, n'est pas moindre aujourd'hui de 200,000 âmes. Elle s'y est développée aisément, malgré le voisinage de tribus indiennes hostiles, souvent rendues féroces par les cruels sévices exercés contre leurs membres; s'il fait très chaud dans les ravins encaissés entre les roches de certaines vallées, la température s'adoucit dès que l'on s'élève sur les pentes des serras, qui constituent les trois quarts au moins du territoire habitable et cultivable; alors que les terres basses marginales, souvent mouillées à la moindre crue suivant une pluie d'orage, forment çà et là sur votre route des rizières naturelles et sauvages, bien vite en gravissant les versants où sont assises les bourgades, votre regard ne rencontre plus que le *campo*, la plaine ondulée, mais propre, qui attend la culture; à l'horizon, des bois, des forêts superbes, dont les géants projettent leurs énormes cimes au feuillage sombre sur le ciel.

Il est temps de reprendre notre excursion sur l'Araguaya.

Nous avions installé nos personnes et nos petits bagages sur le *Santo-Antonio*, une péniche du pays, qui marchait à la rame ou à l'aviron, selon les cas. Nous avons 7 rameurs sur chaque bord, et au milieu deux tentes, couvertes de feuilles de palmier, l'une à l'avant, l'autre à l'arrière. Sur une longueur de 3 degrés, de S. João au presidio de Santa Maria, il nous fallut remonter avec beaucoup de peine 4 chutes ou *cachoeiras* d'une faible élévation, do Carmo, Grande, Comprida et Santa Maria ; entre la seconde et la troisième, le rapide ou *correnteza* de S. Miguel, puis après cette même troisième, franchir le *travessão* du Correio. Nous n'avons rancontré sur notre chemin, à droite et à gauche, que des aldées d'Indiens Apinagès, Aderrekés, Carajás ; elles sont plutôt en décadence. Quelques chaumières, deux ou trois *malocas*, une cabane plus soignée, servant d'église et le plus souvent close, disséminées sans régularité, mais toutes rapprochées d'une place, que le feu a défrichée. et où pousse un gazon maigre, théâtre parfois des ébats des poules et de quelques oiseaux domestiques; tel est le tableau invariable qu'elles nous offrent. Il est difficile d'en apprécier la population; presque toujours les maisons sont désertes; les habitants sont dans la forêt, à leur *roça* (culture faite sur un abatis défriché) de manioc, à la pêche ou à la chasse; seules quelques vieilles, atrocement laides, gardent le logis. Cependant nous avons pu chez les Aderrékès nous procurer, contre un verre de *cachaça*, des *abucaxis*, ananas énormes et délicieux, qui furent les très bien venus.

Le presidio de Santa Maria est bâti sur une falaise qui est à 10 mètres au-dessus de l'étiage, en face d'une île portant le même nom; celle-ci divise le fleuve en deux bras; celui de droite est large de 174 mètres, celui de gauche de 2,684 mètres; le presidio est à 161 kilomètres au-dessous de la pointe septentrionale de la grande île de Bananal.

La bourgade est formée par une ligne de maisons parallèles au fleuve et par cinq *travessas* perpendiculaires. C'est le point forcé d'escale, de ravitaillement de tous les bateaux; c'est le port de départ des vapeurs qui, sur plus de 990 kilomètres, remontent l'Araguaya jusqu'à Leopoldina et Itacayú.

De cette localité dépendent, disséminés dans les environs, trente-trois *sitios* et six *engenhos* ayant des moulins à cannes, et quelques-uns même des appareils de distillation.

Depuis Arumatheua, le voyage a été d'autant plus pénible que nous sommes dans la saison des basses eaux; les roches des *travessões* sont à sec, émergent et opposent au bateau leurs flancs hérissés d'arêtes aiguës; les canaux qu'elles laissent entre elles sont fort étroits et d'un courant violent. Grâce aux avirons, à certains moments à la cordelle, nous avons pu passer sans dommage; à peine avons-nous été un peu mouillés. A l'époque des crues et des pleins, le passage est aisé même aux bateaux à hélice, qui déjà l'ont déjà pratiquement prouvé. Il serait d'aillours très facile, avec quelques cartouches de dynamite, d'améliorer considérablement le lit du fleuve, de façon à naviguer sans peine aucune entre Santo Anastacio et Santa Maria, car, à vrai dire, on n'a à vaincre que des rapides. Si les bancs rocheux qui obstruent le passage ont parfois 1 à 2 mètres de hauteur, celui-ci s'allonge souvent sur une pente longue parfois de 50 mètres, ce qui fait en somme une déclivité de 2 1/2 0/0 environ. Comme on le voit, l'obstacle n'a rien de sérieusement redoutable, et l'entreprise qui construit le chemin de fer d'Alcobaça viendra aisément à bout de le détruire, pour transporter à Santo Anastacio le point de départ des vapeurs plats qu'elle devra mettre en service sur l'Araguaya.

Pour nous, la navigation n'offrant plus d'autre intérêt que celui du pays à traverser, nous quittons notre *bote*, et montons sur le *Jurupensen*, petit vapeur de 12 tonnes environ, qui va nous conduire jusqu'à la ville même de Goyaz.

Jusqu'à l'île de Bananal, le rio est assez profond pour que nous marchions même la nuit au clair de lune. Nous longeons des îles, des lacs, dépassons des anses formées par les barres de quantité d'affluents sur les deux rives; le fleuve a presque partout au moins 1,500 mètres de largeur. Çà et là la berge s'élève en petite falaise; celle-ci est composée de cinq couches distinctes : argile brune et arénacée, ocre jaune, ocre rouge, sable blanc et terre végétale ou humus; ce dernier n'a pas plus de 44 centimètres d'épaisseur. Cette formation des berges est générale; cependant parfois nous observons des conglomérats ferrugineux qui les constituent exclusivement, ou bien ce minerai sert de base à la série des couches énumérées tout à l'heure.

Nous retrouvons six ou huit aldées de Carajás, habitations provisoires pour le temps de la sécheresse, ranchos de paille en forme de fourneau, avec une ouverture basse à l'avant, qui abritent chacun une famille. Ces aldées sont édifiées sur une plage de sable, presque toujours au bord d'un lac qui fournit abondamment aux Indiens le poisson, leur aliment de prédilection ; quand la pêche n'est plus fructueuse, ou qu'arrivent les crues, ils s'en vont s'établir sur la terre ferme.

L'île de Bananal est toute basse et en grande partie mouillée sur ses bords ; mais l'intérieur offre une gigantesque étendue de terre solide et ferme. Nous n'y avons vu aucune serra, et des chefs Javahés et Carajás nous ont confirmé qu'il n'en existe pas ; d'après eux, le grand lac intérieur figuré sur les cartes n'existe pas davantage ; il y a beaucoup de lacs et très poissonneux, mais aucun de dimensions considérables.

On est en train de fonder une colonie au Furo da Pedra, sur la rive droite du bras occidental, à 103 kilomètres de la pointe septentrionale et à 264 de Santa Maria. La rive ici forme une falaise de conglomérat ferrugineux assez élevé. Un peu avant dans l'intérieur, nous rencontrons une belle forêt contenant des bois de construction, un joli ruisseau rocailleux, qui s'échappe d'une petite serra de collines basses et qui fournit une excellente eau potable. Sur ces collines et à leurs pieds, s'étendent de grandes plaines offrant de beaux pâturages ; en face de ce point, une grande île est couverte de bois, qui défrichés feraient un excellent terrain pour la culture.

Sauf des troncs d'arbres envasés au fond du fleuve, rien de bien remarquable ne s'offre à nous jusqu'à Santa Leopoldina : à 325 kilomètres de l'extrémité nord de Bananal, le grand rio das Mortes déverse ses eaux sur la rive gauche par deux bouches fort larges, que nous avons rangées durant la nuit. — La côte occidentale de la grande île a 510 kilomètres d'étendue, et il y a encore 283 kilomètres depuis son extrémité jusqu'à Leopoldina, au confluent du Vermelho.

On remonte celui-ci jusqu'à la colonie militaire de Jurupensen, à 80 kilomètres de la capitale, et même jusqu'au hameau de Barra. Une route passable conduit ensuite à la ville.

Nous voici au pays des mines fabuleuses; l'or y a provoqué des crimes abominables, d'horribles massacres d'Indiens, des luttes fratricides, exécrables entre les chercheurs de trésors. Depuis plus de deux siècles, ces mines ont été l'objet des rêves d'une foule d'aventuriers, et cependant, en dépit de tous leurs excès et de leurs vices, ces mêmes aventuriers lassés, déçus, ont fondé cette magnifique province où peu à peu l'ordre s'est établi, amenant avec lui la tranquillité, la paix sociale et le bien-être.

D'abord *povoação* ou bourgade de Sant'Anna, puis Villa Bella de Goyaz, la capitale de la province est située sur le rio Vermelho qui la traverse; siége du gouvernement, elle ne montre pourtant guère que la résidence du président et le palais épiscopal à la contemplation du visiteur. L'agglomération urbaine a peut-être 8,000 habitants, mais les diverses *freguezias*, ou hameaux de son canton, en comptent ensemble plus de 20,000.

En 1812, Custodio Pereira de Veiga, dans un rapport très circonstancié et très précieux sur la province, dénombrait ainsi les éléments de la population de la capitale, recensée en 1804: Blancs mariés 106, id. célibataires 504; nègres mariés 25, id. célibataires 388; mulâtres mariés 118, id. célibataires 1,090; femmes blanches mariées 84, id. célibataires 525; négresses mariées 84, id. célibataires 571; mulâtresses mariées 137, id. célibataires, 1,466. — Esclaves hommes 2,637; esclaves femmes 1,795. Soit un total de 9,474 habitants.

Aujourd'hui la ville est peut-être un peu moins peuplée. Elle vaut mieux que la réputation dont elle jouit parmi les Brésiliens. De quelque sommet du voisinage qu'on la contemple, — et ils sont nombreux, — l'on jouit du plus splendide panorama; si l'horizon n'est pas très vaste, les paysages sont des plus variés. Un amphithéâtre en hémicycle, tout revêtu de verdure aux tons chatoyants, aux nuances changeantes, vous pénètre de saisissement devant cette nature prodigieuse, toujours nouvelle à qui la contemple. Le bleu des cimes échancrées des montagnes les estompe par des gradations insensibles, et achève la beauté des lignes de ce paysage d'une mélancolie suave et fugitive. Les pentes sont d'une fertilité exubérante, au lieu de présenter l'aridité que beaucoup leur supposent.

Le principal commerce est celui que fournit l'élevage du bétail. — L'industrie s'essaie à naître; 16 écoles publiques y comptent fort peu d'élèves. Le lycée provincial n'y est guère plus fréquenté. Quatre journaux s'y publient, dont le *Goyaz* et le *Publicador Goyano*, qui m'ont fourni beaucoup de données sur la province et dont les collections mériteraient d'être étudiées davantage, soit dans le reste du Brésil, soit au dehors.

La rue du 25 Avril, celles de Ouro, d'Agua et das Flores, sont les plus jolies parmi les 24 de la cité; les places du Mercado, du Palacio, du Rosario sont très proprettes; celle du Chafariz ou de la Fontaine est particulièrement gaie. Un hôpital, un théâtre un peu bizarre, un bon marché, quatre casernes, une pharmacie, un salon de coiffure et de perruquier, unique celui-ci. Les Goyanos sont cependant presque tous rasés!... En revanche, il y a au moins cinq *bandas de musica*, et je vous prie de croire que l'on danse ferme; à la moindre ariette, on voit même, dans la rue, les jambes se trémousser. 10 maisons à peine sont surmontées d'un étage, et la ville est éclairée par des réverbères contenant des lampes à pétrole.

Singularité toute étrange! Il n'y a dans la ville et même dans toute la province *aucun* hôtel, *aucun* restaurant. Le voyageur doit apporter avec lui sa tente et sa cuisine; sinon, il lui faut demander une hospitalité qui lui est gracieusement et largement accordée, dès que des lettres de recommandation en font autre chose qu'un inconnu.

Cette singularité est le résultat de l'isolement. Les braves Goyanos, race simple, affable, énergique, mais d'allures indolentes, sont, au moment où nous arrivons, très préoccupés d'une question capitale pour leur avenir.

Il s'agit de dériver les eaux du rio Urubú vers le Vermelho pour augmenter le volume des eaux de celui-ci, et le rendre navigable sur les 80 kilomètres qui séparent la ville de Goyaz de la colonie de Jurupensen, où nous avons laissé notre vapeur. Quand on prend la route de Curralinho, à 3 lieues de Goyaz on franchit l'Urubú, et du pont qui le traverse on aperçoit très bien le point élevé de la serra Dourada, où est sa source.

Aux environs de la fazenda de S. Domingos, arrosée par un petit torrent, et en remontant celui-ci, on arrive au monticule, diviseur des eaux des deux rios à réunir; c'est à peu près à une lieue de la jonction de ce torrent avec l'Urubú. A cet endroit, l'Urubú a déjà reçu le rio das Pedras qui naît sous la ville même de Curralinho, et les ruisseaux Cabra, Cabrinha et Praia, descendus de la freguezia montueuse de Ouro-Fino. Le *Corrego* ou torrent Manuel Gomes se jette dans le Vermelho à l'une des extrémités de Goyaz même. La canalisation de jonction, de S. Domingos à la ville, aurait 7 lieues. De la capitale à Jurupensen, il y a quelques rapides seulement à faire sauter.

Ce n'est pas une entreprise colossale, mais elle dépasse de beaucoup les ressources financières du Trésor Provincial, et les commerçants avaient espéré que la Société de Navigation prendrait ces travaux à sa charge. Malgré 3 explorations minutieuses renouvelées dans l'intervalle de quelques jours, M. Midleton, le représentant de cette Société, n'a cru pouvoir rien affirmer. Les *Goyanos* sont déjà tout désolés.

Il y a ici des Jésuites français que l'évêque a fait venir, après l'exécution des décrets de dissolution de cet ordre. Est-ce à leur présence qu'on doit je ne sais quelle faveur accueillant tout ce qui vient de France? A côté, ou mieux en face d'eux, il y a des missionnaires protestants : ceux-ci sont Yankees, et plus hardis, plus entreprenants que leurs rivaux avec lesquels ils sont en constante polémique dans les deux journaux plus haut dénommés. Leurs élu cultrations réciproques occupent sans contredit l'espace le plus considérable des colonnes libres de la presse

Nous avions quelques jours seulement de repos à passer à Goyaz et nous avons dû précipitamment revenir sur nos pas, mais pour rentrer au Pará, nous avons pris la voie du Tocantins.

On me permettra de résumer ici à grands traits les éléments constitutifs de la province de Goyaz.

Du 5°40' nord à Sam João des deux Barres, la province s'étend jusqu'au 19°20' sud, à Sant'Anna du Paranahyba, point limitrophe de celle de Matto Grosso : c'est une longueur de 400 lieues ; elle en a bien 136 de largeur, entre l'antique Registro du haut Araguaya et Formosa du Imperatriz, sur la limite de Minas Geraes. Macedo évalue sa superficie à 1,153,230 kilomètres carrés ; la notice officielle pour l'Exposition de Saint-Pétersbourg ne lui attribue que 747,311. Certaines de ses limites, au sud notamment, sont encore à l'état de litige avec Matto Grosso. Sa population qui, en 1872, était de 191,000 âmes, doit en compter maintenant près de 271.000.

Elle constitue le ressort d'une *relação* ou Cour d'appel, dont le siège est dans la ville de Goyaz ; elle comprend 16 *comarcas* de juges de droit, et 32 municipes groupés en 18 *termos* de juges municipaux.

14 cités, 18 villes, 64 paroisses forment ses divisions administratives ; elle est le siège d'un évêché, envoie 1 représentant au Sénat, 2 à la Chambre des députés généraux ; son assemblée provinciale comprend 24 membres.

Elle figure pour 64.471 $ 006 en recettes et pour 776,249 $ 511 en dépenses, dans le budget général de l'Empire ; en 1887, la recette provinciale s'est élevée à 240,267 $ 673 et les dépenses à 340,030 $ 153. La dette consolidée était de 30,800 $ et sa dette flottante de 22,000 $, soit en tout 52.800 $.

Les *sertões* commencent dès le canton de la capitale : vers le sud-ouest, du village de Barra jusqu'à celui du Rio

Claro et de ce dernier à celui du Rio Grande, deux hameaux isolés entre les forêts vierges et des *campos* d'excellents pâturages pour l'élève du bétail, mais qui sont tout au plus utilisés sur les bords du haut Araguaya; vers le nord, sur la vaste étendue entre Goyaz et Pilar, puis celle du Capim Puba, sur l'Uruhú jusqu'au Maranhão où il se jette et en descendant les rives de celui-ci; vers le sud-est, des sources du rio Meiaponte, qui naît tout près de Curralinho, et court au sud se jeter dans le Paranahyba, après un trajet de 40 lieues; il est sur ses deux rives constamment bordé par une forêt fertile et séculaire, que sa fécondité invite à cultiver.

Au sud, le Sertão va de l'aldée Maria jusqu'au rio Turvo, limite du canton de la capitale et de celui du Rio Verde. « Si, près de la capitale même, dans une région où la population est moins éparse, on trouve tant de terres fertiles et libres, on peut supposer ce qui en est sur les autres points de la province. Citons, entre autres, Santa Luzia avec ses vastes et riches domaines des Angicos; Formosa avec ses immenses lacs entourés de bois et de pâturages; Sam Felix, à la végétation opulente, arrosé par des rios impétueux dont les eaux attendent le bateau transporteur du commerce qui doit dans l'avenir relier cette contrée bénie avec les bords du grand Tocantins, et quantité d'autres régions qui font de Goyaz une nouvelle terre promise. Tout attend la venue des bras avides de travail, des bras qui surabondent dans l'Europe vieillie et épuisée, pour aviver et développer cette province si bien dotée pour l'opulence et le bonheur. »

On voit déjà que le pâturage et l'élève du bétail sont actuellement une des principales branches de l'activité goyanaise. Les bœufs de Goyaz sont acheminés à travers les défilés de la Serra et les Sertões immenses jusqu'à Pernambuco ou Bahia; le nombre des têtes est fort difficile à évaluer : il y a assurément plus de 100,000 bœufs au sud de la Serra de Santa Martha, dans le district arrosé par le Corumbá et ses affluents; il y en a une vingtaine de mille dans la vallée du rio Cayapó Grande ; j'ai sous les yeux une relation de tous les habitants de ces cantons ; chacun d'eux possède plusieurs centaines de bœufs ; il en est qui en ont un millier, sans parler des porcs, des chevaux et des mulets, dont l'élevage s'étend de plus en plus.

Jusqu'ici l'élevage est peu pratiqué dans la vallée de l'Araguaya proprement dit, car elle est à peine peuplée, et les Indiens Chavantes, Carajás, Javahés qui en sont les principaux habitants n'ont pas encore de goûts industriels développés. En revanche, il l'est considérablement dans la vallée du Tocantins et celles de ses affluents. De Riachão dans la province du Maranhão à Pastos-Bôas, on trouve des prairies gigantesques, dont le bétail alimente les marchés de Caxias, Picos, Barra da Corda et Grajahú, grâce aux rios Parnahyba (du nord), Itapicurú, Mearim et Grajahú qui descendent de ces prairies sur le versant oriental des serras da Canella, do Negro et da Mangabeira. La population est assez compacte dans le haut Tocantins ; les villages, les hameaux y sont souvent plus peuplés que les villes officielles. Il y a dans cette région salubre, au climat exquis, peut-être 600,000 têtes de bétail.

Et l'or ? me demandera-t-on ; l'or qui, au siècle dernier encore, faisait de Goyaz une terre fabuleuse. Il y en a toujours et beaucoup ; presque toutes les rivières nées dans les terres du sud-est, et roulant au nord vers le Tocantins, renferment plus ou moins de placers ; « là, le prolétaire, au lieu de se jeter sur le Seringal comme dans l'Amazone, va, muni de sa batée, laver le sable des ruisseaux et en recueillir l'or. Comme le seringueiro, il mène une vie divertie par la viole, mais oisive et toujours pauvre ; les riches ont une existence modelée sur le système féodal ; l'action du gouvernement de Goyaz se brise aux montagnes, elle s'annihile dans le défilé, et, quand elle arrive sur place, elle est morte. Le pouvoir est entre les mains du potentat local. » Ainsi parlait-il y a quelques mois seulement, M. Parsondas de Carvalho, dans une étude publiée par *O Commercio* du Pará.

L'or est reconnu abondant à Rio Claro, Cayaposinho do Norte, Barra, Santa Rita de Anta, arraial du Carmo, Rio du Peixe, S. José du Tocantins, Aguaquente, Rio Maranhão, Santa Luzia, Caldasnovas, Corumbá, Meiaponte, Jaraguá, Anicuns, Ouro-Fino, et sur tout le cours du rio Vermelho. Il y a des mines de fer de première qualité à Angicos, petit village des sources du Maranhão ; on en trouve avec l'or et le mica, à Anicuns, 12 lieues au sud de Goyaz ; l'or a été ici exploité depuis sa découverte en 1752 par le mineur Lucien. On en a tiré 120 arrobes ou 1,800 kilogrammes en très peu de temps ; la route de Sam Paulo traverse cette localité et franchit plus loin le Paranahyba sur un pont à S. João Baptista, aux environs de Catalão et d'Entre Rios.

Le diamant se rencontre avec facilité dans les rios descendus de la Serra de Santa Theresa, dans les rios Claro, Cayapó, Cayaposinho do Norte, sur les rives du rio dos Bois, et dans les ravins arrosés par la multitude des petits affluents du Barreiros comme du rio Manso ou das Mortes.

Toute cette exploitation minière est encore à l'état d'enfance. Une société yankee et brésilienne a commencé l'extraction et le travail industriel du minerai de fer. Une autre va exploiter l'or à Bomfim. Pour cela, comme pour le reste, il faut des moyens faciles et réguliers de transport.

En dehors du bétail, de l'or, des diamants, Goyaz exporte de la châtaigne, du cacáo, du bois-brésil, un peu de caoutchouc, des gommes, des graisses et des cires végétales, des plantes médicinales, des peaux, cuirs, suifs ; quelques tissus de coton, un peu d'eau-de-vie de canne et surtout du tabac. Son *fumo picado* est peut-être le meilleur tabac du monde ; c'est celui qui se vend si cher à Bahia. Le fabricant le plus renommé est M. Silverio Lemes, de l'arraial de Bella Vista, canton de Bomfim. D'autres producteurs, qui ne sont pas comme le précédent hors concours, fabriquent des produits d'une quantité invariable, toujours vendus d'avance pour des commandes ; ils résident dans les cantons ou municipes de Jaraguá, Canastra, Curralinho, à l'aldée de Mossamedes, et dans toute la vallée du rio Pe Souza.

Ils préparent des tabacs spéciaux, d'aromes divers et de goûts variés, qui sont plus ou moins appréciés dans le public.

Enfin, toutes les pentes douces de la vallée du haut Tocantins, tous les versants allongés du Cayapó dans le bassin de l'Araguaya supérieur, tous les revers méridionaux de la serra de partage, qui enserrent les affluents du Corumbá et du Paranahyba, se prêtent dans les conditions les plus favorables à la culture de la vigne. On fait déjà un peu de vin près de Goyaz ; des missionnaires jésuites avaient planté quelques ceps dans la région, il y a deux siècles. Ces ceps sont devenus géants ; les grappes qu'ils produisent atteignent une taille énorme, si bien que la fameuse branche de la terre promise de Chanaan est singulièrement dépassée par celles que l'on peut prendre sur les ceps comme échantillon de la force de production.

J'ai goûté du vin provenant des vignes nouvelles, quelque chose du moins auquel on donnait le nom de vin. C'était un liquide violet, un peu épais, trop sucré, avec un goût acidulé et vert ; boisson peu enviable, mais potable cependant, qui trahissait l'inexpérience de ses fabricateurs, et aussi, il convient de l'avouer, l'absence de tout outillage approprié.

Sur ce point, c'est toute une éducation à faire, mais le temps qui y sera consacré promet d'être très fructueusement employé.

Le sel est la principale denrée d'importation, parce qu'il est indispensable à la principale industrie, l'élevage du bétail. Ainsi que la plupart des marchandises, même les plus lourdes, il est apporté par les *cargueiros*, les *tropeiros*, muletiers conducteurs de troupes de mulets chargés, qui viennent de Uberaba, de Sam Paulo et de Rio de Janeiro. Il faut deux et parfois trois mois à ces *tropeiros* pour de telles expéditions, qui doivent franchir une foule de rivières, le plus souvent à gué, bravant à tout instant le danger de se noyer, perdant en route des bêtes de somme avec leur cargaison, qui s'égarent, se noient, tombent de fatigue, d'inanition ou de maladie subite. Pendant notre séjour, le *Publicador Goyano* a dû suspendre pendant deux semaines sa publication, parce que le *tropeiro* qui lui apportait son papier de Sam Paulo avait éprouvé dans sa marche un retard imprévu et rien ne fut plus drôle que de voir ce confrère recueillir chez tous les commerçants de détail du papier de couleur, servant à l'emballage, pour y imprimer son journal, qui fut successivement publié sur des papiers rouges, roses, verts, bleu ciel et bleu foncé. Les *boiadas* conduites par les *boiadeiros* sont obligées de suivre les mêmes chemins; les troupeaux de bœufs, eux aussi, doivent passer les rivières à gué ou à la nage, et le plus curieux, c'est que s'ils rencontrent un pont, leurs conducteurs les font néanmoins souvent passer dans l'eau, malgré les risques de toute nature, pour éviter le péage, naturellement dû à ceux qui ont entrepris la construction des ponts, péage qui est le seul revenu du capital qu'ils y ont dépensé.

C'est dans un petit *canôa* que M. Julio da Cunha, l'ingénieur brésilien attaché à l'exploration yankee, prétend redescendre par l'Uruhú et le Maranhão, jusque dans le Tocantins. Je prends le parti de l'accompagner. Les autres explorateurs vont par l'Araguaya, jusqu'à Santa Maria, d'où ils viendront par terre nous rejoindre à Porto Imperial. Au bout de quinze jours nous étions tous réunis, mais plus bas, à Pedro Affonso, au confluent du rio do Sonno Grande. C'est une bien jolie localité, admirablement située sur les bords de deux rivières navigables. Le *povoado*, l'agglomération a au moins 100 maisons et la circonscription municipale plus de 1,500 feux. C'est la tête de ligne que M. Wells désigne pour le grand chemin de fer intérieur, qui remontant la vallée du Sonno et franchissant un col de la Serra do Tabatinga, irait par la vallée du rio

Preto, puis celle du rio Grande, rejoindre la ville de Barra, port considérable sur le rio Sam Francisco.

Chemin faisant, nous avons rencontré l'aldée ou campement de Piabanha, ou de Theresa Christina, près de Porto Imperial, sur la rive droite du Tocantins. C'est le siège de la tribu Cherente. Les hameaux réunis de ces Indiens *Mansos* comptent 2,723 individus, dont plus de la moitié parlent portugais. Cette élégante localité est maintenant le centre commercial des indigènes.

Bientôt sur un petit vapeur nous descendons le fleuve, dont la navigation est absolument franche. Après avoir stationné un jour dans la ville de Carolina, sur la rive droite, qui fait partie de la province du Maranhão, nous sommes bientôt à Boa Vista, ville goyanaise de la rive gauche, ayant en face d'elle sur la rive opposée la bourgade maranhense de Porto Franco. Chef-lieu d'un canton très étendu, elle est assise sur une éminence, d'où l'on jouit d'une très belle vue sur le fleuve. Elle renferme 300 maisons au plus, dont une centaine couvertes de tuiles, fort proprettes. Les autres n'ont que des toits de palmier selon l'usage général du pays. Le canton n'a guère que 2,000 habitants, sur une superficie de près de 100,000 kilomètres carrés. Parmi eux, on compte environ 300 *fazendeiros* aisés, qui exportent chaque année beaucoup de bétail, sans que toutefois le fisc en reçoive un sou, ce qui naturellement provoque de sa part des plaintes aigues. La contrée, éloignée de tout centre administratif, est devenue le refuge favori de tous les irréguliers, fugitifs de la civilisation. C'est à peu près dans le même goût qu'au Mapá et au Counani. Les déserteurs de l'armée y fourmillent. Allez donc, avec ces gars-là, essayer de pratiquer un recensement sérieux ! on serait bien reçu. Pourtant la sécurité ne me paraît pas bien troublée ; ces parias sont tranquilles après tout ; ils habitent un territoire incroyablement fertile, et l'irrégularité seule de leur situation fait qu'ils verraient d'un mauvais œil la colonisation le mettre en valeur, mais aussi le rendre trop accessible.

C'est ici surtout qu'on bénit nos compagnons, portant dans leur poche les plans du chemin de fer d'Alcobaça.

La ligne ouverte, le passage assuré vers Pará ou la mer, c'est une richesse inouïe garantie à cette contrée, pour un avenir qui sera demain.

Notre descente depuis Bon Vista nous fait heurter à quelques nouveaux *travessões* du Tocantins, et au petit saut de Santo Antonio. Le dernier rapide, la Serra Quebrada, est à deux lieues au-dessus de la ville Maranhense de Imperatriz, après quoi le fleuve est libre jusqu'à S. João des deux Barres. La population va en se raréfiant; on peut même dire qu'on en aperçoit à peine quelques traces.

Deux travessões, Barabal et Tauirysinho, aussitôt en aval de S. João, sont peu difficiles et aisés à désobstruer; jusqu'à la bouche du Tauiry Grande et son gigantesque rapide, le Tocantins-Araguaya n'offre aucun obstacle. En moins de huit jours, nous franchissons la section si rude des *Cachoeiras*, et nous rentrons à Aramatheua, d'où le *Trombetas*, steamer de 200 tonneaux de la Compagnie de Marajó, nous ramène à Belém, ravis de ce voyage rapide, — il a cependant demandé près de 68 jours, — qui nous a promenés à travers les richesses d'une contrée merveilleuse, et qu'on pouvait proprement appeler à peu près inconnue.

V

DE PARA A PERNAMBUCO.

Sam Luiz du Maranhão. — La Province et ses ressources. — État du Piauhy. — Le Ceará et ses richesses, le remède de l'avenir. — Fortaleza et son port. — Rio Grande do Norte et Natal. — Le Parahyba et les sertões de l'ouest.

J'avais rencontré à Belém, l'un des directeurs de la Compagnie du Maranhão, qui fait le service côtier, M. Ferreira Coelho m'offrit une place à bord du *Cabral* et le 30 mai nous faisions route vers le sud, par un temps superbe.

En quelques heures, nous sommes à Vigia, petite ville de la rive droite du Guajará Mirim, étalée sur une langue de terre plate, à 45 milles de Belém, centre de pêcheurs, qui préparent leur poisson pour l'exporter salé et en extraire de la colle. Les 15,000 habitants du district paraissent assez adonnés à l'agriculture; en tout cas, ils produisent en quantité une farine de manioc qui a là réputation d'être la plus savoureuse de la contrée. Le nom de la ville rappelle le poste de la vigie, qui, à l'époque portugaise, signalait la venue des navires, obligés de se faire enregistrer au bureau installé sur la côte.

Nous faisons aussi escale à Cintra, sur la côte atlantique, près de l'embouchure du Maracanã, autre petite ville qui se développe lentement, malgré la salubrité de sa situation et la fertilité de son territoire plus spécialement consacré à la culture.

8.

Un peu plus loin, c'est Bragança, jolie localité de la rive gauche du Gayté, à environ 27 kilomètres de la mer ; elle compte 4,900 habitants, dit-on ; son climat, des plus agréables, en a fait un *sanatorium* recommandé par les médecins aux Paraenses. Le voisinage offre une végétation superbe, de l'eau potable excellente et en abondance, des salines, de vastes prairies pour l'élevage ; la chasse et la pêche y donnent de grands résultats. Aussi le commerce porte-t-il spécialement sur le bétail, les chevaux, les produits de la basse-cour, les légumes, le riz et le manioc.

Toute cette partie de la province du Gram Pará est très salubre ; le sol y est assez ondulé, très ferme et très fertile.

Bientôt le *Cabral* remonte le Gurupy et s'arrête à Vizeu, la dernière localité *Paraense*, car le Gurupy sert de frontière avec le Maranhão. Ce rio naît près du Capim, dans les replis des serras da Desordem et de Tiracambú, au milieu de champs où croissent spontanément la vanille et le girofle ; il est large, profond, très navigable.

On savait que sa vallée est fort riche, mais elle était connue trop vaguement. La maison Newland Brothers et Cie, de Rio de Janeiro, a récemment envoyé M. Bernes explorer le Gurupy ; cet ingénieur a découvert des *seringues* entre les 2e et 6e parallèles, du baume copivi, du cumarú ou fève de Tonka, du cacáo, de la cannelle, du girofle, de la salsepareille, du roucou, de la copahyba, de l'andiroba, quantité de bois précieux pour la teinturerie, la construction et la menuiserie, ainsi que des noix de *Sapucaia*. Il y a même trouvé beaucoup d'or, dont il a rapporté plusieurs pépites. Le consul anglais de Sam Luiz dit en avoir vu une pesant 2 livres et une seconde pesant 1 livre.

Le lendemain nous touchons en territoire maranhense à Turyassú, sur le bord occidental d'une baie profondément creusée en forme de V et où débouche le rio de ce nom, d'un cours assez considérable, et qui naît dans la même serra que le Gurupy, mais sur le versant oriental. C'est un municipe de 7,500 âmes disséminées dans une contrée accidentée, où se succèdent forêts et pâturages : il produit et exporte du sucre, de l'eau-de-vie, du maïs, du manioc, des haricots, du sésame, du coton, du riz, des bois, du girofle, du copahu, du cumarú, de l'urucú, de la cannelle, de la vanille, de l'andiroba, ainsi que le cacáo cultivé par les Indiens du haut Gurupy.

L'industrie y est toute agricole : élevage du bétail, préparation des cuirs; commerce des chevaux, des crustacés; on fabrique des poteries, des tuiles et des briques, de la vaisselle grossière; on fait un peu de tissage de gros coton pour l'usage domestique, et surtout des hamacs fort jolis, d'un grand fini de travail et qui se vendent un très haut prix. On y fait aussi beaucoup de chaussures, des selles, de gros objets en fer, de la ferblanterie. Les minéraux les plus exploités sont l'or, les pierres de construction et l'argile plastique.

Autre escale en redescendant la côte au sud-est, Gururupá, sur la rive gauche du rio Gurupú, bourg de 1,500 habitants, centre d'élevage dans un pays très arrosé; il produit surtout du coton, du sucre, du riz, de l'huile de ricin, du tafia, de la *cachaça*, comme on dit ici, puis du café, de la farine de manioc, du tabac en carrottes, de la gomme arabique, du maïs, du tapioca, et exporte un peu les bois. Cela prouve assez d'activité chez les 6,000 habitants du canton. Le bourg est fort proprement tenu et bien construit. Nous y avons trouvé d'excellente viande fraîche et de très bon poisson. Le marché est petit, mais bien alimenté de produits de bonne qualité.

Avant d'arriver dans la grande baie de Maranhão, le bateau s'enfonce dans une sorte de golfe étroit et profond, sur la côte occidentale; c'est l'estuaire du rio Pilar, où se trouve la petite ville de Guimarães, forte de 2,600 âmes, à l'entrée d'un territoire très fertile, très arrosé, couvert de grandes forêts; véritable district sucrier, qui ne compte pas moins de 42 usines à vapeur.

Nous arrivons sur le soir à Sam Luiz du Maranhão,

capitale de la province, et l'une des grandes villes du Brésil. Cette jolie cité est bâtie dans une île formée par deux bras de mer qui l'entourent. La campagne environnante est plate, couverte de bois épais, mais d'une hauteur tout à fait modeste. Elle compte aujourd'hui peut-être 45,000 habitants; c'est du moins le chiffre que me donne M. Coelho; il ne me paraît pas exagéré, car il y a au moins 4,000 maisons alignées le long de ses 72 rues.

C'est une cité fort ancienne, et qui rappelle le souvenir de bien des tentatives françaises, glorieuses et singulièrement instructives au point de vue des idées coloniales tant discutées aujourd'hui. Son nom même de Saint-Louis lui vient de son fondateur Daniel de la Ravardière, qui la baptisa ainsi en l'honneur de Louis XIII; avant lui en 1594, Jacques Briffaut, armateur de Dieppe, y avait contracté alliance avec les Indiens. C'est lui qui avait organisé une compagnie dans le but d'exploiter cette colonie, et qui y envoya l'expédition dirigée par la Ravardière. Mais celui-ci eut aussitôt à lutter contre les Portugais de Jeronymo de Albuquerque, et le 19 novembre 1614, battu à plate couture, il dut capituler.

Plus tard, ce furent les Hollandais qui, par les ordres de Maurice de Nassau, s'emparèrent de l'île et de la ville de Maranhão. Ils en furent expulsés seulement en 1645.

Nous trouvons un bon hôtel à S. Luiz, où un excellent dîner et un lit passable nous remettent de la traversée assez fatigante faite sur le *Cabral*.

Le lendemain je visite la ville, et prends à cet effet le *bond* ou tramway, dont la station est sur le *largo* ou place du Palais. Les rues sont très régulières, le plus souvent spacieuses; quelques-unes sont *arborisées*, ce qui est singulièrement appréciable sous un climat comme celui-ci: le *bond* me conduit au quartier *dos Remedios*, à celui de Saint-Pantaléon, puis au *Caminho-Grande*, grande voie bordée de jolies *chacaras* ou villas entourées de jardins, jusqu'au *Cutim*. Je reviens à pied par le quai de la *Sagração*, qui borde la rivière Anil, et relie les Remedios au centre commercial.

L'impression qui se dégage de cette promenade est que S. Luiz, sans arriver à la hauteur de Belém du Pará, est cependant une place d'une grande importance commerciale, et que la province dont elle est le débouché et l'entrepôt principal peut compter parmi les principales du Brésil.

Située entre 0°,50' et 10° de latitude méridionale, aux sources du Parnahyba, entre 44°,50' à la bouche de ce rio et 51°,49', à la rive droite du Tocantins, puis de sa jonction avec l'Araguaya, de longitude occidentale du méridien de Paris (1°5' et 5°43' orientale de Rio de Janeiro), la province du Maranhão renferme 500,000 habitants, sur une superficie de 871,200 kilomètres carrés, d'après une notice du Dr Cesar Augusto Marques et 522,000 selon Macedo; 459,884 seulement suivant le *Brésil à l'Exposition de Vienne* en 1873. Elle a une étendue de côtes de 800 kilomètres en ligne droite, de 900 en tenant compte des sinuosités. A l'ouest, elle a pour limites le rio Gurupy; au sud, le Tocantins, son affluent le Manoel Alves Grande, et la Serra da Mangabeira; à l'est, le cours du Parnahyba et au nord l'Océan.

Le sol y est fort inégal, strié de chaînes montagneuses dans l'intérieur, mais généralement d'une élévation médiocre. Il est en grande partie couvert de forêts, baignées par divers fleuves et des igarapés navigables. Vu à vol d'oiseau, il forme sensiblement deux plateaux inclinés; le plus grand envoie à l'est vers l'Atlantique les eaux dont il contient les sources; le second, tourné vers l'ouest, jette ses eaux dans le Tocantins, dont il constitue la vallée orientale.

Ces plateaux supportent des montagnes, qui se détachent de la grande chaîne centrale en Goyaz, la serra da Mangabeira. Ces ramifications sont du sud au nord, les serras du Penitente et de Itapicurú, entre le Parnahyba et l'Itapicurú; du Negro, des Alpercatas, Carimbá, d'où descendent le Grajahú, le Mearim, puis le Cercado, le Japão, ses affluents; du Desordem et Tiracambú, d'où sortent le Pindaré et le Turyassú.

J'ai déjà parlé du Gurupy, le rio frontière, et du Tury-assû; il me faut dire un mot des autres grands cours d'eau. Le Pindaré, qui naît dans la Serra da Cinta, à très peu de distance du grand coude du Tocantins, où est bâtie la ville d'Imperatriz, coule au nord-est et se déverse dans la baie de Maranhão, au sud-ouest de l'île : il a 530 kilomètres de longueur, et baigne une vallée très agricole, où l'on trouve les bourgades de Bacabatina, Boa Vista, Januaria, Sam Pedro de Alcantara et la ville de Monção. Il est navigué par des bateaux à vapeur et des barques à voile.

Le Mearim, naît sur un vaste plateau de 1,341 mètres d'altitude, couvert d'une immense forêt, entre les serras du Negro et da Canella; après s'être grossi du tribut de plus de 30 rios, et avoir parcouru 146 lieues, il reçoit sur sa gauche le Grajahú, puis se vient jeter dans la baie de Maranhão, en mêlant ses flots à ceux du Pindaré. Il est navigué à la voile et à la vapeur, et pourrait être parcouru dans toute sa longueur, sans la *Lagem Grande*, le grand rocher, qui intercepte le passage 90 lieues au-dessous de Barra da Corda. Sa vallée est extrêmement fertile, peuplée de cultivateurs et d'Indiens. Il baigne des villes et des localités importantes, comme Chapada, Barra da Corda, S. Luiz Gonzagua, Victoria, Arary, Anajatuba. Le phénomène de la *pororóca* se produit régulièrement à son embouchure. Il a un cours de 880 kilomètres, et le Grajahú, son affluent de 580.

Le Itapicurú, qui coule de l'est à l'ouest, sur 660 kilomètres, descend d'une gorge située à la rencontre de la serra des Alpercatas et de celle de Itapicurú; il se grossit à gauche de l'Alpercatas, à droite du Corrente, et d'une foule de ruisseaux, puis se jette dans l'Océan, près de la ville de Rosario, à l'est de l'île de Maranhão dans la partie appelée baie de Sam José. Il est navigué à la voile et à la vapeur jusqu'à Caxias, à 560 kilomètres de son embouchure.

Sa vallée était, à l'époque coloniale, surnommée le

jardin du Maranhão. Aujourd'hui encore elle est bien cultivée, et les forêts y abondent également. Il baigne d'importants centres de population, comme Picos, Caxias, Codó, Corontó, Itapicurú-mirim et Rosario.

Le Monim est un joli rió qui naît tout près du Parnahyba, vers le 4° parallèle. Il est assez torrentueux et encombré de rapides, mais sa vallée est d'une fertilité merveilleuse. Il baigne la ville de Icatú, où remontent les bateaux à vapeur de la baie de S. José.

Enfin le Parnahyba, d'un cours de 2,200 kilomètres, navigué sans embarras sur plus de 1,000, et sur toute sa longueur par des *canôas* ou des pirogues, sert de limite avec la province du Piauhy. Il a pour origine deux *olhos d'agua*, deux yeux ou trous d'eau, au pied de la serra de Tabatinga, dans Goyaz, au *Páo-Cheiroso*, le bois odorant, sur le parallèle 10°13'. Il se jette dans l'Atlantique par trois canaux, formant un delta et six barres. Dans ce delta, il y a de 60 à 70 îles, d'étendues diverses, les unes habitées ou habitables, les autres désertes ou inhabitables. Sa profondeur en été est le plus souvent de 12 à 18 palmes (2m,64 à 3m,96), de cinq brasses ou 11m souvent, et au minimum de 66 centimètres. Il a au moins 220m de large dans son cours inférieur, et à la barre du Tutoia, sa largeur atteint une lieue ou 6,600 mètres. Ses deux rives sont occupées par des fermes d'élèves de bestiaux; il reçoit à gauche le rio das Balsas et à droite l'Urussuhy, et dès lors admet la navigation à voiles; plus bas à droite se déversent successivement le Gurgueia, le Piauhy et le Canindé réunis, le Poty et enfin le Longá. Tous ces affluents de droite arrosent la province du Piauhy. A 90 kilomètres de l'Océan le Parnahyba se partage en divers bras qui ont leur embouchure directe et distincte dans la mer. Le plus occidental est le Tutoya; le plus oriental, l'Iguarassú.

Arrosé aussi abondamment, ce territoire jouit d'un climat très supportable, eu égard à sa position réellement équatoriale. Dans la capitale, le thermomètre ne s'élève pas au-dessus de 33°8 et ne descend pas au-dessous de 24°4. L'amplitude des oscillations n'est donc que de 8°9, ce qui est la vraie cause de la fatigue que peut causer la température, car la moyenne de 26°8 n'a rien de bien effrayant. — Dans le Sertão, l'intérieur, en octobre et novembre, on constate jusqu'à 34°5 le jour et 27° la nuit. Il va de soi que cette température n'est pas générale dans toutes les localités ; soit sur la côte, soit dans l'intérieur, elle varie très sensiblement, modifiée par l'état de la végétation, le degré d'humidité, par les montagnes ou les vallées, par la brise de mer, par l'évaporation ; le vent de l'est, en arrivant sur la province, a traversé l'Atlantique dans toute sa largeur, il s'y est beaucoup rafraîchi et son souffle adoucit la chaleur naturelle de l'atmosphère.

La période des pluies s'étend régulièrement de janvier à juillet ; dans le sertão et aux sources des grands rios, elles commencent dès octobre. Ces pluies d'octobre, assez faibles, sont ce que le peuple appelle ici *Chuvas de cajús*, les pluies de cajús. Cette année et en 1887, la quantité d'eau tombée n'a pas suffi à donner à la végétation sa vigueur normale et la province a souffert de la sécheresse.

Nous sommes d'ailleurs arrivés à cette partie du territoire, ouverte par la côte nord-est à l'action desséchante des vents alizés, et qui périodiquement éprouve les inconvénients de la sécheresse, prenant parfois les proportions d'un fléau.

La province de Maranhão figurait au budget général de 1888 pour 1,068,000 $ en recettes et 1,595,953 $ 683 en dépenses ; le budget provincial pour 87, le dernier voté, car il été prorogé pour 1888, comprenait 715,906 $099 en recettes et 767,142 $ 892 en dépenses.

La dette provinciale consolidée est de 1,023,000 $ dont 556,000 $ en titres de 6 % et 467,500 $ en titres de 5 %. La dette flottante s'élève à 253,264 $ 173 ; c'est une dette totale de 1, 276,264 $ 173.

COMMERCE

	Importation.	Exportation.	Total.
Long cours . .	$ 4.999.400	$ 4.176.354	$ 9.175.754
Cabotage	1.226.700	1.601.000	2.827.700
Totaux .	$ 6.226.100	$ 5.777.354	$ 12.003.454

La province est partagée judiciairement en 24 comarcas et 26 termos tous compris dans le ressort de la *relação* ou Cour d'appel de S. Luiz, qui étend aussi sa juridiction sur le Piauhy. Administrativement elle est divisée en 42 municipes, comprenant 9 cités, 33 villes et 59 paroisses. Elle a un évêché dans sa capitale, envoie 3 représentants au Sénat, 6 à la Chambre des députés; son assemblée législative est composée de 36 membres.

Je n'ai pu trouver de tableaux exacts de la production ni de l'exportation. Voici toutefois une liste qui donnera une idée suffisante de la variété des objets sur lesquels s'exerce l'activité commerciale des Maranhenses. J'indique les quantités lorsque j'ai pu me procurer un renseignement digne de foi.

Coton, 1886.	3,043,462	kilos.
— 1887.	18 0/0	en plus
— 1888.	51 0/0	—
Sucre	14,378,467	kilos.
Riz.	3,000,000	—
Huile de ricin.	70,000	litres.
Viande	200,000	kilos.
Café.	400,000	—
Crevettes et petits crustacés	80,000	—
Graines de ricin	100,000	—
Tabac.	100,000	—
Maïs.	1,500,000	—
Huile de copahyba	40,000	—
Farine de manioc	5,000,000	—
Fèves	140,000	—
Poisson séché	95,000	—
Tapioca.	400,000	litres.
Savons	210,000	kilos.
Suif	20,000	—

Bœufs. . . . . au moins.	20,000 têtes.
Planches, poutrelles, solives	10,000 douzaines.
Sel.	250,000 litres.
Huile de Andiroba.	5,000 —
— Sésame.	25,000 —
Miel	60,000 —
Eau-de-vie de canne.	800,000 —

Plus arachides, vanille, cacão, châtaignes, cuirs, sucreries, nattes, arrow-root, fruits du pays, gomme élastique, colle de poisson, légumes, poterie, poisson salé, hamacs, résines diverses, salsepareille, sabots et cornes de bœufs, urucú, chandelles de carnaúba, ipecacuanha.

Les cuirs ont été expédiés sur les trois ports suivants :

	1886-87	87-88
Liverpool	3,406,300 fr.	4,243,850 fr.
Porto	3,963,425	5,243,225
New-York	811,700	1,084,225
	8,181,425 fr.	10,541,300 fr.

Le Portugal est, comme on voit, le meilleur client du Maranhão pour les cuirs.

L'importation, qui était d'environ 4,800,000 $ en 1872, avait un peu fléchi, mais elle s'est beaucoup relevée depuis trois ans. Voici la progression des recettes de la douane :

1885-86	1,805,633 $ 628
1886-87	1,803,696 618
1887-88	2,036,511 710

La crise sucrière est intense : elle est due à l'avilissement des prix sur les marchés de consommation amené par la concurrence du sucre de betterave et par les droits insensés qui grèvent la production. L'État a supprimé depuis le commencement de 1888 le droit général à l'exportation, mais il subsiste un droit provincial des plus nuisibles sur le sucre et le coton, sans compter çà et là un droit municipal. D'un bout à l'autre du Brésil on rencontre d'ailleurs cette anarchie fiscale qui est bien l'organisation la plus antiéconomique que l'on puisse imaginer.

Le mouvement de la navigation se traduit ainsi pour le port de S. Luiz en 1887 :

		Entrées.	Sorties.
Vapeurs	brésiliens	121	122
—	anglais	57	57
—	américains	85	85
Navires	portugais	10	11
—	anglais	1	1
—	norvégiens	0	8
—	français	1	1
Lougres	américains	1	1
—	anglais	2	2
Bricks	allemands	1	1
Yachts	brésiliens	4	3
		248	242

2,852 passagers sont entrés, 3,531 sont sortis, ce qui fait une population flottante de 3,101 individus.

Actuellement le mouvement de l'importation suit celui du change dans sa progression ; la concurrence des objets manufacturés est croissante et le consul anglais se plaint beaucoup pour ses compatriotes de l'avilissement des prix résultant des arrivages d'articles belges, allemands et français.

Sans être absolument florissante, l'agriculture semble être en progrès. Malgré l'indolence native et le peu de penchant au travail des habitants, une certaine ardeur s'est manifestée dans les classes rurales, surtout après l'abolition de l'esclavage, quand on a reconnu que le travail d'un colon libre produisait plus du double que celui de l'esclavage. On estimait que celui-ci valait 500 francs par an : cette évaluation est assez significative ; elle dit bien haut quelle misère c'était que ce facteur économique, cet outil vivant qui coûtait si cher et qui rendait si peu.

Le coton, qui avait rendu tant de services lors de la guerre de Sécession aux États-Unis et qui s'était vendu si cher, est fort estimé en Europe; il aurait beaucoup plus d'avenir, si les planteurs prenaient le parti d'en méthodiser rigoureusement l'exploitation. L'heure est venue pour tous les propriétaires brésiliens, quel que soit le genre auquels ils s'adonnent, d'en finir avec les routines, le laisser-aller et l'indolence des anciennes habitudes. Désormais tout chef d'une exploitation doit se convaincre qu'il lui faut la diriger avec la même activité, la même surveillance, les mêmes calculs rigoureux qu'exige une manufacture, une usine. En coton, en sucre, en tabac, en maïs, en café, presque en tout, ils peuvent, grâce au sol et au climat, obtenir des rendements supérieurs et par conséquent un notable abaissement du prix de revient. C'est tout ce qui leur est utile pour affronter les concurrences rivales.

Les usines sucrières se sont développées au Maranhão et les affranchis y ont volontiers cherché de l'emploi. La compagnie *Progresso Agricola* est propriétaire de l'usine centrale de S. Pedro, qui figure à son actif pour une valeur de 616,241 $ et d'un petit chemin de fer de service évalué 258,712 $. Le bilan qu'elle a publié, après sa 4e récolte, accuse un léger bénéfice de 21,311 $ 291 au 30 juin dernier. Son capital réalisé est de 447,215 $. Elle a reçu à l'usine 29,541 tonnes de cannes, fournies par divers planteurs avec lesquels elle a passé des contrats, et en a brûlé 2,149. La production en sucre a été de 2,203,454 kilos, dont 1,670,792 pour l'exportation et 532,662 de sucre blanc. Si l'on note qu'il n'est pas tombé une goutte d'eau de juin à décembre, que la canne en est devenue moins lourde, plus ligneuse et moins riche en jus, ce résultat n'est pas trop défavorable. L'usine a aussi fabriqué 440 pipes d'eau-de-vie ou de tafia.

Le matériel vient d'Angleterre; le personnel était également anglais à l'origine; peu à peu il est remplacé par des gens du pays, qui se sont formés à l'école des étrangers.

La production de cette usine a reçu les destinations suivantes :

	Tonnes.				
Liverpool.	698 en 87	et	1,083	en 88.
Portugal	1,117	— —	295	—
Brésil et consommation locale.	447	— —	472	—

Le tafia est totalement vendu sur place et à Pará.

La société va élever son capital à 900 contos.

La compagnie *Alliança*, qui exploite le coton, a exporté 51,698 balles en 1887-88, contre 54,315 en 1886-87. C'est à Porto qu'elle en a expédié les 3/4 au moins. Son bénéfice net est de 18.459 $ 397, et elle a distribué 6 $ par action de 100 $.

La Compagnie *Esperança*, société d'assurances terrestres et maritimes, au capital de 1,000 contos, distribue 16,000 $. soit 16 0/0.

La société *Industrial Caxiense* possède à Caxias une usine, filature et tissage de coton, qu'elle a inaugurée le 1er janvier 1888. Les actions de 100 $ valent déjà 180 $; elle a distribué pour le deuxième semestre 6 $ de dividende par action, après avoir mis 2 0/0 au fonds de réserve. Ce succès a provoqué des imitateurs; M. Collares Moreira, entre autres, a monté une fabrique de papier au capital de 150 contos en actions de 25 $, et cette entreprise paraît déjà donner d'excellents résultats.

Il y a donc ici une sorte de réveil, fort intéressant à constater, surtout dans l'accroissement du mouvement commercial.

Il convient de dire un mot du caoutchouc maranhense, sur lequel on commence à fonder de grandes espérances.

Une commission composée de marins experts a été en août 1887, à bord de ce même *Cabral* qui m'a amené ici, envoyée par le président de la province José Bento de Araujo, pour effectuer la reconnaissance des rios Tury et Paraná. Elle a reconnu l'existence de *Seringaes* dans la zone comprise entre le Tury, le Paraná et le Tatajubal, ainsi que dans la très fertile contrée qui va de Pinheiro au sud jusque vers les rives du Gurupy, soit dans tout le nord-ouest de la province; ce sont des groupes disséminés et non des forêts continues.

La gomme recueillie dans cette région est un produit différent du caoutchouc de l'Amazone; elle a moins d'élasticité, de ductilité et de ténacité. Une société exploite déjà industriellement celle du district de Pinheiro.

J'ai déjà parlé de l'exploration du Gurupy par M. Bernes, qui a remonté ce fleuve sur 975 kilomètres en 39 jours de canotage. En outre du caoutchouc, qu'il a découvert fort abondant et de très bonne qualité, il donne sur la contrée quelques détails par lesquels on s'en fera une idée plus précise. Je cite textuellement sa lettre au président en date du 4 avril 1888 : « J'ai trouvé aussi des quantités énormes de *minoseps excelsa* — massaranduba, — cumarú, andiroba, sapucaia, copahyba, cacáo sylvestre, caferana, baume du Pérou, Jatobá, anauy ou brai végétal, arbre à cire, arbre à laque, puxiry, quassia, et quantité d'autres plantes médicinales, résines, huiles, dont quelques-unes très parfumées, girofle, etc.

« Ce serait fatiguer trop Votre Excellence que d'énumérer dans cette courte exposition une catégorie, même très restreinte, des richesses forestières qui abondent en cette région; j'ajouterai seulement que la fertilité du sol est prodigieuse, qu'il produit admirablement tout ce qu'on y plante, et presque spontanément, car la culture des terres est aussi primitive et aussi rudimentaire que possible; et cependant un terrain n'est pas considéré comme bien bon, lorsque le maïs ne rend pas plus de 3 épis par pied; le riz, en terres hautes comme en terres basses, donne 500 pour 1, le haricot de toutes variétés 250 à 500 pour 1; le tabac, cultivé sur une très petite échelle, produit toutefois splendidement; il est de qualité supérieure, et se vend couramment à Pará de 60 $ à 70 $ l'arrobe de 15 kilogrammes; le café aussi est excellent, son grain est un peu plus grand, très aromatique et savoureux; l'arbre, beaucoup plus grand que ceux de Sam-Paulo et de Rio de Janeiro, donne dès la troisième année et produit en grande abondance à partir de la quatrième. Finalement, c'est une richesse sans limites, qui attend seulement le travail intelligent et en grande proportion, pour rémunérer beaucoup, au delà de toute évaluation possible, les sacrifices quels qu'ils soient que l'on pourra faire pour le développement de cette région. Le climat est très salubre; il n'y a pas de chaleur excessive; la plus forte température que j'aie rencontrée a été de 31°5 et, la nuit ou le matin, elle descendait souvent à 23°. »

Le rapport des explorateurs du Tury est tout aussi flatteur pour la contrée, réellement tout à fait semblable à la vallée du Gurupy. Il contient quelques détails sur la curieuse tribu des Indiens *Urubús* (Vautours), qui habitent le rio Paraná, pillards incorrigibles, qui connaissent l'art du forgeron, se fabriquent des pointes de flèches en fer, font usage de la poudre, se servent à l'occasion du papier-monnaie, dansent des valses et des polkas au fond des grands bois, et ont pour chef un Indien corpulent à barbe blonde, parlant très correctement l'italien. Ces bandits, forts de trois mille arcs, se partagent en bandes de 30 à 40 hommes, qui vont à la chasse et à la pêche, tuant et volant tout sur leur passage.

L'outillage du Maranhão est analogue à celui de l'Amazonie, à laquelle il est lié par tant d'affinités. — La province accorde 24 contos annuels de subvention à la compagnie fluviale qui fait la navigation, avec 5 vapeurs et 9 chalands de remorque, sur les rios Itapicurú, Mearim, Pindaré, Monim, Sam Bento, Grajahú et Cajapió. — Elle verse une subvention semestrielle de 89,650 $ à la compagnie de navigation à vapeur du Maranhão, qui avec 10 vapeurs et 29 bateaux de remorque, exécute des voyages réguliers par mer au nord sur Belém du Pará, au sud sur Fortaleza du Ceará, avec escales à Barreirinhas, Amarração, Granja, Acarahú et Mundahú, — puis sur le rio Mearim, touchant à Porto da Gabarra, Arary, Victoria, Lagem Grande, Belmonte, Machado, Pedreiras, Pão d'Arco, et Flores; sur le rio Pindaré, touchant à Porto da Gabarra, Macarú, Vianna.

Boa Vista et Monção; sur le rio Itapicurú, avec escales à Rosario, Itapicurú-Mirim, Corontá, Codó et Caxias; enfin sur le rio Monim à Icatú.

Un seul chemin de fer proprement dit va être construit bientôt; c'est une ligne de 74 kilomètres allant de Caxias sur l'Itapicurú à Cajazeiras, sur la rive gauche du Parnahyba, vis-à-vis de Theresina, la capitale du Piauhy. J'ai déjà parlé des tramways ou bonds de S. Luiz. Ils ont transporté 213,625 passagers en 1887, et donné 4,095 $ de bénéfice net, soit un peu plus de 5 0/0 du capital. — Une petite ligne de 11 kilomètres va relier S. Luiz à la rive intérieure du rio Mesquita, au port Estiva, d'où le passage est facile pour gagner le continent.

Les bateaux à vapeur et les chalands mettent heureusement, par le Pindaré, S. Luiz en communication avec Monção, où se tient une grande foire de bestiaux, venus du haut Sertão et de Goyaz à travers les cols des Serras, comme je l'ai dit au chapitre précédent. Mais les *boiadas* n'ont pour y arriver qu'une mauvaise *picada* que l'on voudrait bien transformer en un bon chemin, si le gouvernement général accordait un subside. Cette route irait de Monção à Imperatriz, sur la rive droite du Tocantins.

Il a bien été question aussi d'un chemin de fer de plus de cent lieues allant de Barra da Corda, sur le Haut Mearim, jusqu'à la ville de Carolina, sur le Tocantins, à travers une contrée très agricole et fort riche en minerais divers. Il a même fait en 1873 l'objet d'un contrat entre le président Gomes de Castro et les ingénieurs Ernest Denis Street et Reynald von Krüger, mais ces messieurs n'ont sans doute pas réussi à constituer une société et à trouver des capitaux, car le chemin n'est pas fait, et l'on n'en parle plus que comme d'un beau rêve.

On trouve aussi dans cette province quelques canaux, chose qui est assez rare au Brésil. Celui de Arapapahy, entrepris dès l'époque coloniale, a été repris en 1848, puis laissé en plan après une dépense en pure perte de 560 contos; il devait surtout éviter aux embarcations venues de l'intérieur le passage très redouté du Boqueirão. Il a 700 brasses ou 1,540 mètres; il lui manque seulement 300 brasses ou 660 mètres pour être terminé. On va essayer de l'achever.

Le détroit ou *estreito* de Coqueiro est le complément de ce canal, établissant la communication entre le rio dos Cachorros et celui des Mosquitos. — Le canal de S. Bento ou Condurú, part du confluent du Aurá et du Peryassú et va terminer dans la Lagôa Grande, en facilitant beaucoup la navigation intérieure du district de S. Bento. Il y a aussi un projet de canal latéral du Mearim, pour éviter la Lagem Grande.

S. Luiz, possède une Bourse ou *Praça do commercio*, une Association du Commerce. 220 négociants étaient en 1774 immatriculés au Tribunal de commerce, parmi lesquels 85 Brésiliens, 121 Portugais, 3 Français, 4 Anglais, 1 Américain du Nord, 1 Danois, 2 Suisses, 1 Italien et 2 Espagnols. Le total est un peu plus considérable aujourd'hui: les proportions respectives des nationalités sont demeurées à peu de chose près les mêmes.

Le corps consulaire est au complet, comprenant des représentants de presque tous les États, même de la France, ce qui a lieu d'étonner quand on songe que dans toute l'Amazonie nous avons à peine un pauvre petit agent consulaire à Belém.

Les établissements de crédit spéciaux à la province sont tous à S. Luiz. Ce sont le *Banco Commercial* du Maranhão, au capital de 2,000 contos, dont 1,556 réalisés; il a distribué en 1887 4 $ 800 par action de 100 $. Son fonds de réserve est de 31,142 $ 267 et son fonds de garantie de 9,757 $ 368. Il fait l'escompte, prête sur titres et sur gages en or, argent et pierres précieuses, sur warants; il reçoit de l'argent en dépôt et en comptes courants simples. — Ses actions sont aujourd'hui à 138 $. — Banco do Maranhão, au capital de 3,000 contos; c'est une banque d'émission; celle-ci se montait au 31 décembre 1887 à 166,700 $, son fonds de réserve à

307,442 $ 554, son fonds de garantie à 208.375 $. Il n'a réalisé que 1,350,000 $ sur son capital. Il donne 6 0/0 à ses actionnaires.

Le *Banco hypothecario e commercial*, du Maranhão est au capital de 6,000 contos, dont 3,000 pour la section hypothécaire et 3,000 pour la section commerciale. La partie réalisée est de 1,025,160 $, représentés par 17,836 actions émises, dont 40 $ versés pour la section hypothécaire et 50 $ pour la section commerciale. Le fonds de réserve est de 81,560 $ 375 dont 43,986 $ 147 pour la partie foncière et 32,583 $ 228 par la partie commerciale. — Les prêts hypothécaires à long terme, depuis le début de la Banque jusqu'au 30 juin 1888, se sont montés à 1,552,700 $, dont 1,095,300 $ pour 98 prêts agricoles et 457,400 $ pour 142 prêts urbains. — Actuellement tous les prêts se trouvent réduits à 486,300 $ représentés par 4,863 lettres ou obligations hypothécaires en circulation.

Malgré le bouleversement qu'a pu apporter dans ses opérations l'abolition subite et totale de l'esclavage, il n'en a pas moins distribué un dividende de 1 $ 200 pour le semestre, après avoir très sérieusement renforcé sa réserve.

La compagnie des eaux de S. Luiz a réalisé dans le 1er semestre de 1888 un bénéfice de 12,611 $ 149, et distribué 3 $ 500 à chaque action de 100 $. Son capital est de 500 contos.

Comme on le voit, si le Maranhão n'est pas un pays fort en avance, il est loin d'être une région en retard; si arides que soient les données que je viens d'aligner sèchement, elles donnent l'impression de la vie, du mouvement de je ne sais quelle ardeur de jeunesse qui s'éveille et qui prend conscience d'elle-même.

Je n'ai pu, pris de court par le temps, faire de longues excursions à l'intérieur, fort peu connu encore; j'aurais cependant bien voulu visiter les colonies d'Indiens dont le directeur général, M. le lieutenant-colonel José Carlos Pereira de Castro, m'a entretenu longuement. Il y en a

6 et 21 directions partielles, toutes sans grand développement, sauf la colonie Leopoldina, qui se suffit à elle-même et vit de ses propres ressources.

Je suis de ceux qui ont l'incorrigible et inébranlable conviction qu'on peut tirer des Indiens de l'Amérique chaude un parti supérieur à tout ce qu'on prétendrait obtenir d'une autre race quelconque pour les débuts de la mise en valeur du sol des *sertões* encore déserts. J'ai donc fouillé avec avidité le rapport de ce distingué fonctionnaire pour l'année 1887.

Les six colonies s'appellent : Januaria, Leopoldina, Aratauhy Grande, Dousbraços, Palmeira Torta, et Nova Olinda; malheureusement on n'a pas trouvé pour les diriger de missionnaires, qui pussent recommencer l'œuvre si belle et si prodigieuse des Jésuites d'autrefois, et il a fallu les confier à des directeurs intérimaires qui n'y résident pas.

Les directions partielles sont : Rio Corda, Alpercatas, Presidio, Tapéra de Leopoldina, Camacaoca, Boa Vista, Sapucaia, Alto Pindaré, Carú, Imperatriz, Gurupy, Bananal, Burity Pucú et Franco de Sá; ces quatorze sont pourvues de *serventuarios* ou suppléants, directeurs qui n'y résident pas davantage; dix autres sont sans direction faute de personnes qui acceptent d'y être nommées; ce sont : Jussara, Cabeça Branca, Altomearim, Cajary, Capivary, Santa Theresa, Chapada, Amarante, Ilhinha et Porto de Belém.

Ce qui est le plus original, c'est que ces missions sans missionnaires sont installées sur un territoire qui n'est pas *devoluto*, c'est-à dire libre et du domaine de l'État, mais dont on ignore absolument qui peut être le propriétaire. Le régime agricole pratiqué est à la fois celui du collectivisme et de la propriété individuelle : les cultures en commun et celles que l'Indien fait pour son compte personnel se trouvent côte à côte, plus ou moins mélangées, selon sa fantaisie ou son caprice. Les maisons sont bâties par eux en bois léger, peu solide et insuffisamment couvertes; aussi ne durent-elles guère. Ils cultivent coton, riz, maïs, manioc, patates, ignames, mais tout juste pour ce qui est nécessaire à leur consommation. Quand, par hasard, ils ont un excédent, comme il n'y a aucun moyen de transport, ils le vendent au marché le plus proche. C'est déjà bien beau, et je ne les eusse pas crus capables de se déranger ainsi.

La chasse et la pêche, la recherche du copahu, du girofle, du mastic, de la gomme du lentisque, de celle du maçaranduba, de l'abutua, du quinquina, de la résine, du jutahy-sica, qui forme un excellent brai, et de produits naturels analogues moins connus sur les marchés, le service de rameur à bord des embarcations du Grajahú, complètent les occupations de ces indigènes.

Il va de soi que, sans missionnaires, il n'y pas d'écoles. Bien d'autres choses manquent et les plus élémentaires en pareil cas, comme les outils; le budget n'est pas généreux et les Indiens sont dédaignés par ce grand seigneur. Il vaudrait mieux se borner à créer deux ou trois centres bien choisis, et s'efforcer d'y attirer ces pauvres diables, qui bientôt en feraient des villages prospères. C'est chose d'autant plus facile, que, malgré le préjugé répandu en Europe, voire en Amérique, l'Indien de l'Amérique du Sud et tropicale est, par essence cultivateur, et jamais nomade; c'est à ce point qu'on ne peut qu'avec une peine infinie le dresser à la vie pastorale et l'on n'y réussit jamais convenablement.

J'aurai à revenir d'une façon générale sur ce sujet captivant; je me borne à constater qu'il trouve peu de faveur auprès du monde officiel au Brésil, qui cependant, de temps à autre, s'aperçoit de son importance et risque un effort bientôt suspendu, pour essayer de faire quelque chose.

Il n'y a pas de grandes villes dans la province en dehors de la capitale insulaire. Il faut cependant citer Alcantará dont le cacáo passe pour le meilleur; — Caxias, rive droite de l'Itapicurú; entrepôt commercial de l'intérieur; — Carolina, rive droite du Tocantins, qui fait un commerce actif avec la région voisine; — Maritiba, 6,000 habitants; — Sam José da Praia, 6,000 habitants, centre agricole actif; — Guimarães, 2,000 habitants, dans un district qui compte 42 usines à vapeur, situées sur des terrains très fertiles, très arrosés et couverts de belles forêts; — Barreirinhas, port maritime très important sur le rio des Preguiças, qui est navigable à 50 lieues plus en amont; compte une centaine de maisons; la petite ville est assez riante et apparaît entourée d'une ceinture d'arbres fruitiers touffus: on y fait beaucoup de tafia et il y a un gros élevage dans les campos limitrophes; le district a au moins 15,000 habitants; — Alto Mearim, avec 12,000 habitants environ; Sam Luiz de Gonzaga avec 400; — Picós, sur l'Itapicurú, district de 12,000 habitants, très salubre, possède des bois splendides de construction; — Vianna, sur le lac et le Maraui; 11,500 habitants dans la ville et 8,000 dans le reste du district, centre spécialement agricole.

Outre les vapeurs de la *Brazileira* et de la Compagnie du Maranhão, San Luiz reçoit la visite régulière des steamers de la *Liverpool and Maranhão steam Ship*; de la *Merchants Line of Brazilian steamers, Northern and Brazil steamers, Red Cross Line*, Société postale française de l'Atlantique, *United states and Brazil mail*.

LA PROVINCE DU PIAUHY.

Je n'ai pas encore bien compris pourquoi le Piauhy constitue une province séparée. S'étendant le long du Parnahyba jusqu'à ses sources les plus lointaines, jusqu'à la Serra do Duro, dont l'autre versant est à Goyaz, jusqu'à la Serra du Piauhy, qui limite Bahia et la vallée du Sam Francisco, il fait corps avec le Maranhão dans presque tout le bassin fluvial, et il eût mieux valu peut-être pour ses habitants être réunis avec leurs voisins de l'ouest, ou encore avec les Cearenses, qu'ils touchent au nord-est.

C'est une province fort étendue, extrêmement large au sud, où les affluents du Parnahyba divergent en branches d'éventail, mais rétrécie au nord sur la mer à ce point qu'elle a tout au plus 33 kilomètres de côtes, et l'unique sortie de l'embouchure du fleuve avec le port de Amarração, où le *Colombo* de la Compagnie du Maranhão m'a amené de Sam Luiz en 24 heures. Sa superficie est de 301,797 kilomètres carrés ou même de 465,000, si l'on en croit Macedo.

Une compagnie locale effectue la navigation régulière du fleuve jusqu'à Manga, à 609 kilomètres de la baie das Canarias. C'est le principal véhicule de tous les produits de la contrée vers l'extérieur; les défilés des serras du sud et de l'est livrent passage aux trafiquants des provinces limitrophes; il suffit aux Piauhyenses de traverser sur un point quelconque le Parnahyba pour être en contact avec les Maranhenses.

J'aurais voulu remonter jusqu'à Theresina, la capitale, mais le bateau fluvial ne fait que deux voyages par mois, et j'étais pressé par le temps. Je me contentai, durant la relâche, d'aller jusqu'à Parnahyba, à 25 kilomètres en amont. C'est une ville assez importante, d'environ 12,000 âmes, qui a eu jadis les honneurs de capitale; coquette, bien tenue, elle plaît par son mouvement, par la vie de son port fluvial, où des embarcations de tous modèles viennent se ranger pour chercher les produits que son commerce exporte : bétail, coton, farine de manioc, haricots, *borracha* ou gomme de *mangabeira*. Là ne s'arrête pas la liste des produits que fournit la province : sucre, céréales, matières tinctoriales, suifs, cuirs, peaux, os, cornes, tabac, huiles végétales, eau-de-vie de canne, bois de construction, doivent y être ajoutés. Comme on le voit, c'est à peu près la même chose qu'au Maranhão dont le Piauhy diffère, d'ailleurs, extrêmement peu.

Mais c'est le bœuf surtout qui en forme la richesse; à vrai dire, le Piauhy n'est qu'une colossale ferme d'élevage. Cela remonte loin, tout au début de la conquête portugaise. La tradition raconte que, vers 1674, un hardi aventurier, Mafrense, plus connu sous le sobriquet de *Sertão*, qui pénétra par mer dans ces plaines, et y rencontra Domingos Jorge, un *Sertanejo Paulista*, battit avec son aide les Indiens Tupinambás et Potyguares, les premiers occupants du sol. Pendant que son associé occasionnel emmenait comme esclaves à S. Paulo les captifs, lui fondait des fazendas de bétail; à sa mort, il avait si bien réussi qu'il put léguer *trente* de ces métairies aux Jésuites, ses exécuteurs testamentaires, à la condition qu'ils en emploieraient le revenu à doter des jeunes filles, à secourir des veuves et des orphelins, et qu'ils affecteraient l'excédent à augmenter le nombre de ces métairies, toujours dans le même but charitable.

Ce qui paraît avéré, c'est que les Jésuites exécutèrent à la lettre la dernière clause; s'ils dotèrent les jeunes filles, s'ils secoururent la veuve et l'orphelin, l'histoire ne le dit pas; en revanche, elle atteste qu'ils fondèrent encore trois nouvelles fazendas. Ces religieux ont été partout d'admirables colonisateurs; nulle part, peut-être, ils ne se sont montrés plus pratiques que dans l'Amérique du Sud et au Brésil. Partout ils ont créé autour d'eux des exploitations agricoles, où l'indigène, sous leur direction expérimentée, savante, paternelle et ferme à la fois, apprenait à utiliser les productions naturelles, à cultiver celles dont s'accommodait le sol, et même à préparer industriellement pour l'exportation quantités de plantes, comme l'indigo par exemple, dont la vente servait à alimenter les villages-missions de tout ce qu'il fallait importer du dehors.

Ces 33 établissements d'élevage leur furent enlevés en 1759, lors de leur expulsion et de la confiscation de leurs biens, et ils furent alors incorporés au domaine de la couronne. Aujourd'hui il en reste encore 19, je crois, que l'État loue assez difficilement, qu'il vendrait volontiers, s'il trouvait des acquéreurs sérieux et qui, entre les mains d'hommes intelligents et sérieux, deviendraient aussitôt des exploitations magnifiques [1].

Du reste, tout le territoire de la province est presque composé de plaines couvertes d'herbages, de palmiers et de piassábas. Le climat est un peu humide, mais la contrée est en général salubre, sauf sur certains endroits marécageux de la rive du Parnahyba. Les vallées de l'est et du sud offrent d'excellentes terres à céréales, et la végétation intertropicale y est des plus puissantes.

Dans ces forêts, c'est surtout le bois de construction qui abonde : près de la mer, en plaine, c'est le cocotier qui apparaît en nombre ; dans les bois épars sur les plaines, on trouve le jalap, l'ipécacuanha et le cahinanna, ainsi que beaucoup d'arbres à fruits, comme l'umbuzeiro, le jaboticabeira, le mangabeira et autres. Les cerfs et les

1. Les fazendas de l'État constituent trois départements appelés de Canindé, de Nazareth et du Piauhy. — Le Canindé comptait en 1887, 15,146 têtes de bétail, 404 bœufs de travail, 360 chevaux, 693 juments, 1 poulain, 42 ânes et mulets et environ 1,000 *aggregados* ou colons, journaliers. — Le Piauhy avait 500 *aggregados*, et le Nazareth 177.

En voici la liste :

1° Département du Piauhy, 13 : Boqueirão, Brejinho, Caché, Cachoeira, Cajazeiros, Serra, Cannavieiras, Espinhos, Fazenda Grande, Gameleira, Julião, Mocambo, Salinas, ayant ensemble 359 kil. 7 de front sur 6,600 à 33,000 mètres de profondeur ; — 2° département de Nazareth, 11 : Mocambo, Tranqueira, Cutharões, Gameleira, Genipapo, Lagôa de S. João, Guaribas, Mattos, Serrinha, Olho d'Agua, Algodões, occupant ensemble 141 kil. 9 de front sur 16,500 à 42,900 mètres de profondeur. — 3° Département du Canindé, 17 : Fazenda Nova, Poções, Salinas, Campo Grande, Castello, Campo Largo, Ilha, Burity, Sacco, Olly, Tranqueira, Pobre, Sitio, Baixa, Nova Fazenda, Saquinha, Residencia, occupant ensemble 306 kil. 0 de front sur une profondeur de 13,200 à 39,000 mètres.

Les cinq dernières fazendas de Nazareth forment l'établissement rural de S. Pedro de Alcantará, où sont recueillis les orphelins et les enfants d'anciennes esclaves.

aras peuplent ces bois, en compagnie des animaux sauvages que nous avons déjà rencontrés dans l'Amazonie.

Le Piauhy comprend 17 *comarcas* de juges de droits et 17 *termos* de juges municipaux, relevant de la *relação* ou cour d'appel de S. Luiz du Maranhão ; 27 municipes de canton avec 4 cités, 23 villes et 31 paroisses. Celles-ci appartiennent également à l'évêché de S. Luiz ; sa population est d'environ 320,000 âmes.

Au budget général de l'État, il figure en recettes pour 272.610 $ 259, et en dépenses pour 508,893 $ 379 (1886). Son budget provincial comporte, en 1887, une recette de 272.980 $ 144 et une dépense de 319,127 $ 460. — Sa dette totale est en 1888 de 262,523 $ 239 dont 152,000 $ sont consolidés à 6 0/0. — La simple lecture de ces chiffres prouve que la province a beaucoup de mal à supporter son autonomie et qu'elle gagnerait à être annexée à une voisine.

COMMERCE

	Importation.	Exportation.	Total.
Long cours	344.063 $	640.391 $	984.454 $
Cabotage.	853.000	240.500	1.096.500
Totaux. . . .	1.197.063 $	900.891 $	2.077.954 $

Je veux seulement dire quelques mots des principales villes qu'on y trouve. La capitale, Theresina, date seulement de 1852 ; avec les *freguezias* de son municipe, elle compte un peu plus de 10,000 habitants. Grâce à sa situation fluviale, à son rang administratif, à sa position un peu intérieure, elle se développe assez rapidement. Jusqu'ici, toutefois, elle n'offre rien de bien remarquable.

Un peu plus bas, sur le Parnahyba, est la ville agricole de União, centre de 12,000 âmes au moins, où l'on fait surtout du coton et du tabac. — A l'est, au pied de la Serra de Ibiapaba, Pedro II, dans une contrée accidentée et agricole, compte près de 8,000 habitants, qui cultivent la canne, le riz, le manioc, le maïs, surtout le tabac ; les environs renferment beaucoup de carnaúbas, palmiers qui donnent une cire végétale employée à la fabrication de chandelles, dont l'usage est fort répandu au Brésil.

A une courte distance est Piracuruca, ville d'à peu près 6,000 âmes, elle aussi centre de pâturage et d'élevage, où l'on trouve bœufs, chevaux, mulets, chèvres, moutons et porcs. On y recueille sur une grande échelle le miel fort estimé des abeilles sauvages, et la pêche dans les eaux du rio de même nom, qui baigne la ville, fournit une très grande abondance de poissons très estimés.

Tout à fait dans la haute vallée du Parnahyba, est Santa Philomena, le port fluvial extrême atteint par les vapeurs, qui compte 4 à 5,000 habitants ; c'est aussi un centre d'élevage. — Aux sources du Piauhy, un affluent, plus à l'est et en pleine serra, est Sam Raymundo Nonato, tête d'un canton de 12.000 âmes, fort riche en mines d'or, en nitre et en alun, et où l'on récolte beaucoup de plantes médicinales.

En contournant le bassin et les serras qui le limitent, au pied de celles qui enferment la vallée du Poty, se trouve Valença, municipe de 20,000 âmes disséminées sur 40 lieues ; centre de grande culture de la canne, le principal producteur de *cachaça* ou tafia et de cassonade, il exporte en outre des cuirs en grande quantité, et se livre, depuis peu, activement à l'extraction du caoutchouc de Mangabeira.

Enfin *Oeiras*, capitale jusqu'en 1852, sur la rive droite d'un rio qui se jette dans le Canindé, 6 kilomètres plus bas. Depuis qu'elle a perdu la gloire de loger les autorités provinciales, elle est pour ainsi dire réduite à rien.

Le port maritime, Amarração, devient fort actif ; la cité est déjà considérable, et, maintenant qu'elle se trouve en rapport direct avec Recife par les bateaux de la compagnie Pernambucana, elle va gagner de plus en plus. Je n'ai pu me procurer de détails statistiques sur son mouvement. Peut être n'a-t-on pas encore songé à les organiser. C'est d'ailleurs le prolongement pur et simple du grand port commercial de Parnahyba.

LE CEARÁ.

En quelques heures, le *Colombo*, qui est fort bon marcheur, m'a amené à Camocim, excellent port situé sur le rio Curiahú, à 5 kilomètres de la côte ; je suis déjà sur le territoire du Ceará et à l'extrémité nord-ouest de la province. Ce port est le meilleur de toute cette partie du littoral, aussi a-t-il été judicieusement choisi comme tête de ligne du chemin de fer de Sobral.

La gare centrale est un bâtiment de premier ordre qui ne serait pas déplacé même à Rio de Janeiro ; les ateliers, construits tout auprès, le magasin et le dépôt des machines, sont de grandes proportions et tenus en bon état.

La ligne remonte sur la rive gauche du Curiahú jusqu'à la ville de Granja, 24 kilomètres plus haut, puis court au sud-est pendant plus de 81 kilomètres jusqu'à Massapé, passant dans ce parcours de la vallée du Curiahú aux sources du Tiaya et de là dans la vallée du Acarahú par le col de Antonio José, à l'altitude de 123m,510 qui est son point culminant. Elle tourne ensuite au sud et va terminer à Sobral, avec 129 kilomètres, sur la rive gauche de l'Acarahú à la cote de 74m, 610. La largeur entre les rails est de 1 mètre.

Sobral, son terminus, est une ville de 10,500 âmes, qui est à 3 lieues de la serra de Meruoca ; elle est assez jolie, bien tenue, divisée en deux quartiers, dont les rues sont pavées en pierres blanches, spacieuses et gracieusement plantées; les maisons y sont propres, parfois coquettes ; mais son caractère est surtout commercial, car sa situation en fait l'entrepôt forcé des sertões voisins du Piauhy et de la contrée éminemment agricole et de grande production dont elle est le centre.

La plus grande partie de la zone du chemin de fer, ainsi que des zones tributaires, se prête mieux encore à l'élevage qu'à la culture. Constituant un plateau peu ondulé, le terrain monte insensiblement du littoral au pied de la serra de Ibiapaba, qui s'étend dans la direction générale nord-sud, depuis les environs du littoral, à l'extrémité ouest de la province, jusqu'au district de Ipú, sur une étendue d'environ 300 kilomètres. En face de la Ibiapaba se dresse la serra de Meruoca, contrefort de la première, et moins élevée, mais remarquable par sa fertilité et ses cultures, et occupant une superficie d'environ 130 kilomètres carrés.

La ligne suit parallèlement la Ibiapaba pendant 45 kilomètres jusqu'un peu au delà de Granja : elle s'en éloigne alors pour longer le versant oriental de la Meruoca, et s'arrête à environ 10 kilomètres de son flanc, dans la ville de Sobral. Les stations sont : Camocim, kil. 0; Granja, kil. 24,425; Angica, 43,780; Pitombeiras, 79,133; Massapé, 106,320 et Sobral, 128,920.

La partie la plus importante de l'Ibiapaba, bien arrosée, couverte de forêts et offrant de bonnes conditions à la culture, s'étend entre les cantons de Viçosa et d'Ipú, où l'on trouve encore les localités de S. Benedicto, Ibiapina et S. Gonçalo. L'industrie agricole de la région se rencontre dans les deux serras, produisant céréales, sucre, tabac, café, et coton, ce dernier surtout, parce qu'il n'exige pas une grande dépense pour sa préparation, qu'il se conserve bien et se vend plus cher sur le marché. L'exportation des autres denrées, moins chères et susceptibles de détérioration, est très entravée par l'élévation des prix de transport. Dans la plaine, particulièrement exploitée par l'élevage, on cultive un peu les céréales, surtout près du littoral, mais seulement pour la consommation locale et quand les pluies sont régulières. Le sucre et le café, le tabac même sont éparpillés dans les sertões voisins ; l'exportation en est insignifiante. Le coton, les céréales et les cuirs au contraire sont expédiés au dehors : en 1885, il a été exporté ainsi 472 tonnes de coton, 212 de céréales, et 179 tonnes de cuirs ; puis 240,556 kilos de chaux et de bois, 24,336 kilos de cire de Carnaúba, et

24.321 kilos de fruits. L'élevage, bien que prédominant, n'a exporté que 188,400 kilos.

Avant le chemin de fer, tout le mouvement commercial de la vallée du Acarahú, la plus importante de l'ouest, dont le centre est la ville de Sobral, et qui comprend la serra de Meruoca et la zone de Ipú, dans la Ibiapaba, s'effectuait par l'intermédiaire du port de Acarahú, à l'embouchure du fleuve, et qui est loin de valoir celui de Camocim. Le chemin était en effet moins long, régulier, généralement plat, assez garni de population, et bien fourni d'eau puisqu'il suivait la rivière. Au contraire, pour aller de l'Acarahú au Curiahú, on traverse une région presque déserte avant le chemin de fer, fort sèche, sans cultures, et par conséquent dépourvue de toutes les ressources nécessaires aux troupes de mulets. Le port de Camocim desservait seulement la vallée du Curiahú, dont l'entrepôt était et reste encore la ville de Granjá, et qui comprend le district de Viçosa et les zones voisines dans la Ibiapaba.

Le chemin de fer a établi entre les deux vallées une communication facile et a acheminé tous les produits de l'ouest vers le meilleur port de la province. C'est la raison de la supériorité de son tracé. Néanmoins les muletiers lui font une concurrence dont la persistance ne peut s'expliquer que par une anomalie absolument brésilienne. La ligne prend plus cher que le vieux système des *tropeiros*; elle va plus vite, transporte infiniment plus à la fois, mais ses tarifs insensés font que le trafic reste aux antiques convoyeurs, qui sont d'autant plus condescendants qu'ils prennent à la côte les denrées d'importation, leur principale source de recettes, et y amènent les produits d'exportation, comme un simple supplément de revenu.

Notez que le chemin de fer de Sobral, comme celui de Baturité que nous rencontrerons tout à l'heure, appartient à l'Etat, et que celui-ci peut aisément négliger le bénéfice net de l'exploitation de la ligne, assuré qu'il est d'en retrouver la compensation dans le surcroît de production que développe toujours dans une région une voie ferrée intelligemment administrée.

Cette anomalie est une chose qui crève les yeux, et cependant elle est générale dans tout l'Empire, où les voies ferrées n'ont rendu pour ainsi dire que malgré leur administration les services qu'un pays est en droit d'en attendre en échange des sacrifices qu'elles lui coûtent. Il faut des efforts héroïques, une persévérance de Peau-Rouge, pour obtenir une amélioration dans ces tarifs exagérés. Ce pays tout neuf, splendide, mais à peine exploré, peuplé d'une façon insignifiante, n'a pas compris la vertu de ces voies perfectionnées de pénétration : il n'a pas eu foi dans leur efficacité pour le peuplement et la mise en valeur du territoire, et la conséquence de cette lacune dans ses vues, c'est que les chemins de fer en général y rapportent peu et que le peuplement s'attarde d'une façon inouïe.

Sur le territoire même où je suis, la constatation en est aisée. Un tiers à peine de l'exportation est transporté par les chemins de fer : le reste est encore le lot des muletiers et des charretiers. L'importation elle aussi est à peine le tiers de l'exportation ; le tarif qui pèse sur elle est exorbitant même sur le sel et d'autres articles de première nécessité. Il serait vraiment heureux que le gouvernement chargeât de cette sorte d'exploitation des hommes ayant le sens commercial au lieu d'être imbus de la routine administrative et qu'il leur donnât pleins pouvoirs de tout modifier.

La ligne de Sobral va être prolongée de 87 kil. 648 jusqu'à Ipû ; la construction de ce tronçon marche activement, car la sécheresse de cette année a obligé l'administration à donner du travail pour fournir de la nourriture à la population en détresse.

Le *Colombo* arrive bientôt dans les eaux de Fortaleza, capitale de la province, après avoir, sans s'arrêter, passé devant Acarahú, le port de l'embouchure de ce rio, dont je viens de parler. Fortaleza, siége d'un évêché et d'une *relação*, dont les juridictions comprennent Rio Grande du

Nord, s'étend sur la côte, au sud de la pointe de Mucuripe et à 2 lieues de l'embouchure du rio Ceará, dans une plaine sablonneuse et unie. Dans l'état normal, la ville compte de 35 à 40,000 habitants ; actuellement la sécheresse a porté ce chiffre à plus de 60,000, ce qui est loin de la réjouir et de lui inspirer de l'orgueil, car ce surcroît d'habitants est constitué par les *retirantes*, les fugitifs, accourus des campagnes désolées de l'intérieur pour réclamer du secours, de la nourriture, ou les moyens de s'en aller dans un pays plus favorisé sous le rapport des pluies. En ce moment, sans les faubourgs, les deux quartiers urbains comptent 26,943 habitants.

On me dit ici, non sans fierté, que je suis dans la cité la plus propre, la plus coquette, la plus jolie même de toute l'Amérique du Sud. Le fait est que les rues sont larges, droites, bien pavées, généralement bien tenues ; quelques-unes sont bordées d'arbres magnifiques ; les places bien arborisées aussi sont spacieuses ; les maisons ont un air « comme il faut », mi-bourgeois, mi-artiste. La vie y est facile, les gens sont accueillants, aimables ; on y trouve un confortable assez rare dans ces parages, un je ne sais quoi qui fait oublier qu'on est dans l'Amérique Latine, dans le pays du laisser aller, du *farniente*, de l'indolence et du sans-souci.

Fortaleza n'a qu'un défaut, c'est son port, ou plutôt l'absence du port. Séparée de la haute mer par le récif qui monte le long de la côte depuis Pernambuco et se continue presque jusqu'à Pará, on n'y peut débarquer à quai, cela va de soi. Il faut rester au large, en dehors de l'écueil, et là confier passagers et marchandises aux *jangadas*, qui, en véritables radeaux qu'elles sont, peuvent naviguer à fleur d'eau, et aborder la plage de sable où elles vous déposent à sec. Par un gros temps, il fallait même, naguère, souvent débarquer à dos de nègre ou de Caboclo ; on n'en était ni plus mal, ni moins sûr du bon résultat de l'opération.

Aujourd'hui, cette lacune va se comblant. De grands

travaux dirigés par un ingénieur de mérite vont rendre facile l'accès de Fortaleza. Déjà l'embarquement et le débarquement se font en sécurité, avec calme, grâce à un brise-lames considérable. Une jetée s'avance à l'intérieur du port artificiel et des escaliers en permettent l'accès aux plus petites embarcations.

On s'occupe d'autre part de doter cette ville d'un système d'égouts, et très probablement, grâce aux efforts judicieux de M. l'ingénieur Ernest Lassance et du major João Brigido, on appliquera le système Berlier. C'est, sans contredit, le plus intelligent et le meilleur qui puisse être mis en œuvre dans les villes maritimes, surtout en pays chaud.

Les Cearenses sont fiers de leur cathédrale qui possède en effet un aspect majestueux ; cependant les édifices publics, assez propres, ne sont que convenables, et en réalité ne méritent pas qu'on s'extasie.

La province de Ceará est surtout connue au dehors comme le théâtre d'épouvantables sécheresses périodiques, rachetées dans les intervalles par des récoltes d'une abondance phénoménale. La périodicité des sécheresses est un fait trop réel, et je dois le constater dans toute sa tristesse, au moment même où je la traverse. J'essaierai tout à l'heure d'en préciser les causes et d'en chercher les remèdes.

Elle est comprise entre le 2°45′ et 7°11′ de lat. S, entre 43°40′ et 50° 28′ de long. occidentale du méridien de Paris (1°,55′ et 6°25′ E du méridien de Rio de Janeiro) ; sa superficie est de 104,250 kilomètres carrés selon l'évaluation officielle, de 116,500 d'après Macedo et de 157,002 suivant M. Rodolpho Theophilo et M. le professeur José de Barcellos. La population en 1887 avant l'exode déterminé par la sécheresse dépassait 950,000 habitants.

Elle s'étend du Piauhy au nord-ouest jusqu'au Rio Grande do Norte au sud-est ; au sud elle confine aux provinces de Pernambuco et de Parahyba. Elle a de 700 à 800 kilomètres de côtes, où l'on trouve environ 15 mouillages, mais on ne peut guère mentionner que ceux de Camocim, de Acarahú, et de Fortaleza.

Elle est divisée judiciairement en 27 comarcas de juges de droit et 31 termos de juges municipaux ; administrativement en 64 municipes ou cantons, comprenant 19 cités, 45 villes et 78 paroisses. Elle envoie 4 représentants au Sénat, 8 à la Chambre des députés et son assemblée législative se compose de 32 membres.

En 1886, elle figure au budget général de l'Empire pour 1,741,056 $ 693 en recettes et pour 1,644,284 $ 836 en dépenses ; son budget provincial était de 879,700 $ en recettes et de 974,762 $ 553 en dépenses. — Mais la liquidation a renversé ces proportions ; la recette a dépassé la dépense de 165,390 $ 719. — Pour 1888, l'excédent de recettes a été de 665,250 $ 483.

Le Ceará n'a plus de dette ; il a au début de 1888 complètement achevé de la payer, et célèbre justement ce fait comme une preuve de son étonnante vitalité.

Dans son tableau synoptique des finances, M. Pedro Corrêa d'Araujo, établit ainsi les chiffres du commerce :

	Importation.	Exportation.	Totaux.
Long cours. . .	$ 2.382.522	$ 3.387.615	$ 5.770.037
Cabotage	3.040.500	1.523.000	4.563.500
Totaux. . . .	$ 5.422.922	$ 4.910.615	$ 10.333.537

Soit au change moyen de 400 reis, un commerce total de 25,833,840 francs.

Ce tableau concerne 1885-86. Voici les chiffres de 1886-87 :

	Importation.	Exportation.	Totaux.
Long cours. . .	$ 3.389.331	$ 4.089.952	$ 7.497.283
Cabotage.	3.252.454	2.480.022	5.732.476
Totaux. . . .	$ 6.641.785	$ 6.569.974	$ 13.211.759

Au change de 400 reis, total : 33,029,397 fr. 50.

J'emprunte aux rapports présidentiels les détails suivants sur la période quinquennale de 1880-85, qui vont montrer toute l'élasticité des ressources de la province. Il s'agit du seul port de Fortaleza, qu'on le note bien.

ANNÉES	EXPORTATION			IMPORTATION		
	DIRECTE	CABOTAGE	TOTAUX	DIRECTE	CABOTAGE	TOTAUX
1880-81	1.383.570$231	224.578$500	1.608.148$731	2.633.854$276		
1881-82	4.085.545 018	730.240 059	4.392.785 077	2.882.293 129		
1882-83	3.306.089 442	657.457 500	3.963.546 942	3.020.477 010		
1883-84	3.750.308 825	598.005 500	4.348.304 325	3.225.838 826		
1884-85	2.578.807 643	350.780 020	2.929.587 663	2.616.763 250		
Total.	15.104.401$150	2.138.061$579	17.242.462$738	14.988.236$491	3.319.601$121	18.307.837$612
Moyenne.	3.020.880 234	426.412 315	3.448.492 547	2.997.647 298	663.920 224	3.661.567 522

Après la grande sécheresse de 1878-79 qui dévasta la province et lui enleva environ 300,000 habitants en anéantissant pour ainsi dire l'élevage et l'agriculture, l'exportation par le port de la capitale fut de 1,608,148 $ 721 au bout d'un an, mais aussitôt l'année suivante elle monta à 4,392,785 $ 077 ; un tel chiffre fait le plus éloquent éloge de l'activité de ses courageux et laborieux habitants.

Si l'on remarque une décroissance ultérieure, c'est que les pluies ont diminué ou même fait complètement défaut comme en 1884.

Ce qu'est cette production, le tableau suivant en va montrer la variété comme aussi l'importance comparée pour 1884-1885.

EXPORTATION

Articles.	Directe.	Par cabotage.
Coton	1.300.005$100	82.799$360
Café	38.503 942	48.607 080
Cuirs de bœuf	866.358 877	—
Sucre	90.027 220	3.552 450
Peaux de chèvre et de mouton	557.818 489	—
Gomme élastique	72.131 620	—
Oranges	52.724 440	3.496 120
Cire de Carnaüba	86.862 140	256 400
Os	4.160	—
Bois	1.084 900	41
Eau-de-vie	16	1.022 040
Cuirs et poils	428 921	23.982 200
Chapeaux de paille	—	33.327 750
Céréales et maïs	—	28.510 600
Doces (sucreries)	160	3.043
Herbes médicinales	77 240	2.841 200
Cornes de bœuf	—	—
Paille ouvragée	—	600
Semences	—	—
Divers	2.512 843	3.141 400
Riz	—	—
Oiseaux	—	2.439
Bago (grappes raisin)	—	1.281 760
Totaux	2.578.807$643	239.866$050

Articles.	Directe.	Par cabotage.
Report.	2.578.807$643	239.368$050
Chaux	—	80
Chaussures pour hommes . .	—	86
Oignons.	—	807 000
Cocos	—	11.628
Cuirs en poils	—	5.463 240
Nattes de carnaúba	—	117 120
Farine manioc.	—	129 250
Tabac.	—	68.376 500
Bétail.	—	62
Gomme et amidon	—	22 400
Légumes et haricots	—	60
Miel.	—	88
Pommades.	—	8.072 800
Fromages	—	871 500
Hamacs de coton	—	7.592 400
Suif.	—	22 400
Lard.	—	1.086
Vin et liqueurs	—	850 400
Sirops médicinaux	—	582
Totaux	2.578.807$643	350.780$020

Il faut tenir compte de l'absence totale des pluies en 1884, et de la disette de certaines productions causée par cette sécheresse.

Si on comparait ces chiffres avec ceux des 4 précédentes années, on verrait que le café, après avoir atteint en 1882 la valeur de 1,253 contos, est descendu à 38 en 1885; le sucre a oscillé de même, en proportions moindres toutefois, et le coton a tout au plus diminué de 11,1 0/0. En réalité toute la production de celui-ci est exportée, tandis que le café et le sucre ne fournissent à l'exportation que l'excédent de la consommation locale, qui est considérable.

Quant aux oranges, l'exportation s'en accroît sans cesse. Elle a commencé en 1876, par l'envoi d'essai de quelques caisses en Angleterre fait par un cultivateur de la serra de Maranguape; l'affaire donna des résultats magnifiques et depuis lors les expéditions se sont multipliées et généralisées, bien que la science de l'emballage fasse un peu défaut. De 1,312 caisses en 1874, l'exportation montait déjà à 11,802 caisses en 1882, soit une valeur approximative de 30,735 $ 167. En 1885, cette valeur était de 52,724 $ 440.

Si des navires chargeurs les amenaient directement de Fortaleza en Europe, cette exportation croîtrait bien plus considérablement encore. On a vu en décembre 1888 dans les rues de Paris vendre ces belles et grosses oranges par les marchandes aux petites voitures et ce au prix de 10 centimes.

Les peaux de chèvres donnent comme on voit des sommes respectables. C'est encore une industrie nouvelle et d'un grand avenir. Le caoutchouc et la cire de carnaúba constituent principalement l'industrie extractive. Cette cire est singulièrement utilisée dans la province, tandis que le caoutchouc est totalement exporté.

M. le sénateur Pompeu, auquel on doit les meilleurs travaux de statistique sur la province, a calculé que sur une exportation générale de 4,600,000 $ en 1862, la répartition pouvait s'établir ainsi par les diverses issues :

Fortaleza	2.800.000 $
Aracaty	1.300.000
Granja	200.000
Acarahú	500.000
Frontières	500.000

Nous avons vu le chiffre total actuel. Les chemins de fer ont modifié la répartition. J'ai dit déjà le mouvement du port de Camocim et de la ligne de Sobral. La ligne de Baturité, en se prolongeant, va faire converger sur la capitale les produits qui étaient dirigés vers Mossoró ou même vers Pernambuco par l'intérieur.

Il est d'ailleurs, ici comme dans toutes les provinces du Brésil, impossible de se procurer des statistiques du mouvement commercial autres que celui concernant la capitale locale : la loi qui prescrit aux fonctionnaires du fisc de réunir ces données n'a jamais été exécutée.

Voici des chiffres ultérieurs :

	Exportation directe.	Importation directe.
1885-86	2.237$654	2.382$421
1886-87	3.780 895	3 389 381
Augmentation	543 241	1.006 960
Excédent de l'exportation. . . .		391 564

Quant aux revenus de la douane, ils ont été en :

1886 de	1.425.045$506
1887 de.	2.278.756 824
Soit une augmentation de.	853.711 318

Pour faciliter ce mouvement commercial si intense. Fortaleza n'a que des agences du *London and Brazilian Bank* et du *English Bank of Rio de Janeiro.* — L'une des maisons les plus actives est celle de MM. Boris frères, agents du comité des assurances maritimes de Paris. J'ai constaté aussi avec plaisir la présence d'un commerçant français, M. Benoist Lévy, dans le comité directeur de l'association commerciale.

La configuration de la province est celle d'un quadrilatère irrégulier, incliné doucement vers la mer et entouré par la longue chaîne de l'Ibiapaba, qui du nord-est au sud-est prend différentes dénominations. Le littoral est bas, sablonneux, en partie humide, en partie bordé de dunes. C'est une zone étroite, qui a seulement quelques kilomètres de largeur. A partir de la côte, le terrain s'élève rapidement, et atteint de 800 à 1,000 mètres dans les serras de Ibiapaba et Araripe. L'aspect du sol est généralement inégal; de vastes lagunes près du rivage; dans l'intérieur, des plateaux durs et sablonneux, des plaines immenses couvertes de carnaûbaes; des coteaux pierreux, des collines éparses ou continues au nord; au sud et au sud-est des serras fraîches, mais de peu d'étendue. La partie de l'intérieur qui n'est pas *serra* est appelée *sertão*; c'est par excellence le territoire du pâturage et de l'élevage, qui occupe les quatre cinquièmes de la province.

La constitution géologique est sédimentaire. La nature du terrain est de transition. dans l'Araripe il est nettement jurassique avec les dépôts sous-jacents; de toutes parts dans l'intérieur se rencontrent des dépôts de calcaire cristallisé. La serra de Ibiapaba est un psammite, tandis que toutes celles de l'intérieur sont de siénite et de granit; très peu sont constituées par le calcaire cristallisé. La Ibiapaba forme une grande chaîne circulaire; la serra centrale est le système des chaînes éparses qui se relient plus ou moins à la première.

Celle-ci part au nord-ouest presque de la côte même, entre l'Iguarassú et le Timonha, près de la bouche orientale du Parnahyba; vers le 5° parallèle, à Crateus, elle éprouve une interruption brusque, perpendiculaire, escarpée, étroite, par où les eaux du Poty courent se jeter dans le Parnahyba.

Vers le 6°, elle bifurque, formant presqu'un angle droit : une branche court vers le S.-S.-O., sous le nom de Dous Irmãos, les Deux Frères, entre le Piauhy et Pernambuco; l'autre nommée Araripe, enveloppe une partie du Ceará qu'elle sépare du Pernambuco, avec des cols ou des pentes plus ou moins rapides, qui en interrompent la continuité depuis les environs de Jardim, où elle s'abaisse jusqu'au niveau du sol. Au Baixio das Bestas, elle constitue le faîte de partage entre le ruisseau dos Porcos, affluent du Salgado et par celui-ci du Jaguaribe, et les eaux du ruisseau de la Brigida, affluent du S. Francisco.

Après ce bas fond la chaîne continue, plus ou moins interrompue et basse, sous les noms de Camará, Pereiro, etc., jusqu'au plateau appelé Serra du Apodi.

Quant aux serras du cordon central, les plus notables sont : Cauhype, Camará, Tucunduba, Maranguape (1,000 mètres d'altitude), Aratanha, Acarape, Baturité, Machado, Santa Maria, Picada, Jatobá. Un groupe de chaînettes basses (Branca, Serrinha, Telha, Almas, Santa Rita, Estevão, Preguiça, etc.) forme le grand plateau ou sertão de Quixeramobim, point culminant des eaux qui descendent vers le S. au Jaguaribe, vers le N. à l'Acarahú, vers l'O. au Parnahyba. Il se relie à l'Ibiapaba par deux ramifications, l'une au N., l'autre au S., entre lesquelles est le sac (*Sacco*) de Crateus, large et longue vallée presque circulaire. De la pointe de Santa Rita, se prolonge le cordon des serras Mombaça, Mattas, Boa Vista et autres, qui ferment le haut Sertão du Inhamuns.

A 130 kilomètres ouest de la capitale, et à 20 kilomètres de la côte, s'étend la Serra de Uruburetama, haute, fraîche, longue de 100 kilomètres, qui par une série d'ondulations basses et pierreuses, se relie au cordon central. J'ai déjà dit où est la Serra de Meruoca, à 100 kilomètres de Fortaleza N.-O., et à 36 de Sobral; au S.-O., est celle du Rosario qui va se rattacher aux pentes occidentales de la Ibiapaba.

Depuis les serras circulaires jusqu'à l'Océan, le sol est extrêmement incliné; les eaux fluviales s'écoulent rapidement, et ne permettent pas l'existence de rivières permanentes. Larges, longues, entraînant une grande masse d'eau durant la saison pluvieuse, les rivières de la province s'émiettent durant la saison sèche, laissant à peine des puits ou des mares d'eau dans les parties les plus basses. Dans le sous-sol toutefois, entre la couche profonde et imperméable et la couche sablonneuse superficielle, l'eau continue de couler constamment. Le Ceará, disait M. Buarque de Macedo, exige tout au plus qu'on ouvre les entrailles de la terre pour en faire jaillir l'eau en abondance.

Les puits artésiens sont donc tout indiqués, concurremment avec les barrages en réservoirs.

Les cours d'eau du Ceará appartiennent à deux bassins distincts : un S.-E., l'autre N.-O. — De celui-ci font partie le Camocim ou Curiahú (180 kilomètres), l'Acarahú (370), le Aracatyassú (240), le Mundahú (460), le Curú (250), le

S. Gonçalo (150), le Cauhype (70), et le Ceará, d'où la province tire son nom, d'un cours de 30 kilomètres, et grossi du ruisseau de Maranguape.

Du premier font partie le Cocó (48), le Pacoty (150), le Choró (370), le Pirangy (150), puis le Jaguaribe, né à l'extrémité occidentale au sud de la province (dans les Serras Mombaça, Joanninha et Ibiapaba) et qui après un cours tortueux du S.-O., au N.-O., sur plus de 750 kilomètres, va se jeter dans l'Océan 18 kilomètres au-dessous de la cité de Aracaty.

Les lacs sont petits, mais tous fort poissonneux; je citerai : Aguatú (18 kilomètres de circuit) et Barro Alto près de Telha; ceux de Trahiry, de Mecejana; le lagune Encantada, tout près de l'anse du Iguape, et le Sacco da Velha (sac de la Vieille) près de Aracaty.

Les centres agricoles les plus importants se trouvent dans les serras éruptives éloignées d'au moins 30 kilomètres du littoral. Près de la côte, il y a quelques terrains utilisables pour la culture, dans le voisinage des lacs que forme l'accumulation des eaux des petites rivières, depuis que les dunes leur ont complètement fermé la sortie sur l'Océan. Mais s'il pleut régulièrement le sable lui-même devient fertile et le coton y pousse à ravir.

Le climat du Ceará est sans contredit l'un des plus salubres qu'il y ait dans toute l'Amérique; il est assez frais dans les serras, mais chaud et sec dans l'intérieur. La brise est constante et fait parfois descendre fortement le thermomètre pendant la nuit.

Le Père Antonio Vieira disait en parlant de l'Ibiapaba : « Bien qu'on soit si avant dans la zone torride, les nuits sont si fraîches toute l'année, et durant l'hiver si froides, qu'il faut toujours avoir du feu à côté de soi, et qu'on se croirait dans les pays les plus rigoureux du Nord. »

Il n'y a bien entendu que ces deux saisons; celle où il pleut qui est l'hiver, celle de la sécheresse qui est l'été. Régulièrement les pluies commencent au solstice de décembre et durent jusqu'en juin; alors l'année est *hivernale*, c'est-à-dire bonne. Dans les années médiocres, les pluies commençent en janvier, s'arrêtent en février et recommencent en mars pour finir en mai : dans les années maigres, elles tombent seulement dès l'équinoxe de mars et ne durent même pas souvent trois mois. Toutefois dans la vallée du Cariry, en pleine serra Araripe, il tombe des séries d'ondées que le populaire appelle comme au Maranhão les pluies de cajús et que les Indiens nomment *piroaba*.

Quand après l'équinoxe de mars la pluie n'est pas venue, la sécheresse est déclarée, cette épouvantable *secca* qui fait des victimes par milliers, qui emporte tout, habitants, troupeaux, gibiers, cultures, végétation, dessèche les rivières et déchaîne la peste.

Ce fléau est curieusement périodique : 1711 et 1809, 1723-27 et 1824-25, 1744-45, 1844-45 et 1776-77 et 1877-79 : voilà des répétitions qui présentent à un siècle de distance des coïncidences frappantes. Pourtant la quantité d'eau tombée est en moyenne très considérable, elle n'est pas moindre de 1,504 millimètres à Fortaleza. Même en pleine sécheresse, de 1877 à 1879, il tomba 473, 580 et 596 millimètres. Mais ce sol est si perméable, si sec, qu'il lui faut une dose extraordinaire ; ce qui transformerait d'autres contrées en marécages lui suffit à peine.

On a, chaque fois que la crise s'est reproduite, préconisé divers remèdes ; on a montré beaucoup de zèle tant qu'elle durait, puis dès le lendemain tout était oublié et les mesures commencées étaient suspendues. Ainsi en 1877, l'ingénieur Jean Révy avait étudié un plan de grands barrages-réservoirs, à Itacolumy, à Quixadá ; le matériel avait été en partie acheté en Europe et expédié au Ceará, mais l'ordre vint bientôt d'en rester là et aucun crédit ne fut alloué pour les travaux. Cette incurie a coûté cher ; l'an dernier la sécheresse est revenue et M. Révy a dû retourner au Ceará où cette fois, ayant un crédit à sa disposition, il a commencé la construction du réservoir de Quixadá. Pourvu que les pluies qui viennent de tomber n'amènent par un nouvel oubli des maux passés et la même insouciance à l'égard des précautions à prendre pour l'avenir !

Ce réservoir sera établi dans la vallée du Sitiá, à 6 kilomètres en amont de la ville ; avec les trois embranchements qui doivent lui être adjoints, il pourra contenir 140,000,000 de mètres cubes d'eau. Deux réservoirs analogues seront sans doute établis encore, l'un à Itacolumy, d'une capacité de 192,653,000 mètres cubes, l'autre à Lavras, suffisant pour irriguer toute la vallée du Jaguaribe, de Lavras à Aracaty. C'est une dépense de 900 contos pour le 1er, de 1,400 pour le 2e et de 5,663 pour le 3e qui sera payée par le Trésor de l'Empire.

En même temps, un contrat a été passé par le gouvernement avec un entrepreneur des États-Unis pour forer plusieurs puits artésiens. Il y aurait, je crois, tout profit à multiplier ces derniers, qui coûteront bien moins cher et dont le débit paraît devoir être plus constant.

De la station centrale, à Fortaleza, située sur le plateau, et qu'une petite ligne raccorde à la Douane, sur la mer, part le chemin de fer de Baturité ; perpendiculairement à la côte, il gagne la Serra da Aratanha, qu'il approche ainsi que celle de Guayaba, son prolongement du côté oriental traverse le col de Itapahy et, suivant le long de la Serra de Baturité, s'arrête à la ville de ce nom, 100 kil. 500 du point du départ. De la station de Maracanahú, au kil. 20,000, part un embranchement de 7 kil. 300 qui va à Maranguape, près de la chaîne du même nom. Le tracé ne paraît pas avoir été très heureux ; il a entraîné trop de rampes fortes et de courbes d'un rayon insuffisant ; il faudra le rectifier sur plusieurs points si l'on veut que l'exploitation en devienne moins coûteuse, plus facile et plus normale. Comme celui de Sobral, il a été surtout construit pour donner du pain aux affamés pendant la sécheresse de 1877-79. Actuellement, on le prolonge sur Quixadá, pour la même raison et dans le même but par les mêmes moyens.

Il dessert les stations de Fortaleza kil. 0 (et de la Douane, station maritime à 1 kil. 622); Arronches, kil. 7.200; Mendobim, 11,300; Maracanahú, 20,800 (Maranguape, embr. 28,300); Monguba, 26,600; Pacatuba, 33,200; Guabyba, 40; Bahú, 51,200; Agua Verde, 52,200; Acarape, 65,200; Cannafistula, 78,600; Canôa, 90,700; Baturité, kil. 100,560.

Le mouvement des recettes traduit bien les vicissitudes par lesquelles passe la production de la province. Dès que la pluie fait un peu défaut, elles s'abaissent ; si au contraire il y a eu de l'eau en abondance, elles arrivent au maximum. En 1882, celui-ci a été de 396,903 $ 532, dépassant de 27,205 $ 412 celui de 1885. En 1887, les résultats de l'exploitation se sont chiffrés ainsi : recettes, 315,893 $ 866; dépenses, 295,935 $ 895; solde, 19,903 $ 971, qui ajouté à 18,718 $ 751 de droits spéciaux, forme un produit net total de 33,622 $ 722.

Voici un petit tableau qui rend bien compte de l'importance comparée des éléments de ce trafic (en kilos) :

	1885	1887
Coton.	1.049.189	3.905.020
Café	720.650	3.218.076
Sucre.	1.384.623	933.064
Graines de coton.	—	2.070.000
Céréales.	428.721	680.718
Eau-de-vie.	361.006	400.142
Cuirs.	307.567	303.382
Fruits.	2.564.153	—
Produits industriels.	—	266.327
Tabac.	—	48.172
Cornes.	—	16.361
Sel.	—	832.727
Matériaux de construction. . .	—	7.489.315
Bois — — . . .	—	4.758.690
Objets manufacturés en fer. .	—	814.832
Produits divers.	—	22.709.949
Totaux.	7.416.759	32.520.603

Les pierres et les bois qui figurent pour une quantité si

considérables ont été transportés de l'intérieur sur le quai, pour les travaux du port de Fortaleza, qui sont en pleine activité. C'est là un débouché exceptionnel, qui ne sera que momentané.

Quant aux fruits, ce sont principalement les oranges qui fournissent ces recettes croissantes. En 1887, elles figurent dans les produits divers ; en 1884, elles avaient fourni un fret de 3,520 tonnes ; elles n'ont cessé d'affluer au port d'embarquement. C'est une des branches de l'activité cearense la plus remarquable et la plus intéressante.

La zone de cette ligne ferrée est la plus importante de la province, soit par la grande étendue des terrains de culture quelle renferme, soit par sa proximité du grand marché de la capitale, le seul qui entretienne des relations directes avec les places étrangères. La Serra de Baturité embrasse une aire de 700 kilomètres carrés, et s'élève très souvent à 800 mètres au-dessus du niveau de la mer. Renommée pour la fertilité de ses terres, l'aménité de son climat et l'abondance de ses eaux, elle constitue assurément le plus grand centre agricole de la production du Ceará.

Les serras de Aratanha et Maranguape, à gauche de la ligne, bien que d'une moindre superficie que celle de Baturité, sont également remarquables par leur fertilité, leur productivité et leur climat. Le terrain y est dans toutes bien utilisé pour la culture de la canne, du tabac, des céréales, du café, du coton et des fruits.

Celle de l'oranger s'est développée en grand surtout à Maranguape, qui en exporte d'énormes quantités en Angleterre. Dans les années ordinaires, le chemin de fer perçoit pour les transporter plus de 12 contos, soit 30,000 francs.

Le plateau qui s'étend entre les serras est également utilisé par l'élevage, sauf la partie la plus voisine du littoral, remplie de marécages bas, où viennent la canne et les céréales. Les plantations y sont moins éprouvées durant l'été, parce que la brise marine qui y souffle reste toujours assez humide.

En dehors de la serra de Baturité, il y a encore quelques importants centres producteurs, où prédomine la culture du coton. Malheureusement, les tarifs du chemin de fer sont si onéreux que les expéditeurs préfèrent les *cargueiros*, qui sont également les transporteurs des denrées d'importation. Cette ligne va être prolongée de 84 k. 200 jusqu'à Quixadá, en passant constamment près de la serra, où sont les *fazendas* de café ; Quixadá est un canton fort remarquable par la salubrité du climat, ses excellents pâturages et son voisinage de centres de grande production, comme Pedra Branca et la Serra du Estevão, l'une exportant de très bon coton, l'autre des céréales et du café. M. da Silva Coutinho estime à 200,000 âmes la population qui va profiter de ce prolongement.

Mais dans l'énumération comparative de toutes ces zones fertiles, il faut mettre hors de pair la région privilégiée de Araripe, à l'extrême sud de la province : « Cette contrée, écrivait en 1871 M. Marcos de Macedo, un illustre enfant du pays, forme une plaine parfaitement nivelée, depuis la pointe de la ville de Jardim jusqu'à la Serra das Pombas, dans le district de Jaicoz (Piauhy), comprenant une aire de plus de 350 kil. sur une largeur variant de 15 à 30. La terre d'une fécondité prodigieuse est si spongieuse, si perméable, que les fortes ondées, comme savent en laisser échapper les nuées intertropicales, s'infiltrent à peine qu'elles sont déjà en contact le plus intime avec elle. Le plateau (*chapada*) est entièrement couvert de différentes essences forestières, entremêlées de riantes *campinas*, où abondent des fruits délicieux qui constituent l'abondante richesse naturelle du pays.

« L'Araripe est une montagne de médiocre élévation, comme toutes celles qui appartiennent au système orographique brésilien ; sa hauteur atteint à peine 640 mètres, d'après les observations de M. Capanema. Je ne me suis jamais donné la peine de faire des observations régulières sur la température de l'Araripe, mais j'ai pu voir souvent le thermomètre exposé sur le plateau, dans les matinées et les soirées fraîches, descendre jusqu'à 10°, et à midi, au soleil, je l'ai vu monter à plus de 32°. J'ai eu cependant l'occasion de passer plusieurs nuits en juin au sommet de la montagne, et d'y éprouver un froid intense, mais n'ai pu recueillir d'observation faute d'un thermomètre. »

La température moyenne, durant les mois frais, y est de 26°, et dans ceux de la plus forte chaleur de 23°, soit une moyenne annuelle de 17°. — La vallée qui s'étend au pied de la chaîne et qui est célèbre sous le nom de Cariry, est dotée d'un sol extrêmement fertile, dont la production pourrait devenir immense, s'il était dans toute son étendue fécondé par le travail, actuellement circonscrit aux seules nécessités de la consommation. Canne, céréales, légumes, et sur les pentes de la serra, le café, tout s'y développe avec une vigueur rare. On compare à une oasis prodigieuse cette vallée, qui peut servir de refuge aux populations, émigrant des *sertões* voisins de Bahia, Pernambuco, Rio Grande du Nord, Parahyba et Piauhy, lors des grandes sécheresses. Et cependant cette zone si favorable à l'émigration européenne demeure inerte et non utilisée. Le port le plus rapproché, pour l'écoulement de ses produits, en est à près de 500 kilomètres. Il semble donc qu'il faudra pousser jusqu'à elle le chemin de fer de Baturité et Quixadá. Ce sera encore le meilleur moyen d'apporter à la population si dense de la province, le secours dont elle a besoin, quand elle est visitée par son fléau périodique.

Baturité, gracieusement entourée par les rios Aracaúaba, Putiú et Canôa, est une ville d'au moins 10,000 âmes, jouissant d'un climat délicieux et dotée d'un mouvement commercial très actif. En suivant la ligne ferrée dans la direction de son prolongement, on rencontre Quixadá, dont j'ai parlé déjà, puis un peu plus loin, sur le rio du même nom, grand affluent de gauche du Jaguaribe,

Quixeramobim, cité déjà importante de 6,000 âmes au moins, très chaude en été, mais fort agréable par sa position dans un *sertão* élevé; c'est un centre très actif d'élevage et il fait un grand commerce de bestiaux.

Quand on a franchi la vallée du Jaguaribe, beaucoup plus haut, on rencontre, près du confluent du rio Salgado, Icó, station obligatoire de la future ligne ferrée, aux rues bien alignées, tête de la navigation fluviale qui exporte ses produits par le port maritime d'Aracaty; en remontant toujours, on trouve Crato, sur le ruisseau du Granjeiro, tributaire du même Salgado, cité à noter par ses belles maisons, tête d'un canton dont les terres ont une remarquable richesse naturelle; puis Jardim, déjà nommée, dans un ravin de l'Araripe, baignée par un cours d'eau cristalline, d'un climat délicieux, vrai jardin de plaisance et centre d'élevage. J'ai cité aussi Maranguape, à 24 kil. de la capitale, au pied oriental de la serra, très commerçante, et de jour en jour plus confortable; elle compte 12,000 habitants.

Bien d'autres villes et cités du Ceará mériteraient une mention : Telha, S. Matheus, Arneiróz, Saboeiro, Assaré, sur le haut Jaguaribe ou ses formateurs; Milagres, Lavras, Boqueirão, sur le Salgado; Jaguaribe Mirim, Livramento, Limoeiro, S. Bernardo, União et Aracaty, toutes sur le Jaguaribe inférieur; cette dernière en est le port de sortie, à 18 kil. de la barre, dans une grande plaine basse, assez populeuse (16,000 habitants), bien construite, très commerçante et industrieuse; fait une grande fabrication de ces chandelles ou bougies de Carnaúba, si répandues dans tout le nord du Brésil, ainsi que de cuirs tannés, de chapeaux de paille et de nattes; j'y ai vu beaucoup de maisons à étage, signe d'une civilisation progressante: est-ce la bonne? on peut au moins se poser la question dans ce pays si chaud.

Toutes ces cités ne demandent qu'à grandir et à prospérer. Que faut-il pour cela? Des voies de communications perfectionnées, des travaux qui leur assurent une meilleure utilisation des eaux superficielles ou souterraines. J'ai été si frappé à la fois des incalculables ressources qu'offre cette province si riche, et de l'effrayant trouble économique dans lequel la plonge le retour de la sécheresse, que je demande la permission d'insister sur celle-ci ; c'est le seul défaut de cette magnifique région, et il me semble qu'on peut l'atténuer au point de le rendre insignifiant. Je veux reproduire à cet égard des détails que je trouve dans une lettre écrite un peu après mon passage au Ceará, par un distingué Cearense :

Fortaleza, 23 décembre 1888.

« ... Dans l'état actuel de la science, il est impossible de déterminer avec précision la cause des sécheresses qui désolent cette province et les régions circonvoisines. Nous ne possédons même pas d'observations assez nombreuses pour vérifier si le phénomène a son cycle, et, dans ce cas, quelle est la durée de ce cycle. Néanmoins, il est certain qu'il se reproduit périodiquement, et c'est chose raisonnable que de l'attribuer à des causes permanentes, que d'autres causes transitoires modifient plus ou moins.

« Parmi ces causes permanentes, on peut regarder comme la plus importante la position de cette région par rapport aux courants aériens. Il convient d'ajouter la constitution des terrains, en général dépourvus de forêts, sans rivières au cours permanent, sans dépôts d'eau résistant jusqu'à l'époque où commence l'hiver, et qui est pour le Ceará le mois de janvier.

« On sait que chez nous les pluies sont dues aux vents alizés. Si les vapeurs aqueuses qui s'élèvent de l'Océan s'arrêtaient sur le Ceará, elle devraient se condenser et se résoudre en pluie, dès qu'elles rencontreraient une température basse qui les comprimât. Cette circonstance ne se produit pas au Ceará, faute de lacs, de rios, de forêts et de montagnes qui fassent descendre la température, et il arrive que ces vapeurs sont poussées vers l'ouest, traversent la province et vont se déverser sur les Andes.

« De janvier à juin seulement, quand les alizés soufflent plus près de terre, les vapeurs, s'arrêtant dans une couche moins élevée de l'atmosphère, se transforment en cumulus et en nimbus et se résolvent en pluie. Et dans cette saison même, en raison de la constitution sèche et rocheuse de la province. parfois les pluies sont rares et insuffisantes.

« A partir d'août, le bétail commence à souffrir, parce que le pâturage devient peu abondant. Alors, commence le difficile et compliqué processus du traitement des troupeaux. L'éleveur est forcé de se faire *pasteur*, de conduire ses bestiaux vers des régions déterminées, de leur distribuer des branches d'arbre, qui sont conservés à cette fin et assez souvent cultivés avec beaucoup de peine. C'est cette époque que, dans l'intérieur, on appelle : l'époque des branches, *epoca da rama*.

« D'autre part, le cultivateur prépare les terrains destinés à la culture, il les clôture et attend que la nature lui vienne en aide. Si les pluies surviennent, tout va bien, tout est sauvé. En un instant, la province entière, qui, en décembre, semble toujours avoir été dévorée par un colossal incendie, se couvre d'une riche et prodigieuse végétation.

« Mais si les pluies ne viennent pas, les éleveurs sont obligés de transporter le bétail dans la province du Piauhy, ce qu'ils ne parviennent à réaliser qu'au prix de grandes dépenses. Une partie des animaux meurent en route, car ils ne peuvent résister aux fatigues du voyage. Ailleurs, les moyens de subsistance des cultivateurs se restreignent, parce que la récolte des légumes a manqué, et les classes pauvres sont obligées de fuir vers la capitale ou vers les autres centres populeux, où leur unique ressource est dans la charité publique. Ainsi s'évanouit le commerce, disparaît le travail et sont taries toutes les sources de production de la province.

« Naturellement, ce fléau a pour cortège le vol, la démoralisation et la peste. Pour combler la mesure, le manque d'eau rend difficiles les communications et impossible le transport des marchandises.

« Quand l'hiver est en retard, l'habitant de l'intérieur s'alarme justement. A partir de décembre, il ne quitte plus du regard le ciel, cherchant des nuages, et quand ceux-ci se forment grands et lourds, l'espérance lui vient. Soudain, pourtant, le vent se met à souffler, et le *sertanejo*, le cœur angoissé, opprimé, terrifié, voit le nuage qui semblait se rapprocher de terre se transformer en poussière, et il entend tout au plus l'écho lointain du tonnerre grondant sur les hauts *sertões* du Piauhy. C'est là ce qui se passe dans la contrée avoisinant la chaîne de Ibiapaba.

« Alors, le Cearense, déçu, émigre vers la capitale ou hors de sa province, abandonnant son foyer, sa terre, ses meubles, et souvent même sa famille. Perdu tout son travail, perdus tous ses efforts ! Quand il arrive à la capitale, ce n'est déjà plus un homme; c'est à peine un être encore vivant, mais auquel manquent les éléments de toute activité. Il ne demande déjà plus du travail, il réclame du pain pour tuer sa faim.

« Que l'absence de pluies soit due en grande partie à la constitution des terrains, la preuve en est fournie par la distribution inégale de l'hiver, car il pleut toujours plus tôt et plus abondamment dans les régions plus élevées, comme les serras de Ibiapaba, Meruoca et Baturité, comme aussi dans les terrains plus frais et mieux pourvus de forêts.

« Néanmoins, le terrible phénomène dépend encore d'autres causes; il est nécessaire de connaître les conditions atmosphériques, la position topographique, et peut-être la constitution géologique de la province pour pouvoir comprendre la question dans toute son étendue. En réalité, les effets de la sécheresse peuvent être en grande partie modifiés sinon détruits par la science.

« La construction de grands réservoirs, permettant d'économiser les eaux susceptibles d'être appliquées à la fertilisation du sol, et de chemins de fer facilitant les transports, sont les mesures de précaution capables de sauver cette malheureuse province si durement éprouvée par l'adversité. Le Cearense, peut-être en raison des efforts qu'il est obligé de déployer dans cette lutte désespérée contre les duretés d'un climat intransigeant et cruel, est par nature entreprenant et actif. Il a conquis l'aptitude au travail en exploitant une nature ingrate qui souvent lui refuse du pain. Notre opinion est qu'il n'y a pas de climat, si ingrat qu'il soit, qui ne puisse être adapté aux conditions de l'existence.

« Le Ceará n'est pas encore dans la pire des hypothèses. Il y a ici beaucoup de choses utilisables, beaucoup d'éléments dont on peut tirer un bon parti, pour préparer un avenir prospère. Outre l'agriculture qui peut se développer, malgré la reproduction elle-même des sécheresses, par l'emploi de l'irrigation, il y a bien d'autres sources de vie. On a récemment découvert que le Ceará est une province riche en mines. La grande mine de cuivre est Viçosa; la célèbre mine de Pedra Verde est, dit-on, et paraît en effet merveilleusement riche. Il y en a comme celle-là plusieurs autres même dans la chaîne de Ibiapaba; on parle aussi de mines d'argent et d'or. Qui peut savoir quelle richesse en sortira?

« Il faut donc sauver la province, en fournissant à sa population le moyen de triompher du fléau des sécheresses. »

L'auteur de ces judicieuses considérations poursuit en caractérisant l'action du gouvernement de l'Empire et de l'administration provinciale, dirigée à cette époque par M. Caio Prado, l'un des frères du ministre de l'agriculture, du commerce et des travaux publics; ma qualité d'étranger m'interdit de le suivre dans ces détails : celle de témoin me permet de constater qu'en 1888 on a mieux compris qu'en 1878 et plus énergiquement agi pour remédier au mal. Il est probable, et je le souhaite de tout cœur, qu'avant quelques années, le Ceará aura l'outillage qui lui convient.

Mes lecteurs doivent partager l'intérêt que m'inspire cette contrée, car il en est peu qui aient gardé dans leur constitution ethnique, morale, dans leur tempérament propre, plus de traces de l'influence française. Cette terre est une de celles où nos ancêtres avaient dès le début, vers la fin du XVIe siècle, noué très vite les meilleures relations avec les Indiens aborigènes. Le premier établissement au Ceará fut celui fondé par les Français dans la Ibiapaba, et la Ravardière y avait, en 1610, envoyé de Saint-Louis du Maragnon des émissaires qui avaient su y prendre un pied respectable.

Les Hollandais nous remplacèrent et leur séjour fut très utile au Ceará comme à tout le nord du Brésil. Il n'est resté de notre pays qu'un souvenir légendaire, plutôt sympathique et glorieux, une tradition de civilisateur habile et doux, et pour la maintenir, quelques compatriotes qui à travers la succession des temps ont soutenu ce bon renom et nous ont gardé ces sympathies.

Avant de quitter cette région, il n'est peut être pas hors de propos de dire un mot de la façon dont elle s'est si rapidement, si prodigieusement peuplée, en dépit de son aspect rébarbatif qui l'avait fait si déplorablement juger par les premiers qui l'ont découverte. C'était pour ceux-ci une nature âpre, à première vue intraitable; la faune et la flore paraissaient très pauvres, le sol stérile, et le climat peu favorable au développement de la vie. Tout au plus devait-elle former un lieu de passage quand tout le nord du Brésil serait surabondant de population.

L'événement a complètement donné tort à ces appréciations superficielles. En fait, nul climat n'est plus reproducteur, nul sol plus fécond. La sécheresse elle-même a eu son rôle dans l'élaboration de la race qui l'a peuplé. Quelques Portugais d'origine berbère, quelques créoles venus de Pernambuco, du Parahyba et du Rio Grande par le littoral, de Bahia ou du Sergipe par l'intérieur, associés aux fragments de la race tupy, en ont fait en peu de temps une colonie populeuse, pendant que les contrées voisines bien arrosées, couvertes de forêts magnifiques, demeuraient désertes. Les Hollandais y firent émigrer vers 1623 quelques colons, qui furent les premiers éleveurs des vallées de Jaguaribe et de l'Acarahú. Or en 1647, déjà la vallée du Jaguaribe fournissait des quantités de bœufs à l'armée de João Fernandes Vieira : une seule bande, conduite par João Barbosa Pinto, en comptait 700 têtes.

On sera mieux frappé encore de ce rapide développement de la race bovine, si l'on réfléchit à l'époque où devaient être arrivés à Bahia les premiers élèves et à la distance qui les séparaient des sertões du Ceará, même en admettant que les premiers couples aient pris le chemin de Pernambuco, et si l'on tient compte aussi de ce fait connu que la propagation s'en faisait par bribes, car au début on avait *afazendé* (créé une installation fixe) les terrains intermédiaires. En 1719, il y avait déjà des fazendeiros, dans le voisinage de Icó, qui possédaient 4,000 bêtes ; au milieu du XVIIIe siècle, la production était telle, qu'en outre des expéditions aux foires de Bahia et de Pernambuco, on avait fondé à Aracaty les célèbres *officinas* ou *Charqueadas* (*saladeros*, manutentions de viande salée), qui entretinrent un abondant commerce de viandes, appelées *carnes do Ceará* jusqu'à la sécheresse de trois ans de 1792, qui à partir de Bahia dévasta tout le nord du Brésil. Les chevaux faisaient déjà l'objet de grandes transactions ; on les vendait à Bahia et à Pernambuco pour mettre en mouvement les moulins à canne.

La population parallèlement doublait en 20 ans, bien que les aborigènes disparussent emportés par les maladies infectieuses qu'apportaient les Européens, chassés par les sécheresses des serras dont les étrangers leur disputaient l'abri les armes à la main, et aussi par l'installation de la propriété individuelle, foncière, à laquelle leur état social est si réfractaire. Jamais l'Indien ne put admettre le droit exclusif de quelqu'un sur des animaux qui, n'étant pas le produit de la main de l'homme, mais bien celui de la nature, devaient selon lui être le domaine de la communauté. La captivité et l'esclavage achevaient ceux que le fléau avait épargnés. Le sauvage, qui est entré pour moitié dans la population actuelle du Ceará, n'était donc qu'un fragment assez rare du *tapuyu* que Pedro Coelho avait rencontré au Ceará en 1603.

Eh bien! en 1862, la province comptait 1,344,000 bœufs et chevaux d'une valeur de 22,320,000 $. En 1872, elle avait 721,686 individus, alors qu'en 1775 elle renfermait à peine 34,000 âmes. En 1877, quand commença la sécheresse, elle en possédait plus de 950,000; aujourd'hui ce chiffre s'est maintenu malgré les vides produits par le fléau et qu'on dit s'être élevés à près de 300,000.

Ces vides, il faut se hâter de le dire, ont profité aux voisins. Dans Piauhy, par exemple, presque toutes les familles ont une origine Cearense. Au Maranhão, au Pará, dans le Haut Amazone, on retrouve partout ces émigrants vigoureux. Voilà pourtant la contrée, dont le bon et vénérable Ferdinand Denis — *Quandoque dormitat Homerus!* a dit un jour : « C'est une terre d'exil ! »

J'ai hâte d'ajouter que cette émigration chez le voisin n'est pas sans compensation. Elle a fait naître chez beaucoup l'habitude d'un exode annuel, par lequel ils vont rejoindre les compatriotes établis dans les régions les plus lointaines du bassin de l'Amazone. La récolte du caoutchouc et de la châtaigne finie, ils affluent à Fortaleza, y rapportant en moyenne plus de 2,000 contos ou 2,500,000 fr. D'autres entrent dans le Piauhy, parcourent cette province, achetant des peaux et du bétail, qu'ils ramènent au Ceará, exportant les unes et refaisant celui-ci pour l'expédier au marché de Belém du Pará, ou bien pour repeupler les fazendas dévastées par la sécheresse. Fortaleza expédie ainsi par an plus de 1 million de peaux de chèvres, pour la plupart provenant du Piauhy. Depuis peu, elle envoie aussi au Pará du café, de la viande, des semelles, des fromages, du sucre brut, du lard, de la goyabade, du vin de Cajú, des hamacs de coton, etc. Ce dernier article, produit exclusif du travail féminin, ainsi que les dentelles et quelques autres analogues, a figuré pour 8,000 unités en 1887.

C'est ainsi que le Ceará a pu payer entièrement sa dette. L'an dernier, ses exportateurs et ses importateurs, sans avoir une seule banque à leur disposition, ont pu payer à la douane 2,278,000 $ de droits avec l'argent sorti de leurs poches, sans parler de grosses sommes qu'ils ont fournies aux entreprises provinciales.

J'ai entendu de distingués Cearenses, qu'il est inutile de nommer ici, me parler avec une grande chaleur de conviction de l'avenir industriel de leur belle province. Ce qu'on vient de lire donnera plutôt l'idée que c'est une région éminemment agricole. A mes yeux, ces deux procédés d'exploitation, loin de s'exclure, sont destinés à se compléter. La flore est très variée : la caroba, le jaborandi, la jurubeba, le cabacinho, l'urucú, le quina-quina, etc., parmi les plantes médicinales; le cèdre, le cumarú, la jurema, le páo d'oleo, le gonçalo alves, le laurier, le bois de violette, etc., parmi les essences de la menuiserie; le páo d'arco, la massaranduba, l'angelin, le bois de fer, le frei Jorge (père Georges), le sucupira, le jatobá, sont parmi les plus beaux bois de construction. La teinturerie y trouve la tatajubá dont les Français de la Ravardière connaissaient déjà la très jolie nuance jaune; l'indigo, l'urucú et la catingueira. Parmi les oléifères, les gommifères et les résinifères : la copahyba, la oiticica, arbre gigantesque propre aux bords des rives et aux terrains d'alluvion, le baume, la maniçoba, la mangabeira, l'arbre à savon. Parmi les textiles : le coton, la carnaúba, le gravatá, le subiá, divers palmiers, le cipó *escada* ou liane escalier, etc. Parmi les espèces alimentaires propres, la manipeba, qui peut se conserver sans altération plus de trois ans en terre et croît si bien qu'un pied donne une charge de tubercules. Parmi les fruits : l'ata, la sapotille, le cajú, le araçá, la pitomba, l'orange, l'ananas, diverses espèces de bananes, le limon, le ricin, la mangue, le jambo, le melon, la pastèque, la grenade (*romã*), le jaca, la graviola, la comtesse, le fruit-pain, etc.

La carnaúba est un palmier singulièrement utile : les racines sont utilisées comme dépuratif, le tronc fournit des fibres fortes et légères pour cordes, câbles, etc.; le chou palmiste tout jeune sert d'aliment; plus vieux, on en fait du vin, du vinaigre, du sucre et une gomme semblable au sagou; du bois on fabrique des instruments de musique et des corps de pompe à eau; la substance tendre et amère du cœur de la tige et des feuilles remplace parfaitement le liège; la pulpe du fruit est d'une saveur agréable : l'amande, assez huileuse et émulsive, peut, une fois grillée et pilée, servir de café; le tronc fournit encore une farine semblable à la maïzena et un liquide blanc analogue à celui du coco; avec la paille, on couvre les maisons, on fait des nattes, des chapeaux, des paniers, des balais, etc.; enfin les feuilles produisent un poil qui donne la cire employée dans la fabrication des bougies ou chandelles.

La *secca* actuelle a rendu une cruelle actualité à quelques autres végétaux indigènes, qu'au milieu de la dévastation universelle la population retrouvait seuls vivants et qu'elle dévorait pour se soutenir. C'est d'abord la *mucuna* (dolichos *mucunãn* ou *urens*), de la famille des légumineuses, plante grimpante qui vit dans tous les terrains, aux fleurs rouges et jaunes, papillonacées et sans odeur; les fruits sont des gousses de 15 à 25 centimètres de long, de 30 à 50 millimètres de large, couvertes d'un poil doré, qui, mis en contact avec la peau, lui cause un prurit terrible. Ces gousses contiennent de 3 à 5 graines dures, rondes, aplaties, rouges ou noires. Les feuilles sont en groupes de trois, à verticilles réguliers; les racines tuberculeuses ont de 50 centimètres à un mètre. A Pernambuco et Bahia, on appelle *corôa de frade*, couronne de moine, la mucuna, qui, bien qu'étant un poison terrible, est utilisée comme aliment au Ceará aux époques de famine. De la variété rouge, les habitants mangent la fécule contenue dans la graine et la matière amylacée extraite de la racine; de la variété noire, ils emploient seulement la racine, disant que ses graines sont sauvages.

Ils réduisent les semences en pâte, la lave à neuf eaux, la pressent, la torréfient jusqu'à ce qu'elle ait la consistance de la semoule; on traite les racines par le même procédé. — On est arrivé cependant à priver la farine de mucuna de son principe toxique, mais le procédé n'est pas à la portée des gens de la campagne, et la consommation en sera toujours dangereuse.

Vient ensuite le *chique-chique* (*cactus peruvianus*), dont les tiges allongées, chargées de rameaux, sont creusées de profonds sillons, ornées d'arêtes saillantes et hérissées d'épines aiguës. Ses fleurs sont blanches et ses fruits du rose le plus joli. On choisit de préférence les tiges les plus nouvelles et l'on en mange seulement la moelle; cet aliment est inoffensif; le suc contenu dans les cellules servait aussi à désaltérer, mais causait une rougeur soudaine à ceux qui l'avaient bu.

Il y a encore la *macambira* (*bromelia macambira*), jolie *croatá*, qui après avoir formé une coupe verte de près d'un mètre de hauteur avec ses fortes feuilles dentelées, garnies des deux côtés d'épines aiguës et courbes, élève son beau pédoncule à 3 ou 4 mètres au dessus laissant aux extrémités échapper de superbes fleurs vertes ou jaunes. On utilisait seulement la partie de tige encore adhérente à la base du tronc, formée de feuilles rudimentaires, blanches et très tendres, qu'ils appellent *mangará*. En coupant la plante, à l'insertion des feuilles, ils avaient une sorte de bulbe, et après avoir détaché toutes les cupelles ou tuniques, ils le cuisaient plusieurs heures, et le retiraient du feu pour le faire sécher au soleil. La macambira étant sèche, on la pilait et de la pâte, on faisait des *beijús* et des *mingáos* (des galettes et des bouillies). Le *croatá* ou *gravatá* (*bromelia maricata*), de la même famille, leur servait de pareille façon. La fécule du *palmito* ou chou du carnaubá jeune, fournissait une nourriture bien plus succulente et substantielle, mais le *quandú* est rare, et, pour en arracher le chou, il faut des bras plus robustes que celui de ces faméliques exténués.

La *maniçoba*, *grande* et *ramalhada* ou *maniçobinha*, euphorbiacée, est un arbuste de 2 à 4 mètres de haut, dont les racines donnent une farine et une substance amylacée, par les procédés employés pour traiter le manioc. Elles sont tubéreuses, comme celles de ce dernier, la tige et les feuilles assez semblables également. La farine en est bonne, savoureuse, plus légère et granuleuse que celle du manioc.

Le *páo de mocó* (*Hoffmannseggia*), légumineuse, appelée ailleurs arbre de pierre ou à scie, vient surtout dans les endroits pierreux et s'élève jusqu'à 4 mètres. Les feuilles sont lustrées, ses fleurs d'un jaune foncé, et ses fruits, de petites gousses, forment l'alimentation favorite des *mocós*.

L'écorce de la racine fournit une gomme dont ils faisaient un *mingáo*, et une fécule qui se dépose au fond des vases après des lavages répétés. Le páo de Mocó conserve son feuillage toujours vert, ce qui le faisait aisément reconnaître de loin dans la forêt par les fugitifs. La fumée qui se dégage de sa combustion rend aveugle, dit-on, mais c'est là un bruit fort exagéré.

La nécessité a fait découvrir aux malheureux *retirantes* du Ceará les propriétés de ces végétaux et de quelques autres encore ; la médecine en a conservé quelques-unes au point de vue thérapeutique ; il serait utile que la science les étudiât sérieusement au point de vue alimentaire. Le fait seul qu'ils demeurent vigoureux et profitables, quand tous les autres s'étiolent ou meurent, indique qu'ils sont précieux et doués de vertus particulières. Qui sait si en temps de pleine activité la province n'y trouverait pas les éléments d'une exploitation fructueuse, compensation légitime de ses souffrances des mauvais jours ?

RIO GRANDE DO NORTE.

En vingt-quatre heures, le *Mandos*, excellent paquebot de la Compagnie brésilienne de Navigation à vapeur m'avait amené à Natal, capitale de la province de Rio Grande do Norte ou du Nord. Aucun incident à noter, pas même la vue du cap Sam Roque, car nous sommes passés fort au large et ce promontoire est à peine saillant, sur la côte basse, protégée par des récifs de corail. Les quelques heures que dura cette escale m'ont suffi pour recueillir sur cette petite province, dont l'existence est une anomalie dans l'organisation administrative du Brésil, toutes les indications capables d'offrir un intérêt. On y politicaille presque autant qu'à Pará, mais on y est beaucoup moins actif.

C'est ici encore une terre exploitée par les armateurs français de Dieppe, de Saint-Malo; ils n'en furent expulsés qu'à la longue vers 1600, par Manuel Mascarenhas, qui enleva la côte à la domination des Indiens Potyguares, établis sur les deux rives du Potingy, et y fonda Natal, la bourgade de Noël, car l'église en fut inaugurée le 25 décembre 1599. La capitainerie qui fut établie alors fut longtemps occupée par les Hollandais et reconquise par les Portugais en 1645.

La province actuelle va du 4° 54′ à 6° 28′ de latitude australe ; elle est comprise entre 5° 22′ et 8° 18′ de longitude orientale du méridien de Rio de Janeiro, soit 265 kilomètres dans un sens et 370 dans l'autre, et un littoral d'environ 465 kilomètres. Macedo lui donne une superficie de 88,000 kilomètres carrés et le résumé officiel seulement 57,485. Absolument enclavée par l'Océan au nord et à l'est, par le Mossoró, les serras Apody et Camoró à l'ouest, par le rio Guajá et la serra Luiz Gomes au sud, entre le Ceará et le Parahyba, elle a un sol inégal, sablonneux et bas vers le nord, près de la côte, mais l'intérieur est sillonné de petites chaînes de montagnes arides, sur une grande étendue couvertes de tristes *catingas*, ce que dans notre midi de France on appelle des *garrigues* ; on ne retrouve les bois que dans l'est et dans les serras.

Celles-ci enveloppent le territoire et la chaîne de Borborema vient du sud-ouest au nord-est mourir presque au rivage, tout à fait à la limite de la province. Les cours d'eau sont innombrables, mais dans le Brésil où les fleuves sont tous géants, aucun ne mérite ce nom ; il n'y a à citer que le rio das Piranhas, dont les eaux nourrissent quantité de poissons, le Potingy ou Rio Grande déjà nommé qui se jette dans la mer à 25 kilomètres au-dessous du cap S. Roque, tous deux navigables pour des bateaux sur un assez long parcours ; puis l'Apody, l'Aguamaré, le Gunepabú, le Gunhahú, le Guagehy, qui seraient encore en Europe des rivières respectables, mais qui ici le seraient surtout si elles remplissaient consciencieusement leur rôle de rigoles d'irrigation, ce qu'elles ne font pas toujours, car comme le Ceará, le Rio Grande du Nord est sujet aux terribles *seccas*. En revanche, lorsqu'elles font leur devoir, le sol est d'une fertilité remarquable.

Toutefois, cette province diffère complètement du Ceará quant à la nature et à la position des centres agricoles qui contribuent le plus à l'exportation. Au Ceará, la culture est concentrée dans les serras éruptives, détachées au milieu de la plaine, à 30 kilomètres environ de la côte ; au Rio Grande, ce sont les vallées sédimentaires, défilant le long du littoral qui contiennent les meilleures terres de culture et sont bien utilisées par la population.

Tandis qu'au Ceará, par exemple, il a fallu que les chemins de fer de Sobral et de Baturité cherchassent l'intérieur pour obtenir plus de trafic ; celui de Rio Grande n'a eu dans le même but qu'à suivre la côte dans sa plus grande étendue. Au sortir de Natal, ce chemin va vers le sud jusqu'au kil. 80, toujours parallèlement à la côte, dont il est séparé tout au plus par 12 kilomètres. Ce tronçon, qu'on peut appeler littoral, traverse les vallées de Pitimbú, Jacupiranga, Trahiry, Baldum, Jacú et la partie inférieure du Curimatahú, dont les plus considérables et les mieux cultivées sont celles de Trahiry, Jacú et Curimatahú, chacune nous montrant respectivement les villes de S. José de Mipibú, de Goyaninha et de Penha. C'est d'elles que vient la presque totalité du sucre et des céréales exportés par le sud de la province. Malheureusement la superficie de de ces vallées propre à la culture n'est pas grande ; elle mesure à peine 250 kilomètres carrés.

Au delà du kil. 86, la ligne s'écarte de la côte et cherche le centre, remontant la vallée du Curimatahú vers le nord, et pénétrant dans le lac rustique qui s'allonge sur la rive droite de ce rio, au kil.92. Là le sol change radicalement, il ne se prête plus à la culture de la canne, mais seulement à celle du coton et des céréales, sur quelques points et dans les années de bon hiver. Cela continue de la sorte jusqu'à Nova-Cruz, qui se trouve en plein *sertão*, et où l'on éprouve toutes les rigueurs de la sécheresse. Le rio Curimatahú, qui passe tout près de Nova-Cruz, n'est même pas utilisable en pleine saison des pluies, à cause des sels qu'il tient en dissolution. L'eau dont on s'y sert est apportée par le chemin de fer du rio Pequiry, distant de 40 kil. de Nova-Cruz.

Il y a 5 stations et 8 haltes qui sont : Natal, kil. 0; Pitimby, 12; Cajupiranga, 23,500; S. José, 40,740; Sapé, 44,900; Baldhum, 51,800; Estiva, 60; Goyaninha, 63,500; Penha, 80,220; Piquery, 86,600; Curumatahú, 92; Lagôa da Montanha 102 et Nova Cruz, 121.

Entre les vallées de la section littorale, s'intercalent des plateaux (*taboleiros*) sablonneux, généralement stériles, qui se prêtent mal à l'élevage du bétail. La ligne parcourt ces plateaux sur une étendue de 72 kilomètres, soit plus du double de la largeur de toutes les vallées. Et en outre de l'étroitesse de la zone cultivable, la ligne souffre encore de la grande concurrence de la navigation côtière, qui part du port de Penha et lui enlève les denrées du centre producteur, situé à une plus grande distance de son point initial, ce qui par là même les obligerait de subir un tarif de transport plus élevé.

En fait, d'autre part, les produits du sud, le coton en premier lieu, descendent presque tous, non par le chemin de fer, mais au port Parahybense de Mamanguape, entrepôt et intermédiaire des sertões voisins depuis les temps les plus reculés. Ce port fait ainsi une concurrence désastreuse au chemin de fer de Natal à Nova-Cruz et également à la ligne Comte d'Eu (*Conde d'Eu*) dont la station terminale, Independencia, est à 50 kilomètres de cette dernière localité. Il n'y a de remède à cette situation, selon M. Silva Coutinho, à qui j'ai emprunté ce remarquable exposé, que dans l'établissement de plusieurs maisons d'exportation à Nova-Cruz. C'est aussi l'avis de la direction anglaise du chemin de fer de cette ville.

Le commerce intérieur de la province suit en effet trois directions différentes : le port de Mamanguape, à l'extrême sud ; celle de Macahyba, au centre, et celle de Mossoró, à l'extrême ouest. Les produits du sertão qui se dirigent sur Macahyba y sont directement embarqués pour l'Europe ou pour Pernambuco. De même pour ceux qui vont à Mossoró, port que fréquentent les vapeurs de la Compagnie Pernambucana, et qui est au premier rang pour l'exportation du coton ; de là, les marchandises sont par Ceará ou Pernambuco expédiées à l'étranger. La ligne, dans les conditions de son tracé, transporte à peine 21 °/o du coton et du sucre exportés. Sa zone propre produit environ 7,235,500 kilogrammes de sucre, et cependant elle en laisse échapper une bonne partie.

La vallée du Ceará-Mirim, plus riche et productive que toutes celles du sud desservies par la ligne, était complètement hors de sa sphère d'attraction. Je crois qu'un chemin de fer direct, c'est le projet recommandé par M. Coutinho et par tous les hommes compétents du cru, va changer heureusement cet état de choses.

J'insiste sur cette question de chemins de fer, et le ferai souvent dans la suite, pour deux raisons : la première, toute naïve, est que c'est grâce à elle et par elle seule à peu près qu'on est parvenu à posséder des données un peu sérieuses sur la valeur économique de la province; la seconde, c'est que les éléments qu'elle ne comprend pas sont pour le moment négligeables. Je dis pour le moment, parce qu'à défaut de voies de communication, ils sont d'abord hors d'atteinte immédiate et par cela même trop vaguement connus.

Donc ouverte au trafic en 1882, la ligne de Natal à Nova-Cruz ne donnait en 1885 que 68,491 $ 540 de recettes contre 227,067 $ 517 de dépenses, soit un déficit de 158,576 $ 007 dans son exploitation. La diminution de recettes a été constante depuis 1882 et comme au Ceará elle est due à l'action des sécheresses.

Les éléments du trafic pour 1885 se sont répartis ainsi en kilogrammes : sucre, 3,347,709; coton, 225,067; maïs, 50,213; farine, 234,697; bois, 57,913; divers, 1,742,288; total, 5,657,887 kilos. Dans la zone de la ligne, la production du sucre est dans les années normales de 7,237,500 kilos; c'est le port de Penha qui en détourne une bonne part.

La ligne, dont le capital fixé dans la concession est de 5,496,052 $ 544, jouit d'une garantie de 7 % durant 30 ans, bien que la durée de la concession soit de 80 ans, et d'une zone privilégiée de 30 kilomètres de chaque côté de son axe. D'après ce que j'ai dit de son tracé, la construction n'a pu en être bien coûteuse, elle a même été simplifiée à un degré qui rendrait rêveurs bien des concessionnaires de semblables entreprises; l'entretien n'en est pas davantage dispendieux, puisqu'elle s'étend sur un terrain plat et sec. Elle est à voie unique de 1 mètre d'écartement. La section qui va joindre Ceará-Mirim et qui est décrétée par la loi budgétaire, avec une garantie d'intérêt de 6 % sur un coût kilométrique maximum de 30 contos, apportera à l'entreprise de meilleurs éléments de recettes, car la région qu'elle atteindra est la plus riche et la plus productive. Elle compte 46 *engenhos* (moulins et usines à sucre) dont 25 à vapeur et 21 mûs par des animaux, et produit par an 7,950,000 kilos de sucre. Il reste encore sans culture une vaste superficie qui peut être utilisée pour la plantation de la canne, du coton et des céréales. Les terres sont très fertiles et la canne en particulier s'y développe admirablement. Les usines les plus fortes fabriquent annuellement 450 à 600,000 kilos. Toutes les vallées du sud, desservies par la ligne principale, en produisent réunies 7,237,500 kilos, moins que la seule vallée du Ceará Mirim. Le chemin de fer nouveau, mieux favorisé encore par les conditions du tracé, produira de quoi rémunérer son capital peu de temps après son ouverture. Quant à la *Imperial Brazilian and Nova Cruz Railway Company*, qui exploite celui de Nova-Cruz, ses actionnaires auraient le droit de lui demander plus de bon sens et le gouvernement qui la subventionne plus de sagesse dans son administration.

Ce dernier a obtenu d'elle en août 1886 une réduction des tarifs, et toujours avec 121 kilomètres d'exploitation, elle a vu aussitôt augmenter son trafic, qui ne s'est plus avec la même intensité livré au port de Penha, dans lequel elle a aussi une station. De 5,653,887 kilos en 1885, il est monté à 7,931,352 kilos en 1886 et à 8,600,337 en 1889; c'est une augmentation de 52 °/o qui est bien éloquente, et dont l'éloquence doit parler bien haut au Brésil, car partout on souffre de cette anomalie des chemins de fer désertés par l'exagération des tarifs. En même temps le déficit diminuait successivement à 124,261 $ 282 et en 1887 à 98,687 $ 679. Néanmoins elle a encore coûté au gouvernement, en 1887, la somme respectable 681,744 $ 566, qui parfait le total de garanties payées depuis le début : 3,432,273 $ 707.

Avec une population de 300,000 habitants, Rio Grande du Nord envoie 1 représentant au Sénat, 2 à la Chambre des députés, et possède une Assemblée législative composée de 24 membres. Dépendant de la *relação* ou Cour d'appel de Fortaleza, la province comprend 13 comarcas de juges de droit et 15 termos de juges municipaux ; elle a 27 municipalités de canton, avec 9 cités, 18 villes et 30 paroisses. Celles-ci ressortent également à la juridiction de l'évêque du Ceará.

Au point de vue financier, elle entre au budget général de l'Empire pour 181,876 $ 885 en recettes et pour 439,739 $ 909 en dépenses ; son budget provincial est de 391,081 $ en recettes et de 492,408 $ 151 en dépenses. Sa dette totale est de 264,090 $ 391 dont 236,290 $ 391 de dette flottante et 27,800 $ consolidés à 8 %.

Selon le travail synoptique de M. Pedro Correia de Araujo, dont ces chiffres sont extraits, en 1885-86, son commerce s'établissait ainsi :

	Importation.	Exportation.	Total.
Long cours. . . .	177.042 $	1.624.405 $	1.798.447 $
Interprovincial . .	1.290.000	215.500	1.505.500
Total.	1.467.042	1.836.605	3.203.647

En 1886-87 :

	Importation.	Exportation.	Total.
Long cours	124.172 $	3.168.812 $	3.292.984 $
Interprovincial . .	3.707.114	2.106.984	9.107.098
Total.	3.831.286 $	5.275.796 $	9.107.082 $

L'exportation directe au long cours porte sur le coton, le sucre, les graines de coton et les petits cuirs de peaux de chèvre ; l'exportation interprovinciale, qui va à Pernambuco et à Ceará, a pour objets les mêmes articles, puis la cire végétale, les semences de oiticica, les nattes de Cornaúba, le poisson séché, les fromages, le sel, le tabac, le manioc, les haricots et le maïs.

Sur le total précité, Natal expédie à peu près les deux tiers et le port de Mossoró l'autre tiers. — De 1877 à 1885, le petit et excellent port de Macáo, à l'embouchure du rio Assú, a exporté pour 2,316,150 $ 115.

D'après le rapport du président de la province, la production aurait été en 1886-87 ainsi répartie :

Coton.	1.945.872 $	473
Sucre.	914.556	080
Graines de coton.	1.700	
Farine de manioc.	1.231	200
Graines de ricin.	459	880
	2.863.819 $	633

L'année précédente le sucre était évalué à 1,333,724 $ 372; la différence avec le chiffre de 1887 représente à peu près la baisse survenue dans le prix de cet article.

C'est en tous cas le coton et le sucre qui forment presque toute la valeur de l'exportation et à peu près par moitié chacun. Le coton est exporté par Natal, Macáo et Mossoró, mais aussi par les ports de Penha au sud et de Mamanguape dans la province de Parahyba. En évaluant à 200,000 $ ce qui sort par ces deux derniers, on trouve pour les trois autres une exportation de 1,745,000 $ environ. Le sucre est presque entièrement expédié par Natal, et le sel qui figure annuellement dans le total pour 62,000 $ vient presque tout des salines de Macáo.

Les peaux de chèvres, *courinhos*, ainsi que les appelle la nomenclature locale, y apparaissent seulement depuis 1880. Actuellement dans l'exportation de Mossoró elles figurent pour les 3/4 de la valeur, soit pour 240 contos pour un seul semestre.

L'histoire de la naissance et du développement de cette branche industrielle et commerciale mérite de trouver place ici; elle est des plus instructives pour tous ceux qui cherchent au Brésil à se créer une source de revenus. Je l'emprunte encore à M. Silva Coutinho.

C'est durant l'abominable sécheresse de 1877-80 que le commerce de cet article s'est développé dans de vastes proportions, au point qu'il constitue aujourd'hui la grande ressource de la population du sertão.

Auparavant, ces peaux de chèvres étaient exportées en lots, accidentellement, et presque toutes en Angleterre, où elles étaient confondues avec l'article d'autres provenances sud-américaines. En 1878, le gros bétail et les moutons étant très réduits sinon complètement disparus du sertão, le peuple s'adressa au chevreau comme ressource dernière, reconnaissant alors combien il avait eu tort de mépriser l'élevage de l'animal qui s'accommode le mieux du sol et du climat du sertão, qui résiste bien aux rigueurs de la sécheresse, qui progresse même, lorsque l'autres espèces déclinent ou disparaissent. De là vint la multiplication des *courinhos* sur les marchés du littoral, l'accroissement de l'exportation pour l'Angleterre, où l'article brésilien fut alors connu et convenablement apprécié.

Les deux plus fortes maisons des États-Unis qui font le commerce des peaux de chèvre, — Keem Coats de Philadelphie et Stain et Ce de New-York, — ayant eu connaissance par leur correspondant de Londres de l'apparition et de la bonne qualité de l'article brésilien, envoyèrent un représentant au Brésil en 1882, lequel établit deux maisons au Ceará et à Mossoró, achetant en masse, payant mieux l'article, développant ainsi les transactions et affermissant le marché au bénéfice du pays.

Le prix de la peau, qui auparavant ne dépassait pas 400 à 500 reis (1 franc à 1 fr. 25), tripla promptement, et arrivait en 1885 à 1 $ 350 en moyenne (2 fr. 90); la valeur de l'exportation montait de quelques dizaines de contos à 4,000 contos en 1885, selon l'évaluation de M. C. Salvine, le représentant des maisons américaines, qui connaît admirablement ce genre d'affaires.

Le bénéfice que retirait le commerce anglais en qualité d'intermédiaire, avant l'établissement des transactions directes avec les États-Unis, est entré depuis dans la poche du producteur brésilien. A l'ancien prix, quand on expédiait en Angleterre, l'exportation de 1885 qui a produit 4,000 contos n'aurait pas donné plus de 1,482 contos; par ses relations avec les États-Unis, le pays a ainsi gagné en une seule année la somme de 2,580 contos, tant par l'augmentation du prix que par suite de l'élimination de l'intermédiaire anglais.

Pour évaluer l'importance de ce nouveau commerce, il suffit de dire que le port de Mossoró (de Rio Grande du Nord) où afflue plus de la moitié du coton de la province, et un peu celui du sud du Ceará, a exporté, en 1885, 15,000 balles valant 450,000 $ et que la valeur des peaux de chèvre a été de plus du double; dans les années de bonne récolte, Mossoró a exporté 45 à 50,000 balles valant 1,500 contos en moyenne. Le commerce des peaux de chèvres, qui a débuté il y a huit ans, a donc atteint l'importance de l'article principal, et on peut l'estimer plus avantageux, car il n'est pas influencé par l'irrégularité des saisons.

Dans la statistique du commerce américain de 1885, on voit que l'article brésilien est celui qui perd le moins sous le rapport de la couleur ; sa dépréciation est évaluée à 10 0/0, quand pour les autres provenances elle va de 15 jusqu'à 50 0/0, comme pour le Mexique. Le marché a reçu en 1885 du Mexique, de Colombie, du Venezuela, du Brésil, de la Plata, et d'autres pays d'Amérique, 33,000 ballots contenant 16,000,000 de peaux, d'une valeur de 20,000 contos; la part du Brésil était de 20 0/0 ou 4,000,000 $.

Le mauvais système fiscal de certaines provinces a entravé le commerce des peaux de chèvres, qu'il faudrait pourtant encourager par tous les moyens, eu égard aux grands bénéfices qu'il produit. L'article du Parahyba, par exemple, qui entre dans le Rio Grande du Nord et est exporté par le port de Mossoró au Ceará, d'où il est réexpédié à l'étranger, paie dans la province de provenance 3 0/0 et 1 0/0 additionnels; dans le Rio Grande du Nord, 8 0/0 à titre de transit ou d'enregistrement, et en plus 7 0/0 d'exportation au Ceará; au total plus de 13 0/0.

Au Ceará, l'article ne débarque pas toujours; il est transbordé directement du navire côtier sur le steamer étranger, si celui-ci est mouillé quand arrive le premier. Alors, il ne paie pas l'impôt cearense de 7 0/0, qui n'est perçu que si la marchandise est débarquée, et doit atteindre le navire qui l'exportera. Quel singulier système, on l'avouera ! L'impôt perçu au Ceará est exorbitant, et cependant il n'est qu'un droit d'expédition ou d'enregistrement puisqu'on ne l'exige pas quand la marchandise ne débarque pas; néanmoins, la taxe dépasse le double de celle qu'exige la province productive de la marchandise.

« C'est ainsi, dit fort justement M. Coutinho, que l'expérience donnée par la misère au *sertanejo* lui a été d'un grand profit. L'élevage du chevreau, dont il se préoccupait peu, obtient maintenant ses plus grands soins ; il s'est développé au grand bénéfice de la population, comme une bonne source de revenu qu'il est actuellement, et en même temps une grande ressource alimentaire. »

« De 1882 à 1885, il est tombé bien peu d'eau dans les sertões du nord, et sur beaucoup de points la mortalité des bœufs a été considérable; le manque de la farine, qui est le pain du *sertanejo*, a été fort sensible. La population cependant a cessé d'émigrer et a pu en grande partie se maintenir grâce aux ressources que lui a procurées l'élevage du chevreau. Plus de la moitié des grands chargements de farine de Sainte-Catherine et du Maranhão, importés au sertão durant cette époque, a été achetée avec le produit des *courinhos*, et on a pu en grande partie se dispenser de recourir au *charque* (viande salée sèche) et au *bacalhào* (morue). La population y a fait ainsi un double profit. Aussi la crise n'a-t-elle pas été bien sensible et l'État n'a pas eu besoin de secourir les *retirantes* que l'on a vus au début de 1886 apparaître seulement sur quelques points du littoral de Parahyba et du Rio Grande du Nord, et encore en groupes peu nombreux, employés à divers travaux, jusqu'à ce que les pluies, tombant en mars, ils regagnèrent tous leurs foyers pour s'occuper de la plantation des céréales et du coton. »

Il y a dans le nord de vastes régions appropriées à l'élevage du chevreau, sans préjudice des autres, et même de l'agriculture ; il est donc naturel qu'il se développe de plus en plus pour le bien des populations et du Trésor public. Comme cela est arrivé pour d'autres produits, dès que le prix eut atteint un certain niveau, quelques vendeurs ont essayé de tromper les acheteurs, non pas grossièrement, mais d'une façon très ingénieuse, qui démontre bien la grande *habilidade*, comme on dit ici, du sertanejo, ce prétendu demi-sauvage.

Au lieu d'enlever la peau par le procédé habituel, en l'ouvrant par la partie centrale du ventre du chevreau et en la dédoublant, le *sertanejo* pratiquait une incision générale sur les flancs, embrassant le tronc et tous les membres, séparant complètement la partie supérieure de la partie inférieure, et réalisant ainsi le grand miracle d'obtenir d'un même individu *deux peaux* parfaitement semblables. Tout d'abord les nouveaux acheteurs, encore inexpérimentés, n'aperçurent pas la différence et payèrent la partie pour le tout, bien qu'en proportion de la grandeur, mais de cette façon même ils payaient un peu plus cher que les peaux complètes...

A côté des chèvres, dont la production annuelle est, comme on le voit, considérable, le Rio Grande du Nord a d'autre bétail dont la *Gazeta de Natal* établissait ainsi naguère la production pour 1886-87 : veaux, 67,240 ; poulains, 8,189 ; mulets, 830 ; ânes, 172 ; le fisc provincial a perçu cette même année sur ces bêtes 79,439 $.

Quelques mots maintenant sur les principales villes de la province : Natal, la capitale, a bien 6,000 habitants, elle est dans une jolie position, mais elle est mal bâtie et son aspect n'a rien d'attrayant. Angicos, rive gauche du Patachó, est bâtie sur une plage basse, sablonneuse, près du grand pic du Cabogi, doté d'un poste météorologique. On y compte près de 5,200 habitants; son canton très agricole produit outre le coton, le manioc, les céréales, du riz, des melons, des citrouilles et force légumes. L'élevage, favorisé par de vastes terrains appropriés, comprend le bœuf, le cheval, le mouton et la chèvre ; on y trouve un peu d'oiseaux de basse-cour, un peu de fabriques, un peu de céramique et de grossiers tissus de coton.

Apody a ses 10,000 âmes très occupées de l'élevage : bœufs, chevaux, mulets, moutons et porcs ; canton sucrier et à céréales.

Canguaretama, 12,000 habitants, assez jolie cité quoique étendue sur un terrain plat ; le district compte 25 usines sucrières et à eau-de-vie, dont 6 à vapeurs, 4 à eau, les autres mues par des bœufs. — Penha, 12,000 hab., le port dont j'ai tant parlé plus haut. — Ceará-Mirim, 4 à 5,000 hab., une autre de nos connaissances : dans une vallée d'une fertilité prodigieuse, jouissant d'un admirable panorama verdoyant. Elle a trois belles usines sucrières, *Ilha*, *Bella Bica* et *Jerica*, adossées aux promontoires des collines et d'où la vue est simplement superbe. La ville, fort agréable, bien bâtie, bien pourvue d'eau courante, qu'élèvent des moteurs à vent, est sise au sud de la vallée, à l'extrémité occidentale, au dos d'une petite colline ; elle est très florissante. Quand on jette les yeux devant soi, le regard domine, commençant presque à partir de la base, d'immenses champs de cannes, qui se dédoublent vers le nord et s'élargissent de façon à gravir les pentes de l'est à l'ouest. Dans l'agglomération urbaine on rencontre beaucoup de magasins de *fazendas*, ce mot élastique qui désigne au Brésil les étoffes, nouveautés et quantités d'accessoires ; le commerce trafique au sud avec Macahyba, port très actif, et florissant, et vers le nord avec le port de Guarapes, un peu plus rapprochés. Ces deux exutoires annihilent totalement le mouvement de Natal, qui aura de la peine à se relever, même quand la ligne directe de Ceará-Mirim, aura facilité l'accès des quais du Potingy aux expéditions venues de cette cité industrieuse.

Jardim, 7,500 hab , ville placée au confluent des rios Siridó et Cobra, assez pittoresque, entourée de champs de bananes ; tête du canton le plus méridional, territoire pierreux et aride, coupé par diverses serras, dont certaines agricoles, comme Periquito, Carneiro et Sant'Anna. Dans toutes on trouve des bois de construction, et un peu de culture sur les bords des torrents ; le climat est extrêmement salubre. Une *freguezia*, Conceição du Jardim, exploite une spécialité, le fromage *Gourama*, qui mérite d'être encouragée.

Macáo, 5,000 hab., autre port déjà nommé sur l'embouchure du rio de même nom, qui reçoit par an plus de cent navires venant charger le sel de ses salines ; exporte à profusion l'huile de carnaúba, les pailles à chapeaux, les cuirs salés, les peaux, les cuirs tannés pour semelles,

les cuirs et les sabots de bœuf, le bétail sur pied et les fromages.

Mossoró, 12,000 hab., second port de la province, dont l'accès est aisé pour les plus grands caboteurs; la ville est à 9 lieues de la barre du rio et compte 600 maisons environ.

Páo dos Ferros, ancienne fazenda d'élevage, dans une contrée montagneuse, douée d'un climat sec, chaud et salubre dans le *sertão*, presque froid dans la *serra*, est un centre d'élevage, comptant près de 20,000 habitants. Porto Alegre, 4 à 5,000 hab., ville ancienne sur un plateau de la serra de ce nom, de 3 lieues de long sur autant de large; a un climat remarquablement doux; le territoire est irrégulier; près de la ville, une excellente source venue de la montagne alimente la population. Peu de commerce, peu d'industrie; 15 à 20 *engenhos de assucar* pourtant et quelques machines à préparer la laine.

Principe, 14,000 hab., rive gauche du rio Seridó, à 600 mètres au-dessus du confluent du Barra-Nova, produit un fromage renommé et du coton. — S. João du Mipibú. 12,000 hab. au bas de la vallée du Capió, à l'est d'une colline, sur la rive gauche du Trahiry qui baigne cette vallée. Le district comprend les 2 zones : *agreste*, bonne pour l'agriculture, et *sertão*, destinée à l'élevage ; mais tous les deux sont concurremment pratiqués dans chacune d'elles. On y a commencé l'exploitation du caoutchouc *sernamby* de la Mangabeira.

LE PARAHYBA.

Il n'a fallu qu'une soirée pour que le *Manáos* m'amenât à Parahyba, capitale de la province, qui toutes deux ont pris leur nom du fleuve Parahyba do Norte.

Je répéterai pour Parahyba ce que je disais tout à l'heure du Rio Grande du Nord ; son existence comme province autonome surprend, parce que de toutes façons cette région fait partie du Pernambuco.

Comprise entre 6° 15′ et 7° 50′ de latitude australe, entre 5° 5′ et 8° 25′ de longitude orientale (de Rio de Janeiro), elle a environ 2,000 kilomètres du nord au sud, 465 de l'est à l'ouest et peut être 200 kilomètres de côtes. Macedo lui donne 155,000 kilomètres carrés, mais le document officiel ne lui en accorde que 74,731. — La population est voisine de 500,000 âmes. — Ce sont là les proportions d'un grand département de France, mais non d'un de ces petits États que veulent être les provinces brésiliennes.

Le rio Guajú et la serra Luiz Gomes la séparent du Rio Grande, les serras Araripe et Pajehú ou Piedade, partageant les eaux du Salgado de celles du Pi. nhas, forment sa limite commune avec le Ceará; la serra des Cayriris Velhos et le rio Goyanna constituent la frontière avec Pernambuco. Le rio Parahyba la traverse dans toute son étendue, depuis l'angle de croisement des serras de Borborema, dos Periquitos et des Cayriris, qui contient ses sources, et dont les pentes lui envoient toutes ses eaux. Quantité d'autres rivières, comme le Mamanguape, descendues presque toutes des contreforts de la Borborema, vont directement se déverser dans l'Océan. Près des serras, le sol présente diverses zones d'un terrain gras et fertile, çà et là couvert de grandes forêts; au centre des bassins et jusqu'à la côte, ce n'est plus que des *catingas*, des landes presque stériles, que l'on ne songe même pas à cultiver, mais comme elles produisent abondamment la *mucambira*, une herbe très aqueuse qui nourrit et désaltère à la fois les bestiaux, elles se prêtent on ne peut mieux au pacage du bétail ; seulement elles sont sujettes aux trop fameuses *seccas* qui cette année même les désolent encore.

Le tableau synoptique de M. P. Corrêa d'Araujo fournit l'état suivant de cette province :

Elle comprend 20 comarcas de juges droits, 23 termos de juges municipaux, et relève de la relação ou cour d'appel de Recife; ses 31 municipes renferment 8 cités, 23 villes et 43 paroisses, qui font partie du diocèse de Olinda. Comptant 2 représentants au Sénat, 13 à la Chambre des députés, elle envoie 24 membres à son Assemblée législative.

Situation financière :

	Recettes	Dépenses
Budget général.	400.874$480	627.590$906
— provincial. . . .	513.457.454	463.857.747
Total.	914.328$634	1.091.448$653
Dette consolidée. . . .	173.850.	à 9 %
Dette flottante.	659.601.952	
Total. . . .	833.451$952	

Mouvement commercial 1885-86 :

	Importation.	Exportation.	Total.
Long cours. . .	750.046$	1.849.874$	2.599.920$
Cabotage.. . . .	1.015.400	143.100	1.158.200
Totaux. . .	1.765.446$	1.992.974$	3.758.420$

1886-87 :

	Importation.	Exportation.	Total.
Long cours . . .	653.852$	1.523.410$	2.160.262$
Interprovincial.	847.800	164.600	1.012.400
Totaux. . .	1.501.652$	1.690.010$	3.191.662$

Un seul chemin de fer, la ligne *Conde d'Eu*, de 121 kilomètres, constitue, avec la pauvre et difficile navigation du Parahyba, la principale voie de communication de la province. Partant de la capitale, il suit la rive droite du Parahyba jusqu'au kilomètre 30, le franchit à Cobé sur un pont de 238 mètres, puis, traversant le plateau sensiblement horizontal qui sépare cette rivière de celle de Mamanguape, il atteint celle-ci au kilomètre 56 et termine à la ville de Independencia avec 97 kil. 326. Du kilomètre 30,600, encore sur la rive droite du Parahyba, part l'embranchement de Pilar, de 24 kil. 254, qui va s'arrêter en face de cette ville, située sur la rive opposée, ce qui est bien la plus étrange singularité qu'on puisse voir.

Ce tracé a négligé 17 usines sucrières importantes de la rive gauche, une région bien peuplée, pour suivre la rive droite peu peuplée et mal exploitée; il en résulte qu'il ne transporte même pas la moitié du sucre récolté dans sa zone propre. Aussi, depuis 1884, l'exploitation donne-t-elle constamment des déficits. Comme à Natal, la réduction des tarifs depuis mars 1887 a développé durant cet exercice le mouvement du trafic. Le déficit qui était en 1885 de 155,759 $ 983 et en 1886 de 152,983 $ 999 n'a plus été en 1887 que de 94,695 $ 460. La recette est pour cette dernière année de 190,932 $ 757 et la dépense de 285,628 $ 217. L'État a payé jusque-là pour cette ligne en garantie d'intérêts 2,880,096 $ 435 à raison de 7 % sur un capital de 6,000,000 $.

L'augmentation de recettes sur 1886 a été de 78,856 $ 637; elle est due à diverses causes : l'accroissement de la production, l'abaissement des tarifs qui a attiré à la ligne une grande quantité de marchandises, auparavant expédiées par d'autres points et d'autres moyens.

Voici le tableau des marchandises transportées :

ARTICLES	1884	1885	1886	1887
	Kg	Kg	Kg	Kg
Sucre. . .	4.839.750	2.088.560	1.827.700	6.387.180
Coton. . .	406.600	1.087.290	1.728.520	8.943.310
Graines d°	—	284.050	2.212.880	6.931.980
Farine . .	33.860	170.930	323.800	33.360
Maïs . . .	25.240	74.330	56.980	163.400
Bois . . .	—	303.820	176.620	210.200
Divers . .	1.889.820	1.423.260	2.100.250	4.524.510
Totaux.	6.984.470	6.333.140	8.518.310	22.194.090

On voit la progression; la différence énorme entre 1887 et 1886, plus du double, ne tient pas à une meilleure récolte, mais bien à ce que les deux tiers des marchandises, jadis transportées à meilleur compte par les *carqueiros*, sont venus au chemin de fer dès que ses tarifs ont paru abordables aux expéditeurs.

Même dans ces conditions nouvelles, plus de 3,000,000 de kilogrammes sont encore arrivés à Parahyba par l'ancienne méthode.

Un prolongement de 18,500 mètres vient de raccorder la station centrale actuelle de Parahyba à Cabedelo, où est le fort protégeant l'entrée du fleuve. Des ensablements ont rendu celui-ci impraticable même aux petits vapeurs.

Le *Conde d'Eu* a 14 stations : Parahyba, kil. 0; Santa Rita, k. 12; Reis, 19; Espirito Santo, 24; Entroncamento, 30.600 (Embr. : Coytizeiro, 46; Pilar, 54,854), Cobé, 33; Sapé, 45,760; Araçá, 56; Páo-Ferro, 65,800; Molungú, 75.500; Cachoeira, 93 et Independencia, 97,326.

La loi budgétaire pour 1889 a autorisé la construction d'un prolongement de 24 kilomètres de Molungú à Alagôa Grande et un embranchement de Pilar à Itabaiana; puis elle a autorisé les études d'un autre prolongement de Ingá à Campina Grande, et de Independencia à Bananeiras et à Nova-Cruz. Il s'agit, comme on s'en rendra compte en jetant les yeux sur la carte, de raccorder le chemin de fer de Rio Grande à celui de Parahyba, qui à leur tour devront être reliés aux lignes de Pernambuco et des Alagôas. Il faut souhaiter à cette région la plus prompte réalisation possible de ce plan, car toutes ces lignes sont des tronçons sans importance actuelle et sans vie, et leur raccord réciproque au contraire provoquera sur tous les points l'énergie de la production.

Le tableau précédent montre ce qu'est celle-ci. Je n'ai pu malheureusement trouver de détails, mais j'ai lieu de supposer que les mêmes faits se sont répétés qu'à Rio Grande et dans des proportions analogues.

Le port de Parahyba a un mouvement annuel ordinaire de 22,000 tonnes. La commune municipale dont la cité est la tête, en même temps qu'elle est capitale de la province, a plus de 60,000 habitants. L'agglomération urbaine en compte plus de 40,000.

La *cidade Velha*, la ville haute, est ancienne, calme, un peu aristocratique même, dans le sens que ce mot peut avoir au Brésil; c'est la résidence des fonctionnaires, des gens qui vivent de leurs revenus et à peu près oisifs. Le *Varadouro* au contraire est une ville moderne, remuante, commerçante, affairée, avec des édifices élégants et les bâtiments administratifs. Un fort historique, le Cabedelo, défend le port.

Je me suis procuré à grand'peine quelques renseignements d'un peu de valeur sur les principales villes de la province :

Mamanguape, 10,000 habitants, rivale commerciale de la capitale, et qui actuellement lui enlève tout le trafic d'exportation du nord; jolie cité, très active, sur le rio de même nom, très fréquenté par les barques et les petits bateaux du cabotage. — Aréa, centre agricole très riche, à quelques lieues du chemin de fer, que l'on y voudrait bien voir prolonger. Ce désidératum sera sans doute satisfait par la construction des raccords qui relieront entre elles toutes les lignes du nord et en feront un vrai réseau. — Pombal, sur le Piancó, une des plus anciennes villes du Brésil, recherchée pour son climat très sain et exceptionnellement doux. — Souza, rive droite du rio du Peixe, sur un plateau agréable, entre les serras de Santa Catharina, du Commissario et da Pedra, dans le haut bassin du rio das Piranhas; ce canton de 30,000 habitants est le plus florissant de la province. On y fait un immense élevage du bœuf et du cheval, que la constitution du sol y rend très facile. Le commerce du bétail est très actif, car cette ville est au croisement de toutes les routes intérieures du Piauhy, du Ceará, de Pernambuco et de celles qui vont dans Bahia au haut S. Francisco. Le port de sortie naturelle est Macáo, à l'embouchure du rio das Piranhas, mais le plus rapproché est Mossoró, en Ceará (258 kil.). On paie jusqu'à 10 $ pour une charge de mulets, selon la récolte. Une des particularités de la région se trouve dans ses nombreuses digues, au-dessous desquelles on plante la canne à sucre.

Catolé da Rocha, au bord du *correyo* ou torrent Gon,

17,000 habitants, où l'on récolte le coton, le maïs, les haricots, le riz, la farine de manioc, le tabac. — Santa Luzia de Sabugy, 6,000 âmes, canton à céréales. La ville a 100 maisons près du Sabugy descendu de la serra da Borborema; climat chaud, excellent pour les phtisiques et pour les gens atteints du *beriberi*, cette terrible infirmité indigène qui fait tant de victimes, mais que l'on guérit aussitôt en changeant d'air et de climat.

S. João do Cariry, 17,000 hab., sur le plateau de la même serra da Borborema, rive gauche du Taperão, affluent du Parahyba; district à bétail, céréales et coton. — S. João do Principe, 6,500 hab. et Rosario, sa *freguezia* ou village annexe, 5,000 hab. Canton producteur de coton, de sucre et de légumes.

Une grande usine sucrière centrale, au capital de 700,000 $, avec garantie de 6 % d'intérêts accordée par le gouvernement et capable de traiter par jour 300 tonnes de cannes, a été achevée récemment. C'est l'usine de S. João, placée dans la vallée du Parahyba et dans le district même de la capitale. Elle appartient à la Société des usines centrales de la Parahyba du Nord et de Sergipe. On a eu bien du mal à la mettre debout, en raison des difficultés qu'a opposées la ligne Conde d'Eu pour le transport du matériel. Grâce à l'horizontalité de la zone environnante, l'établissement des tramways de service sera fort aisé.

Puisque je parle d'usines centrales, il n'est pas hors de propos de citer ce que dit l'ingénieur du contrôle au sujet de la culture de la canne. Ces quelques lignes montreront mieux que ce que je pourrais dire où en est, au Brésil, cette branche agricole :

« Le service des champs, c'est-à-dire la culture de la canne à sucre, doit subir chez nous une grande transformation. Le bras esclave, qui se faisait d'ailleurs fort rare, a disparu; cela oblige le planteur à abandonner le système ancien et à se procurer des machines. Autrefois, et cela se fait encore généralement aujourd'hui, on arrachait la forêt, et sans extraire les souches on brûlait les branches et les troncs coupés, puis on faisait la plantation à la houe ou à la bêche. Les sarclages, binages étaient et sont encore exécutés à la houe, rendant ainsi la culture dispendieuse et même irrémunérable au prix où se vend maintenant le sucre.

« Les bras libres ne nous manquent pas, mais ce que l'agriculteur déplore, c'est l'incertitude où il est du personnel pour le travail. Pour éviter dans la mesure du possible cet inconvénient, il convient d'adopter la culture intensive, et l'on obtiendra ainsi de la terre plus qu'elle ne donne actuellement et avec une dépense moindre.

« Il est grand temps de remplacer les bras esclaves par les machines et par l'intelligence. Actuellement il est bien rare l'agriculteur qui cherche à améliorer ses terrains, qui a souci de les drainer, de les irriguer, de les fumer; il est rare même qu'il les cultive convenablement et surtout qu'il fasse exécuter les binages par des cultivateurs à la charrue.

« La canne réclame pour son complet développement un terrain très perméable à l'air et à la lumière. Nous pouvons lui assurer les deux premières conditions par notre effort et notre travail, par des labours répétés du terrain, s'il est imperméable, en lui ajoutant des cendres ou même du sable, et en espaçant convenablement les plants de canne. Je crois que la distance de 1m,60 de rangée à rangée est suffisante. Enfin le planteur ne doit jamais oublier que la richesse saccharine de la canne dépend de la façon dont elle est cultivée, ni le fabricant que tout le soin apporté par lui au broyage et à la défécation sera toujours bien rémunéré. »

Pendant que je recueillais les notes précédentes, le *Mandos* avait déjà pris à son bord passagers et *volumes*, comme on appelle ici les colis de marchandises, qu'il devait embarquer. Je n'avais que le temps de revenir prendre ma place, ce que je fis en grande hâte, disant adieu à la jolie Parahyba, pour mettre le cap sur Recife, où nous sommes arrivés le lendemain avant midi. — Je voulais consacrer plusieurs jours à la province de Pernambuco, aussi ai-je dû quitter tout à fait le paquebot, et m'installer à l'*Hôtel d'Europe*, chez M. Nicolas Hartery, où l'hospitalité, sans être gratuite, n'est pas non plus celle que les hôteliers suisses ont rendue légendaire, et ne lui cède en rien en confortable.

VI

RECIFE ET PERNAMBUCO

Le port de Recife, configuration, importance et mouvement; ses relations avec le dehors. — La ville et la capitale. — La place commerciale. — Échanges et banques. — La province, territoire, ressources, finances; les chemins de fer et leurs zones. — Agriculture. — Les usines centrales sucrières et les entreprises anglaises. — La vigne. — La colonisation: localités principales.

La ville de Recife, capitale de la province de Pernambuco, n'est pas seulement un entrepôt commercial, le lieu de chargement et de déchargement le plus important du nord du Brésil, c'est aussi une position géographique remarquable, le point de passage obligé et par conséquent l'atterrage naturel sur la côte atlantique ouest du sud, de toute la navigation au long cours.

Au point de vue militaire, c'est une position offensive et défensive de premier ordre, pour le rôle de laquelle ce port n'est peut-être pas à cette heure convenablement outillé et pourvu.

Tel qu'il est, ce port fort considérable possède une valeur hors ligne; c'est un centre forcé d'attraction pour la sortie des produits intérieurs comme pour l'entrée des produits étrangers. Peut-être a-t-on tardé beaucoup à se rendre un compte exact de son grand rôle, de l'avenir qui l'attend, et à prendre les mesures nécessaires pour le mettre à la hauteur de sa fonction. J'ai lu à ce sujet et entendu force opinions, congrûment développées et appuyées sur des autorités plus respectables les unes que les autres ; je ne crois pas que le lecteur trouve un attrait ou un profit même minime à m'en voir lui en reproduire l'analyse.

Un examen sommaire de la carte de l'Amérique du Sud lui démontrera à première vue que c'est un des points de croisement les plus remarquables du globe. Aux abords du cap Sam Roque, la côte brésilienne forme une saillie, comme si elle voulait se rapprocher du Vieux Monde; cette saillie est complétée par le dangereux écueil des Rocas, qui, dit M. l'amiral Mouchez, « est un banc de corail circulaire de 3 milles de diamètre, presque au niveau de l'eau et ayant un *lagon* au centre comme les îlots océaniens ».

Plus avant en mer, on trouve encore une terre brésilienne, l'île Fernando de Noronha. Située à 60 lieues de la côte, cette île fait partie de la province de Pernambuco et sert de pénitencier. Elle a 6 milles de longueur N.O.-S.O. et 2 milles de largeur. Quelques îlots l'entourent à petite distance. De formation volcanique, cette terre présente partout des falaises à pic minées par la mer ; sa silhouette très découpée est dominée par un pic fort aigu de 305 mètres de hauteur, qui rend l'île visible de 10 à 12 lieues. Les ressources qu'on peut trouver à ce mouillage sont très restreintes, car presque tous les approvisionnements et les vivres y sont apportés du continent; l'eau manque en été.

Et puisque je parle de cette île, j'ouvre une digression pour dire tout de suite où elle en est, d'après les données publiées ces jours derniers par le *Diario de Pernambuco*.

Au 1er janvier 1889, sa population comprenait :

Employés civils.	10	
Femmes.	7	
Enfants.	16	
Domestiques.	4	37
Officiers de la garnison.	5	
Femmes.	4	
Enfants.	11	20
Soldats de la garnison.	82	
Femmes.	22	
Enfants.	33	137
Familles des condamnés		
Femmes mariées.	111	
— non mariées.	45	
Enfants.	328	
Domesticité (*agregados*)	10	494
		688
Condamnés.	1.251	
Condamnées.	24	1.275
Total général.		1.963

L'île est ravitaillée par un paquebot de la compagnie Pernambucana, qui fait un voyage mensuel, subventionné par le gouvernement général.

Elle renferme des gisements très considérables de phosphates de chaux, qui ont depuis peu attiré l'attention et qu'on cherche maintenant à exploiter avec une organisation industrielle.

Enfin, formant vigie, isolées sur l'Océan, on rencontre les îles S. Paulo ou *Penedo de Sam Pedro,* groupes de rochers coniques ayant une étendue de 500 à 600 mètres N.N.E.-S.S.O. et une hauteur de 20 mètres qui les rend visibles à 13 milles de la mâture et à 9 milles du pont d'un navire; dans quelque direction qu'on les aperçoive, elles présentent un profil de rochers très déchiquetés, à pointes aiguës et dénudées, couverts d'oiseaux de mer et de taches blanches de guano.

Telles sont les sentinelles avancées de l'Empire du Brésil qui surveillent les plus grandes routes commerciales du monde. Si, de la côte atlantique des États-Unis, un bâtiment part pour doubler le cap Horn et naviguer dans le Pacifique, après avoir coupé l'équateur, entre les 29° et 34° méridiens à l'ouest de Paris, il viendra longer le cap Sam Roque, et le dépasser sera la partie la plus difficile de sa traversée, au sentiment de l'illustre Maury. Si des États-Unis ou de l'Europe le bâtiment a pour destination les ports du sud du Brésil ou de la Plata, il suivra forcément la même route jusqu'à la latitude du cap Sam Roque.

Le navire vient-il au contraire du sud vers l'Europe ou les États-Unis, il ne devra s'élever dans l'est que de la quantité strictement nécessaire pour doubler le cap Sam Roque. Seuls les bateaux venant du cap de Bonne-Espérance couperont ordinairement l'Equateur plus à l'est, mais déjà la grande navigation entre l'Australie et l'Europe se fait maintenant par le cap Horn au retour d'Australie.

Pour toute intercourse, le rendez-vous général est donc fatalement marqué par la topographie elle-même dans l'espace qui sépare le cap Sam Roque et le Penedo Sam Pedro, espace où l'on rencontre successivement : les écueils en avant du cap, l'écueil Rocas, l'île Fernando de Noronho, habitée et gardée, et enfin le Penedo de S. Pedro inhabité.

Ces détails, peu familiers au public et que j'emprunte à M. James Wells, font comprendre l'importance du port de Recife, et la nécessité qui s'impose de le rendre plus utile à la grande navigation fréquentant ces parages.

« La rade est complètement ouverte à la mer et aux vents du sud vers l'est. C'est en somme un mauvais mouillage auquel on ne s'arrête habituellement que si l'on y fait un court séjour. La grande rade, au sud du banc anglais, est appelée Lameirão. La profondeur de l'eau permettrait de mouiller sur sa plus grande étendue, si la qualité du fond était meilleure. Mais les nombreux bancs plats des roches qui s'alignent devant la ville restreignent beaucoup l'espace convenable et il faut, avant de laisser tomber l'ancre, bien reconnaître par la sonde la nature du fond. Les grands paquebots transatlantiques mouillent fort près de l'entrée, à moins d'un demi-mille à l'est ou au sud-est du phare, par des fonds de sable de 10 mètres.

« Pour communiquer avec la terre, les embarcations doivent être bien commandées et dirigées avec prudence; il faut profiter des courants de marée quand on sort du port avec le jusant; le courant qui marche contre le vent rend alors la mer très dure, la barre déferle fréquemment; une fausse manœuvre, un faux coup de barre peuvent faire emplir ou chavirer le canot.

« Au delà de la rade, on pénètre à la faveur de la marée dans le *Poço*, puits ou avant-port, et en franchissant la barre du Capiberibe, dans le port même du Recife, ou *Mosqueiro*.

« Le rio Capiberibe descend de la région granitique de l'intérieur de la province, et débouche en amont de Caxangá dans un vaste delta diluvien, en même temps que le font au sud le rio Jaboatão, et au nord le rio Beberibe. Le rio Jaboatão, après avoir descendu les dernières cachoeiras du sol granitique, longe le pied des coteaux de granit jusqu'à son embouchure dans l'Océan. Dans ses crues seulement, ses eaux débordées couvrent de vastes terrains marécageux dépendant de Muribeca et de Boa Viagem et se rapprochent ainsi beaucoup de la zone inondée par le Capiberibe, mais en général la séparation est complète, les embouchures sont distinctes et le rio Jaboatão n'a ainsi aucune influence sur le port de Recife.

« Entre le Jaboatão et le Capiberibe, de petits cours d'eau, le rio Jordão, le Tijipió, nés dans le delta diluvien lui même, débouchent à l'intérieur du récif qui ferme le port; le premier est navigable à la marée jusqu'à un point nommé Barreta, déjà assez éloigné de Boa Viagem; le second est aussi navigable à la marée sur une petite extension; il est traversé près de son embouchure au lieu dit Motocolombó par deux grands ponts, l'un pour la route du sud, l'autre pour le chemin de fer du Sam Francisco; c'est immédiatement au delà de ces ponts qu'il conviendrait d'établir une station nouvelle... Ces cours d'eau ont de faibles débits; le jeu des marées se produit énergiquement dans le Tijipió, car son embouchure est large.

« Le rio Capiberibe débouche un peu en amont de Caxangá; en arrivant dans le delta diluvien, formé de dépôts argilo-siliceux ou argileux, il a dû s'établir un lit à pente plus faible et suivre des contours plus sinueux. Entre Caxangá et Apipucos se rencontrent des terrains bas, inondés aux moindres crues du Capiberibe; sur la route de Caxangá à Magdalena, des coupures naturelles se produisent lors des grandes crues sur des points bas et indiquent la place convenable pour des points de décharge qui laisseraient ces crues suivre leur cours sans obstacle artificiel et par là même rendraient la route insubmersible. Au-dessous d'Apipucos et surtout de Monteiro, les crues du Capiberibe sont au contraire sans inconvénient aucun pour les terrains riverains.

« Cette limite Apipucos-Monteiro est en même temps celle de l'action des marées; cette dernière varie nécessairement avec la hauteur de la marée du jour et avec le débit du Capiberibe. L'aspect du fleuve est assez changeant, devient plus large et, de Monteiro à Magdalena, il est d'une navigation facile avec la marée. Les ponts de Caldereiro, de Torre, de Magdalena, jetés sur cette section fluvio-maritime, ont de larges avenues et n'apportent aucune entrave à la navigation ni au jeu des marées sur cette belle portion de rivière.

« Un peu au-dessous du pont de Magdalena, le Capiberibe se divise en deux bras : celui de droite va passer sous les ponts d'Afogados, servant respectivement à la route du sud et au chemin de fer du Sam Francisco, puis confondant son embouchure avec celle du Tijipió, se recourbe pour suivre la direction du récif et verse ses eaux dans un large bras de mer compris entre l'île Santo Antonio, Sam José et l'île de Nogueira, possédant une hauteur d'eau très variable, et où la navigation a été rendue impossible aux bâtiments d'un grand tirant d'eau par un banc appelé Corôa dos Passarinhos; au delà de ce banc, ce bras de mer rencontre l'embouchure du bras gauche du Capiberibe et là commence le *Mosqueiro*, le port proprement dit.

• Le second bras du Capiberibe, ou *braço dos Coelhos*, serpente assez capricieusement au milieu de terrains sans valeur actuelle bien que très rapprochés de la ville, et vient baigner les murs du nouvel hôpital D. Pedro II, où commence à gauche le quartier de Bôa Vista. A partir de là, ce bras sépare la terre ferme (*bairro* de Bôa Vista) de l'île Santo Antonio; il est encaissé entre deux quais verticaux continus, distants de 150 mètres environ, passe sous les ponts de Bôa Vista, du chemin de fer de Caxangá, de Santa Isabel, contourne la pointe de Santo Antonio occupée par les jardins de la Présidence, mêle ses eaux à celles du rio Beberibe qui vient du nord, puis sépare la rive est de Santo Antonio de la rive ouest du *bairro* ou quartier de Recife, passe sous le pont du Sept-Septembre et forme à partir de ce pont la première partie du port actuel, celle qui est appelée port de la douane, parce qu'elle est exclusivement affectée à ce service. Puis à la pointe sud du *bairro* du Recife s'opère la jonction avec le bras de mer décrit tout à l'heure, et qui a reçu les eaux du bras droit du Capiberibe, et alors commence la partie principale du port actuel, le *Mosqueiro*, compris entre le récif naturel et les quais du bairro du Recife jusqu'au phare Picão et à la barra Picão, où commencent l'avant-port Poço et la rade déjà décrits.

• Le dernier élément à considérer est le rio Beberibe, coulant à peu près à la limite sud de la formation calcaire qui s'étend sur la côte depuis Olinda jusqu'au delà de la limite septentrionale de la province. Le rio Beberibe, après être descendu sous une forte pente, arrive au bassin diluvien, dont il dessine la limite nord et inonde des marais de mauvais renom dont le desséchement déjà tenté a été abandonné à tort. La marée ne remonte dans le Beberibe qu'à une très faible distance au-dessus de la route du Nord. Le rio traversait jadis cette route sous le pont du Varadouro, au pied même de Olinda; actuellement une rectification de son lit l'a amené sous le pont de Arrombados, plus rapproché de Recife.

« Entre le pont du Varadouro au nord et la pointe de l'île Santo Antonio au sud, entre la terre ferme dont la route du Nord dessine à peu près la limite, et la langue de sable appelée isthme de Olinda, qui unit le quartier du Recife à Olinda et porte les forts de Brum et de Buraco, s'étend un vaste bassin, où les faibles eaux du Beberibe jouent un rôle médiocre, et qui est à proprement parler un réservoir des marées. Il ne s'y rencontre que de très petites profondeurs à basse mer; sa limite au bas de la route du nord est mal définie, et de vastes terrains, tels que l'emplacement du futur *Passeio publico*, près du gymnase provincial, tels que la *Gambôa Tacauma* et autres, sont par ce jeu des marées alternativement couverts et découverts; ils constituent un voisinage redouté pour ce quartier nouveau qui, sous le nom de Santo Amaro, s'essaie à prolonger Bôa Vista pour relier la ville principale à la vieille cité de Olinda. »

J'ai tenu à traduire cette description remarquable d'exactitude, bien que je craigne qu'elle soit peu intelligible pour ceux qui n'auront pas sous les yeux un plan même de la ville et du port de Recife. Elle en fait saisir l'importance, la facilité d'amélioration et le grand avenir qui lui est réservé.

Les travaux qui viennent d'être adjugés à M. da Silva Loyo ont pour but de permettre un accès plus franc du port intérieur aux grands navires, et d'autre part, d'offrir au mouillage des paquebots des facilités de communication avec la terre ferme, d'en rapprocher tout à fait les appareils de levage, de chargement et de déchargement, ainsi que les rails terminant les voies ferrées de pénétration intérieure.

Si Recife est déjà un port de premier ordre par sa seule situation géographique au point le plus oriental de l'Amérique du Sud, son rôle sera plus considérable encore lorsqu'on aura fait une réalité du projet grandiose du chemin de fer transcontinental de Recife à Valparaiso. Alors, il lui faudra, pour répondre à ses destinées un outillage égal à ceux des plus grandes places maritimes, capable d'exécuter avec une extrême rapidité le service le plus vaste et le plus compliqué. Je pense bien que la rectification du Lameirão et du Mosqueiro répondra à cette nécessité.

Dans son état actuel, cependant, le port de Recife fait une excellente figure à côté des plus renommés de l'Ancien comme du Nouveau Monde.

On en jugera par ce tableau de son mouvement, durant les trois dernières années :

1886

ENTRÉES

	De l'étranger.		Du Brésil.	
Vapeurs. .	207 = 326.944 tonnes	;	242 = 268.959 tonnes.	
Voiliers . .	315 = 107.653	—	; 381 = 78.204	—
Bâtiments.	522 = 434.594	+	623 = 347.163	—

Soit 1,145 bâtiments avec 781,757 tonnes en tout.

SORTIES

	Pour l'étranger.		Pour le Brésil.		Total.
Vapeurs.	166		280	—	446
Voiliers	313		316	—	629
	479	+	596	=	1.075

1887

ENTRÉES

	De l'étranger.		Du Brésil.	
Vapeurs. .	208 = 322.997 tonnes	;	331 = 348.258 tonnes.	
Voiliers . .	307 = 101.751	—	; 335 = 86.210	—
Bâtiments.	515 = 424.748	—	+ 666 = 434.468	—

Soit 1,181 navires avec 859,216 tonnes.

SORTIES

	Pour l'étranger.		Pour le Brésil.	Total.
Vapeurs. . . .	216	+	298 = —	514
Voiliers	258	+	363 = —	614
	474	+	661 = —	1.135

1888

ENTRÉES

	De l'étranger.			Du Brésil.
Vapeurs. . . .	263 = 420.087 tonnes.		+	252 = 291.905
Voiliers	324 = 129.306	—	+	308 = 72.120
	587 = 550.293	—	+	560 = 364.025

Soit 1.147 navires avec 914,318 tonnes.

SORTIES

	Pour l'étranger.		Pour le Brésil.	Total.
Vapeurs. . . .	214	+	288 = —	502
Voiliers	209	+	629 = —	640
	513	+	629 =	1.142

Le pavillon français n'est que très peu représenté, je pourrais même dire qu'il ne l'est pas du tout, dans la navigation à voiles. En revanche, il entre à peu près pour moitié dans le mouvement des bateaux à vapeur allant à l'étranger ou en venant; la proportion est un peu supérieure pour le tonnage.

Avant nous, viennent immédiatement les Anglais; après nous, mais fort loin de nous, viennent les Américains du Nord, les Allemands et les Norvégiens.

Il m'est impossible de donner aucun détail précis sur les bâtiments de particuliers de France qui fréquentent Pernambuco et le port de Recife, mais la liste suivante très complète des lignes régulières de navigation, qui le comprennent dans leurs parcours, édifiera amplement le lecteur. Je la donne assez détaillée, afin de n'y plus revenir que pour signaler, quand je parlerai des ports plus méridionaux du Brésil, les services qui leur sont spécialement affectés. Je prie donc que l'on s'y reporte toutes les fois que l'on voudra chercher un renseignement sur les communications de l'Empire avec l'extérieur.

Douze compagnies de navigation régulière envoient leurs navires dans le port de Recife :

1° La *Companhia Pernambucana de navegação costeira*, subventionnée par le gouvernement et par la province, en a fait son port d'attache pour ses trois lignes : celle du sud, avec escales à Maceió, Penedo, Aracajú, Estancia et Bahia; celle du nord, avec escales à Parahyba, Natal, Mossoró, Fortaleza, Acarahú et Camocim; celle de l'île Fernando de Noronha. Elle exécute tous ces services avec huit vapeurs.

2° *Companhia Brazileira de navegação a vapor*, subventionnée par le gouvernement, fait le service postal et le trafic du cabotage interprovincial entre Rio de Janeiro et tous les ports du nord jusqu'à l'Amazone inclusivement; elle apporte surtout dans les derniers de la viande sèche, des vins, des liqueurs; de Bahia, elle exporte du tabac; de Pernambuco, du sucre et de l'eau-de-vie.

3° *United States and Brazil Mail Steamship C. J. L.*, subventionnée par la province, dont les steamers partent chaque mois au moins de New-York pour Saint-Thomas, les Barbades, Pará, Maranhão, Pernambuco, Bahia et Rio de Janeiro, amenant des États-Unis de la farine, des articles en fer, du matériel de chemins de fer et de ponts, du pétrole, des drogues, du matériel d'imprimerie, de pompes, etc., et rapportant vers le nord du café, du sucre, des peaux, etc.

4° *Red Cross Line.* — Un voyage direct aller et retour de Liverpool à Recife; fret 30 shellings par tonne et 10 %.

5° *Royal Mail Steam Packet Company;* service postal; ses paquebots partent chaque quinzaine, le jeudi, de Southampton pour Vigo, Lisbonne, Saint-Vincent, Pernambuco, Bahia, Rio de Janeiro, Santos, Montevideo, et Buenos-Ayres. Fret pour Pernambuco, 60 francs, plus 10 % la tonne anglaise (40 pieds cubes).

6° *Pacific Steam Navigation Company.* — Service postal

ses paquebots partent chaque quinzaine de Liverpool le jeudi, de Bordeaux le samedi, pour la Corogne, Vigo, Lisbonne, Pernambuco, Bahia, Rio de Janeiro, Montevideo et par le détroit de Magellan pour les ports du Pacifique. Ne prennent de marchandises que pour Bahia, Rio, etc.

7° *Messageries Maritimes*.—Service postal; départ le 5 et le 20 de chaque mois à Bordeaux pour Lisbonne, Pernambuco, Bahia, Rio, Montevideo et Buenos-Ayres; mêmes escales au retour. Fret conventionnel.

8° *Chargeurs Réunis*. — Ses steamers partent du Havre les 7, 17 et 27 de chaque mois pour Lisbonne, Pernambuco, Bahia, Rio et Santos; mêmes escales au retour. Fret pour Pernambuco, 60 francs le tonneau de 700 kilos (1 mètre cube).

9° *Liverpool Brazil and River Plate Steam Navigation Company Limited*. — Steamers marchands venant directement de Liverpool chaque mois; fret 30 et 35 shellings la tonne anglaise, plus 10 %.

10° *T.-J. Harrison*. — Société anglaise faisant deux voyages circulaires par mois de Liverpool à Lisbonne et Pernambuco, transportant exclusivement des marchandises, à 30 shellings la tonne, plus 10 %.

11° *Adria-Hungarian sea navigation C. Limited*. — Voyages circulaires chaque mois de Trieste directement à Pernambuco, portant surtout de la farine. Fret, 36 à 38 shellings la tonne.

12° *Hamburg-Sud-Americanische Dampfschiffahrts Gesellschaft*. — Un voyage mensuel aller et retour, au départ d'Anvers, pour Lisbonne, Pernambuco, Rio et Santos. Fret, de 30 à 40 shellings le tonneau.

Le fret de retour varie en général selon l'abondance des chargements : pour le Havre, Liverpool, New-York, c'est en général 12 à 25 shellings la tonne de sucre, 1 à 7 celle de coton, plus 5 %; 20 francs la tonne de 800 kilos, plus 10 % pour les peaux sèches à destination du Havre.

Les frais de pilotage varient selon la calaison et le tonnage de 11 $ pour un bateau de 80 tonnes calant 9 pieds, à 18 $ pour un bateau de 180 tonnes calant

14 pieds et 1 $ pour chaque 50 tonnes en plus. Ceux de remorquage sont de 30 $ pour 100 tonnes et 100 reis pour chaque tonne en plus.

Le déchargement et le chargement des marchandises est de 1 $ 200 par tonne de sucre, *dito* de charbon, 1 $ 333 pour la viande sèche, 1 $ 400 pour la farine, 1 $ 725 pour le ciment, 1 $ 765 pour la morue, 2 $ pour la pierre travaillée, *dito* pour le fer et l'acier, 2 $ 400 pour le coton, 3 $ pour les machines, 22 $ 500 pour la poudre; 50 reis pour un ballot de cuir, etc., etc.

En résumé, et pour qu'on se rende mieux compte, un navire de 437 tonnes (moyenne), faisant des opérations commerciales dans ce port, a payé 85 $ 207 de remorquage, 161 $ 365 de pilotage et 887 $ 579 aux chalands de chargement et de déchargement, soit 2,595 reis par tonne, en outre des dépenses communes à tous les autres ports du Brésil.

Comme on l'a vu plus haut, une ligne d'écueils, appelés par les habitants *arrecifes*, court le long du littoral, tantôt sous-marine, tantôt à fleur d'eau, mais toujours parallèle à la terre; le banc qui limite à l'O.S.O. l'estuaire du Capiberibe a donné son nom au quartier principal de la ville, qui elle-même le lui a emprunté, car si en Europe nous l'appelons Pernambuco, au Brésil elle est seulement appelée Recife, Pernambuco demeurant l'appellation de la province dont elle est vraiment la tête.

A qui l'aborde par mer, et en contemple l'aspect grandiose du pont du bateau, avec ses quais immenses, ses ponts superbes, les estuaires de ses divers rios et ses canaux entrecroisés, avec l'incessant mouvement des chalands, des canots, des chaloupes, les panaches mouvants de fumée qui s'alignent en tous sens, elle rappelle Venise, ses environs et ses lagunes. La ressemblance est à ce point complète qu'elle se retrouve jusque dans l'histoire même des luttes de l'homme contre la mer. L'examen de la carte, la lecture des documents datant de la période de l'occupation hollandaise, prouvent que la profondeur du port n'a souffert que des modifications imperceptibles dues exclusivement à la main de l'homme, qui a constamment envahi l'espace occupé par les eaux, remblayé les creux, comblé les petits canaux, fixé les rivages par la construction des môles et bâti sur les terrains conquis. C'est ainsi que le quartier ou *bairro* du Recife s'est allongé considérablement vers le sud et s'accroît de ce côté au détriment de la largeur du mouillage du port.

De même, c'est sur un terrain marécageux et baigné en outre par les hautes marées, que, dans l'île antique de Antonio Vaz, les Hollandais fondèrent la ville de Mauricea, construisant des digues et des remparts ; elle forme aujourd'hui les quartiers de S. Antonio et de S. José de la cité actuelle.

Tout le commerce du sucre et les grandes maisons d'importation ont concentré leurs affaires dans le quartier du Recife ; au sud de celui-ci se trouvent la douane et ses dépôts ; vers l'est, on voit le grand bâtiment de la *Companhia Pernambucana de Navegação* et de grands magasins de dépôts pour l'exportation ; du côté nord, s'étend l'arsenal de marine qui avec ses dépendances occupe 381 mètres du littoral et une superficie de 28,043 mètres carrés. Vers l'ouest du quartier de Recife, il y a de vastes dépôts de sucre, et au delà quelques fonderies, des ateliers de machines : tout à fait au nord sont deux chantiers de construction et de réparation pour les petites embarcations.

Dans le mouillage situé entre la douane et l'arsenal de marine, les bâtiments de faible immersion peuvent charger et décharger à une petite distance du quai au moyen de madriers jetés en guise de passerelle. Du côté de l'ouest, toutefois, les petites embarcations seules peuvent approcher du quai en raison de la faible profondeur du canal.

Le commerce d'importation et d'exportation ne trouvant pas pour s'étendre assez d'espace dans le quartier du Recife, occupé comme on vient de le voir, surtout près de l'arsenal de marine, a envahi le quartier S. Antonio. Sur le quai « 22 Novembre » s'alignent divers dépôts de farine de maïs et de bois de sapin ; sur celui de « Ramos » il n'y a qu'un vaste établissement, possédant une forte presse à vapeur, qui monopolise une grande partie du commerce du coton pour l'exportation. Un peu plus vers le sud, sur la plage de Santa Rita, on trouve quelques dépôts de bois et quelques scieries.

Il existe encore deux dépôts de charbon de terre, l'un sur cette plage de Santa Rita, près de la localité appelée Cinco Pontas, et l'autre tout à fait au nord de la route du fort Brum.

Les rues du Recife sont serrées et irrégulières ; celles des quartiers S. Antonio et Bôa Vista sont au contraire larges, spacieuses, droites ; en général la cité est plate, aucune éminence sensible n'en vient rompre la monotonie. Sillonnée par des tramways, mise en communication avec les environs par des chemins de fer de banlieue, tête de trois grandes lignes ferrées de pénétration intérieure, port de destination, d'attache ou d'escale de 12 compagnies de navigation périodique régulière, Recife produit au voyageur l'effet d'une grande ville européenne. Les constructions elles-mêmes aident à cette illusion, et n'étaient la chaleur, les palmiers, une flore exubérante et toute diverse s'élevant partout des jardins au dessus des habitations, on pourrait se croire dans un Bordeaux ou un Nantes à peine un peu modifié.

La population da la capitale de Pernambuco était évaluée en 1874 à 130,000 âmes ; aujourd'hui, à ne considérer que l'extension de sa superficie et l'accroissement de ses habitations, elle doit avoir dépassé 160,000. Cette population a à sa disposition tout ce qu'on est habitué à trouver dans les grandes villes : des jardins publics, des théâtres, des bibliothèques, de nombreuses sociétés de bienfaisance, de récréation ; des associations littéraires ou savantes, dont l'une l'*Institut archéologique et géographique* mérite une mention à part, car c'est un foyer très ardent et très éclairé de recherches, qui a déjà produit beaucoup pour l'histoire du Brésil et pour l'histoire locale des provinces du Nord.

Une faculté de droit, la seconde de l'Empire, — l'autre est à S. Paulo ; — un gymnase, des hôpitaux, des arsenaux de guerre et de marine, un chantier de construction navale, une association commerciale, une Bourse de commerce et des valeurs, une des principales stations du télégraphe sous-marin transatlantique, quantité d'imprimeries excellentes et de grands journaux quotidiens, parmi lesquels le *Diario de Pernambuco*, la *Provincia de Pernambuco* et le *Jornal do Recife*, se distinguent par leur importance ; enfin quelques églises remarquables complètent la série des institutions qui sont les organes de cette grande cité.

Je n'ai pas trouvé que le pittoresque y abonde : sous ce rapport, la promenade des quais dépasse toutes les autres par les aspects grandioses qu'elle offre ; la traversée de ses ponts magnifiques les reproduit avec quelques modifications heureuses. Le confortable est plus fréquent ; pour le passant, les hôtels sont excellents, en particulier celui de l'Europe, tenu par M. Nicolás Hartery et celui de dom Antonio, au Caminho Novo.

La place de Recife répond bien entendu à l'importance de son port. J'en crois donner une idée précise en empruntant au *Retrospecto* du *Diario de Pernambuco* les éléments de la statistique commerciale de 1888. Voici tout le mouvement de cette année :

RECETTES PUBLIQUES

	1888	1887
Importation.	10.788.240$163	9.685.005$021
Droits de port.	70.266.164	64.808.390
Exportation.	308.216.202	606.887.546
Intérieure.	1.441.610	2.712.470
Extraordinaire.	553.288.654	495.726.220
Total des douanes. . .	11.671.452.793	10.855.180.317
Postes.	160.986.498	163.141.825
Recette générale.	665.506.687	632.370.551
Recettes provinciale. .	2.475.681.474	2.372.686.065
	14.082.227$151	14.022 319$758

NUMÉRAIRE ENTRÉ ET SORTI PAR LES COMPAGNIES DE VAPEURS

	1888	1887
Entré.	11.860.	13.993.810$355
Sorti.	8.256.825.184	9.836.356.799
Mouvement.	20.116.476.253	23 830.176.154

MOUVEMENT DES TRAITES SUR L'EUROPE

	1888 (Valeur en Francs)	1887
Sur Londres.	Frs 114.250.000	Frs 139.375.000
— Paris	3.726.000	3.855.000
— Hambourg.	701.250	855 000
— Lisbonne et Porto.	2.890.000	2.090.000
	Frs 121.657.250	Frs 146.175.000

Il convient de faire observer que, par la hausse du change, le commerce local a bénéficié de la grande plus-value survenue au papier-monnaie durant l'an dernier.

Voici maintenant les denrées commerciales proprement dites; je les présente comparées, et de façon qu'avec la valeur on voie en même temps le mode d'expédition.

TABLEAU DE L'EXPORTATION.

(*e*, A L'ÉTRANGER, *i*, DE LA PLACE VERS L'INTÉRIEUR).

1888

Sucre	(*e*)	161.243.827 kilog.	21.965.845$114
Coton	(*e*)	18.721.229 —	6.676.920 014
Eau-de-vie.	(*e*)	3.922.347 litres.	653.041 530
Alcool	(*i*)	260.655 —	59.682 100
Miel	(*e*)	207.117 —	25.027 094
Cuirs.	(*e*)	1.721.173 kilog.	622.862 890
Abacaxis (ananas). .	(*e*)	3.040 —	2.132 500
Caoutchouc	(*e*)	16.594 —	13.035 033
Café	(*e*)	2.781 —	1.452 712
Graines de coton. .	(*e*)	3.257.180 —	58.472 565
	(*i*)	39.040 —	
		À reporter.	30.078.171$049

Report.			30.078.471$049
— de ricin . .	(e)	1.059.094 kilog.	63.702 588
	(i)	4.500 —	
Charbon animal . . .	(i)	1.830 —	732
Écailles de tortue. . .	(e)	16 —	56
Cire de Carnaúba. .	(e)	18.246 —	16.697 470
	(i)	13.767 —	
Cigares	(e)	1.200 pièces.	72
Cigarettes.	(e)	5.000 —	30
Cocos (fruits). . . .	(e)	140.000 —	75.470
	(i)	833.450 —	
Colle	(i)	30 kilog.	24.210
Petits cuirs et peaux.	(e)	1.380.480 pièces.	1.032.772.065
	(i)	30 —	
Confiseries	(e)	937 kilog.	20.543
	(i)	19.606 —	
Plumeaux	(i)	154 pièces.	308
Farine de manioc. .	(e-i)	141.072 sacs.	418.494.400
Haricots.	(i)	7.597 —	65.003
Vieux fer	(e)	70.000 kilog.	700
Fil de coton.	(i)	233 sacs.	5.825
Fruits	(i)	8.056 colis.	25.468 500
Cuir de pieds (à colle).	(e)	1.530 kilog.	1.530
Graisse.	(i)	18.528 —	4.552 780
Bois			3.665 363
Médicaments et dro-gues.	(e)	25 colis.	4.210
	(i)	1.674 —	
Métaux divers	(e)	14.455 kilog.	2.801
Maïs.	(e) (i)	13.843 sacs.	71.545 944
Or vieux.	(e)	4.128 oitavas.	11.786 490
Os	(e)	140.000 kilog.	2.400
Paille de Carnaúba .	(i)	250 bottes.	250
Oiseaux desséchés . .	(e)	11.240 pièces.	5.620
Plumes	(e)	214 kilog.	786
Piassava.	(i)	427 colis	1.046
Amidon	(e)	5.600 kilog.	526
Cornes de bœufs . . .	(e)	65.000 pièces.	32.500
Argent vieux	(e)	5.046 oitavas	1.446 644
Rapé (tabac en pou-dre.).	(i)	4.045 kilog.	8.090
Résines	(i)	1.230 —	1.230
A reporter.			31.944.479$646

Report			31.941.179$640
Sel	(i)	1.029.120 litres.	6.045 380
Suif	(i)	38.514 kilog.	13.612 950
Cuir à semelle	(i)	853 demi.	3.126 300
Tuiles	(i)	2.000 pièces.	66
Chiffons	(e)	102.400 kilog.	5.120
Sabots de bœufs	(e)	104.000 —	2.080
Balais de piassava	(e)	320 douzain.	320
Genièvre	(i)	50.365 litres.	25.408.500
Bois-Brésil	(e)	162.790 kilog.	16.270
Paille de *Ouricurg*	(i)	210 —	210
Paina	(i)	108 —	108
Plantes vivantes	(e)	4 colis.	20
Tapioca	(e)	30 kilog.	60
Tucum	(e)	400	320
Total			31.976.046$776
Soit			Fr 70.940.118

TABLEAU DE L'EXPORTATION.

(*e*, A L'ÉTRANGER, *i*, DE LA PLACE VERS L'INTÉRIEUR).

1887

Sucre	(e)	159.463.483 kilog.	19.870.361$400
Coton	(e)	21.426.788 —	8.020.707 740
Eau-de-vie	(e)	5.575.295 litres	596.568 618
Alcool	(i)	133.374 —	26.773 240
Miel	(e)	53.374 —	4.697 360
Cuirs	(e)	1.579.546 kilog.	755.849 845
Abacaxis (ananas)	(e)	1.239 —	1.305 400
	(i)	8.500 —	
Eventails	(e)	10.500 —	78 750
Huile de coco	(i)	490 litres.	490 000
— de palme	(e)	300 —	300 000
Caoutchouc	(e)	266.705 kilog.	282.271 610
Cacao	(i)	63 —	25 200
Café	(e)	1.463 —	1.081 950
Graines de coton	(e)	4.009.651 —	53.937 110
	(i)	30.000 —	
— de ricin	(e)	761.182 —	45.971 285
	(i)	49.901 —	
Charbon animal	(e)	81.040 —	1.820 320
A reporter			29.661.429$028

	Report		29.661.429$028
Ecailles de tortue . . (e)	32 kilog.		112 000
Châtaignes du Cajú. . (e)	53 —		31 800
Cire de Carnaúba. . (e)	120.874 —		12.647 830
(i)	6.605 —		
Chapeaux de paille de Carnauba. . . . . . (i)	8.310 ballots.		3.320 090
Cigares . . . . (e)	3.660 pièces.		219 000
Cigarettes. . . . . . . (e)	10.000 —		60 000
Cocos (fruits). . . . (e)	89.520 —		47.701 600
(i)	539.550 —		
Colle. . . . . (i)	918 kilog.		736 800
Cordes. . . . . (i)	200 pièces.		32 000
Petits cuirs et peaux. (e-i)	1.228.510 —		931.350 510
Cumarú . . . . (e)	50 kilog.		10 000
Confiseries . . . . . (e)	613 —		10.070 000
(i)	18.457 —		
Plumeaux. . . . . (i)	393 —		417 000
Farine de manioc. . (e-i)	20.000 sacs.		47.785 550
Haricots. . . . . (i)	50 —		525 000
Vieux fer . . . . (e)	102 tonnes.		1.020 000
Fil de coton. . . . . . (i)	126 sacs.		1.260 000
Fruits . . . . (i)	19.000 colis.		3.850 000
Cuir de pieds (à colle). (e)	504 kilog.		13 500
Graisse. . . . . (i)	63.496 —		16.418 470
Laine (Barriguda) . . (e)	1.073 —		1.277 900
Laine de mouton. . . (e)	30 —		30 000
Pois			4.407 000
Médicaments et drogues. . . . . (e)	364 colis.		65.535 000
(i)	4.014 —		
Miel d'abeilles. . . . . (e)	2 —		40 000
Métaux divers . . . . (e)	13.404 kilog.		6.820 744
Maïs. . . . . (e)	15.000 sacs.		108.502 750
(i)	47.120 —		
Or vieux . . . . (e)	5.828 oitavas.		55.736 000
Os . . . . (e)	348.770 kilog.		4.542 210
Paille de Carnaúba. . (i)	300 bottes.		300 000
Oiseaux desséchés . . (e)	11.200 pièces.		5.300 000
Plumes . . . . (e)	202 kilog.		806 000
Piassava. . . . . (i)	128 colis.		519 936
Amidon . . . . (e)	7.640 kilog.		13.320 000
Cornes de bœufs. . . (e)	12.400 pièces.		5.841 000
	A reporter.		31.011.988$727

	Report		31.011.088$727
Argent vieux . . . . . (e)		61.178 oitavas.	12.588 695
Fromages de Sertão . (e)		771 kilog.	771 000
Rapé (tabac en poudre) . . . . (i)		4.099 —	8.100 000
Résines . . . . (i)		1 caisse.	20 000
Sel . . . . (i)		232.200 litres.	1.720 775
Suif . . . . (i)		324.105 kilog.	77.015 000
Graines de sésame (gergelim). . . . . . (i)		1.478 —	639 000
Cuir à semelle . . . . (i)		10.690 demi 85 roul.	51.600 000
Tuiles . . . . (i)		3.000 pièces.	144 000
Briques. . . . . (i)		3.000 —	60 000
Chiffons . . . . (e)		57.000 kilog.	1.565 000
Sabots de bœufs . . . (e)		25.000 —	500 000
Urucû . . . . (e)		8.000 —	1.600 000
Balais de piassava . . (e)		186 douzain.	186 000
Vin de Cajû. . . . . . (i)		6 caisses.	48 000
Sirops . . . . (e)		5 —	28 000
	Total.		31.478.050$187
	Soit.		Fr 77.846.628 50

L'importation va s'augmentant. Les droits perçus de chef par la douane qui étaient de 9,685,005 $ 021 en 1887, ont monté à 10,738,240 $ 163, et se sont accrus par conséquent de 1,053,235 $ 142.

Je ne puis fournir un tableau des valeurs sur lesquelles ces droits ont été perçus. Il n'existe pas à Recife, la douane ne l'établit pas, bien qu'elle en ait tous les éléments; je ne connais guère au Brésil que celles de Rio de Janeiro et de Santos qui le fassent.

Je reproduis ici pourtant une liste des articles et de leurs quantités entrés sur la place. C'est celle de 1887 : le *Diario* signale une augmentation des entrées pour la plupart des produits alimentaires et même sur le plus grand nombre des autres en ce qui concerne 1888.

Comestibles, boissons, denrées alimentaires. — Absinthe, 24 caisses; — ails, 2,636 mannes; — prunes, 263 caisses; — amandes, 54 sacs; — arachides, 100 sacs; — riz,

11,677 sacs; — huile d'olive, 49 barils, 3,283 caisses et 14 estagnons; — olives, 82 caisses et 5 barriques: — morue, 903,908 barriques; 72,514 demi-barriques, 2,534 caisses, 22,712 *tinas;* — poissons secs, 17,941 colis; — saindoux, 10,616 barils et 285 caisses; — pommes de terre, 17,625 caisses et 2,795 paniers : — biscuits, 410 caisses; — bitter, 131 caisses; — café, 39,576 sacs; crevettes, 32 colis; — cannelle, 249 colis; — conserves de viande, 87 colis; — châtaignes, 354 colis; — oignons, 8,810 caisses, 58 sacs, 4,040 chapelets; — bière, 8,262 caisses (de 12 bouteilles) et 1,883 barriques et barils; — orge, 5,365 barriques; — orge perlé, 276 bonbonnes; — thé, 1,086 colis; — champagne, 223 caisses (de 12 bouteilles); chocolat, 40 caisses; — andouilles, 8 caisses; — cidre, 1,365 caisses; — cocos, 163,300 pièces : — cognac, 2,172 caisses et 9 barils : — cumin, 301 sacs; — conserves, 1,943 caisses; — clous de girofle, 61 sacs; — sucreries, 167 caisses; — pois, 140 colis; — farine de manioc, 16,444 sacs; — farine de froment, 136,740 barriques et 2, 915 sacs; — haricots, 679 sacs : — figues, 143 caisses; — feuilles de laurier, 55 sacs; — fruits, 711 caisses; — eau-de-vie de genièvre, 3,553 caisses, 1 ½ pipe, 2 barils et 200 dames-jeannes; — *gerimuns*, 6,254; — ginger ale, 7 caisses et 2 barils; — gomme de manioc, 1,021 colis; — pois pointus, 2 sacs; — anis, 70 sacs; — légumes, 158 colis; — lait condensé, 101 caisses; — liqueurs 302 caisses; — langues, 95 colis; — maizena, 3,907 caisses; — beurre, 8,598 barils, 12,191 demi-barils et 3,029 caisses; — pâtes alimentaires, 4,545 caisses, pains de tomates, 50 caisses; — maté, 3 colis; — maïs, 35,498 sacs; — mortadelle, 8 caisses; — moutarde, 18 colis; — noix, 15 colis; — œufs de poisson, 13 caisses; — raisins secs, 1,127 colis; — poisson en conserve, 272 colis; — pimen de l'Inde, 913 sacs; — jambons, 209 colis; — provisions diverses, 383 caisses; — fromages, 6,837 caisses, 56 tinas et 61 colis; — rhum, 10 caisses; — sagou, 205 bonbonnes; — sel, 2,632,630 litres, 39,863 alqueires et 26 colis; —

salame, 13 caisses; — saucisson de Portugal, 51 caisses; — sardines, 674 caisses et 1,235 barils; — tapioca, 472 colis; — lard, 2,242 barils et 13 caisses; — vinaigre, 306 pipes, 504 *quintos*, 984 barils, 5 caisses; — vin, 3,657 pipes, 12 demi-pipes, 62 quartauts, 2,576 *quintos*, 3,028 dixièmes, 7,149 barils, 10,941 caisses; — *Xarque*, *tassajo* ou viande sèche, 3,832,385 kilogr.; — sirops, 78 caisses; — vermouth, 272 caisses; — wiskey, 288 caisses et 13 barils.

Articles divers. — Essence de térébenthine, 183 caisses; — goudron, 382 barils; — alfafa, luzerne indigène, 400 balles; — alfazema, lavande, 37 sacs; — alpiste, 1,272 colis; — céruse, 415 barriques; — sable à mouler, 5 barriques; — huile de palme, 170 colis; — barriques et barils vides, 30,454 et 20,070 colis de pièces démontées; — *barrilha*, kali, plante à soude, 1,645 *tambores*; — argile, 64 colis; — brai, 3,015 barriques; — caoutchouc, 649 colis; — cordages, 796 colis; — chaux, 4,558 barriques; — chaussures, 388 caisses; — graines de coton, 145 sacs; — graines de ricin, 1,052 sacs; — noir animal, 55 colis; — charbon de terre, 36,358 tonnes; — cires diverses, 1,053 colis; — chapeaux, 454 caisses et 249 ballots; — cigares, 206 boites; — plomb de munition, 2,330 barils; en barres, 218; en fils, 20 colis; en tuyaux, 210 barriques; en feuilles, 20 colis; — cigarettes, 12 colis; — ciment, 31,006 barriques; — cuivre pur, 482 colis; en sulfate, 20 barriques; — coke, 91 tonnes; — colle, 43 colis; — cordes, 300 paquets et 1,080 pièces; — petits cuirs, 4,956 colis; — cuirs de bœuf, 36,859; — craie, 26 barriques; — traverses de chemins de fer en bois, 8,112; — drogues, médicaments, 3,480 colis; — soufre, 366 barriques et 300 caisses; — étain, 354 colis; — nattes, 733 colis et 50 pièces; — étoupe, 1,942 colis; — son, 48,312 balles; — foin, 1,897 balles; — fer, acier, 4 caisses, 879 barils, 18 barres, 294 faisceaux, 4,502 plaques de bordage; — ancres, 43; — bronze, 53 colis; en barres, 26,793 pièces, 6,887 faisceaux; — tuyaux, 1,588 pièces et 649 colis; — chaînes, 54 barriques; — bêches, 1,634 barriques; — quincaillerie diverse, 7,501 colis; — fourneaux, foyers, etc., 4,725 colis et pièces; — en feuilles, 1,253 pièces et 66 colis; — fer-blanc, 2,804 caisses; — fer galvanisé, 530 colis; en gueuse, 60 tonnes; — moules à sucre, 62 colis; — pelles, 746 paquets; — poids, 140; — clous, 2,576 colis; — marmites, 220; — roues, 142 paires; — broquettes, 388 colis; — rails, 11,432 et 145 colis; — machines, ustensiles divers, 46,062 colis et pièces; — cercles, 4,916 faisceaux.

Fils de lin, 2,560 colis; — tabac, 8,928 colis et 30 caisses; — bouteilles, flacons, etc., 2,920 colis et 7,849 pièces; — plâtre, 35 barriques; — graisse, 1,720 pipes, 64 barils, 67 caisses et 37,440 kilogr. en vessies; — canots, radeaux, 260; — pétrole, 90,923 caisses et 9 barils; — laine *barriguda*, 32 sacs; — fils à coudre, 1,833 boîtes; — graine de lin, 4 barriques; — toile à voile, 466 ballots; — vaisselle, 5,923 colis et 400 cylindres; — bois : 8,470 madriers, 1,053 solives, 403 tables, 1,903 poutres, 903 poutrelles, 408 avirons, 97,900 billes, 20,000 troncs de manguier, 352,467 pieds cubes, 348 paquets de cercles, 9,824 pièces diverses; — marbres et pierres, 416 colis, 1 table, 1,408 dalles, 2,467 pierres à aiguiser, 49 barriques pierres à feu, 68 meules; — marchandises diverses, 18,966 colis; — meubles, 626 colis; — ocre, 91 barriques, — huiles diverses, 1,528 colis : — os, 21,000 kilogr.; — paille de carnaúba, 2,706 bottes; — papier, 968 caisses, 22,208 colis et 2,000 paquets; — parfumerie, 584 caisses; — plumes, 19 caisses; — allumettes, 4,015 boîtes : — pianos, 76 colis; — piassava, 5,405 bottes; — poix, 14 barils; — pipes vides, 3,797; — plantes vivantes, 1 colis; — poudre, 3,539 barils et 8 caisses; — cornes de bœuf, 2,000; — potasse, 30 barils; — savon, 38 caisses; — sacs vides, 2,310 ballots; — salpêtre, 2,810 barriques; — semences, 3 colis; — suif, 6,824 barils et 60 kilogr.; — soude, 292 bonbonnes; — cuir à semelles, 21,334 demi-cuirs et 426 colis; — sabots, galoches, 118 ballots; — tissus divers,

20,563 colis et 12,046 balles de tissus de coton indigène; — toiles, 17,000 et 252 colis; — briques cuites, 26,023 et 583 colis; — grès à nettoyer les couteaux, 586 caisses; — encres, 2,533 colis; — caractères d'imprimerie, 21 caisses : — chiffons, 82 balles; — ongles, 120 kilogr.; — balais de piassava, 4 ballots; — bougies, 3,640 caisses; — verres, 5,053 caisses; — osier ouvré, 18 colis; en bottes, 500; — minium, 96 barriques; — zinc en feuilles et en lames, 54 colis.

Il est bon de noter que le tableau de l'exportation ne comprend pas les oiseaux vivants, les singes, les animaux domestiques, dont tous les steamers, partant de Pernambuco, emportent toujours un assez grand nombre.

On démêlera aisément à la lecture, dans le tableau de l'importation, les articles venus de l'étranger de ceux introduits sur la place par le cabotage et provenant d'autres points du Brésil.

Dans cette importation, la France a une part importante, mais qui pourrait devenir bien plus considérable : beurres, papier, conserves alimentaires, chapeaux de paille, chemises, lingerie, chaussures, fils à coudre, liqueurs, vins de table et fins, étoffes de coton, huiles d'olive, parfumerie, soieries, bonneterie, forment les principaux articles spécialement et pour une bonne part demandés à nos industries. L'intervention trop exclusive des commissionnaires est l'une des causes qui arrêtent l'expansion de nos ventes : des agents directs, des voyageurs pénétrant dans l'intérieur, des dépôts et des entrepôts généraux dans la capitale, s'efforçant de diminuer les frais généraux, permettraient de soutenir avantageusement la concurrence des Allemands, des Anglais et des Américains du Nord.

Notre commerce possède le moyen le plus important pour agir efficacement sur ce terrain ; ce sont les communications directes par navires français. On s'en est rendu compte par la nomenclature produite plus haut.

Pour satisfaire aux besoins de ce mouvement financier et commercial, on trouve à Pernambuco les institutions ou établissements suivants, dont je relève la liste dans l'*Almanach de Recife* pour 1888 :

Société commerciale agricole; — Banco do Credito Real de Pernambuco: — English Bank of Rio de Janeiro (succursale); — Brazilian Submarine Telegraph C. L.; — Imperial Companhia de Seguros contra fogo; — Companhia de Seguros Liverpool and London et Globo; — C. I. Northern Insurance de Londres et Aberdeen; — C. I. Hanseatica de Seguros contra fogo; — C. I. North British and Mercantile; — C. de seguros maritimos et terrestres *Amphitrite ;* — C. Indemnisadora de Seguros maritimos e terrestres; — *C. Fidelidade*; — The Western and Brazilian Telegraph, pour la côte, la Plata et le Chili; — Banque Augusto Frederico de Oliveira et Cie; — succursales du Banco do Brazil, du Banco Internacional do Brazil, du London and Brazilian Bank. On organise de plus en ce moment — je crois bien que c'est M. Loyo, déjà nommé, qui est ici un très gros personnage — le Banco da provincia de Pernambuco, au capital de 3,000 contos, dont la province prendrait les deux tiers afin de lui confier tout son service financier.

J'ai déjà parlé des communications perfectionnées dont Recife est le point de départ et le centre.

La province possède trois lignes de pénétration vers l'intérieur : 1° *Recife au Sam Francisco*, 270 k. 232, dans la région sud-ouest.

2° *Recife au Limoeiro* (*Great Western of Brazil*), avec embranchement de Nazareth et Timbauba. Total, 141 kilomètres, dont 82 k. 976 pour la ligne principale et 58 k. 360 pour l'embranchement.

Un embranchement est en construction de Nazareth à Bom Jardim (région nord-ouest).

3° *Recife à Curnarú*, 139 k. 371, se dirigeant vers l'ouest en passant par Jaboatão, Morenos, Tapera, Victoria, Pombos.

Il y a, en outre, deux lignes suburbaines : 1° *de Recife à Caxangá*, par Monteiro et Apipucos, 14 k. 600, avec embranchement de 4 kilomètres sur Afflictos et de 9 k. 600 sur Varzea; 2° *Recife à Olinda*, 8 k. 082, avec embranchement de 4 k. 450 sur Beberibe.

Deux tramways à traction animale, l'un transportant des marchandises, l'autre des voyageurs, relient les gares de chemins de fer avec le centre commercial du port.

Avant de poursuivre ces indications, il me semble utile de dire tout de suite quels sont les éléments constitutifs de la province de Pernambuco, car on n'en saurait isoler la ville de Recife, qui en est vraiment la capitale, c'est-à-dire l'âme et le cœur.

Comprise entre 7° et 10°40′ de latitude méridionale, entre le 1° et le 8°25′ de longitude orientale du méridien de Rio de Janeiro, cette province fort étroite du nord au sud, très longue de l'est à l'ouest, s'étend dans le premier sens depuis le contrefort de la chaîne Araripe jusqu'à la rive gauche du Sam Francisco, et dans le second du cap Santo Agostinho jusqu'à la serra des Dous Irmãos, qui la sépare de Bahia. Macedo lui donne une superficie de 234,500 kil. carrés que l'évaluation officielle réduit à 128,395. L'étendue de son littoral, sinuosités comprises, est d'à peu près 270 kilomètres. Sa population est de 1,374,000 habitants; avant l'abolition il y avait 41,122 esclaves.

J'ai déjà dit que l'une des deux facultés de droit de l'Empire a son siége à Recife. Cette ville possède également une *relação* ou cour d'appel, dont la juridiction s'étend aussi sur les provinces de Parahyba et d'Alagôas. Elle est partagée en 38 comarcas de juges de droits, en 42 termos de juges municipaux et compte 57 municipes, avec 21 cités, 36 villes et 87 paroisses. Celles-ci constituent l'évêché d'Olinda, qui lui aussi étend sa juridiction sur Alagôas et Parahyba. 6 sénateurs, 13 députés généraux et 39 députés provinciaux.

Voici les éléments de sa constitution financière, d'après le tableau de M. Corrêa de Araujo, lequel est un enfant de la province même :

BUDGET [1]

	Recettes.	Dépenses.
Général	10.103.552$252	7.940.754$120
Provincial	2.575.635.778	3.462.436.668
	12.679.188$030	11.403.190$788

DETTE

Consolidée	7.624.400$	à 5 et 7 %
Flottante	401.512.476	
Total	8.025.912$476	

En 1885-86 :

COMMERCE

	Importation.	Exportation.	Total.
Long cours	20.693.264$	12.769.729$	32.463.990$
Cabotage	4.626.700	7.776.600	12.423.300
Total	25.320.964$	20.566.329$	45.887.290$

On ne parcourt pas très aisément encore la province de Pernambuco, en dehors des zones traversées par les chemins de fer, et un coup d'œil sur la carte montre que ceux-ci sont tout au plus des amorces. Je n'ai donc pu, malgré mon vif désir, aller bien loin dans l'intérieur, voyage qui exige plus de temps disponible que je n'en avais.

1. Le 1er mars 1889, M. Innocencio Marques de Araujo Goes, député, président de la province, en ouvrant l'Assemblée législative de Pernambuco, a tracé le tableau de la situation financière à cette date ; j'en extrais les données suivantes :

La recette de 1888 est montée à 3.024.278 $ 623 dont 2.855.905 $ 502 représentent la recette ordinaire, provenant, entre autres chefs, de :

Droits d'exportation	731.301 $	824
— d'importation	8.479	880
— de consommation	297.238	614
— de *gyro*	787.900	604
— de professions et affaires	23.786	362
— transferts de propriétés	494.560	610
— divers	434.214	187

La dépense a été de 3.020.688 $ 231 dont 2.851.886 $ 273 re-

Voici cependant à grands traits l'esquisse topographique de la région.

La province peut se diviser à vol d'oiseau en trois zones très distinctes : la *Matta*, occupant la partie orientale et maritime du territoire, et s'étendant de 40 à 60 kilomètres sur une largeur moyenne de 72 ; cette zone très fertile, uniformément accidentée, couverte de grandes forêts, est abondamment arrosée par les rios Capiberibe, Ipojuca, Una, Capiberibe-Mirim, Pirapama, Jaboatão, Serinhaem, Goyanna, Iguarassú, et leurs affluents : c'est là que prédomine la culture de la canne et des céréales, mais la partie haute se prête admirablement à la planta-

présentent la dépense ordinaire, provenant, entre autres chefs, de :

Assemblée provinciale	106.517 $	199
Administration	83.486	934
Instruction publique	771.866	640
Police	618.929	690
Bureaux du fisc	299.282	715
Pensions	158.748	682
Travaux publics	116.847	614
Intérêts de la Dette	515.155	626

La plus-value entre la recette et la dépense de 1888, qui n'était pas définitivement liquidée à la date de la présentation du rapport présidentiel, s'élève à 3.590 $ 392 reis.

Le montant dû à la province est de 2.592.057$264, dont 196.013 $ 309 a été payé pendant l'année 1888.

La Dette provinciale qui est représentée par des titres de rentes (apolices) de 5 et de 7 0/0, s'élève à 7.881.200 $ 000, y compris 300.000 $ 000 avancés aux sucreries centrales devant être remboursés au gouvernement provincial.

La Dette flottante est de 537.027 $ 878, elle s'élèvera probablement à 1,000 contos après la liquidation finale du budget de 1888.

Pour l'année 1890, la recette est évaluée à 3.362.294 $ 770, dont 2.974.433 $ 280 est au compte de la recette ordinaire.

La dépense est fixée à 3.814.372 $ 287, dont 3.336.840 $ 709 représentent les dépenses ordinaires.

Le déficit apparent est de 452.077 $ 519 reis.

Pour établir l'équilibre du budget, le président propose d'augmenter les impôts provinciaux.

tion du café déjà exploitée avec avantage par nombre d'agriculteurs.

La seconde zone est la *Catinga* ou *Agreste*, caractérisée non seulement par la constitution du terrain plus sablonneux que dans la première zone, mais encore par les plus hauts plateaux qui se rencontrent dans ces parages, et dont l'altitude varie de 500 à 900 mètres. C'est la région montagneuse, prolongement plus ou moins ramifié de la serra da Mantiqueira, qui va mourir dans le Piauhy. Les terrains y sont en général arides, en été les plantes perdent leurs feuilles et souvent l'eau fait défaut. Cette zone se prête toutefois bien à la culture du coton, du tabac, du millet, et surtout à l'industrie pastorale.

Le *Sertão*, la troisième zone, comprend le versant de gauche du Sam Francisco ; il est plus sec, quoique moins raboteux, aussi sablonneux que l'*Agreste;* durant la longue saison calme, les cours d'eau se vident et la végétation y languit ; c'est la vraie patrie du cactus et de toutes ces plantes persistantes, dont j'ai parlé à propos du Ceará, qui gardent intactes leur vigueur quand toutes les autres se sont flétries aux ardeurs excessives et trop prolongées du soleil. De ce côté, la province trouve ses limites dans la grande cordillère des *Vertentes*, la chaîne centrale de partage des eaux, dont la section locale porte principalement le nom de serra des Dous Irmãos ou des Deux Frères. En dépit de son aridité apparente, cette zone est très arrosée ; on y trouve, en remontant le Sam Francisco, les rios Pajehú, d'un cours de 450 kilomètres grossi d'une vingtaine d'affluents ; rio da Terra Nova, qui passe par Cabrobó et dont le déversement forme la cataracte du Mocó ; rio da Brigida, venu de la serra du Araripe près de Crato, et qui reçoit une masse de tributaires, dont le Jacaré, un vrai fleuve, etc. Le rio Moxotó, qui sort de l'angle de rencontre de la serra dos Periquitos et de la serra dos Cayriris pour se jeter dans le S. Francisco juste au-dessus de la célèbre chute de Paulo Affonso, appartient plutôt à la zone précédente.

Cette division de la province, ces conditions géologiques ainsi déterminées, le climat lui-même, chaud et humide dans la *Matta*, chaud encore, mais sec et très sain dans les deux autres zones, fait comprendre qu'on ait jadis donné une importance prédominante aux cultures de la canne à sucre et du coton; mais, depuis quelques années, les crises subies par ces deux produits sur les grands marchés extérieurs ont très heureusement, à mon avis, forcé les agriculteurs de Pernambuco à varier leurs cultures.

Cette fois encore j'emprunterai au travail si consciencieux et si remarquable de M. Silva Coutinho sur les chemins de fer du Nord diverses indications caractéristiques de l'état de la contrée, de ses ressources et du mouvement économique qui s'y développe.

LES CHEMINS DE FER ET LEURS ZONES.

Le Recife au Limoeiro, exploité par la compagnie anglaise *Great Western of Brazil*, a été concédé en 1870, avec garantie d'intérêts de 7 % pendant 30 ans sur un capital maximum de 50,000 $ de coût kilométrique; la concession est pour une période de 90 ans, avec zone privilégiée de 20 kilomètres de chaque côté de l'axe de la ligne. La garantie était provinciale, mais l'État lui a donné sa caution. Partant de l'extrémité nord du quartier du Recife, près du fort de Brum, cette ligne traverse l'estuaire du Beberibe sur un pont de 180 mètres et se dirige vers l'ouest, pénétrant dans la vallée du Capiberibe, dont elle prend le contact des eaux au kil. 23 et qu'elle accompagne jusqu'au kil. 52; elle s'en écarte alors pour gravir l'étroit plateau qui la sépare des eaux du Tracunhaem, s'allonge sur ce plateau jusqu'au kil. 74, puis descendant sur la rive du Camaragibe, elle le suit jusqu'à la station de Limoeiro, au kil. 85. Elle a pour stations, Encruzilhada, Arraial, Macacos, Camaragibe, S. Lourenço, Tiuma, Santa Rita, Pão d'Alho, Carpina, Lagôa do Carro, Campo Grande et Limoeiro.

De Carpina, au kil. 60, sur le plateau, part l'embranchement de Nazareth, qui descend immédiatement dans la vallée du Trancunhaem, traverse la localité de ce nom et arrive à la ville de Nazareth, avec un parcours de 13 k. 200. La ligne totale avait ainsi jusqu'à l'an dernier 96 k. 300.

Bien qu'elle soit à voie de 1 mètre, elle aurait pu être moins accidentée, si le tracé ne s'était pas éloigné du Camaragibe, gravissant et descendant le plateau et surchargeant le transport des produits d'exportation de Limoeiro et du voisinage. On a économisé ainsi les 7 kilomètres qu'aurait comptés en plus l'embranchement de Nazareth et d'autre part l'entretien est moins dispendieux sur le plateau qu'il n'eût été le long du Camaragibe.

Sur un capital total de 7,537,500 $, la compagnie en a 5,000,000 $, jouissant seuls de la garantie d'intérêt. Toutefois, elle n'a émis que 15,000 actions de 20 livres, dont le quart, c'est-à-dire 75,000 livres seulement, a été versé, soit 666, 667 $ au change pair de 27. La base déterminée pour la garantie est excessive, car on a construit bien des chemins de fer dans le sud et sur un terrain plus difficile, à moins de 50,000 $ le kilomètre.

Le mouvement financier des dernières années est indiqué dans le tableau suivant :

	Recettes.	Dépenses.	Excédents.
1882.	263.670.410	249.846.810	18.823.300
1883.	487.270.250	373.845.680	104.425.576
1884.	573.618.980	519.390.870	54.228.110
1885.	359.850.380	376.117.170	46.266.790
1886.	395.619.640	357.815.240	37.804.400
1887.	528.590.900	383.230.830	145.351.070
1888.	691.168.100	418.531.280	272.636.820

C'est encore à la rareté des pluies qu'il faut attribuer le fléchissement des recettes depuis 1884. L'augmentation des dépenses presque doublées cette même année est due aux reconstructions effectuées par la compagnie, depuis que l'entretien de la ligne a été mis à sa charge, comme il est arrivé pour la ligne Conde d'Eu. Du tableau, cependant, il résulte que le revenu est des plus satisfaisants : il promet de se développer, non seulement par l'affluence des produits de la zone propre du chemin, qui en étaient encore détournés, mais par le prolongement de la ramification de Nazareth, qui traverse la très fertile vallée du Trancunhaem, très peuplée et aussi productive que les plus riches de la province. La compagnie a même construit ce prolongement sans réclamer de garantie d'intérêts, tant elle était convaincue de l'excellence de l'opération.

L'examen comparatif du revenu de la ligne principale et de l'embranchement donnait d'ailleurs à celui-ci sur le total une proportion de plus de 40 0/0, malgré sa faible étendue. C'est presque moitié de la recette. En le poussant jusqu'à Timbauba, où il est arrivé aujourd'hui, à 45 kil. plus loin, il est bien certain que la compagnie en obtiendra une recette égale, sinon supérieure à celle de sa ligne principale. C'est assez dire que la vallée du Trancunhaem vaut beaucoup mieux pour la production agricole que celle du Camaragibe.

La garantie supportée par l'État lui a imposé jusqu'en 1886-87 une dépense de 3,020,871 $ 058.

Mais sauf pour le pétrole, où elle a consenti une réduction de 20 0/0, la compagnie n'a pas encore voulu céder aux sollicitations du gouvernement de diminuer ses tarifs, et les muletiers lui font une redoutable concurrence. Tout le coton du sertão, par exemple, passe par leurs mains seules et est amené par eux à Recife.

L'embranchement prolongé a été ouvert au trafic le 8 février 1888. On n'en connaît pas encore les produits d'une façon distincte.

Quant à ceux qu'a transportés la ligne, il est bon d'en parcourir la nomenclature et les quantités respectives, pour se faire une idée exacte des ressources qu'offre la zone du chemin de fer. Voici le tableau en tonnes transportées :

	1887		1888	
Sucre.	26,379	tonnes.	30.089	tonnes.
Coton.	5,199	—	6,522	—
Cuirs.	75	—	—	—
Céréales. . .	1,023	—	1.234	—
Sel.	854	—	—	—
Divers. . . .	25,853	—	32,547	—
	61.283	—	70,392	—

La meilleure ligne de la province, l'une des plus fructueuses du Brésil, est celle dite de Recife au S. Francisco, exploitée par la compagnie anglaise *Recife and S. Francisco Railway Company*. Ce chemin de fer, l'un des premiers construits dans l'Empire, a été concédé en 1852 pour 90 ans, avec une zone privilégiée de 5 lieues de chaque côté de son axe, et une garantie d'intérêts de 5 0/0. Son capital, après diverses augmentations, est fixé à 16,666,666 $ 667, soit 1,685,660 livres st., plus du double de celui qui avait été indiqué dans le devis de construction approuvé. La province a dès 1853 ajouté 2 0/0 aux 5 0/0 garantis par le gouvernement général, mais seulement jusqu'à concurrence de 1,200,000 livres st. — La compagnie a dépensé, toutefois, 1,683,022 $ 222 ou 156,542 liv. de plus que son capital garanti.

Celui-ci correspond à un coût kilométrique de 13,513 livres ou 120,115 $ 554, chiffre absolument excessif, car celui de 65,000 $ eût été déjà fort lourd, même en tenant compte de ce que la voie est de 1m,60. — Ce type, très cher, n'était nullement utile au trafic.

Ce chemin part de l'extrémité sud du quartier de Santo Antonio, dans Recife, près du fort de Cinco Pontas ; il suit d'abord le littoral sur un terrain sablonneux et uni jusqu'à la ville de Cabo, au kil. 31,511 ; ensuite il s'infléchit vers l'ouest et pénètre dans la région accidentée, très fertile et bien arrosée, constituée par les vallées du Ipojuca et du Serinhaem, qu'il traverse sans avoir eu besoin de grands mouvements de terres, jusqu'à ce qu'il atteigne la rive gauche du rio Uná, où il termine après 125 kil. Deux ponts, celui de Affogados, long de 116 mètres, celui de Motocolombó et un tunnel de 145 mètres en sont les travaux d'art les plus remarquables.

Les revenus de l'exploitation se sont beaucoup développés depuis 30 ans qu'elle est commencée. — Voici un tableau quinquennal :

	Recette. Moyenne.	Dépense. Moyenne.	Excédent. Moyenne.
1861-1865. . .	403.044$461	327.202$566	76.488$152
1866-1870. . .	695.017.838	427.574.361	287.439.520
1871-1875. . .	820.472.424	451.584.452	368.987.072
1876-1880. . .	937.726.696	496.082.143	441.652.552
1880-1885. . .	1.094.357.621	720.018.264	375.546.956

L'augmentation extraordinaire de dépense de la dernière période, 45,3 0/0 sur la précédente, provient de la construction de la nouvelle gare, du remplacement des rails sur une large échelle et de l'acquisition d'un grand surcroît de matériel roulant.

Voici les chiffres des dernières années.

	Recettes.	Dépenses.	Excédents.
1886.	986.321$752	634.429$407	351.892$345
1887.	1.179.727.780	632.829.602	546.898.178
1888.	1.186.274.771	575.852.239	610.442.832

L'excédent de 1888 est le plus fort qui ait jamais été obtenu depuis l'ouverture de la ligne. L'État a payé pour la garantie jusqu'à présent 20,230,925 $ 313.

Voici le mouvement des marchandises en tonnes pour 1887 :

Sucre.	67.491	tonnes.
Coton.	2.545	—
Diverses.	33.769	—
Total. . . .	103.805	—

Ce chemin dessert 48 stations : Recife (Cinco Pontas), Affogados, Boa Viagem, Prazeres, Ilha, Cabo, Ipojuca, Olinda, Timbo-Assú, Escada, Limoeiro, Frexeiras, Aripibú,

Ribeirão, Gameleira, Cuyambuca, Agua Preta, Palmares. Les ateliers sont à Cabo. Les résultats obtenus prouvent que la zone parcourue est éminemment fertile, et que sa production a peu à souffrir de l'irrégularité des saisons. La compagnie a réduit de 50 0/0 le tarif pour la canne qu'elle transporte aux usines sucrières dont elle aura ensuite à exporter le sucre.

Le nom même de la ligne et de la compagnie qui l'exploite prouve que ce chemin devait être continué dans la direction du S. Francisco, sans doute jusqu'à Joazeiro, ou tout au moins jusqu'à Cabrobó, au sommet du grand arc formé par le contour du fleuve. La compagnie n'ayant pas voulu user du privilège qui lui était réservé d'entreprendre ce prolongement, l'État a décidé de l'exécuter pour son compte. Commencé le 2 décembre 1876, ce tronçon de 146 kilomètres a été ouvert à l'exploitation le 28 septembre 1887. Partant de la gare terminale anglaise, à Palmares, sur la rive gauche de l'Uná, il traverse ce rio un peu plus loin et pénètre dans la vallée de son affluent le Piarangy, qu'il suit jusqu'à Quipapa; de là, il gagne la vallée du rio Canhoto, dont il longe la cime jusqu'un peu en avant de la station de Canhotinho, puis finalement gravit le plateau de Garanhuns, où il termine à la ville de ce nom, à l'altitude de 867m,473. Il est à voie de 1 mètre, compte 20 ponts à superstruction métallique, dont celui qui franchit l'Uná a une longueur de 123 mètres. La plupart des travaux d'art, et ils sont nombreux, brillent par l'élégance et la solidité; il y a aussi deux tunnels, celui de Marayal, au kil. 49, qui a 107 mètres et celui de Pilões, au kil. 79, qui a 242 mètres.

Il dessert 13 stations : Palmares, Boa Sorte, Catende, Jaqueira, Marayal, Barra, S. Benedicto, Quipapá, Agua-Branca, Canhotinho, Angelim, S. João et Garanhuns.

D'après les tableaux insérés dans le rapport ministériel pour 1888, voici quelle a été la marche du mouvement financier :

		Recettes.	Dépenses.	Déficit.
1886...	103 Kil.	163.640$744	246.086$973	83.246$220
1887...	146 —	166.135,740	275.380.427	109.244.687
1888...	— —	187.726,650	—	—

En 1887, la ligne a transporté 55,977 voyageurs et 20,895 tonnes de marchandises; celle-ci se distribuent comme suit :

Café.	93	tonnes.
Sucre.	4.674	—
Coton.	2.095	—
Cuirs.	55	—
Céréales.	1.258	—
Tabac.	14	—
Sel.	828	—
Diverses.	11.878	—
Total.	20.895	tonnes.

L'accroissement de recettes de 12,773$360 obtenu en 1887, est dû exclusivement à l'abaissement des tarifs. Le nombre des voyageurs s'est accru de 76 % et le tonnage des marchandises a augmenté de 13 %.

Le rapport ne mentionne pas le coût de la ligne, mais M. Coutinho l'évalue à 95,000 $ le kilomètre, soit un total de 13,870,000 $.

Jusqu'à la distance de 110 kilomètres, la zone est très fertile, bien arrosée, et la ligne passe dans le voisinage de nombreuses usines sucrières. La production du sucre, du coton, du tabac et des céréales a progressé convenablement, car, même avant le 13 mai 1888, elle reposait déjà presque entièrement sur le travail libre. De Canhotinho à Garanhuns, on ne cultive pas la canne, mais le tabac donne beaucoup, ainsi que le café, le coton et les céréales.

Le climat de Garanhuns est l'un des plus agréables et des plus salubres du Brésil; les maladies du poumon y disparaissent comme par enchantement. Entre l'été et l'hiver, la différence moyenne de la température ne dépasse pas 3°,35; la plus forte en été atteint à peine 24°,15, elle descend pendant la nuit à 20°; en hiver, la plus élevée est de 20°,9 et la plus faible de 17°,8. La moyenne annuelle est donc de 20°,71; en été de 22°,7, et en hiver de 19°,35. Ce climat, à la latitude de 9°,53°, constitue à lui seul une richesse de premier ordre.

Aussi a-t-il été passionnément question de faire du voisinage de Garanhuns un centre d'attraction et de localisation pour les immigrants. Je ne saurais trop encourager les Pernambucanos à ne pas abandonner cette excellente idée.

L'Etat s'est chargé d'une autre ligne ferrée, dont la construction a été réclamée par les producteurs locaux; c'est celle qui va de Recife à Caruarú en passant par Jaboatão, Victoria, Gravatá et Bezerros. Elle part du quartier de Santo-Antonio, tout près de la prison (*casa de detenção*), sur le bord du Capiberibe, court sur un terrain bas et vaseux pendant 5,700 mètres et traverse, à moitié de cette distance, le bras gauche de ce rio, puis continue en terrain ferme, longeant la route carrossable de Victoria, qu'elle coupe par divers ponts, passant de la petite vallée du rio Tijipió dans celle du Jaboatão et s'approche du lit de ce rio, un peu avant d'arriver à la ville du même nom, jusqu'au kilomètre 28. Ensuite elle incline vers le nord, pénètre dans la vallée du Tapacurá et arrive à la ville de Victoria au kilomètre 51 après avoir franchi ce dernier cours d'eau. Jusque-là elle n'a pas rencontré de difficultés notables, en dépit d'un grand mouvement de terres sur quelques sections, particulièrement jusqu'à Jaboatão.

Au delà de Victoria, la ligne continue en longeant le rio Tapacurá, qu'elle franchit au kilomètre 54, remonte sa vallée jusqu'au village ou *arraial* de S. João dos Pombos; dès le kilomètre 64, elle traverse les gorges de la Vareda Funda et de Cascavel, et au delà du kilomètre 68, elle coupe les contreforts de la serra de Russas jusqu'à ce qu'elle atteigne le défilé de la *Cabeça do Boi* (Tête du Bœuf), au kilomètre 84, où les eaux du Capiberibe se divisent d'avec celles de l'Ipojuca; de ce défilé, elle descend sur la ville de Gravatá, traverse l'Ipojuca, et tout aussitôt monte jusqu'à la ville de Bezerros, au kilomètre 111.

Cette dernière section, en pleine montagne, a été très onéreuse. La voie est de 1 mètre. Les travaux d'art ont dû néanmoins être nombreux. Il n'y a pas moins de 18 tunnels, d'une longueur totale de 2,241 mètres, de 10 viaducs et de 11 ponts. Dans la 1re section, il y a deux ponts remarquables : celui du système américain de Afogados et celui de Victoria en treillis de fer.

La ligne totale aura 139 kilomètres. Jusqu'ici elle n'est terminée que jusqu'à Bezerros. Elle a coûté fort cher, mais surtout en raison d'une fausse mesure, due à l'indécision de la haute administration publique. Depuis longtemps, en effet, elle est sollicitée de racheter la ligne anglaise Recife-Palmares; ce rachat aurait dispensé l'État de construire à Recife une station centrale pour la ligne de Caruarú, ainsi que les 4 ou 5 premiers kilomètres si coûteux de cette ligne, en raison du terrain vaseux et mouvant et du pont sur le Capiberibe. La station initiale eût été commune, et la ligne de Caruarú se serait embranchée vers le kilomètre 4, de même les ateliers anglais qui sont à Cabo auraient servi à la fois à la ligne de Caruarú et à celle de Palmares à Garanhuns.

En outre, les voies ne sont pas les mêmes. L'anglaise est de 1m,60; les autres sont de 1 mètre seulement; il en résulte des transbordements onéreux et des retards dispendieux pour les voyageurs et les produits qui doivent passer d'une ligne à l'autre. Après le rachat il eût été aisé de réduire l'écartement de la voie anglaise au même type que les deux autres; son matériel aurait pu être utilisé par l'État sur sa grande ligne D. Pedro II qui est aussi à voie de 1m,60.

Ce rachat est d'ailleurs resté à l'ordre du jour; il travaille fortement les têtes pernambucanas, de même que celui d'un autre chemin, Bahia-S.-Francisco, agite celle des Bahianos. La solution s'impose à bref délai, car la prolongation d'une telle anomalie serait inexplicable et inexcusable.

Voici le mouvement financier de la ligne de Caruarú, depuis deux ans :

	Recettes.	Dépenses.	Déficit.
1886.	183.735$380	268.280$677	84.554$297
1887.	220.008.330	301.323.788	81.315.458
1888.	222.735.210	—	—

La ligne ayant été améliorée, la dépense devant être très réduite, le gouvernement espérait obtenir de la partie en exploitation un produit net en 1888. Cette espérance n'avait rien que de très raisonnable, car la région desservie est excellente; couverte de terres très fertiles, bien peuplée, elle compte plus de 200 usines sucrières, et la ligne doit facilement attirer à elle tout le coton du sertão au delà de Caruarú.

En 1880, d'après les documents officiels, cette région produisait plus de 15,000 tonnes de sucre; on évaluait le coton et les autres articles d'exportation à 32,000 tonnes, soit 47,000 tonnes pour le mouvement général. Le total transporté effectivement en 1887 a été de 30,668 sur lesquelles on distingue 8,948 tonnes de sucre et 5,448 de céréales. L'importation figure pour 15,855 tonnes et l'exportation pour 14,813. — Le nombre des voyageurs n'a pas été moindre de 161,866, dont 156,401 payants. Ce chiffre relativement énorme s'explique par l'attrait qu'exerce Jaboatão, localité fort agréable et des plus salubres, sur la population de Recife, et qui lui fait jouer un rôle analogue à celui de Saint-Germain, par exemple, vis-à-vis des Parisiens.

« Caruarú, la station terminale provisoirement projetée, est l'entrepôt commercial le plus important de l'intérieur de la province; c'est une ville qui occupe un plateau aux pentes douces, d'un terrain sec, où la végétation est peu développée. Elle est baignée par le rio Ipojuca, qui sort de la serra des Moças, près de la frontière du Parahyba. Cette rivière grossie par de nombreux torrents, y est déjà assez considérable, et l'hiver elle devient assez violente, mais l'été elle fournit à peine assez d'eau pour alimenter le réservoir public, établi dans une dépression de son lit.

« Cité en voie d'agrandissement, Caruarú compte, dans le périmètre où se perçoit la dîme urbaine, 500 feux environ, 2 églises, une prison qui sert en même temps de caserne, un immeuble où fonctionne la chambre municipale, un petit dépôt de poudre et un édifice en construction destiné à un hopital. Il y a 4 écoles primaires, une association de bienfaisance, 2 corps de musique, 2 sociétés littéraires, dont l'une entretient une bibliothèque assez bien garnie déjà. La population est d'environ 3,000 âmes. »

Tels sont les détails que m'a fournis un correspondant local. J'y ajouterai que le district municipal de Caruarú compte au moins 20,000 habitants.

Puisque je suis en train de décrire, je demande la permission de revenir un peu sur mes pas, et je prie le lecteur de me suivre sur la ligne de Palmares jusqu'à la station de Frexeiras, à 70 kilomètres de Recife. On trouve à une lieue de là, sur le bord de l'Ipojuca, une nouvelle localité appelée Primavera, qui a peut-être bien huit mois d'existence (août 1888), mais qui possède déjà néanmoins 4 rues spacieuses, un joli marché, de bons magasins, une boulangerie, un hôtel, etc. Tous les dimanches, on y trouve une foire assez courue, où abondent toutes les denrées du pays. A un quart de lieue, on y va voir la cataracte de l'*Urubú*, ou du Vautour, dont l'imposant spectacle vaut la fatigue et les frais de l'excursion.

On appelle ainsi une roche extraordinaire, une masse énorme placée dans le rio Ipojuca, entre les terrains des usines Pilões et Sam Caetano, allant d'une rive à l'autre, sur une longueur de 114 mètres avec une hauteur de 50, sans parler de l'étendue de la grande déclivité où l'eau de la rivière descend violemment avant d'arriver à la forte chute de 50 mètres.

En hiver, c'est la plus belle cataracte que l'on puisse voir, surtout quand la rivière est assez pleine pour que ses eaux la recouvrent en changeant successivement de couleur, — du noir au cendré, au jaune, au rouge, et finalement passant au blanc de neige, qui fait mieux ressortir l'écume répandue sur toute la superficie du rocher. — Au haut de celui-ci, la puissance du courant fait projeter l'eau avec une agitation frénétique, dont les bruits de tonnerre sont continus et variés; à distance, la chute forme un panorama inoubliable; la dispersion de l'eau en pluie, en brouillard, en neige floconneuse, offre la plus belle installation hydrothérapique qu'on puisse rêver. Avis à ceux qui aiment les douches; ils y en trouveront de toutes les sortes.

En été la perspective change; on peut se promener sur beaucoup de points de la roche; au coucher du soleil apparaissent des bandes d'hirondelles, qui, traversant le courant devenu plus faible, vont se réfugier dans les creux de la roche et y faire la sieste.

On peut approcher de très près la chute, si l'on connaît bien ou si l'on vous a soigneusement montré le passage, la *garganta* ou la gorge de l'Urubú; une seule personne peut passer par ce couloir à travers des roches de toutes formes et de toutes dimensions; rien n'est drôle comme de voir les chauves-souris, troublées par votre indiscrète présence, s'agiter dans les deux grottes auxquelles donne accès cet étroit couloir. Du bord de l'abîme, on voit devant soi l'énorme roche, dont le sommet laisse échapper deux jets blancs qui la contournent et la laissent exposée à découvert aux regards. A côté, des arbres touffus forment un demi-cercle et toutes les parois de la grande cuvette sont couvertes d'un fort joli gazon. D'en haut, on découvre une plaine riante, des montagnes se profilent à quelques lieues dans la direction suivie par le fleuve lui-même; la brise vivifiante adoucit l'ardeur du soleil, et permet au touriste de s'abandonner suavement à son extase.

Un peu en amont de la cataracte, on rencontre un demi-cercle formé d'une seule roche, à distance assez longue des deux rives de l'Ipojuca; il a la forme d'un mur assez haut; au centre et dans sa partie la plus basse, passe un fort courant d'eau limpide, pendant que de minces filets cristallins s'élancent du haut de cette muraille dans un puits moindre que l'abîme de l'Urubú, mais qui a pris la forme très bien dessinée d'un élégant bassin. Dans ce demi-cercle, il y a une saillie de la roche, semblable à un porche d'église, où nombre de visiteurs se peuvent mettre à l'abri de la pluie: les pêcheurs ont l'habitude d'y passer la nuit en été, en dégustant des crevettes bien pimentées accompagnées d'eau-de-vie de canne sortant des fabriques voisines; puis, s'étendant au clair de lune sur l'immense rocher, ils se racontent des histoires joyeuses, échangent des facéties, jusqu'à ce qu'arrive le sommeil. Ils ne rentrent en effet à la maison que le lendemain. — Cette curiosité a reçu d'eux le nom de *Convento* ou de couvent.

Mais je reviens bien vite à mes moutons, c'est-à-dire à mes indications statistiques, aux données permettant d'apprécier la force productive et les ressources de cette belle province. Par tout ce qui précède, on peut constater que la canne à sucre est de beaucoup la grande culture de Pernambuco. Quand le sucre, assez mal préparé, contenant des substances étrangères et irréductibles, a baissé de prix sur les marchés de Liverpool, de New-York, de Porto, ses principaux écoulements, cette culture a subi une crise terrible. Je crois avoir déjà dit que la question de l'esclavage y a eu peu de part. Depuis longtemps l'agriculture locale avait su se passer du travail forcé et le remplacer peu à peu par le travail libre rémunéré, acceptant et employant les bras des campagnards indigènes.

Le mal à faire disparaître, c'était et c'est encore l'insuffisance du prix de défaite du sucre pour couvrir le prix de revient et faire vivre ses producteurs. Quand on a eu bien disserté, bien soutenu les thèses les plus diverses, les plus extraordinaires, souvent les plus contradictoires, l'on a fini par tomber d'accord sur cette conclusion :

« Nous ne pouvons émettre la prétention de relever le prix des sucres sur les marchés extérieurs, encore moins d'empêcher la concurrence faite à la canne par la betterave. Mais il est possible et pratique d'augmenter nos rendements en canne d'abord, en sucre ensuite; il faut adopter un procédé de culture plus intensive pour la canne, et des procédés de fabrication du sucre qui en extraient la quantité maxima de la même quantité de cannes. Donc ayons des cultures modèles et des usines modèles! »

De là, cette fameuse question des usines sucrières centrales, qui fait tant de bruit et fait encore couler tant d'encre au Brésil. Je serais désolé, comme dit le proverbe, de mettre le doigt entre l'arbre et l'écorce, pourtant je suis bien obligé de dire que le Brésil et les Brésiliens ont été dans cette question victimes de spéculations *malhonnêtes!*

Ouf! le gros mot est prononcé. Tant pis! je ne le retirerai pas. Ce sont des Anglais qui jusqu'à présent ont été surtout les concessionnaires des faveurs accordées par l'Etat aux entrepreneurs des usines centrales, et les Anglais, qui savent obtenir de si beaux résultats à Demerara, dans leur colonie guyanaise, n'ont au Brésil fait autre chose que d'épuiser les subventions, les garanties d'intérêt, sans rendre aucun service réel, d'une importance un peu notable à l'agriculture.

Est-ce que ce genre d'affaires a paru peu sûr à leurs fournisseurs habituels de capitaux? Est-ce que ses initiateurs, en vrais banquistes, ont surtout voulu négocier avec un grand profit personnel les concessions primitives, tout quitte à grever ultérieurement le capital des entreprises de charges intolérables, point ne sais et peu m'en soucie. Je

15.

constate seulement que tout cela n'était pas honnête. Le gouvernement brésilien n'a pas été long à s'en apercevoir ; il a serré peu à peu la vis, et aujourd'hui la plupart des entreprises anglaises battent de l'aile ou sont en liquidation, sinon en faillite. Béni soit le Dieu qui protège le Brésil !

Une usine centrale sucrière ne peut rendre les services en vue desquels l'État consent des sacrifices, qu'à la condition de constituer un établissement modèle, non seulement par la perfection de son mécanisme, de son organisation, de son outillage accessoire, mais encore par son agencement financier. Il faut choisir soigneusement, dans des vues purement commerciales, le point où on l'établit, à portée de la matière première dont elle s'approvisionnera, de façon qu'elle la reçoive avec le moins de frais possible, soit en prix d'achat, soit en manutention et en main-d'œuvre, à portée également d'une voie économique d'exportation, lui assurant la continuité et la rapidité du débouché. La fabrication d'autre part doit chercher le maximum de rendement avec le minimum du prix de revient.

Or, au Brésil, la plupart des usines créées dans les conditions précitées, avec la subvention ou la garantie d'intérêts du gouvernement, pèchent à la fois sous le rapport industriel et sous le rapport commercial. Leur outillage est mauvais ou insuffisant, la disposition du mécanisme entraîne une main-d'œuvre excessive et toujours fort chère ; le capital englouti dans l'établissement est grevé de charges énormes, de majorations de spéculation ; souvent il est en proportion trop forte pour la production effective, qui ne saurait le rémunérer ; d'autres fois, il est en proportion trop faible pour les rendements possibles et nécessaires. Il a été gaspillé par un émiettement imprévoyant et improductif ; on a pratiqué sans discernement le système des petits paquets.

Je pourrais dire la même chose de bien d'autres industries au Brésil ; peu de pays sont aussi propres à leur assurer un franc succès, mais autant, sinon plus que partout ailleurs, l'établissement d'une industrie y a besoin d'être précédé d'une étude minutieuse et complète des conditions locales et générales, de calculs rigoureux, de mûres réflexions. Les insuccès ne prouvent rien contre le pays, ils attestent seulement l'imprévoyante légèreté ou l'incapacité des entrepreneurs.

La meilleure sucrerie centrale de Pernambuco, la seule en exploitation qui jouisse de la garantie d'intérêts, appartient à la *North Brazilian Sugar factories Company;* c'est celle de Sam Lourenço da Matta, située à Tiúma, sur le chemin de fer de Limoeiro et environ à une heure de Recife. D'après son contrat, l'usine devait pouvoir broyer 400 tonnes métriques de canne par jour, mais en réalité on est loin de ce compte. Reçue le 29 septembre 1887, elle s'est mise aussitôt à travailler, car la récolte commencée le 19 septembre 1887 s'est terminée seulement le 5 mars 1888. Voici les résultats, tels que les donne M. Francisco de Rego Barros, l'ingénieur du contrôle, dans son rapport au président Araujo Góes, en date du 20 février 1889 :

Canne broyée, kilg.	32.205.249
Jus obtenu, litres.	13.002.749
Densité du jus.	1.0827
Proportion du jus pour poids de la canne.	60.66 %
Sucre en Kilog. { 1° jet blanc . . . . 4.409 = 0.019 %. . . . . . . 1° jaune. . . . . 1.739.000 Kil.=7.494 %. . . 2° 93.000 — = 0.403 %. . . }	1.836.659
Proportion du sucre pour le poids de canne.	7.916 %
Miel (mélasse), 32° Baumé, litres	366.545
Eau-de-vie à 21°, Cartier, litre.	20.760
Alcool à 40° id.	106.474
Moût employé pour l'eau-de-vie, litre. .	213.582
Proportion de l'eau-de-vie et du moût.	9.70 %
Moût employé pour l'alcool, litres. . . .	2.133.000
Proportion de l'alcool pour le moût. . .	4.98 %

Mélasse employée dans le moût pour l'alcool, en litres.	128.371
Proportion de l'alcool et du miel.	32.28 %
Proportion de l'eau-de-vie et du miel.	43.5 %
— du bois pour la canne. . . .	17.2 %

« Le résultat de la récolte, continue l'ingénieur, n'a pas été encourageant, car de la comparaison de la

recette.	251.824$460
avec la dépense.	293.922.230
résulte un déficit de.	42.097.830

dû, selon moi, au prix élevé de la canne et au coût considérable de l'usine.

« L'alcool et l'eau-de-vie étant fabriqués conjointement avec le sucre, pour calculer le prix de revient d'un kilogramme de sucre, j'ai dû inclure la quantité correspondante d'alcool et d'eau-de-vie.

« Prix de revient de 1 kilogramme de sucre et de 0,069 litres d'alcool et d'eau-de-vie :

ACHAT DE LA CANNE

12Kg.580 de canne à 6rs.813 le Kg.	84rs.93
Transport de 12Kg.880 à 0.50rs le kilo . . .	6 . 29
Manufacture.	35 . 04
Réparations de l'usine et tramways. . . .	4 . 40
Administration à Londres et au Brésil. . .	16 . 30
Transport des produits.	8 .
Droits provinciaux.	4 . 30
Commission de vente des produits.	3 . 74
Total. . . . . . . Reis	160

« Si nous passons maintenant à la récolte présente, qui n'est pas encore liquidée :

« L'usine a commencé à travailler le 21 septembre dernier et jusqu'au 31 décembre, elle avait traité :

Cannes, kilos.	15.864.365
Jus. litres.	10.083.783
Densité du jus.	1.082
Proportion du jus pour poids de canne.	63.56 %
Sucre 1° jet, kilos.	1.139.000
— 2° —	72.000
Total du sucre, kil.	1.211.000
Proportion du sucre pour la canne. . .	7.63 %
Eau-de-vie, litres.	5.776
Alcool. —	41.745
Proportion du bois pour la canne. . . .	10.1 %

« Il m'est impossible de fournir le résultat exact des recettes et des dépenses, parce que je n'ai pas encore pu procéder à l'apuration des comptes qui, d'ailleurs, ne saurait être qu'un calcul d'approximation, parce que c'est en juin prochain seulement que se fera la liquidation de la récolte; je crois cependant que la compagnie obtiendra un peu de profit, non seulement parce que le prix de la canne a diminué, mais aussi à cause de la grande économie réalisée sur le personnel et sur le bois. L'économie de 42 0/0 dans la consommation du bois est due à des modifications que j'ai fait exécuter dans les foyers.

« Les intérêts garantis ont été payés à cette usine proportionnellement à la quantité de canne broyée... Ainsi la fabrique ayant broyé durant la récolte de 1887 à 1888 environ 230 tonnes métriques par jour, on a fixé son capital pour le paiement des intérêts à 555,000 $, dont il a été déduit 10 % pour prêts aux agriculteurs. Le gouvernement a payé du 29 septembre 1887 au 30 juin 1888 la somme de 22,703 $ 240 ou au change pair de 27, £ 2,454,4 schelling. »

J'ai tenu à citer littéralement ce document malgré son aridité technique. On répète partout, en effet, que la fabrique de S. Lourenço est une usine modèle, une sorte de *nec plus ultra;* cela fait bien dans un prospectus destiné à allécher les souscripteurs; en réalité, ce n'est qu'une fabrique à demi montée, et son outillage n'est excellent qu'en partie. Elle est d'autre part mal administrée. En revanche tout vient d'Angleterre, machines, personnel, direction, science, et le reste.

Non loin de Recife, la colonie agricole Isabel, entretenue par la province pour ses orphelins, a une usine plus petite, dont tout l'outillage vient de France. Elle fonctionne très bien, mais on ne la vante pas, et si on en parle, MM. les Anglais déclarent que tout y va mal et que le matériel ne vaut rien. Pareille chose s'est produite pour les locomotives, les rails et les wagons du chemin de fer de Caruarú, qui ont été fournis par l'usine de Fives-Lille.

Et la France entretient un consul à Pernambuco! Comment se fait-il qu'il ne fasse pas connaître et publier à Paris ces récriminations, ces plaintes, ces accusations, et comme contre-partie ces constatations officielles de l'insuffisance à tous égards des entreprises anglaises, qui nous dénigrent si bien et font par des moyens peu avouables une concurrence acharnée à nos industries? Comment n'éclaire-t-il pas nos industriels de façon à leur épargner les faux pas, à les encourager en montrant les défaites de leurs adversaires, les occasions dont ils peuvent profiter, et les meilleurs procédés à suivre pour aboutir? Je me permets de leur recommander à cet égard les rapports italiens : ils sont autrement étudiés, sérieux, précis et par conséquent utiles que les élucubrations fantaisistes des Anglais. Ceux-ci vantent fort les rapports de leurs consuls; je les ai beaucoup pratiqués en ce qui concerne le Brésil; je dois dire qu'ils m'ont paru faibles, bien en retard, d'une exactitude très contestable et qu'ils renferment surtout des appréciations singulièrement superficielles. Ces jours derniers le *South American Journal* publiait celui du consul de S. Luiz du Maranhão; vérification faite, j'ai dû reconnaître que c'était un démarquage mal fait du rapport lu par le président de la province à l'ouverture de l'Assemblée législative, accompagné d'une analyse très incomplète et très inexacte des brochures publiées en fin d'années par les diverses sociétés d'eau, de gaz, de filature, etc. Le rédacteur du rapport ne s'était même pas avisé de mettre en harmonie des données remontant à des époques séparées par un intervalle de plus de six mois.

Qu'on me pardonne cette digression; je reviens vite aux usines centrales et à celle de S. Lourenço da Matta. Dans un précédent rapport, daté du 6 février 1888, M. Francisco de Rego Barros décrit l'outillage de la fabrique, constate l'inaptitude du personnel : « A première vue, dit-il, on constate le manque d'un bon ingénieur mécanicien ; chaque semaine, je la visite, et chaque fois j'observe des défauts qui me confirment dans cette idée. Je l'ai plusieurs fois fait comprendre à la Compagnie, qui me répond en se plaignant de la difficulté de trouver de bons ouvriers. Jamais le moulin n'aura la capacité pour broyer par jour 400 tonnes, et pour fabriquer en 100 jours 2,000 tonnes de sucre au minimum, comme l'a prescrit le contrat. En réalité, pendant 65 jours, on a traité par jour 222 tonnes; avec une administration soigneuse et vigilante, on pourra arriver à 280 tonnes, peut-être à 300, surtout au début de la récolte, quand la canne est encore moins sèche.

« Les foyers à brûler la bagasse verte laissent à désirer; ils fonctionnent mieux depuis que j'ai fait réduire l'entrée de l'air. Auparavant l'ouverture des cendriers avait $1^m,20$ de haut sur 60 centimètres de large; j'ai fait fermer ces cendriers et laissé seulement une petite ouverture de 10 centimètres à la partie inférieure. Le résultat immédiat a été une économie d'environ 200 kilogrammes de bois par tonne de sucre fabriqué; cette économie serait plus considérable encore si l'on pouvait fournir la quantité de bagasse nécessaire à alimenter les foyers, c'est-à-dire si l'usine broyait plus régulièrement un plus grand nombre de tonnes de cannes. De même le conducteur de la bagasse dépense trop de force.

« La canne est apportée à l'usine par des voies ferrées, une grande partie par les tramways même de la Compagnie et le reste par le chemin de fer de Recife au Limoeiro. La Compagnie a construit 15,300 kilomètres de tramways à voie de 60 centimètres avec rails de 30 kilogrammes le mètre courant. Ces tramways conduisent les cannes des usines Caiará et Quixanga (rive gauche du Capiberibe), Tiúma, Caluanda, Tapacurá et Bella Rosa (vallée du ruisseau Tapacurá), Muribau et S. João (rive droite du Capiberibe). Les cannes des usines Camorim, Maciape et Pitangueira sont amenées par la ligne Recife-Limoeiro, qui a construit dans ce but quatre raccordements. L'embranchement qui va à l'usine S. João est en voie de prolongement jusqu'à l'usine Pitangueira en traversant les terrains de Camorim. Le lit de la ligne est presque terminé, et les rails sont commandés. La partie la plus importante de tous les tramways est le pont sur le Capiberibe, tout en fer sur piles de maçonnerie de pierre et ciment et trois arches de 77 mètres chacune.

« Pour le transport de la canne, la compagnie dispose de 100 wagons portant en poids net 2,500 kilogrammes, et de trois locomotives, dont deux pèsent 75 tonnes en ordre de marche et l'autre 12; celle-ci toutefois par suite d'un défaut de construction ne fonctionne pas régulièrement. »

« La zone est fertile, la canne est assez riche, surtout dans la vallée du Tapacurá. -- La bascule a été placée de façon à peser, non seulement les wagonnets du tramway à voie de 0m,60, mais aussi les wagons de la ligne de Limoeiro, qui chargent jusqu'à 10 tonnes. Cette disposition de la bascule épargne les transbordements, économise la main-d'œuvre et facilite le mouvement des trains. »

Le gouvernement a obligé les propriétaires d'usines centrales à lui présenter des contrats de fournitures de cannes passés avec les cultivateurs. C'est là une clause devenue maintenant générale dans tous les contrats, et à cette heure même aucune concession n'est accordée, si préalablement les concessionnaires ne se sont assuré par des engagements de cette nature une alimentation suffisante en matières premières. Lorsque la compagnie anglaise de S. Lourenço a dû appliquer cette clause, elle a eu beaucoup de difficultés, « tant elle était déjà discréditée dans l'opinion de tous les planteurs de la contrée; il eût fallu, pour qu'on s'engageât avec elle pour un long terme, qu'elle consentît à toutes les exigences des cultivateurs, qui ne pouvaient d'aucune façon avoir confiance en ses promesses. Et malgré toutes ses résistances, elle a dû acheter la canne à un prix élevé, 5 $ la tonne, dès que le prix du sucre brut supérieur a atteint sur le marché de Recife 1 $ les 15 kilogrammes. Ce prix varie de 350 reis pour chaque 100 reis ou fraction de 100 reis de variation dans le prix du sucre. J'ajoute que la canne est livrée sur des points déterminés et le transport effectué aux frais de la compagnie.

« Malgré ce haut prix d'achat, je puis cependant affirmer que pour le semestre finissant au 31 décembre 1887, elle n'y a pas perdu. »

Le capital garanti à raison d'un intérêt de 6 % était de 750,000 $; celui qui a été dépensé est de beaucoup supérieur, et cependant la capacité de l'usine est loin de celle fixée par ladite concession.

Je ne puis entrer plus avant dans les détails techniques de la fabrication. Ce qui ressort de l'exposé fait par l'ingénieur du contrôle, c'est que les procédés employés sont de beaucoup inférieurs à ceux en usage à l'étranger, à Demarara, par exemple, à la Louisiane et à Cuba. Et pourtant c'est la grande science pratique anglaise qui a prétendu venir ici faire mieux que tout le monde. Le système de la diffusion, qu'on a expérimenté avec ardeur et avec succès dans le Sud, qui depuis longtemps est employé en Europe, donnerait les résultats les plus satisfaisants. « Mais je crains, dit M. F. de Rego Barros, que la compagnie ne dispose pas de ressources suffisantes pour opérer cette transformation; d'autant qu'avec ce système, l'usine ne pourrait pas traiter 400 tonnes par jour, car ses appareils d'évaporation ne sont pas assez grands pour traiter le jus provenant de cette quantité de cannes. Tout au plus suffisent-ils à 230 tonnes de matière première... Il faudrait changer les foyers, ajouter deux pompes d'approvisionnement d'eau. »

Comment donc et par qui ont été combinées l'organisation et la coordination du matériel? Quand on lit ce qui précède, n'éprouve-t-on pas l'impression que les bénéficiaires de la concession ont délibérément voulu se contenter d'un simple trompe-l'œil[1] ?

Mais je poursuis cette édifiante étude.

La *North Brazilian Sugar Factories Limited* a vu le 14 octobre 1887 déclarer caduques les concessions d'usines centrales qu'elle avait obtenues à S. José de Mipibú, dans les provinces voisines de Rio Grande du Nord, et de Páo d'Alho (ligne de Limoeiro), dans celle de Pernambuco. Ces deux usines devaient traiter 200 tonnes de canne par jour, et jouir d'une garantie d'intérêts de 6 % sur un capital de 500,000 $. La Compagnie n'a pu parvenir à les installer dans le délai fixé. « Par sa désorganisation, dit l'ingénieur du contrôle, il était à prévoir qu'elle ne pourrait accomplir les obligations que lui imposait le décret du 9 juin 1883. Il semble que les travaux n'étaient engagés qu'au fur et à mesure que la garantie de 6 % sur le capital à réaliser était payée. C'est ainsi, qu'ayant touché 42,000 liv. st. de garantie d'intérêts, elle a tout au plus construit l'usine de S. Lourenço da Matta.

« Les constructions de celle de Páo d'Alho ont été arrêtées en mars 1886 et n'ont plus été reprises. Tout le matériel pour le bâtiment, les machines, les appareils, etc., est

1. On ne sera plus surpris de ces insuccès quand on saura que la *Central Sugar Factories*, par exemple, au lieu de commander en Europe un matériel en rapport avec les clauses de ses concessions et les exigences de la fabrication à cette époque, avait tout simplement acheté au rabais l'outillage de rebut provenant des usines du vice-roi d'Égypte.

depuis cette époque déposé sur place, exposé aux injures de l'air et sans le moindre entretien. Les fondations destinées à supporter les colonnes du bâtiment, les machines, les appareils, les générateurs de vapeur, même une partie de la cheminée, sont prêts, mais absolument couverts d'une végétation parasite abondante témoignant de la façon la plus tristement éloquente combien les ressources font défaut à la Compagnie pour achever la construction de la fabrique.

« C'est dans un état moins avancé encore qu'ont été suspendus les travaux de l'usine de S. José du Mipibú ; c'est à peine si l'on y avait opéré le nivellement ; tout le matériel métallique, machines, etc., est resté absolument à l'abandon dans la ville de Natal. Il est triste de voir tout ce matériel, qui représente une somme considérable et qui est de première qualité, ainsi délaissé et en train de s'abîmer. *Voilà le résultat des concessions accordées à des personnes incompétentes qui n'avaient d'autre but qu'une spéculation mal conçue et démesurée !* »

Voilà la morale et la leçon qu'il convient de retenir de toutes ces choses. Je suis heureux de la trouver sous la plume autorisée de l'éminent ingénieur du contrôle, représentant des intérêts du Trésor brésilien, qui ajoute fort sensément :

« *Si ces usines avaient été concédées à des agriculteurs*, elles fonctionneraient certainement aujourd'hui, l'État aurait économisé une somme qui n'est pas mince et l'agriculture en aurait tiré un grand profit. »

La même Compagnie anglaise s'est vu rendre deux concessions dont la caducité avait été déclarée : celle de Nazareth, d'une capacité de plus de 200 tonnes par jour, avec garantie de 6 °/₀ sur 500,000 $ et celle de Ceará-Mirim d'une capacité de plus de 800 tonnes par jour, avec garantie de 6 °/₀ sur 1,000,000 $. Cette faveur ne lui a pas été utile. Le 18 avril 1885, il a fallu de nouveau annuler celle de Nazareth. Les obligataires de la Compagnie avaient déjà formé entre eux une société, en faisant perdre aux actionnaires 30 % de la valeur de leurs titres primitifs. D'ailleurs le site est mal choisi : le canton de Nazareth manque d'eau, la zone est trop accidentée, la production trop incertaine, et les usines actuelles trop éloignées réciproquement. « Chacune de ces raisons aurait suffi à elle seule pour démontrer l'erreur d'établir dans ce canton une usine centrale ; l'ensemble prouve combien peu judicieusement a procédé la Compagnie en sollicitant la revalidation de cette concession. »

Il y a eu dans la province de Pernambuco une autre société anglaise sucrière : *The Central Sugar Factories of Brazil, Limited ;* elle a, comme les précédentes, son siège et son administration en Angleterre, raison, non excellente, mais plausible, pour dépenser en frais d'états-majors oiseux des capitaux qui font tant faute dans l'exploitation sur place.

Elle avait ici 4 usines centrales, dans les cantons de Cabo, Escada, Agua Preta et Palmares. Dès décembre 1886, elle a suspendu tout travail, négligé de traiter la plus grande partie de la récolte de 1886-87, causant ainsi un préjudice énorme aux fournisseurs de canne engagés avec elle. M. Alain Lambert, son liquidateur général, est venu en juin 1887, à Pernambuco, tenter un accord avec ces fournisseurs, et leur a proposé de former, de concert avec eux, une société nouvelle, à capital réduit, chacun recevant en échange de ce qui lui était dû des actions de cette nouvelle Société. « Les cultivateurs ont refusé, et leur motif principal a été le discrédit où était tombée la Compagnie qui n'inspirait plus aucune confiance. »

Devant l'impossibilité d'un accord, les cultivateurs fournisseurs de cannes aux usines de Escada, Agua Preta et Palmares, ont requis du Juge de commerce l'autorisation de broyer leur canne dans les fabriques centrales. La Compagnie entendue a acquiescé, réclamant en paiement 1 % du sucre fabriqué et obligeant les cultivateurs à entretenir machines et appareils. Sur les trois fabriques, celle de Cuyambuca a donné de bons résultats, parce que la comptabilité a été soigneusement tenue et que le service est dirigé par un bon mécanicien, habitant la localité et lui aussi fournisseur de canne.

L'État a payé en garantie d'intérêts 70,868 liv. st. à cette compagnie qui a été la première à jeter le discrédit sur l'idée des usines centrales, jouissant de la garantie d'intérêts du Brésil. C'est le 18 avril 1888 qu'enfin, un décret impérial a déclarées caduques les concessions accordées en 1881 et en 1884 à cette Société.

Il y a dans Pernambuco d'autres usines centrales, qui, celles-là, n'ont rien demandé à l'État. Telle l'usine *Pinto*, dans le municipe-canton de Gamelleira, qui a donné des résultats excellents et dont le sucre obtient toujours un prix supérieur sur le marché. Telle encore, celle dont j'ai dit un mot de la colonie *Izabel*. Toutes deux sont organisées et entretenues d'après le système français ; l'usine *Arripibú*, dont l'outillage est en partie français, en partie anglais, et l'usine *Conceição Nova* à Ipojuca ; elles peuvent traiter chacune 180 à 200 tonnes par jour.

L'assemblée commerciale a voté en 1888 une loi accordant certaines faveurs à ceux qui construisent des usines centrales. Cinq fabriques ont été résolues sur cette base ; il y a 2 types : le grand, qui traitera 25,000 à 30,000 tonnes, au capital de 600,000 $, et le petit, qui traitera de 15,000 à 20,000 tonnes, au capital de 300,000 $. Pour en favoriser la construction, la province avance un tiers du capital, contre hypothèque sur les machines, appareils, bâtiments, etc. Cet emprunt supporte des intérêts à 7 % et un amortissement de 10 % par an. *Les concessions ne peuvent être cédées qu'à des agriculteurs* ; voilà une clause, qui, après ce qu'on vient de lire tout à l'heure, paraîtra à tout le monde des plus judicieuses.

Des concessions nouvelles ont été accordées par le gouvernement central, avec garantie d'intérêts de 6 % l'an : sur 1,850,000 $ à José da Silva Loyo Junior, pour 3 usines qui seront établies à Trancunhaem, Serigé et Itambé ; mais les deux dernières ne pouvaient être commencées qu'après que la première aura fonctionné et produit un revenu rendant purement nominale la garantie de l'État, — sur 1,000,000 $ au colonel Joaquim Verissimo do Rego Barros pour une usine à établir dans le canton de Gamelleira, — et sur 750,000 $ à MM. Justino Espaminondas d'Assumpção Neves et Manuel do Nascimento Vieira da Cunha Sobrinho, pour une usine dans la vallée du Cursahy, canton du Páo d'Alho.

Soit un capital total de 4,900,000 $ sur les 7,500,000 $ attribués à Pernambuco sur les 30,000,000 $ que la loi budgétaire a autorisé le gouvernement à garantir aux usines centrales.

Je n'ai pas à vanter les productions naturelles de Pernambuco ; qu'on aille au pavillon brésilien du Champ de Mars, et l'on s'apercevra au premier coup d'œil combien elles sont riches et variées. Il faut bien espérer que cette fois le Brésil saura trouver le moyen de laisser à Paris et de loger ces collections si précieuses de spécimens. Les bois à eux seuls méritent une visite d'études.

Je recommande cependant en particulier aux visiteurs le vin de Pernambuco. Oui, du vin, et qui, sans pouvoir se comparer au clos-vougeot ou au château-margaux, pas même au bon fleury, n'est pas à dédaigner pour une viticulture naissante.

Il n'y a pas encore de vignobles, bien qu'on récolte dans les jardins pas mal de raisin dont les propriétaires sont très friands. Pourtant, un résident qui parle allemand et que l'on croit Suisse a fait avec ce raisin du vin qui a été unanimement reconnu passable. Depuis les premiers temps de l'occupation portugaise, on a cultivé la vigne dans les alluvions du littoral ; c'étaient des ceps du Portugal, des Açores, de Madère, disposés en treilles comme dans cette dernière île, puis dans des jardins, autour des habitations, partout ou l'on pouvait leur ménager l'ombre protectrice des arbres fruitiers. On avait même fait une réputation aux raisins de l'île d'Itamaracá et d'Abreu de Una, dont on obtient deux récoltes par an. Depuis la moitié du siècle présent, cette culture s'est développée surtout dans les nouveaux quartiers et les faubourgs; malheureusement on ne sait pas tailler convenablement les ceps.

On retrouve ces plantations à Garanhuns, S. Bento, Triumpho et sur d'autres points du centre, où l'on voit même des plants américains et notamment la variété *Izabel* avec laquelle a été fait le vin exposé. Il vaut, dit-on, celui de la variété *Virgem* ou de la Vierge, qu'on importe ici du Portugal.

Un vigneron qui apprendrait aux indigènes à tailler la vigne et leur enseignerait les services à donner à la fermentation, pourrait aisément se faire une jolie fortune.

L'immigration européenne a un vaste champ dans Pernambuco; jusqu'à présent, elle avait été nulle, sauf de la part des Portugais du continent ou des Açores et de Madère; mais les fortes têtes de la province se sont émues, une agitation s'est créée, et finalement un appel a été fait à ceux qui en Europe trouvent leur patrie trop petite ou trop avare pour eux.

Cet appel peut être entendu sans crainte, je suis bien aise de le dire ici. Il n est pas, ou du moins il n'est plus question de localiser l'immigrant sur les terres publiques incultes de l'État, qui, d'ailleurs, ne sont ni infertiles, ni à mépriser, comme l'a supposé un peu à la légère M. Carlo Nagar, consul d'Italie à Pernambuco, dans son rapport d'octobre 1887. Non seulement la population des campagnes ne verra pas d'un mauvais exil, comme il le dit, le colon européen, mais c'est elle aujourd'hui qui le réclame et l'appelle.

D'ailleurs, la société d'immigration de Pernambuco, qui siège à Recife, 31, rua do Imperador (rue de l'Empereur), a fait adopter au gouvernement et à l'administration des mesures tout à fait nouvelles. Un crédit de 120,000 $ a été mis par l'État à la disposition du président de la province pour acheter des terres convenablement placées, afin d'y créer des centres coloniaux, où les immigrants pourraient aussitôt être installés sur des terres qui resteront leur propriété. Le 16 février dernier (1889), le président a acheté dans ce but pour 70,000 $, au baron de Muribeca, sa fazenda de Suassuna, située près de Jaboatão.

Les terres de cette immense propriété rurale vont être arpentées, mesurées, alloties, de façon que le colon prenne possession du lot qui lui restera et qu'il paiera très bon marché, soit au comptant, soit en cinq annuités, et, s'il le veut, il ne commencera à effectuer ce paiement qu'à partir du commencement de la 3e année de son installation.

Les faveurs accordées aux arrivants font partie d'un système d'ensemble qui est presque uniformément appliqué. Hébergement du colon et de sa famille à son débarquement pendant l'intervalle nécessaire pour qu'il choisisse une destination; transport gratuit à cette destination de sa personne, de son monde et de ses bagages et *impedimenta;* remboursement du prix du passage d'Europe au port brésilien où il a débarqué; ici, c'est au port de Recife. Ce dernier point mérite toutefois d'être vérifié, car à chaque instant des mesures nouvelles en viennent modifier l'application.

On me demandera sans doute si le colon d'Europe peut, comme dans les plantations de café du Sud, louer en arrivant ses bras et ses services aux planteurs de canne, de coton et de tabac, etc. Pour moi, je n'en doute pas un seul instant. Je lui conseillerai même le plus souvent de recourir à ce système, qui lui épargne les ennuis, les risques et les frais de l'acclimatation et de l'apprentissage. Je crois que, malgré la crise actuelle, beaucoup de propriétaires se résoudront à offrir aux immigrants un salaire et un traitement raisonnables.

C'est aujourd'hui l'idée en faveur, du reste. Il a fallu batailler pour déterminer ce courant, mais enfin c'est partie gagnée.

Il n'en reste pas moins que le colon européen a devant lui un beau domaine à exploiter, lorsque dès l'abord il s'installe à son compte. Je ne veux plus surcharger de chiffres un exposé qui en est déjà si bondé, mais il me faut bien crier sur les toits que la culture des céréales indigènes et d'Europe, des légumes, des fruits, est tout d'abord susceptible de fort beaux rendements immédiats à qui l'entreprendra en homme résolu, intelligent, ingénieux, et j'ajouterai, un peu commerçant, un peu débrouillard. Dame! l'émigration n'est pas le fait des infirmes de corps ou d'esprit. Ceux-là, le Brésil n'en veut pas, c'est son droit et il a raison, pour eux au moins autant que pour lui.

Quant aux ouvriers proprement dits, il y a certainement place pour quelques-uns; mais on ne les réclame pas encore, car l'industrie est naissante. Toutefois, j'estime que leur tour ne tardera guère, car ils pourront servir de contremaîtres aux indigènes. Il y a déjà, appartenant à la Société de filature et de tissage de Pernambuco (*Companhia de Fiação e Tecidos de la Magdalena*), la fabrique à vapeur employant 406 ouvriers et faisant travailler 47 métiers; elle produit annuellement 500,000 mètres d'étoffe de coton croisé.

Cette Société vient d'en construire une nouvelle à Torre, près Recife; elle occupe un terrain de 131m,12 sur 197,12 dans la rue du Rio, tout enclos de murs, puis un autre sur la berge du Capiberibe de 140m,36 sur 131,12, non enclos où l'on a établi un quai avec deux rampes latérales, et installé une forte grue pouvant lever huit tonnes; c'est le point d'embarquement et de débarquement pour tout le mouvement fluvial de la fabrique. Celle-ci comprend 2 grands bâtiments qui se dressent parallèlement au nord du terrain enclos. L'outillage mû par la vapeur comprend 110 métiers, — il reste de la place ménagée pour 112 autres nouveaux, — plus les filateurs, la teinturerie, les appareils d'apprêt, de nettoyage, de pliage et d'empaquetage de l'étoffe.

On a commencé les travaux de bâtisse le 1er juin 1888 et, en sept mois, l'usine était assez avancée pour qu'on n'eût plus qu'à installer les métiers. Constructions, remblais, mécanisme, tout a coûté 278,207,806.

L'entreprise va compléter son œuvre en édifiant des maisons pour 250 ouvriers.

Il convient maintenant de dire quelques mots rapides sur les principales localités de la province. Je n'ai rien à ajouter à ce qu'on a lu au cours de ma description du tracé des chemins de fer sinon que Jaboatão renferme dans sa circonscription municipale 30,000 habitants, que Triumpho en compte 15,000; ce municipe comprend la *serra baixa Verde*, de 5 lieues de long, d'un terrain très fertile, qui produit des légumes de toutes espèce, et un café d'une qualité hors ligne, dont l'arbre donne à 70 ans encore avec une vigueur croissante.

Olinda, l'ancienne capitale, ville calme, séjour de repos et de retraite, reprend un peu de son ancienne splendeur ; elle est à 7 kilomètres de Recife qui l'a détrônée, bien qu'elle fût une des cités les plus anciennes du Brésil ; elle date de 1532. Elle est assise au bord de l'Océan, sur une éminence qui offre une vue gracieuse sur le Beberibe. L'aspect rappelle nos vieilles villes de provinces, avec leurs antiques monuments ; ceux d'Olinda sont l'œuvre des jésuites, dont elle était jadis le vrai quartier général. Elle a 9,000 habitants.

Aguas Bellas, dans le *sertão*, est une jolie cité située entre les serras dos Meninos et Communaty, d'un climat sec et frais, très recommandé aux malades de la poitrine. Il y 10,000 âmes environ. La contrée environnante est plate, coupée de collines : coteaux sablonneux, couverts de garrigues, utilisés par l'élevage ; les serras sont fertiles et très bien arrosées.

Il faut au moins mentionner Gloria da Goita, 18,000 hab. centre sucrier et de céréales ; Goyanna, populeuse et commerçante, port très actif (26,000 habit.) et Pedra de Fogo, siège d'un très importante foire aux bestiaux. Cabo,

21,000 habit. sur le Pirapama, très industrielle, comptant 143 moulins à sucre; Escada, rive gauche de l'Ipojuca, 20,800 hab., 149 moulins à sucre; Victoria, rive gauche du Tapacurá, 28,000 habit., foire de bétail hebdomadaire; Bezerros, 11,000 habit, rive droite de l'Ipojuca, où était parvenu le chemin de fer de Caruarú; Gravatá, dans la même vallée un peu en aval, 10,000 habit.; Palmares, 23,000 habit. où sont l'orphelinat *Izabel* et la colonie *Socorro*. — Garanhuns, 25,000 habit.; Nazareth 41,300; Limoeiro 16,000; Caruarú 43,000; Bom Jardim 32,000, etc. Ces chiffres de population se rapportent à la ville chef-lieu et à sa circonscription municipale.

Je n'ai pas vu le sertão avoisinant la grande chaîne de partage ou des Vertentes; c'est le *Far-West* qui ne livrera son secret qu'à l'avenir.

VI

LA RÉGION DU SAM FRANCISCO

Caractère des Alagôas ; Maceió, port, commerce. — Les chemins de fer projetés. — Aspect de la province. — Sergipe et ses richesses. — Aracajú et les voies ferrées désirées ; importance de la région. — Bahia, histoire et rôle de la province ; le port, son outillage, sa clientèle ; importance économique et agricole de la province. — La capitale et ses ressources ; description des chemins de fer et des régions qu'ils traversent ; raccordement en réseau de toutes les lignes du nord du Brésil ; caractéristique générale de la contrée. — Les usines centrales. — La vallée du Sam Francisco, le présent et l'avenir de la navigation du fleuve.

LES ALAGÔAS

Depuis la rive droite de la petite rivière Persinunga, jusqu'à la rive gauche du S. Francisco, sur une longueur de côtes d'environ 260 kilomètres, le paquebot longe la province des Alagôas, limitrophe de Pernambuco au nord, du Sergipe et de Bahia au sud. Macedo lui donne une superficie de 104,500 kilomètres carrés ; l'exposé officiel seulement 58,491. Selon le premier, la population était en 1873 de 300,000 habitants ; selon M. Pedro Corrêa de Araujo, elle serait de 549,000. Le recensement de 1882 en aurait accusé seulement 397,379. Avant l'abolition de la servitude, elle comptait seulement, d'après le registre matricule du 30 juin 1887, 15,269 esclaves.

Les courbes comprises, elle a un beau littoral d'une longueur de 385 kilomètres environ, où l'on trouve à la partie méridionale du promontoire Ponta Verde, à 3 kilomètres Est de Macció, le port fréquenté de Jaraguá, dont l'entrée est au S. O. A 2 kilomètres de distance de la terre, les navires rencontrent encore partout 22 mètres d'eau. De l'autre côté du promontoire de Ponta Verde, est un autre port plus petit, celui de Pajussará, où en hiver les navires trouvent un excellent abri contre les vents du sud et de l'ouest. D'autre part, à l'intérieur et à distance de la mer, la province possède le port de Penedo, sur la rive gauche du Sam Francisco, large en cet endroit de 1,000 mètres; il est situé à 45 kilomètres en amont de l'embouchure du fleuve et les marées s'y font sentir assez fortement. Il y a encore un port assez important sur la rivière Cururipe, celui de Conccição, à 6,500 mètres de la mer, qui offre un bon mouillage aux petits bâtiments.

Dans son aspect d'ensemble, le territoire bas et sablonneux sur le littoral, où il est coupé par les nombreuses lagunes ou lacs, qui ont donné son nom caractéristique à la province, et dont beaucoup communiquent non seulement entre eux, mais avec des cours d'eau se déversant dans l'Atlantique, se relève vers l'intérieur, dès qu'il aborde la région où vient s'éteindre en quelque sorte la fameuse chaîne, connue sous le nom de Mantiqueira.

Après avoir traversé le S. Francisco dont la brèche forme la splendide cataracte de Paulo Affonso, elle se ramifie à l'infini vers le nord; les *serranias* ainsi constituées portent des noms si divers qu'il serait fastidieux de les énumérer. L'une d'elles pourtant, la Serra da Barriga, mérite d'être nommée, car elle fut le centre de formation et d'opération des fameux *Quilombos dos Palmares* qui reçurent une organisation à peu près régulière et devinrent le refuge de milliers d'esclaves fugitifs et déserteurs, pendant et après la guerre des Hollandais; cet épisode est célèbre dans l'histoire des guerres de l'époque, d'autant que ces villages de réfugiés avaient une sorte de prétention à la république socialiste et communiste. Il fallut 43 ans après l'expulsion des étrangers pour venir à bout de ces *Quilombos*. On trouve beaucoup de vertes et riches forêts dans cette région, très arrosée, et dont la plupart des eaux vont au nord-ouest se déverser dans le Sam Francisco. Ces rivières s'appellent le Moxotó, l'Ypanema, le Traipú, le Maritubo, le Piauhy : les rios qui vont directement à l'Océan sont d'importance médiocre ; le Persinunga avec l'Una et le Jacuhype réunis, le Manguaba, le Canhoto, le Camaragibe, le Parahyba, Sam Miguel, le Jequiá, le Poxim, le Cururipe, etc.

Le climat est exquis dans la partie montagneuse, c'est-à-dire dans la région des collines et de leurs vallées ; il est trop humide sur les terrains bas riverains des lagunes ou du Sam Francisco. Autant le premier est sain, autant le second, sans être absolument malsain, réclame des précautions de la part de ceux qui habitent ces parages.

Les grands paquebots internationaux connaissent peu l'Alagôas ; la *Royal Mail*, qui a des départs de Southampton pour le Brésil tous les 15 jours, y fait escale, à l'aller et au retour, un voyage sur deux. Elle est à cet effet subventionnée par la province. C'est d'ailleurs le seul paquebot qui mette celle-ci en communication directe avec l'Europe. Elle trouve à Maceió un fret très abondant, à ce point que les *Chargeurs Réunis* ont proposé d'y faire toucher leurs paquebots du Havre, si l'administration voulait renoncer à subventionner une entreprise quelconque. Pareille proposition a été faite par l'*United States and Brazil Mail*.

Maceió, la capitale, a pour port Jaraguá, qui sert en outre d'escale aux bateaux de la Compagnie *Brazileira*, 3 fois par mois ; à ceux de la Compagnie *Pernambucana*, 2 fois par mois ; à ceux de la Compagnie *Bahiana*, 3 fois par mois. — Une société locale, dite de la *Navigation des lacs, Manguaba et Norte*, effectue par an 144 voyages de Barra à Alagôas et Pilar, un peu à l'intérieur de la zone littorale.

Le tableau de M. Pedro Corrêa d'Araujo résume ainsi

la situation de cette province : 14 comarcas relevant de la *relação* de Recife et 21 termos de juges municipaux ; 27 municipes, comprenant 7 cités, 20 villes et 31 paroisses, celles-ci faisant partie de l'évêché d'Olinda : 2 sénateurs, 5 députés généraux, 30 députés provinciaux.

Budget.	Recettes.	Dépenses.
Général.	993 376$262	852.209$764
Provincial	741.823 760	725.693 248
Totaux.	1.735,200$022	1.577.803$012

DETTE

Consolidée	287.900$	à 6 et 8 %
Flottante.	74.835 061	
Totale	362.735$061	

COMMERCE

Pour 1886

	Importation.	Exportation.	Total.
Au long cours . .	1.301.068 $	2.275.962 $	3.577.030 $
Au cabotage. . . .	2.514.800	904.700	3.419.500
Totaux	3.815.868 $	3.180.662 $	6.996.530 $

Pour 1887

Long cours. . . .	3.134.928 $	6.049.796 $	9.184.724 $
Cabotage	2.464.636	1.745.349	5.239.985
Totaux . . .	5.629.564 $	7.795.145 $	13.424.709 $

La ville même de Maceió, qui compte environ 10 à 12,000 habitants, est une assez jolie cité, située près de la mer à Ponta Verde ; le port de Jaraguá lui facilite tout son mouvement avec le dehors, car elle est très florissante et fait un commerce très actif. Les rues sont larges, les places publiques spacieuses, les maisons modernes fort belles. On y trouve, avec la douane, une association commerciale, une bourse de commerce et une *junta de corretores*.

Elle est la tête de ligne du chemin de fer de Maceió à Imperatriz, propriété de la *Alagôas Railway Company Limited*, qui l'exploite actuellement sur une étendue de 88 kilomètres.

Cette ligne part du port de Jaraguá, où est la station maritime, desservie par un appontement qui facilite beaucoup la manutention des marchandises et le commerce d'exportation. La station centrale de Maceió est à 2 k.500 de la station maritime de Jaraguá. La ligne se dirige ensuite vers l'intérieur, en côtoyant la *lagôa* ou lagune du nord, estuaire du rio Mandahú, dont elle remonte le cours jusqu'à la ville de Imperatriz. Elle est à voie de 1 mètre et dessert les stations de Jaraguá, Maceió, Mercado, Bebedouro, Fernão Velho, Utinga, Bom Jardim, Itamaraca, Muricy, Branquinha, Imperatriz. La Compagnie anglaise jouit d'une garantie d'intérêts de 7 °/₀ sur le capital de 4,553,000 £ pendant 30 ans ; sa concession est pour une durée de 90 ans avec une zone privilégiée de 40 kilomètres.

La dernière station ayant été achevée en 1884, l'exploitation normale a commencé seulement en 1885 : elle a donné les résultats suivants :

	Recettes.	Dépenses.	Différence.
1885	124.544$470	135.826$250	— 11.281$780
1886	148.532 169	161.871 760	— 13.339 600
1887	185.563 660	172.430 665	+ 1.132.995

Je n'ai pas encore le résultat de 1888. La 1re année, on peut constater qu'environ 40 °/₀ de la production de la vallée même parcourue par cette ligne avait été transportée par les *Cargueiros*. — Comme ailleurs, la réduction des tarifs a produit pour ainsi dire immédiatement des résultats excellents. En 1887, elle a acheminé vers Imperatriz et les stations avoisinantes une grande partie du sucre du canton de Assembléa et la récolte était précisément très abondante. Le mouvement commercial de la vallée du Mandahú est évalué à 7,000 tonnes et la ligne l'accapare maintenant tout entier.

Une innovation assez curieuse y a été réalisée en mars 1887. La Compagnie n'ayant pas cru devoir accéder à l'invitation du gouvernement qui la conviait à diminuer le tarif des voyageurs, a imaginé d'établir des voitures spéciales pour les personnes déchaussées, *descalças*, allant nu-pieds, « afin, disait-elle, d'attirer au trafic de la ligne la classe pauvre, qui jusque-là ne l'utilisait pas, en raison du prix élevé des transports perçus à raison de 55 et 40 reis pour les voyageurs de 1re et de 2e classe ; si l'expérience réussissait, elle promettait d'abaisser le tarif pour les autres voyageurs ».

Elle a réussi en effet, car, en 1887, elle a transporté 32,942 voyageurs, 12,485 de plus qu'en 1886. Sur ce total, il y avait 15,986 déchaussés qui ont rapporté 9,081 $, 16,353 de 2e classe produisant 23,368 $ 800 et tout au plus 14 de 1re classe produisant 28 $. Devant ces résultats, le contrôle a demandé à la Compagnie de réduire ses tarifs à 40 et 20 reis le kilomètre, comme l'État l'avait déjà fait pour ses lignes du Nord, plutôt que de continuer à transporter les gens dans des véhicules non appropriés et contraires au règlement qui n'admet que 2 classes de voyageurs. Enfin la Compagnie a cédé et n'a eu qu'à s'en féliciter : quant aux marchandises, elle a opposé la même résistance ; elle y a consenti néanmoins pour le sucre, les céréales, et les *carroços* ou graines de coton : elle prenait pour celles-ci un prix plus fort que celui que la marchandise obtenait sur le marché de Macció. La concurrence des muletiers lui enlevait toutefois la plus grosse partie des marchandises d'importation pour lesquelles elle prenait très cher, et ses wagons devaient remonter à vide vers l'intérieur. Écrasée par l'évidence, la Compagnie proposa une forte réduction de ses tarifs d'importation, et tout de suite elle eut à transporter une quantité supérieure de 77 %, obtenant, malgré les tarifs réduits, une recette supérieure encore à celle du précédent régime. Cette augmentation de recettes a atteint 96 %. Le 14 mars 1888, le tarif de la tonne kilométrique des marchandises d'importation a été enfin fixé à 50 reis.

L'État a payé, pour garantie d'intérêts et contrôle en 1887, 566,266 $ 538 et en tout, depuis la concession de la ligne de 1875 à 1887, 1,993,740 $ 716.

La Compagnie a obtenu du gouvernement provincial la concession du prolongement de Imperatriz à S. José da Lage, et de deux embranchements, l'un au sud vers la vallée du Parahyba jusqu'à la ville de Assembléa, l'autre au nord dans la direction de Camaragibe. La loi budgétaire de l'empire pour 1889 a autorisé le gouvernement à accorder une garantie d'intérêts de 6 % pendant 30 ans au plus sur un coût kilométrique maximum de 30,000 $, pour l'embranchement de Assembléa, et pour un autre qui se dirigera vers l'ancienne colonie militaire Leopoldina, en traversant les vallées Mearim, Jetituba, Santo Antonio Grande, Camaragibe, Manguaba et Jacuhype ; elle a également autorisé les études nécessaires pour relier entre elles les lignes d'Alagôas, de Bahia, de Pernambuco et du Nord.

M. Silva Coutinho estime que le prolongement n'augmentera peut-être pas beaucoup les recettes : mais il lui attribue une grande importance, parce qu'il facilitera précisément le raccordement avec la ligne de Recife au S. Francisco. Quant aux embranchements, il affirme qu'ils sont d'une urgente nécessité, surtout celui de la vallée du Parahyba.

Cette vallée, en 1885, a exporté 18,832 tonnes de sucre et 1,422 de coton, soit en tout 20,254, ou 396 % de plus que n'a exporté la même année celle du Mandahú, où s'allonge la ligne principale. Cette production descend à dos de mulets jusqu'à la ville de Pilar, située sur le bord du lac Manguaba, et de là elle est transportée en barques et en vapeurs à Macéio. Or, toute cette quantité deviendra le lot de l'embranchement si les tarifs sont raisonnables. La dépense kilométrique, après études faites, a été évaluée pour cet embranchement à 24,000 $.

Celui de Camaragibe et Jacuhype, que l'on construit fiévreusement à cette heure, desservira une zone très sucrière, dont une partie seulement exporte par Macéió, l'autre préfère la voie de Pernambuco. Le chemin de fer attirera toute la production vers la première ville.

M. Coutinho estime que la ligne étant ainsi complétée

transportera 30,000 tonnes, soit 75 % de la production totale de la province, en prenant pour base la récolte de 1885 qui fut très réduite. Aussi pense-t-il qu'avant peu elle cessera de faire supporter au Trésor la charge de la garantie d'intérêts. « Sous le rapport de la viabilité ferrée, dit-il, la province des Alagôas est celle qui offre les meilleures conditions dans tout le nord du Brésil, parce qu'une seule ligne avec deux embranchements peut concentrer plus de la moitié de sa production. »

La province possède encore un autre chemin de fer, mais d'une fonction toute spéciale, et qui appartient à l'État. C'est celui de Paulo Affonso, ainsi nommé parce que dans son trajet de Piranhas à Jatobá, il remonte le S. Francisco pour racheter la section des grandes chutes, longue de 116 kilomètres et en particulier la célèbre cataracte déjà indiquée. Il dessert les stations de Piranhas, Olhos d'Aguá, Talhado, Pedra, Sinimbú, Moxotó, Quixabá et Jatobá.

Il va de soi que le mouvement du trafic de cette ligne gagnera considérablement à l'achèvement des travaux de désobstruction du Sam Francisco jusqu'à Jatobá, car elle n'est en réalité que le déversoir de la navigation du haut fleuve. Actuellement les produits de la contrée sont plutôt acheminés par terre jusqu'à Bahia.

Depuis son ouverture, elle a fourni les résultats suivants :

	Recettes.	Dépenses.	Déficits.
1883	190.450$257	280.837$950	81.387$693
1884	58.383 242	269.862 654	211.479 422
1885	51.814 685	182.976 529	131.161 844
1886	45.998 925	182.423 969	136.425 044
1887	38.338 528	146.834 502	108.495 970

L'exercice 1883 comprend cinq mois de 1882. La contrée a subi une crise agricole et commerciale qui explique cette dépression des recettes; les tarifs viennent d'être abaissés beaucoup et ramèneront au chemin de fer quantité de produits qui s'en écartaient, principalement le tabac, qui est l'un des articles fournissant les plus grandes quantités d'exportation.

En 1887, le chemin de Paulo Affonso a transporté 3,743 voyageurs, et 3,002 tonnes de marchandises, dont 2,529 à l'importation et 473 à l'exportation : dans ce total le café figure pour 22 tonnes, le sucre pour 11, le coton pour 128, les cuirs pour 59, les céréales pour 303, le tabac pour 38, le sel pour 1,787, et les autres articles pour 654.

Le chemin de Macció à Imperatriz avait la même année transporté 32,942 voyageurs et 17,010 tonnes, dont 2,087 à l'importation, et 14,623 à l'exportation, comprenant 6,826 de sucre, 1,648 de coton, 2,505 de céréales, et 6,051 d'articles divers.

C'est le sucre qui, on le voit, est la grande culture des Alogoanais ; ils ont subi plus que partout la crise que traverse cet article et réclament à grands cris l'introduction résolue du système de la diffusion sur une large échelle : ils voudraient aussi des primes et une réforme radicale du système fiscal provincial qui semble en effet conçu de façon à paralyser la production et à entraver le commerce. Néanmoins la contrée est particulièrement plantureuse, et ses indigènes en sont fiers : « Malgré tout cela, écrit l'un d'eux, notre belle Alagôas, couchée sur un lit de sables dorés, à l'ombre de ses palmiers, ayant à ses pieds le tapis mouvant des ondes du S. Francisco, qui s'en vont tamisées et blanches à l'Océan, grandit encore et se montre florissante. La preuve, c'est que la municipalité de Macció a déjà un revenu de 25,000 $, celle de Penedo de 12,049 $. Voilà deux gentilles nymphes qui attendent seulement le souffle des idées nouvelles pour devenir de riches et altières puissances. »

Il manque à Macció une banque, que ses commerçants demandent vainement. J'ai sous les yeux la démonstration qu'une agence d'un établissement de crédit pourrait compter par an sur 500,000 liv. sterling ou 12,500,000 francs de change.

Un capital de 1,000,000 $ suffirait pour ce mouvement, qui donnerait chaque année 12 à 15 % de dividende, surtout si l'établissement faisait des prêts hypothécaires et agricoles à délais restreints. Le cultivateur, qui trouvera une aide pour les frais de sa récolte, à 12 % l'an, se jugera très heureux, car il en paie actuellement 18 et plus.

En 1886-87 (1er juillet au 30 juin), Maceió a exporté 511,132 sacs de sucre, contre 156,828 l'année précédente; 80,812 sacs de coton contre 27,145; 5,382 cuirs; 29,400 sacs de graines de coton, sans parler des autres menus produits de la petite culture et de l'horticulture. L'exportation spécifique peut être évaluée à 50,000 tonnes, ce qui est fort respectable pour une province secondaire. Cette exportation peut s'évaluer à 5,500,000 $. Si l'on y joint celle que font directement Penedo et d'autres ports, on peut estimer à 8,000,000 $ la capacité exportatrice régulière de la province. L'exportation de Maceió se fait principalement sur les États-Unis qui lui ont pris, en 1887, 305,280 sacs de sucre, et ensuite sur Liverpool qui lui en a demandé 153,940 sacs, puis 65,434 sacs de coton et 27,889 de graines de coton.

Il y a place chaque année pour 5,000 à 6,000 immigrants, qu'on installerait aisément dans les vallées qui descendent au Sam Francisco. La contrée est excellente, et avec quelques précautions le climat ne serait nullement un obstacle; car, ainsi que le dit un habitant du pays, « Alagôas, située entre la mer, les lagunes de l'intérieur et le majestueux Sam Francisco, est l'Ohio de notre Ouest. Elle jouit d'un climat tempéré et possède les meilleures terres de l'Empire pour le coton, le café, le tabac, la canne, le cacáo et autres riches produits; elle attend uniquement le Verbe fécondateur de l'administration pour déployer ses forces économiques. C'est d'autre part une des provinces les plus peuplées du Nord; depuis l'époque de Maurice de Nassau, elle est regardée comme la clef de l'exploitation industrielle du continent austral; si elle n'a pas marché dans cette voie lumineuse, c'est parce qu'on n'a pas su la diriger et mettre ses ressources à profit ».

A propos d'une excursion que venait de faire le président d'alors, M. Moreira Alves, à Jatobá, le même correspondant ajoute : « Je sais que le président a recueilli une impression favorable et que si le mouvement commercial actuel est à peine l'embryon de ce que promet le Sam Francisco pour l'avenir, le peuplement des rives, le progrès des villes et des villages, l'accroissement des fermes agricoles nous préparent des éléments pour le jour où nous aurons un gouvernement à la hauteur des besoins actuels du pays. Il faudrait combiner les efforts des provinces de Minas, Bahia, Sergipe et Alagôas, pour tirer du Sam Francisco l'immense parti qu'il peut fournir. Jusqu'ici les efforts sont incohérents et contradictoires. On pourrait passer des conventions routières et fiscales entre ces provinces pour arriver à un régime général et uniforme. Je pense surtout à l'étude des subventions en commun, à la navigation à vapeur de tout le fleuve, à l'immigration et aux embranchements de chemins de fer, à l'extinction de tous les droits réciproques de transit et d'exportation; nous formerions bien vite alors un important *zollverein* central dans le Brésil. »

Cette confiance un peu enthousiaste dans l'avenir de la province n'est pas du tout exagérée. En fin d'année, on constatait qu'en 1887 le port de Maceió avait exporté en kilogrammes : sucre, 45,153,749; coton, 6,256,480; graines de coton, 2,856,075; cuirs, 215,700; total : 51,082,004.

En y joignant la quote-part du port de Penedo et de quelques autres, on peut sans crainte évaluer le total spécifique à 60,000 tonnes. Cela témoigne d'un travail fort actif, car cette même année Rio de Janeiro n'avait pas exporté plus de 75,000 tonnes. Pour le sucre et le coton, Alagôas vient immédiatement après Pernambuco, qui qui est le plus grand exportateur de ces deux produits.

Les principales villes sont : Alagôas, l'ancienne capitale, située sur le lac Manguaba, à 38 kilomètres de Maceió : Atalaia, sur la rive droite du Parahyba, à gauche du ruisseau

Borborema, dont le territoire est partie en hautes terres, partie en plaine; aux rues étroites et tortueuses, dont les maisons n'ont généralement qu'un rez-de-chaussée, mais où l'on remarque toutefois des étages dans les constructions modernes; son municipe de 35,000 âmes, entièrement agricole, salubre en toutes saisons, renferme d'assez nombreuses usines à sucre dont quelques-unes sont importantes; — S. José da Lage et Imperatriz forment un canton avec 35,000 habitants, d'un territoire prodigieusement fertile, partiellement couvert de forêts vierges, peu montagneux, arrosé par une foule de rivières et de ruisseaux, d'un climat très doux et excellent; il produit abondamment de la canne, du coton, du café, et toutes espèces de céréales. On y exploite les bois de construction; — Penedo, avec son très bon port sur le S. Francisco, à 45 kilomètres de la mer; — Pilar, sur la rive nord-est du lac Manguaba; — Porto-Calvo, qui se développe au milieu de grandes et nombreuses plantations de cannes à sucre.

L'industrie manufacturière est naissante, mais celle de l'élevage est déjà très florissante. Elle exporte de la laine, des cuirs salés, secs et tannés, et des cornes. On fabrique également des confitures et du vin de *Cajú* fort estimés. Une fabrique de tissus, celle de Fernão Velho, produit de l'étoffe de coton pour la consommation locale, mais en proportion bien insuffisante.

PROVINCE DE SERGIPE.

Sergipe est moins favorisé que Alagôas par la navigation transatlantique. Sans les deux compagnies de navigation côtière de Bahia et de Pernambuco, cette province resterait absolument isolée. Leurs vapeurs seuls fréquentent ses ports, satisfaisant aux besoins d'importation et d'exportation de la très vaillante population sergipana, qui, d'autre part, n'a même pas encore à sa disposition le moindre embryon de chemin de fer.

Pour petite qu'elle soit, ce n'est cependant pas une province à dédaigner que celle de Sergipe. Les Français y paraissaient fréquemment dès le XVIe siècle à la recherche du bois-brésil, et les Hollandais se gardèrent bien de la négliger. Maurice de Nassau annexa en effet à sa conquête tout le territoire limité au sud par le rio Real. Néanmoins, il faut dire qu'on eût peut-être mieux fait, dans l'intérêt bien compris de tous, de conserver Sergipe à l'état de district de Bahia; il est trop petit pour se suffire, surtout parce qu'il ne peut se défendre contre ses absorbants voisins.

Compris entre 9° 5′ et 11° 28′ de latitude australe, entre 5°3′ et 6°53′ de longitude orientale de Rio de Janeiro, entre le S. Francisco depuis le confluent du rio Xingó au nord, et le rio Real au sud, le Sergipe, enserré par les Alagôas et par Bahia, n'a qu'une superficie de 60,300 kilomètres carrés, selon Macedo et de 39,000 seulement d'après l'évaluation officielle, avec un littoral d'environ 245 kilomètres.

Le sol y présente l'aspect d'une terrasse qui s'abaisse et vient doucement mourir sur le littoral. C'est en effet l'extrémité du grand plateau central brésilien, dont la muraille de soutien, la Mantiqueira, subit ici une dépression assez sensible, annonçant la grande brèche de Paulo Affonso, où le S. Francisco se précipite par une cataracte formidable. Cette serra forme précisément sur le contour occidental de Sergipe un *taboleiro*, un plateau plus saillant, fort large et dirigé de l'ouest à l'est, dont l'existence a évidemment contraint le S. Francisco à la grande courbe qu'il exécute jusqu'à Cabrobó. Ce taboleiro est arrosé par un assez grand rio, le Vasa Barris, ou Irapiranga des Indiens, qui semble en constituer la seule dépression, et qui va chercher ses sources fort loin vers l'ouest, dans les serras de Itiúba, Monte Santo et Muribeca; celles-ci limitent le *taboleiro* à l'ouest dans Bahia; du côté oriental, dans Sergipe, il est soutenu par la serra de Itabaiana, et par la serra Negra, au nord, surplombant le S. Francisco et la section de ses grandes chutes. Les rios de Sergipe, sauf le Vasa Barris, viennent tous de cette serra; ils n'ont qu'une longueur médiocre, comparés aux cours d'eau brésiliens en général; néanmoins leur bouche constitue des baies et des ports fort utilisables. En allant du sud au nord, la province se trouve ainsi arrosée par le rio Real, qui dégringole des serras par une série de cascades sur une longueur de 250 kilomètres environ; la marée arrive jusqu'à la dernière, 60 kilomètres avant l'Océan; il reçoit d'ailleurs des tributaires d'un fort volume, mais seulement dans l'échancrure formée par sa barre; ce sont le Piauhy, le Piauhytinga grossi du Machado et le Fundo; vient ensuite le Vasa Barris qui débouche dans la baie de S. Christovão, puis le Cotinguiba, grossi du Poxim; 13 kilomètres au-dessus de son embouchure il se joint au rio Sergipe, plus profond, plus volumineux, venu lui aussi de l'ouest; puis ils reçoivent ensemble le Poranga; à 12 kilomètres de la barre, il forme le vaste mouillage bien abrité de Aracajú, la capitale, de 8 kilomètres d'étendue, d'une profondeur d'eau de 18 à 22 mètres, sur un fond de vase.

Le Japaratuba est inférieur aux précédents; il se déverse dans l'Océan 40 kilomètres plus au nord que le Cotinguiba; tandis que des vapeurs peuvent remonter celui-ci sur 40 kilomètres et le Sergipe plus haut encore, le Japaratuba même à la marée montante ne peut livrer passage qu'aux pirogues. Le Xingó, le Jacaré, le rio das Trahiras, le Propriá, le Betume et quantités d'autres petites rivières se déversent dans le S. Francisco sur sa rive droite.

On peut dire que la serra de Itabaiana et tout le plateau qu'elle supporte offrent un immense champ d'élevage. L'élévation de cette serra au-dessus du niveau de la mer ne dépasse pas 850 mètres, ce qui en rend le climat assez sec, mais ne constitue pas une difficulté considérable pour la viabilité et les communications. C'est la région du coton, qui y a donné des résultats merveilleux durant la guerre de Sécession de l'Amérique du Nord. Au-dessous on trouve le fameux terrain des *Massapés*, gluant, argileux, assis sur des bancs calcaires et qui retient aisément l'humidité; c'est le sol favori de la canne à sucre et du café.

Cette zone, large de 50 kilomètres au moins et sur certains points de 100, est d'une extrême fertilité, qui devient de plus en plus remarquable à mesure qu'on se rapproche des serras en s'éloignant du littoral. C'est elle qui renferme les districts agricoles les plus florissants et les plus importants, la flore tropicale la plus puissante; au sud, confinant aux sertões de Bahia, s'étend un très riche plateau, comprenant les cantons de Lagarto et de Simão Dias, où à côté des pâturages se développe avec un succès croissant la culture du café.

La petite bande de 10 à 12 kilomètres qui court le long de la côte est sablonneuse, basse, couverte de dunes mouvantes; c'est la région des palmiers et des cocotiers qui en forment presque exclusivement la végétation.

On dit que dans beaucoup de bassins d'alluvions et dans la serra de Itabaiana, on a trouvé des richesses minérales : de l'or, de la *Tabatinga*, du silex, des pierres meulières, du fer, des cristaux; la partie orientale surtout est très giboyeuse et les animaux féroces sont rares tandis qu'abondent les cerfs, les perdrix, les mouches à miel. Les grandes forêts vierges ont disparu pour les besoins de la culture, mais il en reste de grands lambeaux, où les bois de construction sont magnifiques, ainsi que ceux d'ébénisterie et de menuiserie, et ceux de teinture; les céréales, la vanille, le *ticum*, le tabac, le mangabeira à caoutchouc, le cajú à vin poussent spontanément dans tous les bois, mais le sucre, le coton et les céréales constituent l'exportation de la province et sa spécialité agricole. La canne prospère surtout dans la vallée du Japaratuba, dont les propriétaires passent entre Sergipanos pour les plus riches de tous.

Les ports du Sergipe ne sont pas à dédaigner. Celui de S. Christovão, à la bouche du Vasa Barris ou Irapiranga, n'a pas plus de $3^{m},50$ d'eau et son entrée est hérissée d'écueils; celui d'Aracajú, dans l'estuaire commun au

Cotinguiba et au Sergipe est excellent; en remontant ce fleuve, on trouve encore les ports maritimes de Larangeiras, de Maroim, de même qu'on a pu rencontrer celui d'Estancia, à 32 kilomètres de la mer, sur la rive gauche du rio Piauhy; mais tous ceux-ci ne sont accessibles qu'aux caboteurs, et l'association *Sergipense* a le privilège de les remorquer, ainsi que ceux qui fréquentent le port de S. Christovão.

La population est évaluée à 370,000 habitants, bien que les publications officielles n'en accusent que 211,173. Avant l'abolition, elle comprenait 16,879 esclaves.

Sergipe, qui ressortit à la cour d'appel ou *relação* de Bahia, a 14 comarcas de juges de droit et 20 termos de juges municipaux. Ses 32 municipes-cantons comprennent 7 cités, 25 villes et 36 paroisses qui font partie de l'archevéché métropolitain de Sam Salvador da Bahia. Elle a 2 sénateurs, 4 députés généraux et 24 provinciaux.

Le tableau de M. Pedro Corrêa de Araujo fournit pour cette province les données suivantes :

BUDGET

	Recettes.	Dépenses.
Général	394.066$384	565.743$075
Provincial.	800.000	673.964 023
Totaux	1.194.066$384	1.239.707$098

DETTE

Consolidée.	731.400$	à 6 et 7 %
Flottante.	217.664 842	
Totale.	949.064$842	

COMMERCE

Il faut ici comparer les résultats de plusieurs années; je les emprunte aux rapports du ministre des finances :

En 1883-84

	Importation.	Exportation.	Total.
Long cours. . .	406.681 $	4.187.284 $	4.593.955 $
Cabotage.	6.355.700	1.527.700	7.882.400
Totaux. . .	6.762.381 $	5.714.984 $	12.476.365 $

En 1884-85

	Importation.	Exportation.	Total.
Long cours. . . .	157.938 $	3.060.505 $	3.218.443 $
Cabotage.	5.395.200	825.500	6.220.700
Totaux. . . .	5.553.138 $	3.886.005 $	9.439.143 $

En 1885-86

	Importation.	Exportation.	Total.
Long cours. . . .	127.504 $	1.490.808 $	1.618.312 $
Cabotage.	4.889.700	862.000	5.751.700
Totaux. . . .	5.017.204 $	2.352.808 $	7.370.012 $

En 1886-87

	Importation.	Exportation.	Total.
Long cours . . .	354.438 $	1.994.351 $	2.348.789 $
Cabotage.	7.858.973	3.260.267	11.119.240
Totaux. . . .	8.213.411 $	5.254.618 $	13.468.029 $

Ce dernier résultat montre quelle est l'élasticité des forces productives de la contrée. On le saisirait mieux encore en parcourant les tableaux produits par M. l'ingénieur Manuel Maria Bahiana, à l'appui de sa demande de concession d'un chemin de fer traversant du sud au nord, de Timbó à Propriá, la zone sucrière et agricole.

En 1876-1879, l'exportation totale avait atteint 6,494,982 $ 125, ce qui est le chiffre le plus élevé qu'on lui connaisse.

L'importation au contraire est allée croissant, et le chiffre moyen de 5,000 contos, accusé par les derniers résultats, paraît être assez stable.

Je n'ai pas de détails pour décomposer les totaux d'exportation des dernières années. La seule façon dont j'en puisse donner l'idée est de reproduire le tableau concernant 1872-1873.

	Quantités.		Valeur.
Sucre.	20.865.701	kilos.	3.343.603$048
Coton	3.323.987	—	2.217.377 974
Eau-de-vie.	854.846	litres.	112.912 794
Sel	1.202.751	—	26.868 588
Cuirs salés	6.257	unités.	34.684 990
— secs.	8.276	kilos.	4.662 559
demi-soles.	8.763	unités.	35.572
Peaux tannées	870	—	417 100
Bois	1.030	cents.	824
Cocos.	2.520	—	9.174
Miel.	133	litres.	10 108
Graines de coton. . .	369.242	kilos.	2.988 673
Ricin.	23.425	—	2.263 118
Ticum en branches .	8.268	—	14.476 062
— en fils.	1.198	—	2.617 072
Tabac	665	douz.	257 464
Paniers en paille. . .	69	unités.	34 500
Huile de coco.	10.547	litres.	3.843 253
Maïs	18.877	—	2.470 562
Vanille.	22	kilos.	62 401
Laine barriguda. . .	44	—	18
Pierres à aiguiser. .	6.550	unités.	3.385
Riz en cosse	792	litres.	355 382
Tabac en cerdo . . .	414	kilos.	208
Total.			5.786.998$063

	Étrangère.	Cabotage.	
Importation.	111,800$ +	3.832.110$ =	3.943.910
Total du mouvement			9.730.908$063

Comment se répartit cette exportation? Voici un tableau de distribution entre les différents ports de sortie. Pour 1870-71, et une valeur totale de 4,650,302 $ 655, le Cotinguiba a 3,218,251 $ 618; c'est le port d'Aracajú. Le rio Real, 689,352 $ 388; le Vasa-Barris (port de S. Cristovão) 163,311 $ 887; le S. Francisco (port de Propriá), 757,578 $ 997.

Les articles d'importation venus, soit de l'étranger, soit des autres parties du Brésil, sont indiqués par l'énumération suivante : viande sèche et salée, morue, jambons, conserves, etc.; — denrées alimentaires, farine de froment, boissons, etc.; — étoffes, laine, lin, coton manufacturés, etc.; — vaisselle, vitres, etc.; — machines, cuivre, fer, zinc, etc.; — sel ordinaire; — bœufs, chevaux; — moutons, porcs; — matériaux de construction, tuiles, briques, bois, etc.

Tout cela montre que le sol de Sergipe est admirablement fertile et très cultivé; pour se développer, l'industrie agricole ne réclame que des moyens de transport moins onéreux et plus rapides. Actuellement le cabotage lui-même est fort lent, car il est soumis aux fluctuations des escales des grands paquebots, soit à Bahia, soit à Maceió et Pernambuco. Il n'y a pas de Bourse de commerce; le producteur ne connaît pas les oscillations du prix de ses denrées sur les marchés où ils sont exportés; il ne peut que les céder à des maisons jouissant, grâce à ces circonstances, d'un véritable monopole.

Il faut à cette province une voie ferrée. La loi budgétaire pour 1889 a autorisé le gouvernement à accorder 6 0/0 de garantie d'intérêts à une ligne d'Aracajú à Simão Dias avec un embranchement sur Capella. Je n'hésite pas à dire que c'est là une mesure fâcheuse. Le tracé préféré a eu la chance d'avoir des patrons bien en cour; cela ne le rend pas meilleur. Puisqu'on cherche à établir une liaison entre toutes les lignes du nord du Brésil, de façon à former de tous ces tronçons mal organisés et impuissants un réseau viable et fructueux, il vaudrait bien mieux pousser, à travers la zone agricole de l'intérieur, une ligne se raccordant à Timbó avec celles de Bahia au sud, et à Propriá au nord avec le S. Francisco navigable, avec le chemin de Paulo Affonso, et même, à Traipú, avec les chemins d'Alagôas, dont le raccordement avec ceux de Pernambuco est déjà décrété. Une ligne comme celle-là aurait l'immense avantage de mettre en communication réciproque tous les cantons les plus producteurs de la province, et de déverser aisément tous leurs produits, ainsi que ceux des régions voisines, sur le port d'Aracajú, auquel elle est forcée de toucher, par suite même de la configuration du terrain. Cette dernière combinaison s'impose; l'autre n'est pas viable.

En 1881, on comptait 724 usines sucrières, 7 mixtes pour le sucre et le coton, 77 usines à préparer le coton, 4 à préparer le café; 24 étaient mues par la vapeur, 24 par l'eau et les autres par les animaux.

L'ingénieur du contrôle administratif des usines centrales sucrières, M. Antonio Joaquim da Casta Couto (2e district), dans son rapport du 30 janvier 1888, dit que la seule usine jouissant de la garantie de l'État est celle du Riachuelo, concédée le 11 février 1882, et transférée le 11 décembre 1883 à la compagnie des usines centrales des provinces de Parahyba du Nord et de Sergipe. Elle est encore en construction; on l'a installée sur la rive droite du rio Jacarécica, à un kilomètre au-dessus de l'usine Sant'-Anna, sur des terrains achetés à cette dernière. C'est le canton de Larangeiras.

La concession a été primitivement accordée à M. l'ingénieur Joaquim Machado Fagundes de Mello, avec garantie de 6 0/0 sur un capital de 500,000 $. Après diverses prorogations de délais, pour effectuer les travaux de construction, après même une mesure suspendant la garantie, rétablie le 4 décembre 1886, car les travaux de construction n'ont commencé que le 20 août 1885, ceux-ci n'étaient guère avancés. Le bâtiment lui-même n'était pas élevé, car le matériel métallique à ce destiné n'était arrivé d'Europe qu'en novembre 1887, avec les rails et les wagons du tramway. Depuis novembre toutefois, on avait mis une certaine activité à débarquer ces matériaux et à poser les rails. Ce petit chemin de fer aura 10 k. 770 et reliera la fabrique au port du Sapé, choisi pour l'embarquement et le débarquement des matériaux, et plus tard du sucre. A ce port, on a installé deux appartements avec des appareils de levage.

« La zone destinée à cette usine centrale » est très fertile, et très propre à la culture de la canne. La compagnie a déjà traité avec les producteurs pour la fourniture de 42,200,000 kilos de canne, à 7 reis le kilo. Quantité plus que suffisante pour la force de broyage nominale de cette fabrique, qui est de 200 tonnes par 24 heures de travail.

La compagnie a dû encore solliciter du gouvernement un nouveau délai qui lui a été accordé pour terminer les travaux de construction et d'installation.

Inutile de répéter ici que toutes les concessions faites aux Anglais dans cette province ont dû être annulées.

Les cuirs secs et salés, figurant au tableau des exportations, proviennent de l'élevage très florissant dans le canton d'Arauá, dans celui de Divina Pastora, dans ceux de Itabaiana et de Santo Amaro près de Simão Dias.

Il y a sur la côte des salines, dont le sel de cuisine, de bonne qualité, est expédié dans toutes les directions pour l'intérieur. A Aracajú, l'usine Cruz et Ce file et tisse le coton; on trouve aussi quelques fabriques d'huile de ricin.

Aracajú, la capitale, compte 15,000 habitants au moins; elle est assise à l'embouchure du Cotinguiba, dans une vaste plaine, en face de la ville de Barra dos Coqueiros ou des Cocos, et occupe une superficie de 26 hectares. Cette cité, toute neuve, n'a que des rues larges et droites, dont six parallèles au fleuve et six transversales, formant huit quartiers. Les édifices y sont en général élégants et les maisons d'aspect très propre. Malheureusement pour son commerce, si le port est excellent, la barre du fleuve est très difficile et c'est pour cela que les grands paquebots ne se sont jamais hasardés à la vouloir franchir.

Larangeiras, au confluent du Cotinguiba et du Camonduruba, à six lieues de l'embouchure du premier, a près de 8,000 âmes; — S. Christovão ou Sergipe d'El Rei, l'ancienne capitale, avec un beau parc sur la rive du Paramopama, à 5 lieues de la mer; — Maroim, très commerçante, sur le Ganhamoroba, bras du Sergipe et qui exporte beaucoup de sucre, environ 6,000 habitants; — Estancia, sur la rive gauche du Pirahytinga, affluent du rio Real, à 32 kilomètres de la mer, 10,000 âmes approchant, d'un commerce assez considérable, ville très saine, dont les eaux abondantes sont d'une pureté et d'une saveur exquises; — Propriá, 8,000 habitants, sur la rive droite du S. Francisco, point forcé d'arrivée des lignes ferrées de jonction avec le fleuve et les autres provinces; — Itabaiana, près de la serra de ce nom, au centre de magnifiques plaines d'élevage; telles sont les localités principales méritant une mention particulière.

Un mémoire récent, publié par le *Livre du Jubilé* de l'Institut Historique et Géographique du Brésil, et dû au docteur Firmo de Oliveira Freire, donne sur la colonisation de Sergipe des détails fort intéressants. Sergipe avait été longtemps disputé aux Portugais par les Français, qui avaient su s'attirer l'amitié des Cahetés indigènes. Il ne leur échappa qu'à la fin du XVIe siècle, et plus exactement en 1601. La guerre qui les expulsa eut pour résultat de réduire à l'esclavage, dès cette date même, plus de 4,000 Indiens. Parallèlement se pratiquait avec activité l'importation des nègres d'Afrique. Le Portugais imposa aux deux races sa langue, sa politique et sa religion; il domina du côté ethnique, mais sous le rapport anthropologique le nègre a fourni bien plus d'éléments au type physique du Sergipano.

Dans les croisements qui s'y firent sur une vaste échelle, dans les générations de métis qui en résultèrent, le type physique a cherché celui de la race la plus nombreuse, qui était l'africaine, et le mulâtre, le *cafuz* sont ceux qui donnent la plus grande densité spécifique à la population de Sergipe.

Cette prédominance est maintenant vérifiée. La race indigène elle-même a eu plus d'influence que la race blanche. Les générations de métis sont donc les plus nombreuses et c'est un fait d'une grande valeur pour la caractéristique du Sergipano.

Toutefois le métis résultant du croisement du blanc et du nègre s'est de préférence cantonné sur le versant oriental des serras, à quelque pas de la mer, où ses goûts de fixité trouvaient un champ plus favorable; l'Indien, le métis de blanc et d'Indien, de nègre et d'Indien, a préféré la zone occidentale plus maigre, mais où son goût pour la vie nomade était plus aisément satisfait par la vie pastorale.

Néanmoins le rôle de l'Indien dans l'élaboration générale a été faible, même en ce qui concerne l'hérédité des habitudes, comparativement à ce qui s'est passé dans les autres provinces. Le métissage où il est entré comme élément générateur ne représente aujourd'hui qu'une action restreinte, en raison du petit nombre de ces métis dans la population. Soit que la petitesse du territoire, inconciliable avec ses habitudes, l'ait fait émigrer, soit que l'inhumanité dans la lutte poursuivie pour le réduire à l'esclavage ait dépassé toutes les bornes, le fait est que le contingent de l'indigène dans l'histoire de Sergipe n'est, même en tenant compte des circonstances spéciales, de beaucoup pas aussi considérable qu'on le constate dans le reste du Brésil.

BAHIA

Bahia est sans contredit, sinon l'une des plus grandes provinces, au moins l'une des plus importantes et à coup sûr des plus diverses par sa constitution complexe. Historiquement elle a acquis et garde jusqu'à présent la suprématie, formant, dirigeant et défendant toutes les capitaineries de la domination portugaise, fournissant au Brésil émancipé son personnel politique, ses hommes d'État, dans une proportion énorme, et longtemps presque exclusive.

Elle doit son nom à la superbe baie où se jette son grand fleuve central, le Paraguassú, qu'en la découvrant, en 1503, Christovão Jacques appela *Bahia de Todos os*

Santos ou baie de Tous les Saints. La tradition lui donne une origine romanesque : « Un navire portugais allant aux Indes fut détourné de sa route et jeté par un naufrage dans l'île d'Itaparica, dont étaient maîtres les *Tupinambás* ainsi que du continent voisin; ces anthropophages dévorèrent successivement tous les naufragés; un seul restait, Diego Alves, qui avait pu garder un mousquet dont il se servit un jour pour abattre un oiseau. A ce bruit inattendu, les sauvages stupéfaits s'écrièrent : *Caramurú !* « homme de feu » selon les uns, « dragon ou monstre sorti de la mer » selon d'autres. Ce coup de mousquet valut à Diego Alves la liberté et une grande influence sur les sauvages, au point qu'il devint le génie des victoires des *Tupinambás*. Il prit pour femme *Paraguassú*, fille de leur chef; plus tard il fit avec elle un voyage en France, où cette Indienne fut baptisée et eut pour marraine Catherine de Médicis. »

Telle est la légende, dont un seul point est avéré, le nom indien Caramurú de Diego Alves et son mariage avec Paraguassú. Ce précurseur intelligent des pionniers dont les croisements avec les filles indiennes ont fourni cette race superbe des *caboclos* ou *mamelucos*, est mort paisiblement à Bahia le 5 octobre 1557. En 1531, il y avait reçu Martim Affonso de Souza, qui lui laissa deux hommes et diverses plantes utiles, pour l'aider à développer le noyau colonial qu'il avait fondé. Il avait contribué de la façon la plus active et la plus utile à la fondation de la ville capitale, créée sur l'ordre du gouvernement portugais, par Thomé de Souza, sur un mont qui se dresse à l'extrémité orientale de la baie et qui fut nommée *Sam Salvador*.

L'ascendant des Jésuites, arrivés presque aussitôt sous la conduite du Père Nobrega, leur premier provincial en Amérique, donna avec l'action énergique du gouvernement une impulsion rapide à la capitale et à la capitainerie. Dès 1552, Pedro Fernandes Sardinha — qui fut presque aussitôt mangé par les Cahetés chez lesquels il était tombé à la suite d'un naufrage, en se rendant à Lisbonne, entre le S. Francisco et le Cururipe — était placé à la tête de l'évêché du Brésil. Bahia fut en effet le premier siège épiscopal de la contrée; son titulaire est resté le primat du Brésil; il en est devenu l'archevêque et le métropolitain.

Bahia fut prise en 1624 par les Hollandais qui en furent chassés dès l'année suivante, mais pendant trente ans elle eut à lutter contre eux avec la plus grande constance.

Comprise entre 9°55′ et 13°15′ de latitude australe, entre 5°30′ de longitude orientale et 3°30′ de longitude occidentale (de Rio de Janeiro), avec un littoral d'environ 1,200 kilomètres, elle a une superficie évaluée par Macedo à 658,000 kilomètres carrés et par les publications officielles à 426,427 seulement. Par l'étendue territoriale, elle vient au 7e rang des provinces brésiliennes. Sa population, évaluée par le recensement de 1872 à 1,655,403 habitants, comptait, en 1882, 165,403 esclaves; ceux-ci en 1887, avant l'abolition, étaient déjà réduits à 76,838.

Actuellement elle doit compter près de 1,820,000 âmes. Par le chiffre de la population, c'est la seconde province du Brésil : Minas seule en possède une supérieure.

Elle s'étend depuis le S. Francisco au nord, moins le territoire de Sergipe, jusqu'au Mucury au sud, qui est la frontière de Espirito Santo, de l'Atlantique à l'est, jusqu'aux grandes serras de la chaîne de partage ou des Vertentes, de Tabatinga, de S. Domingos, du Paranan, à l'ouest, qui la séparent de Goyaz et du Piauhy, en même temps qu'elles constituent la limite occidentale du bassin du S. Francisco. La Mantiqueira lui envoie de Minas les ramifications d'Itaraca, de Sincorá, d'Orobó, des serras Preta, de Lençóes, da Sande, de Itiúba, de Monte Santo et Muribeca, qui terminent la haute terrasse du plateau central vers l'est, forment la limite orientale du bassin du S. Francisco, et enserrent dans leurs contreforts les vallées secondaires du Jequitinhonha et du Paraguassú, comme aussi d'une foule de cours d'eau moindres.

Parmi ces derniers, il est impossible de ne pas mentionner particulièrement, en allant du nord au sud, l'Itapicurú, descendu des serras de Itiúba et da Sande dans le district de Jacobina, et qui se déverse après un cours de 950 kilomètres, au milieu de bas-fonds, avec une profondeur d'environ $2^{m},20$ tout au plus; le Paraguassú, né dans les serras de Lençóes, de Sincorá et de la Chapada, qui tombe par une série de cascades de leurs ravins, et passant à travers de longs bancs rocheux, après s'être grossi du Jacuipe, va baigner les villes de Cachoeira et de Maragogipe avant de se jeter dans la baie de Tous les Saints par une large embouchure, en tout temps accessible aux plus grands navires; — le Jussiape ou rio de Contas, descendu de la chaîne de Tromba, en contreversant du précédent, reçoit le Brumado ou Contas Pequeno, forme aussitôt après une charmante cataracte, se grossit du Sincorá, du Gavião, du Preto, du Pires, du Pedras, de l'Agua Branca, de Managerú, de l'Aréa, de l'Oricó Guassú, coule ainsi renforcé sur un lit de rochers et après avoir baigné le bourg de Barra Grande, entre dans l'Océan d'où les petits navires seuls peuvent le remonter pendant 25 kilomètres; — le Jequitinhonha, ou Belmonte, le fameux fleuve des diamants, né dans la serra de Pedra Redonda en Minas Geraes, à 50 kilomètres O.S.-O. de la ville de Serro, et aussitôt après avoir reçu le Sam Gonçalo, devient navigable pour les pirogues; il s'avance en serpentant vers le nord, en recueillant de nombreux affluents; à 200 kilomètres de sa source, il se dirige vers le N.-E. augmentant son volume des eaux du Macaúta et de l'Itacambira, qui l'obligent à s'infléchir vers l'est, se grossit beaucoup par la réception sur sa droite de l'Arassuahy, se rétrécit au Salto Grande pour franchir la serra des Aymorés, d'où il se précipite d'une hauteur de 40 mètres avec un fracas épouvantable qu'on entend à 25 kilomètres de distance; là il prend le nom de Belmonte, tout en conservant son nom primitif, continue son cours au milieu de rochers renversés, au sortir desquels il s'élargit considérablement, baigne la ville de Belmonte et va se jeter dans l'Océan près de superbes carrières de marbre rose qui sont découvertes depuis 1840.

La côte bahianaise est fortement échancrée par l'estuaire du Paraguassú, et y forme un golfe de près de 80 kilomètres depuis la pointe de Santo Antonio à son entrée jusqu'à son extrémité septentrionale, avec une largeur de 40 kilomètres de l'est à l'ouest. Entre cette baie qui est celle de Tous les Saints et l'Océan, se trouve la belle île d'Itaparica qui forme deux entrées : celle de l'ouest est rétrécie par des bancs de sable qui entourent la pointe continentale de Garcia et celle de Caixa Prega à l'extrémité méridionale de l'île; cette entrée est en outre peu profonde et sinueuse, sa longueur est d'environ 20 kilomètres; la seconde entrée a une largeur apparente de 13 kilomètres depuis la pointe Santo Antonio jusqu'à celle de la Penha sur l'île d'Itaparicá, mais des bancs de sable sur les deux côtés la rétrécissent et forment un canal d'environ 6 kilomètres de largeur. Toutes les terres qui entourent cette baie sont en général basses et plantées de cocotiers (*coqueiros*). Dans la partie la plus élevée, s'élève la ville de S. Salvador, entre les pointes de Santo Antonio et de Monserrate, qui forment une anse semi-circulaire à l'entrée de la spacieuse, large et magnifique baie dont l'accès est parfaitement éclairé par le phare placé sur la Santo Antonio, qu'on aperçoit à 35 kilomètres de distance.

L'île d'Itaparicá, placée obliquement par rapport à l'entrée de la baie, a 35 kilomètres de long sur 10 à sa partie la plus large. Elle est populeuse, florissante, renommée pour sa fécondité, sa salubrité, le charme et le pittoresque de ses sites. Dans la même baie on rencontre encore quantité d'autres îles, comme celle des Frades, 6 kilomètres plus loin, Maré tout au fond du golfe, en face des embouchures du Pitanga et du Mutuim; Cajahiba, longeant la rive occidentale...

Les autres baies de la côte bahianaise sont infiniment moindres. Celle du Morro de Sam Paulo, à 45 kilomètres sud-ouest du cap de Santo Antonio, offre toutefois un mouillage de 10 à 12 mètres de profondeur, bien abrité et capable de recevoir les plus grands bâtiments. Un phare, érigé sur le Morro ou mont, est vu de 50 kilomètres en mer. La baie de Camamú, plus au sud, possède deux entrées formées par la presqu'île qui termine à la pointe Mutá et par l'île Quiopé. Celle des Ilhéos s'étend en face du rivage continental où est le bourg de Sam Jorge, et du côté de la mer se trouve délimitée par les quatre îlots qui lui ont donné son nom. Un seul de ces îlots montre quelque végétation, les autres ne sont pas cultivables.

Porto Seguro, Enseada (anse), Cabralia ou Bahia Cabralia se trouve à 9 kilomètres au sud de la ville de Santa Cruz. C'est là qu'aborda Alvares Cabral le 24 avril 1500, et qu'il découvrit le Brésil. Elle n'a guère que 4 mètres d'eau, mais l'entrée en a bien 6.

La province compte en outre divers ports fluviaux; ce sont, en revenant vers le nord, Rio das Contas, un peu au dessus de l'embouchure, d'un accès facile pour les caboteurs; Camamú sur le rio Acarahy qui se déverse dans la baie de Camamú, fréquenté aussi par les navires côtiers; Marahú à 45 kilomètres de cette même baie, sur le rio Marahú; mêmes conditions que les précédents; Santo Amaro, à 80 kilomètres N.-O. de la ville du S. Salvador, sur le Subahé qui se déverse à l'angle nord-ouest de la grande baie de Tous les Saints, et Cachoeira, sur le Paraguassú, à 130 kilomètres de la ville de Bahia, soumis à l'action de la marée, très commerçant, accessible aux grands steamers, puis Nazareth, sur la rive gauche du Jaguaripe, à 40 kilomètres de son embouchure dans la Barra Falsa; les grands caboteurs y entrent aisément avec l'aide de la marée.

Le port de Bahia accuse un mouvement assez considérable. En 1886, le rapport du président Bandeira de Mello donne 1,498 entrées de navires marchands, dont 834 brésiliens et 664 étrangers; 581 venaient des ports de l'empire, 392 de ceux de la province et 525 de l'extérieur; 15 navires de guerre dont 9 brésiliens et 6 étrangers avaient également été visités à l'entrée par le service du port. Les sorties s'élevaient à 12 pour les bâtiments de guerre et à 1,266 pour les navires marchands, dont 608 brésiliens et 658 étrangers, 344 se dirigeant sur les ports de l'Empire, 452 vers ceux de la province et 470 vers ceux de l'extérieur.

Pour 1886-87, le rapport du ministre des finances fournit les données suivantes :

Entrées. — Long cours : 42 navires nationaux avec 4,854 tonnes, 427 navires étrangers avec 476,594 tonnes; — cabotage : 298 nationaux avec 180,214 tonnes, 162 étrangers avec 203,405 tonnes.

Sorties. — Long cours : 4 navires brésiliens avec 581 tonnes, 359 étrangers avec 369,691 tonnes; — cabotage : 244 nationaux avec 240,400 tonnes; 194 étrangers avec 226,942 tonnes.

Soit 929 entrées et 801 sorties. La diminution ainsi accusée provient de ce que le port a été fermé aux provenances de pays suspects ou infectés du choléra.

Ces chiffres concernent le port seul de la capitale; je n'ai pu découvrir ceux qui intéressent les autres ports cités plus haut. Nous aurons toutefois une idée de leur activité, lorsque nous verrons tout à l'heure le mouvement des lignes ferrées qui y aboutissent.

Quant à Bahia ou S. Salvador même, elle est le port d'escale de tous les transatlantiques dont j'ai donné la liste au chapitre précédent, en traitant de Pernambuco. C'est un des principaux ports de la ligne postale brésilienne, la compagnie *Brazileira* de navigation à vapeur, dont les paquebots s'y arrêtent trois fois par mois en montant vers le nord et autant au retour.

La compagnie *Bahiana* de navigation à vapeur, subventionnée par la province à raison de 128 contos, et par le gouvernement général à raison de 155 contos, effectue la navigation intérieure et côtière. Celle-ci comprend deux lignes, l'une au nord, l'autre au sud. La ligne du nord exécute trois voyages par mois, aller et retour, pour les ports de Estancia, Abbadia, Espirito Santo, S. Christovão,

Villa Nova, Penedo, Macció et Aracaty. La ligne du sud fait tous les mois deux voyages aller et retour aux ports de Ilhéos, Cannavieiras, Santa Cruz, Porto Seguro, Caravellas, Vicosa et S. José. Outre ces voyages réguliers, la compagnie en effectue d'extraordinaires selon les nécessités du service public ou les exigences de ses intérêts.

A l'intérieur, elle fait un voyage par semaine à Valença, sur l'Una au Morro de S. Paulo; deux par semaine à Nazareth, trois à Santo Amaro, et un voyage quotidien à Cachoeira et à Itaparicá, sauf les dimanches et jours de fêtes.

De plus elle fait tous les mois un voyage à Belmonte, un peu au sud de l'estuaire du Jequitinhonha. En 1888, elle possédait 16 vapeurs, quelques pontons, et six lanches ou canots à vapeur. Ses vapeurs côtiers et fluviaux sont excellents. La compagnie les entretient fort bien; à cet effet elle possède à Itapagipe de grands ateliers, dotés d'un outillage tout à fait moderne et dirigés par un ingénieur de mérite; elle y emploie couramment près de 150 ouvriers, et même 200, qui pour la plupart sont Brésiliens, à l'exception de quelques mécaniciens. Ces ateliers rendent ici de grands services, car ils ont formé nombre de mécaniciens employés ensuite dans les fabriques, les usines sucrières ou autres et sur les bateaux à vapeur aussi bien à Bahia que dans les provinces de Sergipe, Alagôas et Pernambuco.

La province de Bahia, qui possède une cour d'appel de 11 *desembargadores*, assez mal installée, il faut l'avouer, dans la rue *Direita do Palacio*, l'une des plus bruyantes et des plus animées de la capitale, compte 41 comarcas de juges de droit et 84 termos de juges municipaux; elle comprend 94 municipes de canton, renfermant 15 cités, 79 villes et 208 paroisses, qui sont une partie de l'archidiocèse métropolitain de S. Salvador.

J'emprunte au tableau de M. Corrêa d'Araujo les données suivantes :

BUDGET

1885-86	Recettes	Dépenses.
Général	10.995.433$563	6.814.756$863
1886-87		
Provincial.	3,046.876 600	4.486.506 354
Totaux. . . .	14,042.309$164	11.301.263$218

DETTE (en 1888)

Consolidée	8.011.300 $	à 6 et 7 %
Flottante	1.720.000	
Total	9.731.000 $	

COMMERCE

(*Extrait du rapport du ministre des finances.*)

1884-85	Importation.	Exportation.	Total.
Long cours . .	22.221.849 $	13.951.026 $	36.172.875 $
Cabotage. . . .	3.943.000	8.199.200	12.142.200
Totaux . .	26.164.849 $	22.150.226 $	48.315.075 $
1885-86			
Long cours . .	20.941.198 $	15.149.656 $	36.088.754 $
Cabotage. . . .	3.676.900	5.800.700	9.477.600
Totaux. . .	24.618.098 $	20.950.356 $	45.566.354 $
1886-87			
Long cours. . .	20.560.840 $	14.838.632 $	35.399.472 $
Cabotage	3.210.065	6.971.865	10.180.430
Totaux. . .	23.770.905 $	21.809.697 $	45.580.602 $

Le rapport présidentiel, commentant ces résultats, constate un ralentissement dans les transactions et une sorte de découragement dans le monde commercial. « La production, dit-il, étant limitée au résultat des plantations, puisque nous n'avons pas d'industrie parfaitement caractérisée et développée qui puisse constituer une branche assurée d'application, il est naturel que les transactions commerciales ne puissent s'étendre franchement, lorsque la plupart des agriculteurs ne tirent pas de leur travail un résultat équivalent. On connaît parfaitement les oscillations éprouvées généralement par les principales denrées que produit la province; elles ont chez nous une amplitude qu'aucun autre pays ne supporterait sans commotions profondes. Le producteur et le consommateur souffrent, quand les prix s'écartent de ce que les conjectures faisaient croire, et le commerce, interprète naturel des besoins communs, ne peut ne pas contribuer aux pertes de tous. Naguère le sucre et le tabac, nos deux produits d'exportation les plus considérables, ont éprouvé, le sucre surtout, de grandes réductions de prix, au point qu'il a été très difficile, sinon impossible pour leurs producteurs, d'y trouver le moyen de vivre. Le commerce, qui avait avancé les capitaux nécessaires à l'entretien des propriétés, se voit dans l'éventualité de limiter ses opérations, car la rémunération possible ne suffit pas à compenser le risque de la rupture d'équilibre survenue.

« Les retards de paiement se succédant sans qu'on entrevoie la limite des délais, amènent l'affaiblissement du crédit pour les intermédiaires qui ont garanti des débiteurs presque insolvables... Le marasme a passé des esprits aux transactions et répandu l'idée d'une crise prochaine; malheureusement, ils ne voient d'autre remède que l'abstention, alors que c'est à la persévérance dans l'étude pratique des difficultés qu'ils devraient demander la solution économique désirable. »

Au fond, vers la fin de 1887 et durant une partie de 1888, ce qui jetait la classe agricole, des grands propriétaires bien entendu, dans cet état de dépression, c'était la perspective de l'abolition désormais certaine de l'esclavage. Ils ne savaient pas s'ils pourraient changer le régime du travail, trouver des bras libres et de quoi payer leur salaire. D'autre part, plus que partout ailleurs peut-être, la production était grevée de charges énormes dictées par un protectionnisme imbécile et cantonné dans l'étroit horizon de la province. Nous entrons ici dans la région qui a le plus exploité le travail forcé de l'esclave, et qui a adopté par suite un régime économique absolument spécial, mais encadré dans les mœurs et dont il est entièrement malaisé de modifier les habitudes. C'était si commode, cette existence de grand feudataire terrien se reposant toute sa vie sur le travail des noirs, sur une organisation à laquelle la paresse d'esprit, la langueur créole, l'insuffisance d'éducation pratique conseillaient de ne rien changer.

Bien avant que l'esclave disparût tout à fait, il s'était fait plus rare et plus cher ; la culture de la canne à sucre, si longtemps sûre, prédominante, avait eu à lutter chaque jour plus serré contre la concurrence non seulement de la betterave, mais d'autres cultures plus industriellement, plus scientifiquement conduites. Ici elle est superficielle, extensive ; ailleurs on l'a faite profonde, intensive ; on a augmenté de beaucoup le rendement en cannes d'une même surface cultivée, et aussi le rendement en sucre d'une même quantité de cannes. Rien n'empêchait les sucriers brésiliens d'en faire autant, mais pour cela il eût fallu tout bouleverser et leur lit de roses leur était trop précieux.

La concurrence commerciale d'une part, la suppression de l'esclavage de l'autre, l'ont brusquement, brutalement détruit, ce lit féerique. Aussi y a-t-il eu des mécontents, des grincheux, des ulcérés ! Cela est bien humain, n'est-ce pas ? et il serait puéril de s'en étonner. Tel qui, abstraitement, se dit très philanthrope, très convaincu au point de vue économique de la supériorité du travail libre sur le travail forcé, n'en a pas été moins furieux, quand la réalité s'est abattue soudainement sur lui, c'est-à-dire quand il lui a fallu dire brusquement adieu à son ancienne existence, molle, facile, de laisser-aller, pour faire acte d'homme, luttant comme tous les autres pour la vie. Il a été d'autant plus mécontent qu'il ne s'était pas préparé, même par sa faute, à ce coup révolutionnaire. De là, cette opposition qu'à l'heure où j'écris on voit s'accentuer à Bahia et dans toutes les autres régions où, en dépit de tous les avertissements précurseurs, l'indolence coloniale, créole, du Portugais enrichi par l'esclave a été secouée par la menace de la ruine, si le grand feudataire d'hier ne se résolvait pas courageusement à mettre de sa personne la main à la pâte, tout de suite, à se transformer de politicien ou d'oisif, ce qui est souvent la même chose, en homme actif, en producteur par la force même de son application personnelle et par un emploi tout nouveau de ses capitaux.

Bahia pouvait d'autant moins décourager cette malheureuse oligarchie féodale et terrienne, que si aujourd'hui elle est en infériorité marquée, momentanément au moins pour la production du sucre, il n'en était pas du tout de même pour le cacáo et le tabac, qui se sont développés dans des proportions immenses, qui ont conquis un marché fixe et ont rencontré une moindre somme de concurrences sur le marché universel. Ceux-ci n'ont pas eu à se préoccuper de la disparition de l'esclave, qui n'y travaillait guère ou même pas du tout.

C'est assez dire que la variété des productions, ou comme on dit ici fort justement, la polyculture est indispensable au Brésil, principalement à celles de ses provinces qui jusqu'à présent s'étaient au contraire peu à peu adonnées aux cultures exclusives. Bahia, d'ailleurs, y est on ne peut plus propice, et déjà, si elle peut lutter avec avantage, compter sur un avenir meilleur et même très florissant, elle le doit à ce que ses petits cultivateurs ont concurremment mené de front les productions les plus diverses.

Au risque de me répéter un peu, je veux emprunter au même rapport de M. Bandeira de Mello une description fort exacte du territoire de cette province :

« Elle possède trois zones bien distinctes de production, chacune offrant une rémunération généreuse aux efforts qui la mettent en valeur : le *Reconcavo*, — la zone formant le contour de la baie, d'une largeur variable et au maximun de 200 kilomètres, — qui pendant 3 siècles a soutenu à lui seul tout le poids des contributions provinciales; — le *Sertão*, où l'industrie pastorale trouve des éléments d'une vie large et puissante; — et le Sud, dont les rives humidifiées, coupées par de grands rios et protégées par des forêts colossales, réserve des conditions exceptionnelles à la culture du cacáo et des céréales. Partout, le sol est fertile, et se prête à l'une ou à l'autre des applications précitées.

« Le *reconcavo*, déjà travaillé par des cultures successives et dépouillé de ces arbres séculaires qui ombragent le travailleur, est admirablement disposé pour les contrats de métayer (*de parceria*), pour des affermages partiels, pour la division des cultures, réservant à tous les moyens et à toutes les aptitudes l'espace pour s'installer et prospérer, d'accord avec les exigences de la consommation.

« La région du Sud, par suite même des immenses forêts qui entretiennent l'humidité de l'atmosphère, exceptionnellement fertile et d'une végétation luxuriante, impressionne le colon isolé et refroidit son ardeur au travail, car par lui seul il ne peut triompher de la fécondité stupéfiante du terrain. C'est là peut-être qu'il faudrait recourir aux grands entreprises, pourvues d'agents puissants et rapides de travail (les grandes machines agricoles) capables de dominer les expansions de la nature, et soumises à la marche établie dans l'assolement ou le défrichement de la propriété.

« La zone du sertão, encore mal exploitée, même par l'industrie pastorale qui en a fait son centre, puisque la distance lui interdit d'aborder aucune autre branche de l'activité humaine, sera toujours un très puissant auxiliaire de l'agrandissement et de la richesse de la province même quand il conserverait ses habitudes traditionnelles. Il lui suffit d'améliorer son procédé et de perfectionner l'élevage du bétail. On pourrait y établir des métairies modèles avec des animaux reproducteurs de races choisies et appropriées aux conditions du pays. Le lait traité convenablement alimenterait les industries secondaires, en constituant une branche d'exploitation d'un grand profit, et en fournissant le marché plus avantageusement qu'aujourd'hui, où tout nous est importé de l'étranger et surcharge la consommation de droits élevés.

« Ce sont là des problèmes qui doivent occuper l'attention de tous ceux qui déplorent la routine, à laquelle nous devons de n'avoir pas suivi les autres pays dans la voie du progrès. »

Il est bien certain que les routes, les chemin de fer, la navigation intérieure ont déjà rapproché divers points entre eux et du marché commun, ouvert à la civilisation des horizons nouveaux, mis des régions entières d'une fertilité sans rivale à la portée des capitaux et des activités agricoles. Il me paraît, comme aux Bahianos les plus éclairés et aussi les plus ardents, que le progrès viendra surtout dans cet ordre d'idées de l'introduction d'auxiliaires étrangers plus habitués et plus aptes à profiter de ces avantages. Leur succès constaté sera la meilleure école que l'on puisse offrir aux travailleurs indigènes.

Sous ce rapport, les Bahianos semblent fort convaincus eux-mêmes. Ils ont créé et entretenu une école agricole, qui un peu modifiée, dotée d'un enseignement plus exclusivement pratique, peut à bref délai devenir à la fois une ferme modèle et une exploitation très rémunératrice des capitaux qui l'ont fondée. C'est l'œuvre de l'*Imperial Instituto Bahiano de Agricultura*, fondé en 1859 par l'initiative de l'empereur, qui malheureusement n'a à sa disposition que des ressources pécuniaires trop restreintes. C'est le 23 juin 1875 qu'il a fait approuver par le gouvernement le règlement qui régit cette école, située à S. Bento das Lages (Saint-Benoît des Roches), et dirigée par M. Francisco dos Santos-Silva, avec l'aide de 7 professeurs. Le cours d'agronomie dure 4 ans, au bout desquels les élèves reçoivent le titre d'ingénieur agronome. Inaugurée en 1876 avec 13 élèves, dont 9 fils de cultivateurs et 4 orphelins du collège de S. Joaquim, elle a vu sa clientèle s'augmenter graduellement depuis 1881 ; elle a maintenant de 20 à 25 enfants. Du reste, à côté du cours supérieur, elle a organisé un cours élémentaire pour préparer des ouvriers agricoles, et qui est fait actuellement à 21 élèves orphelins ou abandonnés, soutenus par l'établissement. Depuis peu, un nouveau conducteur des travaux contracté à Washington par M. le baron d'Itajubá, M. José de la Vegua, est venu donner à cet enseignement un caractère plus pratique.

Il faut souhaiter à ceux qui ont la responsabilité de la direction de cet excellent établissement de ne pas le laisser dévier, en s'engageant outre mesure dans la théorie; Bahia comme tout le Brésil a plus besoin de contremaîtres que de grands savants, incapables le plus souvent de trouver sur le terrain l'application convenable et adéquate de leur science. Je crois du reste qu'on va appliquer tous ses soins à réaliser ce désideratum.

Tout ne sera pas dit encore ; il faut aux cultivateurs brésiliens, à côté de l'expérience pratique, des notions théoriques suffisantes, l'appui fécond du crédit foncier et du crédit agricole. La Banque doit s'élever à côté de l'école, quand on veut mettre rapidement en valeur une région nouvelle ; il ne faut pas que l'immense capital englouti dans les constructions et l'outillage agricole, dans les cultures prêtes pour la moisson, dans la terre défrichée, assolée et fumée, n'ait de valeur que dans les inventaires; il ne faut pas que son propriétaire se voie refuser de recevoir tout cela en garantie d'un emprunt quelconque, fût-il vingt fois au-dessus du chiffre de l'estimation officielle.

Malheureusement au Brésil, l'habitude des intérêts usuraires a singulièrement entravé tous les établissements de crédit, ou les a même asservis. — Le cultivateur s'en tirerait aisément s'il n'avait à supporter que les 7 % d'intérêt, au lieu de 12, 14 et même 18 qu'on prétend souvent lui imposer.

Il est temps que l'immigration européenne vienne modifier ces mœurs et ces habitudes. Elle trouvera devant elle un champ aussi vaste que favorable. Je dirai plus loin où l'on a songé à la localiser tout d'abord; je me borne, en passant, à affirmer qu'elle rencontrera ici des conditions faites à souhait pour elle, surtout si les capitaux veulent immigrer comme les bras, tous deux guidés par l'expérience et la science pratique.

J'ai dit en commençant que c'était une grande province, à quelque point de vue qu'on la considère. Sa capitale, quand on l'aborde du large, sur le paquebot transatlantique, ou sur le vapeur national brésilien, a une fière et superbe mine. Cette ville de 200,000 âmes est éparpillée sur une montagne, à l'est de la baie et tout à fait sur ses bords, qu'elle domine, en offrant la vue magnifique d'un panorama splendide; les plus grands paquebots entrent sans difficulté ni péril dans son excellent port, où ils rencontrent jusqu'à 30 mètres de fond ; ils jettent l'ancre à moins d'un mille de la cité. Celle-ci comprend deux parties fort distinctes : la ville basse qui occupe la rive entre la baie et la montagne sur plusieurs kilomètres ; la ville haute s'étage sur les pentes de la montagne, que ses maisons semblent avoir pris par escalade. Derrière les premières constructions allongées sur les quais, les jardins s'échelonnent en terrasses, au-dessus desquels apparaissent les clochers et les édifices de la cité ancienne.

La ville basse est percée de rues bien pavées, alignées parallèlement aux quais, croisées verticalement par d'autres plus petites, où s'est réfugié le commerce du bazar, complété par des amoncellements fantastiques de fruits, de poissons, de combustibles indigènes, cocos, grenades, café, canne à sucre, oranges, bananes, *abacaxis* (ananas), sucreries (*doces*) de toutes sortes ; on y trouve des perroquets par milliers, des singes de toutes grandeurs, etc. Ces petites boutiques sont le plus souvent tenues par des négresses, coiffées de turbans blancs ou rouges, la poitrine découverte et n'ayant d'autre vêtement qu'une jupe à couleur voyante. Nous les avions déjà trouvées semblables et pareillement installées à Pernambuco.

Tout le commerce est concentré dans cette partie de la cité ; la Bourse, les banques, la douane avec son magnifique appontement en fer, l'arsenal maritime, son voisin, l'arsenal militaire établi plus au nord, la gare centrale du chemin de fer du S. Francisco près de la Bourse, l'usine à gaz, etc., sans parler des nombreuses églises, la

Conception bâtie en marbre, la Trinité d'une richesse peut-être trop voyante, Bomfim renommée par ses miracles et adossée à une gracieuse éminence. Au pied de celle-ci sont les ateliers des *véhicules économiques*, d'où les rails amènent les voitures que des locomotives conduisent jusqu'à Ribeira de Itapagipe. Sur toutes les places, il y a des fontaines, et le nombre des belles maisons est considérable.

Dans la rue de la Douane, on se heurte à une grosse tour carrée qui contient un élévateur hydraulique. Cet ascenseur prend les passants et les monté sur la place du Palais, en face de l'Hôtel de Ville ou Chambre municipale, où se trouve l'embarcadère des tramways conduisant à Barra, à travers les plus beaux quartiers de la ville. Les maisons semblent luxueuses, et une grande élégance y règne, m'assure-t-on. Elles sont peintes ou plaquées de faïences aux couleurs vives, beaucoup sont surchargées d'ornements sculptés et de colonnades. La longue rue de 5 kilomètres au moins que suit le tramway est bordée de jardins, au fond desquels s'élèvent de riches villas ; leurs parterres sont éblouissants de toutes les fleurs du tropique, dominées par les palmiers au tronc lisse et au haut panache ondoyant.

Bahia est abondamment pourvue de tramways qui lui rendent un grand service, car beaucoup de points de la cité sont à plus de 8 kilomètres du centre. Les *Transportes Urbanos* ont quatre lignes, de la place du Palais au *Largo da Graça ;* celle de Barra, de la même place aux *quintas* ou villas, celle du Rio Vermelho, du Campo Grande au Papagayo, puis l'élévateur hydraulique qui relie la douane dans la ville basse à la place du Palais dans la ville haute, par le flanc occidental de la montagne. Un autre élévateur de ce genre, dit du Taboão va être établi sur un point plus éloigné.

L'entreprise des *Trilhos Centraes* (rails centraux) effectue un service régulier pour le Rio Vermelho, Soledade et Retiro, et conduit en outre les animaux abattus pour la consommation à l'abattoir public.

La compagnie de la ligne circulaire de tramways de Bahia a divers parcours qui touchent à Bomfim, Nazareth, Canella, qui relient le plan incliné à la rue des Marchands, le port de Bomfim au boulevard de l'Empereur, celui-ci à Bom Gosto et ce dernier à la montée de S. Francisco de Paula.

Les passagers des paquebots profitent de ces tramways pour faire le tour de la ville ; le trajet est assez bien combiné pour leur en faire voir les points principaux et pour les ramener à l'heure indiquée du départ. S'ils ont du temps de reste, ils ne manquent pas d'entrer au marché, situé sur la place même du débarquement ; les oiseaux, les fleurs, les fruits, les légumes de toutes variétés y sont entassés avec une telle abondance que le spectacle en est toujours récréatif. D'autre part, la promenade publique, placée dans une magnifique situation, à la ville haute, ménage en passant une vue superbe du port et d'une bonne partie de la ville. Les principaux édifices publics sont également dans la ville haute : la Sé ou ancienne cathédrale, le collège des Jésuites dont l'église est devenue la cathédrale métropolitaine actuelle, le palais du Gouvernement, celui de la ville, l'hôpital de la Miséricorde, la Bibliothèque publique, contenant près de 25,000 volumes[1] ; les couvents de S. François, S. Benoît ; l'ancien couvent de la Palme où sont aujourd'hui le Lycée et le Muséum ; les églises nombreuses, entre autres celles de la Pitié et de la Miséricorde, le théâtre S. Jean, etc.

Bahia possède l'une des deux Facultés de médecine de l'Empire ; l'autre est à Rio de Janeiro.

Ce qui manque à une grande ville comme Bahia, c'est un système d'égouts qui améliore les conditions hygiéniques offertes à ses habitants. Il est même assez étrange que l'on n'ait pas encore entamé cette œuvre de salubrité

1. Cette bibliothèque a été fondée par l'érudit Pedro Gomes Ferrão en 1811, qui constitua son premier fonds par un cadeau de 3,000 volumes. Le gouverneur comte dor Arcos épousa l'idée du fondateur et donna à l'établissement 8,000 volumes.

publique. Et cependant, comme le fait remarquer un de ses administrateurs, M. Bandeira de Mello, la situation topographique de cette ville est entièrement favorable à l'installation d'un semblable service. Elle est montagneuse, beaucoup de ses rues possèdent la pente suffisante à un écoulement naturel ; on pourrait donc la doter de cette amélioration sans grandes dépenses.

Les quartiers bâtis près de la pente de la montagne sont extrêmement rapprochés de la mer et leur superficie est assez étroite pour que la modification des rigoles ne soit pas non plus très dispendieuse. C'est précisément le centre commercial qui souffre le plus de cet état de choses.

Bahia possède divers établissements de crédit qui aident beaucoup à son développement industriel. La *Banque de Bahia* jouit du droit d'émission, comme la Banque du Brésil. Au 31 décembre 1888 elle avait à l'actif,

1.740.561$180 en comptes courants.
1.491.458 124 en hypothèques.
1.059.000 de titres en dépôt.
488.879 968 de billets émis par le gouvernement ou par elle-même ; à son passif figuraient :

8.000$000 pour le capital.
805.464 484 pour le fonds de réserve.
1.878.800 048 d'obligations à payer.
1.059.000 de valeurs déposées à la Banque.
1.075.874 184 dus à divers créanciers.
975.550 représentant ses billets émis.

Les autres établissements sont les succursales du *London and Brazilian Bank*, du *English Bank of Rio de Janeiro*, *Caixa de Economias*, *Sociedade commercio*, *Caixa hypothecaria*, *Caixa Reserva Mercantil*, *Caixa economica* ou caisse d'épargne, *Monte de socorro* ou mont de piété. Ce dernier avait en juin 1887 pour 106,553 $ de gages en dépôts ; durant le semestre finissant au 1er juillet, la caisse d'épargne avait reçu 963,889 $ 800 et payé pour retraits 671,951 $ 413.

Il va de soi qu'il y a de nombreuses sociétés d'assurances, institutions indigènes ou agences de sociétés étrangères, surtout du Portugal et d'Angleterre.

Si le lecteur veut bien maintenant m'accompagner, nous allons pénétrer dans l'intérieur de la province, en étudiant chacun des chemins de fer qui y fonctionnent.

1° Ligne de Bahia au Sam Francisco, 577 kilomètres. — La 1re section de ce chemin appartient à la *Bahia and S. Francisco Railway Company L.*, société anglaise qui jouit d'une garantie d'intérêts de 7 %, durant 90 ans à compter de 1885, sur un capital de 16,000,000 $. Sa zone privilégiée est de 5 lieues de chaque côté du lit de la voie.

Partant de la capitale de la province, dans la direction générale du nord, la ligne suit d'abord le littoral de la baie jusqu'à la station de Mapelle, au kil. 22, puis elle s'éloigne du littoral, inclinant vers l'est pendant 14 kilomètres, reprend sa direction primitive, traversant les vallées des rios Joannas, Jacuhype, et Pojuca, et va terminer à la ville de Alagoinhas au kil. 123,340 m. Elle est à voie large de 1m,60. Sur ce trajet, on rencontre trois tunnels de 556 mètres de longueur, un viaduc dans l'anse de Itapagipe long de 518m,86, deux ponts de 115 et de 146 mètres et quatre autres de dimensions moindres. 15 stations sont desservies : Jiquitaya, kil. 0 ; — Plataforma, kil. 6 ; — Peripiri, k. 10 ; — Olaria, kil. 13,720 ; — Mapelle, k. 22,260 ; — Agua Comprida, k. 28 ; — Muritiba, k. 33,760 ; — Parafuso, k. 46,640 ; — Malta, k. 68,577 ; — Pitanga, k. 75,120 ; — Pojuca, k. 81,120 ; — Catú, k. 92,690 ; — Sitio Novo, k. 107,270 ; — Alagoinhas, k. 123,340.

La gare centrale, au départ, est vaste, bien construite, bien aménagée pour le service des bureaux et du trafic. En face, la Compagnie a un dock couvert où accostent les plus grands navires, dont les marchandises les plus lourdes et les plus volumineuses passent directement du bateau sur les wagons et *vice versa*. Les ateliers sont installés à la station de Periperi à 11 kilomètres de la capitale ; ils sont très convenablement outillés.

Voici le mouvement financier de cette ligne depuis 1882 ; elle a été ouverte au trafic en 1861.

	Recettes.	Dépenses.	Solde.
1882.	412.159$990	497.231$640	— 85.079$620
1883	487.082 990	459.093 820	+ 27.987 170
1884	597.826 680	529.998 050	+ 67.838 650
1885	481.210 490	482.089 330	— 878 840
1886	487.099 720	496.743 630	— 9.643 910
1887	483.645 300	462.601 260	+ 21.044 040

Depuis 1861, les excédents de recette ont été de.	278.547$131
Et les excédents de dépense de	1.532.927 267
Soit un déficit total de.	1.254.380 136

Pour le contrôle et la garantie d'intérêts, l'État a payé, en 1887, 1,968,265 $ 153 et depuis la date de la concession une somme totale de 34,534,786 $ 946.

M. da Silva Coutinho explique ainsi ces résultats :

« On peut sans exagération aucune dire que cette exploitation est un véritable désastre. La cause doit en être attribuée au mauvais tracé de la ligne et surtout au type adopté, la voie de 1m,60, tous deux en complet désaccord avec la capacité et les ressources de la zone comme de ses tributaires naturels. Une ligne économique à voie d'un mètre satisferait amplement aux besoins de la région et elle n'aurait coûté que 4,500 contos. La recette moyenne qui a été d'environ 436,000 $ aurait couvert les dépenses d'entretien à raison de 2,000 $ par kilomètre, et il serait resté 4,2 % pour le capital ; l'État n'aurait eu qu'à contribuer avec 2,8 % pour parfaire l'intérêt garanti. Cet excédent durant 18 ans et la garantie intégrale de 1861 à 1867, pour une somme de 5,000,000 $, eussent alors constitué tout le sacrifice de l'État. Au lieu de cela, jusqu'en 1885, la garantie de l'État a absorbé la somme de 31,400,000 $, soit 26,400,000 $ de plus qu'il n'était nécessaire pour obtenir le service que rend la ligne actuelle. »

Voilà qui prouve éloquemment comment une mesure mal prise transforme une entreprise excellente en un gouffre où s'engloutissent d'énormes capitaux.

De pareilles conditions ont rendu évidente la nécessité de racheter la ligne et de la réduire au type de la voie d'un mètre, adopté pour son prolongement, comme pour la branche de Timbó ; c'est le seul moyen de soulager l'État d'une grande partie du sacrifice que lui coûte la garantie d'intérêts, qui devrait être payée de longues années encore, si les choses restaient dans l'état actuel.

La moyenne annuelle du mouvement a été pour les marchandises de 4, 12, 16, 29 et 40 mille tonnes, de 53,000 à 71,000 voyageurs durant les périodes quinquennales écoulées jusqu'en 1885. En 1887, ce chemin a transporté 74,797 voyageurs et 44,909 tonnes de marchandises, dont 20,800 à l'importation et 25,109 à l'exportation.

Ce total comprenait 133 tonnes de café, 5,392 de sucre, 22 de coton, 196 de cuirs, 1,218 de céréales, 4,384 de tabac, 775 de sel et 32,878 d'articles divers.

Le sucre a augmenté de 1865 à 1875, mais diminué depuis ; le tabac s'est développé régulièrement ; le miel, comme le sucre, a décliné depuis 1875. Cette diminution sur les deux articles est due à la sécheresse et à la baisse du prix de ces denrées, qui ont beaucoup réduit la production.

« Toutefois, depuis 8 ans, elle a été causée principalement par la concurrence de la ligne de Santo Amaro, construite par la province, et qui aboutit dans la vallée supérieure du Pojuca, zone très productrice et voisine de la ligne anglaise, déjà desservie par elle, malgré les détestables chemins qui la relient avec ses stations.

« L'éminent ingénieur Fernandes Pinheiro, alors qu'il dirigeait les travaux du prolongement, a recommandé entre autres la construction d'un embranchement de Alagoinhas sur Bom Jardim, centre de cette zone, avec une longueur de 30 kilomètres au plus ; il déclarait que le transport serait par là meilleur marché que par la ligne *alors* projetée de Santo Amaro. Malheureusement ce conseil salutaire n'a pas été écouté, au grand dommage de l'agriculture et du commerce, obligés de payer des frets plus élevés, à celui de la province dont l'entreprise ne produit rien, et finalement c'est l'État qui paie, lui qui a garanti l'intérêt à la ligne anglaise, tout le préjudice que celle-ci a éprouvé par suite de la concurrence de celle de Santo Amaro. »

La seconde section du Bahia au S. Francisco, plus connue sous le nom de prolongement, a été construite par l'État en vertu de la loi du 17 juin 1871. C'est le 19 mars 1876 que, les études terminées, fut passé le traité de construction pour le tronçon de 322 kilomètres de Alagoinhas à Villa Nova da Rainha. Le 31 août 1887, cette dernière station était ouverte au trafic.

La ligne part d'Alagoinhas, à 123 kil. 340 de Bahia, décrit une grande courbe à l'ouest et pénètre dans la vallée du Aramary par laquelle elle gravit le plateau diviseur des eaux des rios Pojuca et Inhambupe, dans la direction générale du N.-E. ; elle coupe ensuite les diverses sources des affluents de rive droite du dernier, jusqu'à la ville de Serrinha, assise sur les pentes qu'ils arrosent.

De Serrinha, elle passe dans la vallée de l'Itapicurú, encore dans la direction générale du N.-E., franchit ce rio près de la localité de Queimados, au kil. 227, et plus loin traverse la serra de Itiúba comme le rio Itapicurú Mirim, au kil. 280 ; remontant ensuite la vallée du Curiacá, affluent de ce rio, elle atteint Villa Nova da Rainha, sur le flanc de la serra de la Saude, au kil. 322. C'est là qu'elle s'arrête pour le moment.

La section que l'on se met en devoir de construire, et dont les travaux sont en ce moment activement poussés, en vertu des crédits affectés par la loi budgétaire de 1889, se continue de Villa Nova sur le même versant de la serra de la Saude jusqu'au Tanque do Paulista (Réservoir du Paulista), à la crête qui unit cette serra à celle de Itiúba, le diviseur des eaux de l'Itapicurú et du S. Francisco, le point culminant du chemin, à 683m,320 au-dessus du niveau de la mer. Du Tanque do Paulista, elle descend dans la direction générale du nord, par la vallée du rio Poço Comprido, jusqu'à la fazenda du Juá, au delà de laquelle elle s'allonge en tangente sur 62 kil. jusqu'à la ville de Joazeiro, sur la rive droite de S. Francisco, après un parcours à niveau de 22 kil. environ. De Joazeiro à Villa-Nova, il y a 132 kil., 454 jusqu'à Alagoinhas et 577,340 jusqu'à la capitale de Bahia.

Le tracé adopté pour le prolongement jusqu'à la serra de Itiúba n'est pas le meilleur, et ne se peut même justifier par la raison qu'Alagoinhas est le point terminal de la ligne anglaise. Ce prolongement devait partir de la station de Pojuca ou mieux encore de Catú, 30 kil. en deçà d'Alagoinhas, suivre la vallée du Pojuca jusqu'à ses sources, à une distance d'environ 26 kil. de la ligne actuelle ; passant par Bom Jardim, à proximité de la Purificação, il eût gravi le plateau central dans la direction de Coyté, et dans le voisinage de cette localité il se fût dirigé vers la pointe de la serra de Itiúba, à l'endroit où il eût croisé le chemin venant d'Alagoinhas.

Dans cette direction, la ligne eût desservi directement, et sur une étendue de 100 kil., toute la vallée du Pojuca, la plus fertile et la plus productrice de toute la région, passé par des endroits abondamment pourvus d'eau après avoir gravi le plateau central, comme Coyté et son voisinage, et la distance à parcourir eût été la même qu'en passant par Alagoinhas. Il eût fallu toutefois, il est vrai, construire 35 kil. en plus du prolongement, mais l'accroissement de la recette eût payé en peu d'années l'excès de la dépense, et la ligne eût été installée dans des conditions de beaucoup supérieures.

Par le tracé qui a prévalu, à partir de Aramary à 13 kilomètres de Bahia, on ne trouve plus d'eau qu'à 214 kilomètres de distance, au rio Itapicurú, et cette eau elle-même est de mauvaise qualité, car il a fallu construire des réservoirs aux stations intermédiaires pour l'alimentation des machines et la consommation des propres employés de la ligne.

Sur la ligne du Pojucá, l'eau ne manque pas durant 100 kilomètres comptés du point de départ, et la ligne en gravissant le plateau central l'eût rencontrée à Coyté, à 80 kilomètres du dernier versant du Pojucá, dans l'Itapicurú, à la même distance de Coyté, et dans la serra de Itiúba à 42 kilomètres de l'Itapicurú.

Pour se faire une idée du préjudice causé par le tracé préféré, il suffit de savoir que la consommation d'eau nécessaire à l'alimentation des machines et aux besoins des employés entre Aramary et l'Itapicurú est de 288 tonnes par mois, et qu'un tel poids doit parcourir une distance moyenne de 110 kilomètres. Le fret, au tarif actuel, arrive à 10 $ la tonne; le transport de l'eau durant la saison sèche coûte ainsi 2,880 $ par mois. En outre, si le prolongement avait pris la vallée du Pojucá, il n'y eût plus eu besoin du chemin de fer de Santo Amaro, construit principalement pour desservir la partie supérieure de la même vallée, laquelle exportait auparavant beaucoup de ses produits par les stations de Pojucá et de Catú de la ligne anglaise.

Le prolongement aurait donc des recettes plus considérables, en parcourant sur une longue étendue des terrains fertiles et producteurs, ce qu'il n'a pas obtenu en partant d'Alagoinhas, et en même temps il eût empêché la concurrence que le chemin de Santo Amaro est venu faire à la ligne anglaise, au détriment de l'État qui paie l'intérêt de son capital. On eût ainsi, au bénéfice de l'agriculture et du Trésor, réparé l'erreur d'avoir dirigé la ligne anglaise de Catú sur les plateaux sablonneux et incultes d'Alagoinhas, puisqu'elle eût remonté la vallée du Pojucá vers Bom Jardim, sans toutefois s'écarter de la direction générale de la serra de Itiúba, qu'elle eût parcouru une zone fertile, productrice, et d'un avenir singulièrement plus large que celle d'Alagoinhas; elle eût par là même produit une recette plus élevée et n'eût pas pesé sur les caisses publiques comme elle l'a fait. C'est là encore une correction qu'avait projetée avec une rare justesse de coup d'œil M. Fernandes Pinheiro, mais cette fois non plus il n'a pas été davantage écouté.

La ligne construite est à voie de 1 mètre; elle compte 4 ponts d'Alagoinhas à Villa Nova, tous solides, mais construits sans luxe. On a usé de la même sobriété judicieuse dans la construction des stations et des autres bâtiments, ne dépensant que le strict nécessaire aux besoins du trafic probable. Les ateliers sont à Aramary, à 12 kilomètres d'Alagoinhas, mais ils sont un peu trop restreints.

Jusqu'à Villa Nova, il y a 16 stations; Alagoinhas, k. 0; — Aramary k. 13,721; — Ouriçanguinhas, 33,494; — Sipó. 52,453; — Agua-Fria, 65,920; — Lamarão, 85,441; — Serrinha, 110,581; — Salgada, 146,681; — Santa Luzia, 180,568; — Rio do Peixe, 207,809; — Queimados, 226,959; — Jacuricy, 245,316; — Itiúba, 269,260; — Tiririca, 297,652; — Cariacá, 310,273; et Villa Nova, 321,993. Celle-ci est à l'altitude de 548 mètres.

La dépense de construction jusqu'à Villa Nova, les dépenses du matériel, et celles afférentes aux études, au tracé et au lotissement de la section finale jusqu'à Joazeiro, formaient au 13 décembre 1887 un total de 11,039,567$954, y compris 17 k. 720 mètres d'une route allant de la station de Cariacá au bourg de Agua Branca, où elle rencontre celle de Campo Formoso. Les habitants de ce bourg s'occupent d'ouvrir une autre route allant à Jacaré, où passent celles de Santa Rita, du Rio Preto, Chique Chique, Barra, Remanso, Paranaguá, etc.

Il m'est malaisé de présenter ici un tableau significatif des recettes, parce que les chiffres de chaque année se rapportent à une longueur en exploitation différente. En 1886, le trafic allait jusqu'à Queimados; le 15 avril 1887, il fut poussé jusqu'à Itiúba, et le 31 août jusqu'à Villa Nova. Voici les chiffres :

	Long. moy.	Recettes.	Dépenses.	Déficit.
1885. . .	180 kil.	126.936$280	253.135$616	127.199$336
1886. . .	222	151.745 460	287.476 745	135.731 285
1887. . .	275	162.030$140	354.632$592	192.602$452

Les recettes avaient été extrêmement faibles durant la première période de l'exploitation; mais de 1884 à 1886, elles ont presque doublé à la suite de la diminution des tarifs. Cet abaissement du prix des transports a profité à tous les genres de produits, mais surtout au bétail, dont le transport commence à se développer et constituera bientôt l'un des chapitres les plus considérables du revenu de la ligne. En 1887, l'augmentation sur ce chapitre a été de 30,2 0/0 du nombre de têtes et de 23,9 0/0 de la recette perçue. — De 1881 à 1887, le nombre des têtes a été successivement de 411, 418, 863, 1,459, 7.231, 12,420 et 16,185.

Jusque-là, presque tout le bétail qui descend des sertões des provinces de Pernambuco, Piauhy et Goyaz se concentrait à la foire de Sant' Anna, Feira de Sant' Anna, ainsi que s'appelle la localité, où il était vendu pour la consommation des populations du littoral; cette localité était ainsi devenue le marché le plus important de ce genre et le centre de grandes transactions commerciales.

Pour arriver du rio S. Francisco à la foire de Feira, le bétail devait parcourir environ 450 kilomètres en grande partie de plateaux sablonneux, ne trouvant en beaucoup d'endroits ni eau, ni pâturage en suffisance, effectuant une traversée bien pénible, surtout pendant l'été. Les voyages duraient naturellement longtemps, le bétail arrivait affaibli, et beaucoup d'animaux mouraient en chemin ou demeuraient estropiés.

En 1884, lorsque fut ouverte la station de Santa Luzia, à 180 kilomètres d'Alagoinhas, il s'y présenta quelques bandes appartenant à des négociants qui auparavant allaient à Feira de Sant' Anna, et en 1886, quand la station de Queimados a été livrée au public, l'affluence du bétail s'est prononcée aussitôt. En prenant cette station, ils évitaient déjà 200 kilomètres de la pénible traversée pour la foire de Sant' Anna. Cet avantage est plus sensible encore depuis que les propriétaires de bœufs peuvent les embarquer à Villa Nova jusqu'à Alagoinhas.

Le bétail effectue le voyage en de meilleures conditions et en moins de temps que pour aller à Feira de Sant'Anna; de là il est conduit directement et avec plus de facilité à la capitale et aux stations intermédiaires par la ligne anglaise, ou aux localités du nord de Bahia et du sud de Sergipe, par l'embranchement de Timbó. Les bouviers du Piauhy n'hésitent pas à déclarer qu'il vendent ainsi leur bétail à meilleur prix, et qu'ils évitent en grande partie les dommages, les ennuis et les retards provenant de la traversée vers Feira de Sant' Anna. C'est donc à Alagoinhas que fatalement s'établira bientôt la plus grande foire aux bestiaux de la province, au grand avantage de l'industrie, de l'élevage et des consommateurs du littoral.

Le bétail qui descend dans cette direction peut s'évaluer à plus de 40,000 têtes par an, mais ce chiffre s'accroîtra beaucoup avec la facilité, la rapidité et le bon marché du transport qu'offre à présent la voie ferrée.

L'exploitation du bétail amène naturellement l'importation de beaucoup de produits étrangers. Si l'administration réduisait ses tarifs d'importation, celle-ci augmenterait avec une rapidité extrême, et la ligne n'aurait pas le désagrément d'être obligée de faire deux trains lorsqu'elle a 250 bœufs à transporter, celui qui charge les animaux, et celui qui a amené les wagons à vide.

L'industrie de l'élevage a devant elle un champ énorme dans les sertões de Bahia, de Pernambuco, de Piauhy et de Goyaz; c'est par millions qu'il faudrait chiffrer le total des troupeaux qui y vivent; Bahia seule ne possède certainement pas moins de 250,000 têtes de bœufs.

Bien que la dépense ait décru progressivement, on voit qu'elle reste bien lourde encore; aussi les hommes distingués qui ont particulièrement et *de visu* étudié la contrée desservie par cette ligne n'ont-ils qu'une voix :

qu'on se hâte d'achever la ligne et de l'amener jusqu'au S. Francisco.

Un coup d'œil sur la zone dont nous nous occupons va nous expliquer cette réclamation unanime. Des environs d'Alagoinhas à la serra de Itiúba, sur une étendue de 240 kilomètres, la voie traverse un plateau généralement stérile, sablonneux, découvert comme un *campo* ou d'une végétation rabougrie, sans sources ni eaux courantes, à l'exception du rio Itapicurú. La culture est mince, et l'élevage ne prospère guère, par suite du manque d'eau, qui devient très sensible pendant l'été, prenant parfois le caractère d'une véritable calamité dans les années où il n'a pas plu régulièrement.

La région qui s'étend à droite de la ligne est dans le même cas; celle qui se trouve à gauche est un peu plus favorisée, et presque tous les produits qui passent par les stations intermédiaires proviennent de ce côté.

« Au delà de la serra d'Itiúba, dit M. l'ingénieur A.-J. de Souza Carneiro dans son rapport au directeur de ce chemin de fer, entre la bourgade de Salgada et la ville de Joazeiro, la zone qui intéresse de plus près et le plus directement notre ligne est pour ainsi dire coupée par les serras de Itiúba et de la Saude, comme par les ramifications qu'elles projettent vers le nord. La première qui commence au confluent de l'Itapicurú-mirim avec l'Itapicurú-Assú court dans une direction générale nord-est sous différents noms, pénètre dans la province de Pernambuco, après avoir formé beaucoup de rapides et même la cataracte de Paulo Affonso du S. Francisco, et étendant ses ramifications dans les provinces de Sergipe et d'Alagôas, elle contient la source des rios et des rivières plus ou moins importantes qui les arrosent. Ses ramifications vers l'ouest sont insignifiantes; cependant elles se prolongent parfois jusqu'à faire vis-à-vis avec la serra de la Saude.

« Celle-ci presque parallèle à celle d'Itiúba, commence à s'accuser au nord de la localité appelée Juá (Serra dos

Angicos), et courant vers le sud-ouest sous les noms de Grobó, Lenções, Chapada, Diamantina, elle forme le cordon diviseur des eaux du S. Francisco, de l'Itapicurú et du Paraguassú.

« Le versant oriental de toutes deux, balayé par les vents frais venus de la mer, sillonné par d'innombrables ruisseaux dont quelques-uns sont permanents, couvert d'une épaisse couche de terre végétale, où s'alimentent des forêts épaisses et considérables, est très propre à la culture : le côté occidental, plus irrégulier, sec et sablonneux, vêtu d'une végétation d'arbres bas et peu développés, formant des bois épais et qui semblent nattés, coupé lui aussi de sillons profonds, chemin des eaux après les grandes pluies, sans cesser d'être cultivable, est toutefois plus approprié à l'élevage du bétail. Aux époques de sécheresse, quand les ardeurs du soleil font tomber les feuilles et tuent les bourgeons des arbres, le bétail trouve encore un fourrage abondant dans l'écorce de la *barriguda*, dans les rameaux alors verdoyants des *umbuzeiros*, dans les palmes desséchées du *alicuri* et du *ariri*, dans la tige charnue et pleine d'eau des cactus *manducurú*, *cabeça de frade* (tête de prêtre), *palmatoria* (férule); il traverserait indemne la période critique, s'il n'était pas flagellé par la plaie du *carrapato* (de la tique).

« Aux premières pluies, ces Catingas, c'est leur nom, prennent une physionomie particulière. Les arbres reverdissent, la végétation surgit comme par enchantement, et le sol, couvert d'innombrables lacs et de mares étendues, souffre et rétribue avec prodigalité, avec rapidité, toute espèce de culture qu'on lui confie. Mais comme nous l'avons dit, sauf les sources et les rives des rios et des ruisseaux les plus importants, ces terrains sont plus particulièrement destinés à des fazendas d'élevage.

« Les plateaux de la serra de la Saude et leur pente vers le S. Francisco prennent le véritable aspect des campos : ce sont des *taboleiros* étendus ou des *chapadas*, uniformes, semés d'arbustes, rarement d'arbres, mais couverts de précieuses graminées, entre lesquelles prédomine le *André-quicé*, qui les a fait préférer pour y lâcher et engraisser le bétail.

« Les étroits et profonds ravins qui séparent les contreforts, et la longue bande large de 25 à 60 kilomètres qui en accompagne le faîte, sur le versant oriental, couverts de forêts, d'où l'on tire d'excellents bois de construction, constituent des terrains agricoles d'élite par leur fécondité, l'abondance des eaux et la facilité de leur préparation. Dans cette partie on n'a jamais ressenti encore les effets des sécheresses qui ont si durement et avec tant de dommage frappé les catingas.

« Quant aux saisons, on peut diviser la zone qui nous occupe en deux parties : l'une au sud et à l'est, l'autre au nord et à l'ouest de la serra de la Saude.

« Dans la première, où arrivent les vents froids et les pluies de l'hiver, on compte deux saisons : l'hiver d'avril à septembre et l'été d'octobre à mai.

« Dans la seconde on connaît également deux saisons : la saison sèche qui correspond à l'hiver de la partie sud, qui se distingue par des vents froids et pénétrants du sud, par la ténue poussière humide qui le matin couvre en brouillard la surface du sol; la saison pluvieuse qui d'octobre à mai est caractérisée par des orages plus ou moins violents, accompagnés de pluies copieuses, chassées par les vents du nord-ouest et du nord-est.

« En été le climat est chaud, sec, tempéré dans la partie sud, où le thermomètre monte accidentellement à 28° à l'ombre, au moment des grandes chaleurs qui précèdent les orages ; en hiver, il est frais et modérément humide. Dans la partie nord il est plus sec et plus chaud; le thermomètre atteint assez souvent 35°. Les nuits, même celles qui succèdent aux jours les plus chauds, sont agréablement adoucies par les vents du sud-est, qui soufflent une ou deux heures après la chute du soleil : elles sont ordinairement fraîches et en hiver parfois on y ressent un froid intense.

« La proverbiale salubrité du climat de ces sertões a été troublée par des fièvres palustres épidémiques, qui apparaissent avec le retrait des eaux sur les rives des rios et des lacs et prennent parfois un caractère pernicieux. Les victimes sont alors innombrables, surtout dans la population indigente, à qui manquent le souci nécessaire de l'hygiène, les ressources médicales et même l'alimentation. De tels cas sont rares heureusement, et ne se produisent qu'à la première année d'abondance succédant à la rareté des pluies. Dans les années régulières, on constate tout au plus des accès intermittents, sporadiques et bénins, limités aux rives basses et noyées des plus grands cours d'eau.

« Les sécheresses que traversent ces sertões, mais dont le peuple n'a gardé en sa mémoire que les dévastations de l'année 1860, sont des phénomènes périodiques et pour ainsi dire annuels. Dans celle même de 1860, dans laquelle, par la maigreur et le long intervalle des pluies, le soleil a empêché l'éclosion des plantations, les sources, les ruisseaux, les réservoirs ne furent pas desséchés, et l'on vit toujours apparaître sur le marché la viande, le haricot, le riz et la farine. Mais les prix étaient exorbitants et la misère força à émigrer beaucoup de familles pauvres qui, si elles n'ont pas toutes rencontré la mort sur les chemins, n'y ont échappé que par les secours que la main du gouvernement leur put fournir à temps.

« Il est fort difficile d'évaluer même approximativement la population disséminée sur la vaste superficie traversée par le prolongement (la 2e section du chemin de fer). La quantité extraordinaire de *arraiaes* (l'*arraial* est un campement, un village provisoire), de bourgades, de fermes ou fazendas d'élevage et de petites *situações* ou exploitations agricoles, appartenant aux territoires de Jacobina, Saude, Villa Nova, Campo Formoso et Joazeiro, nous a convaincu que nous n'exagérons pas en estimant à 63,000 âmes la population ainsi répartie : Canton de la ville de Jacobina, 12,000; Freguezia de la Saude, 3,000;

canton de Villa Nova, 10,000; canton de Campo Formoso, 14,000; canton de Joazeiro, 15,000.

« Il y a de nombreuses agglomérations de trente maisons couvertes de tuiles dans chacun de ces cantons. Dans le seul canton de Villa Nova, nous pouvons mentionner Boa Vista, Lagarto, Caldeirão, Cariacá, Lameirão, Malhadinha, Fumaça, Bananeira, Missão do Sahy, Umburana, Canôa, Canapichel, Estiva, Brejo, Jaguarary et Riachinho, dont la plus éloignée est à peine à 48 kilomètres du chemin de fer.

« Au bord du S. Francisco et de ses affluents, on compte des cités, des villes et des bourgs importants, dont il suffira de mentionner : Barra, Pilão-Arcado, Chique-Chique, Carinhanha, Bom Jardim, Remanso, Sento Sé, Riacho da Casa Nova, Petrolina, Capim Grosso, Boa Vista, tous en relations par leur commerce avec Joazeiro.

« Si l'on réfléchit maintenant que cette dernière ville, entretenant déjà de grandes et fructueuses relations commerciales avec presque toute la vallée du S. Francisco et l'intérieur des provinces de Goyaz, Piauhy, Ceará et Pernambuco, deviendra, grâce au chemin de fer et à l'amélioration du fleuve, l'entrepôt obligé de tout le commerce de ces centres avec la capitale de Bahia, nous ne serons pas loin de la vérité en évaluant à plus de 300,000 âmes la population affectée par la réalisation de ce progrès, qui touche de si près ses intérêts matériels et économiques.

« Religieux par imitation, imbu de notions imparfaites de la vertu et de la moralité, ce peuple possède cependant une certaine bienséance, une certaine douceur d'habitudes, qu'il faut en grande partie attribuer à la docilité et à la passivité de son caractère. Travailleur, mais en majorité ignorant et illettré (*analphabeto*, ne connaissant pas ses lettres), sans ambition, sans stimulant, oubliant même les amèresleçons du passé, soumis à la routine dans l'industrie pastorale et dans la culture d'une parcelle insignifiante du sol, il produit un peu plus que le nécessaire pour la consommation de chaque année. Perspicace et intelligent, il s'assimile facilement les idées généreuses de progrès et travaille même pour elles, mais l'inconstance du ciel, la grande distance des centres consommateurs, les dépenses, les difficultés du transport en vue de donner plus de valeur à ses marchandises, qu'il est souvent obligé de céder à un prix inférieur au prix de revient, lui ont en quelque sorte enlevé le courage et abattu son énergie.....

« L'exemple et l'expérience de nouveaux habitants plus avancés, venant pleupler la région, impressionnant ces natures malléables, éveilleraient l'émulation, ouvriraient la voie aux nobles aspirations, apaiseraient pour longtemps les irritations du campagnard et contribueraient à faire en quelques années de ces parages un des sertões les plus riches et les plus producteurs du Brésil.

« Quant à la production, au commerce et à l'industrie, entre les nombreuses fazendas d'élevage des catingas de Villa Nova et des sertões de la Curaçá, qui produisent annuellement plus de 8,000 veaux, nous mentionnerons en raison de leur importance les suivantes : *Cacimba da torre* (citerne de la tour), 400 veaux ; Mary, 400 ; Soledade, 400 ; Carahyba, 300 ; Olho d'Agua Velha, 300 ; Olho d'Agua Nova, 300 ; Tranqueira, 200 ; *Poço da vacca* (puits de la vache), 400 ; Sertãosinho, 200 ; Mocambo, 200 ; Surubi, 200) ; Lagoa da Vaca, 300 ; Angical, 500 ; Caldeirões (chaudières), 200 ; Macaco, 200. Nous n'avons pas eu le temps de recueillir des informations détaillées sur les fazendas de Jacobina Nova, Sento Sé, Patamoti et Capim Grosso, dont la production annuelle est de 4 à 5,000 têtes.

« Les troupes de bœufs (*boiadas*) et de chevaux (*cavalhadas*) qui chaque année, d'avril à septembre, descendent de Goyaz et du Piauhy par Joazeiro vers Feira de Sant' Anna ou la capitale de Bahia, se montent les premières à 40,000 têtes, les secondes de 4 à 5,000.

« Il y a également un important élevage de moutons et de chèvres que l'industrie met bien peu à profit, car les premiers n'ont pas de laine et, quand aux secondes, leurs peaux seulement ont été depuis peu l'objet de quelque demande pour l'exportation. L'élevage du porc est restreint aux besoins domestiques; on ne connaît personne qui se consacre exclusivement à cette branche de production, qui pourtant est d'une vente rapide et fructueuse même ici.

« Dans l'industrie pastorale, la main de l'homme n'a presque rien fait pour améliorer les conditions des pâturages naturels et prévenir la dégénérescence des races qui est profonde; tout, rudimentaire et primitif, porte le cachet de la plus grande incurie et de la plus complète ignorance, et l'on ne peut arrêter, ni même diminuer, les désastres d'une sécheresse comme celle de 1860, où des fazendas importantes du Curaçá ont été réduites à 8 et 10 têtes.

« Dans la culture, subdivisée et éparpillée, il n'y a ni grands ni moyens propriétaires, mais de petits planteurs qui ne se spécialisent pas dans un genre de produits.

« Les terrains des catingas comme ceux des serras produisent facilement et abondamment le manioc, le maïs, le haricot et le tabac; la culture de la canne et du riz préfère les bords des cours d'eau, celle du café les pentes et les hauts des serras. La production des céréales donne un peu plus que pour la consommation locale, mais la production du café, de la *rapadura*, de l'eau-de-vie, du tabac en corde obtient déjà une exportation avantageuse sur la ville de Cachoeira, le haut S. Francisco et l'intérieur des provinces de Pernambuco et du Piauhy; elle aura un développement plus considérable, dès que la facilité du transport permettra l'introduction d'instruments et d'appareils qui, en réduisant les dépenses, procureront au travail producteur de plus grands avantages et plus de facilité.

« Cependant, dans cette situation même, le seul canton de Villa Nova, où l'on n'emploie que la peu coûteuse *engenhoca* de bois, où l'on ne connaît même pas la charrue, le *monjolo*, la presse à tabac, la production annuelle comprend 80 à 90,000 arrobes de cannes (1,200 à 1,350 tonnes), 10 à 11,000 de café (150 à 165 tonnes), 5 à 6,000 de tabac (75,000 à 90,000 kilos). L'approche de la voie ferrée a déjà décidé les planteurs à augmenter leurs cultures de tabac, parce que cet article est actuellement celui dont la préparation est la plus facile.

« Il y a quelques années, on a essayé la culture du cotonnier, mai les résultats encourageants de la récolte ont été absorbés par le transport de 70 lieues et la baisse du prix à Cachoeira. Aujourd'hui personne ne songe à recommencer la tentative, que peut-être on reprendra à l'arrivée du chemin de fer. On a de même expérimenté et avec succès la culture de la vigne, du froment, de la pomme de terre et de l'oignon, qui toutefois sont restés un ornement pour les vergers et les jardins.

« Toutes les localités échangent plus ou moins régulièrement ce qu'elles produisent. Ainsi Villa Nova exporte à Joazeiro, et de là pour le haut S. Francisco, Goyaz, Piauhy et Pernambuco, la farine, le maïs, le riz, le café et le tabac en corde; elle en reçoit les bœufs, les chevaux, les cuirs secs, les peaux, la cire de Carnaúba, le poisson salé, les fromages de crèmes, etc. De la ville de Jacobina et du Salitre affluent sur son marché les sucreries, la *rapadura*, le sucre, le coco; l'eau-de-vie lui vient de Simão Dias (Sergipe) et de Santo Amaro.

« Les cités, villes et localités importantes entretiennent des relations directes avec la capitale ou avec la ville de Cachoeira, d'où elles importent les étoffes, les objets en fer, la viande de Rio Grande du Sud, la morue, le biscuit de mer, un peu de farine de froment, etc.; elles y envoient du bétail sur pied, des cuirs secs, des peaux, du tabac en corde et un peu en feuille, du caoutchouc de Mangabeira, de la cire vierge et de Carnaúba, des fromages crémeux, etc. Les autres produits ne couvriraient pas les dépenses actuelles et ne lutteraient pas contre la concurrence d'un transport meilleur marché.

« Les industries extractives sont extrêmement limitées; on ne connaît que celle de la cire d'abeille et de Carnaúba près du S. Francisco, celle du caoutchouc de Mangabeira à Salgado et celle du salpêtre du lit ou des bords de quelques ruisseaux, pratiquée par une population des plus pauvres. Avec les carrières extrêmement riches de calcaires, on commence à préparer une bonne chaux, qu'on a employée dans les ouvrages du prolongement de la ligne, de préférence à celle de coquillages, employée dans la capitale, bien que les procédés de cuisson et d'extinction soient par trop arriérés.

« Dans les terrains d'alluvions des cantons de Jacobina, Campo Formoso et Villa Nova, on a rencontré des mines d'or pour l'exploitation desquelles un privilège a été sollicité; d'autres, découvertes à la fin du siècle passé, promettent encore une exploitation fructueuse dans beaucoup de leurs veines.

« A ces parages il ne manque que les faveurs du gouvernement, pour rendre tangible la prospérité et la grandeur qui s'entrevoit dans la large esquisse que nous nous sommes efforcé de tracer. Le prolongement du chemin de fer avec des tarifs essentiellement protecteurs, la construction de petits réservoirs et de barrages qui, en l'absence de pluies régulières, pourvoient à l'irrigation du sol, la fondation de deux centres coloniaux où le peuple puisse « boire » l'exemple et l'enseignement, la subdivision et la distribution des terrains de l'État pour fixer le colon indigène, tels sont les sacrifices que cette partie du sol brésilien réclame au Trésor public. »

La conclusion qui se dégage de cette intéressante étude, dont j'ai respecté les expressions fortes jusqu'à l'étrangeté, c'est que le seul moyen de tirer un profit du capital employé dans le chemin de fer jusqu'à Villa Nova est de l'amener le plus vite possible à Joazeiro sur la berge même du S. Francisco. Il trouvera là comme complément un réseau de 2,840 kilomètres de navigation libre et permanente, sur le fleuve et ses affluents, sans compter plus de 2,000 autres kilomètres praticables durant l'époque des grandes eaux. C'est une grande révolution économique qui se prépare.

La sphère d'attraction de la ligne s'étendra beaucoup au delà des régions riveraines appartenant à Bahia, dans les régions voisines de Pernambuco, Ceará, Piauhy, Goyaz et Minas, qui déjà entretiennent des relations commerciales avec la place de Joazeiro, et pour lesquelles la ligne de Bahia deviendra alors la plus commode et la moins coûteuse de toutes celles qui conduisent au littoral et aux marchés exportateurs. Comme elle constituera le principal véhicule du commerce d'importation et d'exportation, son trafic augmentera rapidement, laissant un solde rémunérateur du capital.

Le gouvernement l'a compris, et, à l'heure où j'écris, les entrepreneurs ont déjà traité avec lui pour la construction de ce tronçon de 132 kil. 092. La loi budgétaire de 1889 a affecté à cet achèvement un crédit de 602.358 $. La dépense totale a été évaluée par M. Coutinho à 1,000,000 $ soit environ 21,000 $ par kilomètre.

Grâce à la facilité qu'offrait le terrain, on a construit 322 kil. du prolongement de la ligne de Bahia avec une dépense presque égale et juste dans le même délai que celle de Pernambuco, de moitié moins longue, ou de 145 kil.; la première est restée à 132 kil. des eaux libres du S. Francisco et la seconde à 470, c'est-à-dire à une distance presque 4 fois plus considérable. La ligne de Pernambuco a ainsi perdu toute importance économique pour desservir la vallée du S. Francisco, gardant toutefois des avantages d'un autre ordre, qu'on pourra recueillir à toute époque ou quand s'amélioreront les conditions du pays.

Il y a plus; le tronçon construit du prolongement de Pernambuco (Palmares à Garanhuns), dessert une zone fertile en général, bien arrosée et voisine d'autres qui se trouvent également dotées, ce qui n'est pas le cas de celle de Bahia, comme on l'a vu. La première en avançant trouvera des conditions pires, parce qu'elle pénètre dans le sertão sujet à la sécheresse, où la culture est pauvre, qui se prête davantage à l'industrie pastorale; elle ne s'amélivrera qu'après avoir franchi 470 kil., au prix d'une dépense énorme actuellement impossible. La seconde, au contraire, n'ayant qu'un aliment insignifiant dans la partie construite, va un peu plus loin en trouver un abondant en opérant sa jonction avec le grand réseau de la navigation fluviale.

C'est pour ces motifs que le gouvernement, consultant les vrais intérêts de la province de Pernambuco, a renoncé à pousser la ligne de Recife plus loin que Garanhuns et a appliqué le crédit correspondant à la construction de la ligne de Caruarú, qui dessert une zone fertile, populeuse, productive; il a retiré ainsi de la dépense un profit bien meilleur et apporté à l'agriculture comme au commerce de la province un concours autrement efficace.

2° L'embranchement d'Alagoinhas à Timbó, long de 82 kil. 350, a été concédé par décret du 7 avril 1883 à la compagnie anglaise *Bahia and S. Francisco Railway*, avec droit à une zone de 20 kil. de chaque côté de l'axe, durant 30 ans, à compter de l'ouverture au trafic, et une garantie d'intérêts de 7 0/0 pour la même durée sur le capital de 2,650,000 £.

La construction a été achevée en 1887 et le trafic provisoire inauguré le 20 mars. C'est le 27 février 1888 que l'inauguration définitive du trafic a eu lieu et que la ligne a été reçue.

Partant d'Alagoinhas dans la direction du nord, cette ligne suit d'abord le rio Catú pendant 5 kil., et inclinant vers l'est, franchit le plateau qui sépare les eaux de ce rio de celles du Sabuype, affluent du Subauma, dont elle traverse sans difficulté la vallée pour entrer dans celle de l'Inhambupe, en continuant vers le nord après avoir passé ce rio, et va terminer au bourg de Timbó.

La région parcourue est fertile, à l'exception des premiers kilomètres; bien peuplée, productrice de sucre et de tabac. Les cinq cantons desservis, Alagoinhas, Entre Rios, Inhambupe, Conde, Abbadia et Itapicurú, comptent

256 usines sucrières, et la population de la zone est évaluée à 92,000 habitants.

M. Fernandes Pinheiro qui, dès 1876, recommandait au gouvernement la construction de cette branche, ainsi que l'appellent les Anglais, en parlait ainsi dans son rapport de 1878 : « L'embranchement de Timbó, outre qu'il pourra dès la première année du trafic donner un revenu liquide, certain, de plus de 7 0/0, sera un puissant auxiliaire du prolongement, en faisant converger sur Alagoinhas une grande quantité de produits qui actuellement vont, à plus grands frais et en supportant une détérioration notable, sur les très mauvais ports de Conde, Abbadia, Inhambupe et Sabauma : il fera croître considérablement la recette de la voie anglaise et par là même allégera les charges du Trésor qui paie à cette ligne la garantie d'intérêts. Je ne crois pas que, parmi ses petites lignes, cette province en ait une qui aille servir une zone plus riche et où la culture de la canne soit assurée d'un plus grand avenir. L'embranchement aura environ 100 kil., il ne coûtera pas plus de 2,020,000 $ et il pourra être fait en 2 ans .»

Bien que le capital garanti soit de 31 0/0 plus élevé que le devis de M. Fernandes Pinheiro, néanmoins le résultat devra encore être favorable, disait à son tour M. Coutinho, car, d'après les études de la compagnie, le revenu liquide doit être supérieur à 4 0/0 de son capital même.

Dans son rapport de 1888, le ministre de l'agriculture, du commerce et des travaux publics parle ainsi de ce qu'a donné la réalité :

« Le résultat pour 1887 a été peu encourageant, parce que le trafic a commencé au moment où allait se terminer la récolte du sucre et du tabac, les principaux produits agricoles de la zone qu'elle traverse.

« Malgré la réduction des tarifs, abaissés encore en novembre 1887 de 15 0/0 pour le sucre provenant des trois dernières stations, une grande partie de la production s'est obstinée à chercher les ports d'embarquement et à s'écarter ainsi de la voie ferrée. Pour combattre efficacement une telle concurrence, il conviendrait que les divers conseils municipaux fissent ouvrir de nouvelles routes de roulage, améliorer celles qui existent, et construire des ponts sur les divers rios dont la traversée est difficile, afin de faciliter ainsi l'accès des stations de la voie ferrée. »

Cette question des chemins vicinaux d'accès, ce qu'on appelle, au Brésil, *estradas de rodagem*, s'était déjà posée au sujet de la ligne anglaise principale ; le gouvernement a rappelé par le même rapport à l'administration provinciale qu'elle devrait en faire construire ainsi que des ponts sur les rios que ces chemins traversent. L'un des plus nécessaires parmi ceux-ci est celui du rio Itapicurú, qui coule à 2 lieues de la station terminale du chemin de Timbó, afin qu'on puisse y faire passer le sucre produit de l'autre côté de cette rivière, où se trouvent les meilleures usines, et dont le terrain excessivement fertile est susceptible d'une production énorme. La difficulté qu'oppose la traversée de cette rivière écarte du chemin de fer une somme considérable de produits et a jeté une sorte de torpeur dans cette région au détriment de son développement.

En 1887, la recette a été de	37.507$290
Et la dépense de	59.288.870
Déficit.	21.781.080

Dans cette recette, les marchandises ont produit 18,237 $ 000, les voyageurs 11,596 $ 960, les animaux 2,508 $ 720. Les voyageurs figurent au nombre de 10,411, et les marchandises pour 3,556 tonnes, dont 768 à l'importation et 2,788 à l'exportation, comprenant 40 tonnes de café, 1,497 de sucre, 53 de céréales, 485 de tabac, 30 de sel et 1,481 d'articles divers.

« Je vous ai déjà dit, ajoute le ministre des travaux publics, qu'en raison des exigences déraisonnables de la compagnie anglaise, il n'a pas encore été possible d'approuver le tableau de son personnel en Europe et des appointements à lui affectés. Après une longue controverse j'ai approuvé finalement en janvier 1888 le tableau concernant le personnel au Brésil et encore avec certaines restrictions (portant sur les doubles emplois de traitements à des fonctionnaires communs à la ligne ancienne ou 1re section et à la branche de Timbó). Puisque la ligne est définitivement reçue, j'ai donné l'ordre de liquider le compte de construction dont le capital garanti ne peut dépasser le maximum de 2,650,000 $ ».

Au 30 juin 1887, l'Etat avait payé pour la garantie d'intérêts une somme totale de 370,985 $ 921 ; pour 1886-87, le sacrifice avait été de 214,976 $ 324.

La voie est large de 1 mètre, ce qui évidemment nécessite un transbordement à Alagoinhas pour continuer sur Bahia, où la ligne primitive est à voie de 1m 60. Il y a 8 stations : Alagoinhas kil. 0, Sahuype, kil. 16,880; Capianga, 31,040; Barra do Sahuype ou Sitio do Meio, 38,510; Entre Rios, 50,740; Lagôa Redonda, 61,740; Rio Serra ou Pedras, 71,300 et Timbó, 82,350.

3o Ligne centrale de Bahia, appartenant à la *Imperial Brazilian Central Bahia Railway*. C. L., à qui elle a été concédée par décret du 27 octobre 1874, avec garantie d'intérêts par l'Etat de 7 0/0 sur le capital de 13,000,000 $ pendant 30 ans.

Les études et les contrats d'entreprises furent approuvés le 5 mai 1876, à raison de 43,000 $ le kil. ; la longueur de la ligne principale fut fixée à 257 kilomètres, et celle de l'embranchement sur Feira de Sant'Anna à 45. Ce dernier fut ouvert au trafic en avril 1875. Les premiers 140 kil. de la ligne principale furent livrés à l'exploitation en mai 1879, 40 autres en décembre 1881, et 254 en 1885 jusqu'au Riacho dos Bois, à la station Bandeira de Mello; il ne manquait que 3 kilomètres pour compléter le chemin.

Ce qu'on appelle le *ramal* ou embranchement de la Feira ou Foire de Sant'Anna, constitue un chemin complètement indépendant de celui qui longe la rive droite du Paraguassú; le *ramal* part de la ville de Cachoeira, assise sur la rive gauche; l'autre de la ville de S. Félix, sur le bord opposé; le premier va vers le nord, le second vers l'ouest. Tous deux importent et exportent directement, et sans la moindre dépendance réciproque, par leurs gares principales à Cachoeira et à S. Félix, car le Paraguassú étant parfaitement navigable jusqu'à ce point, l'embarquement et le débarquement des produits appartenant à la ligne de Feira de Sant'Anna s'effectuent au quai de Cachoeira, et pour la ligne de Paraguassú au quai opposé de S. Felix. Entre les deux il n'y a pas proprement de trafic, chacune d'elles servant directement et exclusivement au commerce entre les zones qu'elles parcourent et la capitale de la province, par l'intermédiaire de la navigation du rio.

Le grand pont D. Pedro II lancé sur le Paraguassú rend un grand service en reliant la ville de Cachoeira au bourg de S. Félix; mais en ce qui concerne directement les lignes ferrées, il n'a de valeur que parce qu'il facilite le passage de retour du train de la ligne de Feira de Sant'-Anna aux ateliers de la compagnie placés de l'autre côté du fleuve près de la gare de S. Félix. Près de ces ateliers, on a construit un appontement en maçonnerie et en fer, qui rend bien plus facile le débarquement direct des gros et pesants colis des navires sur les wagons, et qui peut servir au trafic des marchandises importées ou exportées par les deux lignes, en offrant une grande économie à la culture et au commerce, puisque les marchandises peuvent être expédiées directement de l'intérieur sur la capitale, ou réciproquement, en établissant le trafic mutuel avec la ligne de navigation.

La ligne principale partant de S. Félix, sur la rive droite du Paraguassú, décrit une grande courbe au sud, s'éloignant du fleuve pour gravir la rampe du plateau central qui vient mourir près d'elle, et pénétrant dans la vallée du petit rio Capivary, elle le suit jusqu'au kil. 16. Elle continue ensuite dans la direction générale de l'ouest, va couper les versants du Jaguaripe, qui court vers l'Océan, et au delà de Curralinho, kil. 67, les affluents du Paraguassú; elle rencontre ce rio au kil. 163, et le longe jusqu'au ruisseau des Bœufs ou Riacho dos Bois, où elle atteint ses 257 kil.

Le *ramal*, ou mieux la ligne de Feira de Sant'Anna commence à la ville de Cachoeira, sur la rive gauche du Paraguassú, vis-à vis de S. Félix, et après avoir parcouru 800 mètres dans la direction du nord, elle incline vers l'est afin d'entrer dans la vallée du petit rio Pitanga, par laquelle elle gagne le plateau central au kil. 7; elle continue ensuite vers le nord jusqu'à la ville de Feira Sant'-Anna où elle termine après 45 kil. Elle a un petit embranchement de 2,877 mètres, construit pour le propre compte de la compagnie, et qui part de la station de Cruz pour relier le bourg de Sam Gonçalo.

Les travaux d'art les plus importants des deux lignes sont concentrés sur les premiers 6 kil. de chacune, à la montée du plateau central, qui de chaque côté vient mourir presque sur la rive du fleuve. Sur ce plateau, la construction n'a rencontré aucune difficulté, particulièrement vers Feira de Sant'Anna, où la ligne s'étend sur une plaine sablonneuse légèrement ondulée. La voie est de $1^{m},067$.

Quant au pont D. Pedro II, sur le Paraguassú, c'est le plus grand qui ait été construit encore au Brésil. Il sert à la fois à raccorder les deux gares opposées de S. Félix et de Cachoeira, et au passage des charriots, des animaux et des piétons entre ces deux localités. Établi à la cote de $0^{m},50$ au-dessus du niveau des crues, il a une longueur de 355 mètres. Les voitures, les animaux et les piétons sont soumis à un péage qui en 1887 a rapporté 10,005 $ 520.

La ligne principale dessert 15 stations et 5 halles: S. Felix, kil. 0; Cachoeirinha 5, Pombal 20, S. José 27, Sapé 41, Jenipapo 53, Candeial 60, Curralinho 67, Cruz (Medrado) 76, Tapéra 84, Serra Grande 93; Tanquinho 103,

Lagedo 120, Lapa 130, Santo Antonio 154, Sitio Novo 163, João Amaro 180, Tambory 215, Queimadinhas 243, Bandeira de Mello (Riacho dos Bois) 254.

La ligne de Feira de Sant'Anna, compte 11 stations : Cachoeira kil. 0, Belém 7, Serra 11, Conceição 14, Pinheiro 18, Cruz 24 (Emb. S. Gonçalo, 2,877 mètres), Jacaré 29, Magalhães 33, Tapéra 36, Feira de Sant'Anna 45.

Le train va à S. Gonçalo seulement tous les samedis qui sont jours de foire.

Les ateliers en avant de S. Felix, sur la rive droite du fleuve, sont spacieux, ainsi que les magasins et les dépôts; ils sont reliés entre eux par des lignes de manœuvre qui les raccordent aussi avec l'appontement de 40 mètres établi sur le fleuve, et des deux gares qui le garnissent.

Le mouvement financier de l'exploitation depuis que celle-ci a commencé sur l'embranchement en 1875, fournit le tableau suivant :

KIL. EN TRAFIC		RECETTE	DÉPENSES	SOLDE
1875. .	45	73.939$760	93.747$717	— 19.807$957
1876. .	»	107.958 439	118.337 978	— 10.379 539
1877. .	»	117.071 033	126.522 233	— 9.451 198
1878. .	»	139.168 415	128.083 839	+ 11.084 576
1879. .	»	161.979 560	131.790 660	+ 30.188 900
1880. .	»	178.030 400	162.083 860	+ 15.946 540
1881. .	»	152.580 990	156.993 860	— 4.412 870
1882. .	120	278.766 200	286.761 555	— 7.995 355
1883. .	»	316.566 068	290.170 308	+ 26.395 760
1884. .	225	439.779 090	385.546 700	+ 54.232 390
1885. .	288	444.187 780	431.568 728	+ 12.619 052
1886. .	»	472.813 320	473.223 220	— 409 900
1887. .	299	562.351 250	512.279 210	+ 50.072 040

Les différences en plus ou en moins dans le mouvement du trafic sont toujours déterminées par les conditions de la culture et du commerce du tabac, qui règle sensiblement le mouvement de toute la ligne, et aussi de celle du café, qui intéresse d'une façon considérable le mouvement de la ligne principale.

L'avenir de cette ligne étant assuré par l'importance de la région qu'elle dessert, surtout celle des serras où elle va pénétrer à l'ouest, il est intéressant de jeter un coup d'œil sur le développement du tonnage et du transport des voyageurs depuis 1881 :

Années.	Marchandises en kilos.	Voyageurs.
1881	9.684.838	
1882	12.937.179	
1883	15.802.135	57.187
1884	22.705.321	57.153
1885	22.854.025	56.627
1886	25.937.709	55.657
1887	31.372.973	57.196

La spécification des marchandises s'est ainsi établie en kilogs :

	1885	1886	1887
Tabac-ballots	10.965.427	9.609.856	14.527.864
— en corde	189.203	159.279	109.823
Café	2.214.337	3.649.557	3.425.750
Denrées alimentaires	1.584.537	2.135.973	2.054.145
Sel	1.483.939	1.404.953	1.745.021
Céréales	670.245	1.401.252	1.567.770
Bois	305.632	1.166.805	295.760
Sucre	250.445	211.602	280.514
Coton	12.946	18.522	50.614
Diverses	4.284.944	6.161.819	3.758.342
Total	22.864.025	25.937.709	31.372.973

Quant aux animaux, leur transport a produit 4,891 $ 970 en 1883; 5,158 $ 660 en 1884; 9,729 $ 150 en 1885; 14,002 $ 610 en 1886 et 15,124 $ 210 en 1887.

Comme on l'a vu plus haut, la culture du tabac est la principale dans les régions traversées et dans une grande partie des zones voisines : ensuite vient celle du café, presque entièrement concentré dans les serras où aboutit la ligne principale et en troisième lieu viennent les denrées alimentaires.

La ville de Cochoeira et le bourg voisin de S. Félix ont longtemps été l'entrepôt commercial de tout le Sertão de Bahia, d'une partie de Pernambuco, du Piauhy et de Goyaz; ils avaient acquis leur plus grande importance au moment où l'extraction des diamants était le plus active dans le district de la Chapada. Aujourd'hui ce commerce s'est bien réduit, et celui du bétail qui rapporte tant à Feira de Sant'Anna s'affaiblit parce que les *boiadas* se détournent par les stations extrêmes de la Bahia au Sam Francisco, qui doit fatalement attirer presque tout le transport du bétail du centre, lorsqu'elle arrivera à Joazeiro.

Cet accident n'a toutefois exercé de l'influence que sur le *ramal* de Feira de Sant'Anna; il n'a guère altéré la marche ascendante du revenu général des deux lignes, lequel est dû pour sa plus grande part à la ligne principale; elle provient du transport des produits de la culture qui s'augmentera considérablement encore avec le bon marché des tarifs.

Ai-je dit que la rente des péages du pont D. Pedro II vient s'ajouter aux revenus des deux lignes ferrées? En 1887, les contribuables du péage ont été 313,736 piétons, 8,272 cavaliers, 15,327 animaux et divers véhicules. Ceux-ci figurent pour 2,208 $ 960 sur le produit total de 10,005 $ 520.

Assez longtemps a prévalu l'idée de prolonger la ligne principale en la continuant dans la direction de la Chapada Diamantina, en suivant le cours du Paraguassû, passant par Andarahy et Lençóes; c'est le tracé qu'on voit projeté en rouge sur la carte générale de l'Empire de 1883.

Mais plus tard la compagnie ayant fait explorer minutieusement la région qui s'étend jusqu'à la rive droite du

S. Francisco, on a reconnu que la zone du Paraguassú n'était pas d'une grande capacité agricole, et qu'au contraire celle qui est située au sud, baignée par le rio de Contas et ses affluents, qui comprend les riches cantons du Brejo Grande, Rio de Contas et Caeteté, lui est de beaucoup supérieure en population, en fertilité, en productions, et sous le rapport du climat.

Ici prospère la culture du café, du coton, de la canne et des céréales, et aussi celles du froment, de l'orge et du seigle; l'élevage y est également pratiqué sur une vaste échelle. Comme sur les versants du Paraguassú, on trouve dans ceux du rio de Contas de nombreuses richesses minérales. En suivant cette direction, la ligne doit rencontrer le S. Francisco tout près de Carinhanha, un peu au-dessus du 14e parallèle et à 0°,5 environ à l'ouest du méridien de Rio de Janeiro.

En même temps qu'on reconnaissait l'avantage de prolonger ce chemin de fer par la vallée du rio de Contas, l'expérience démontrait les inconvénients de laisser la station terminale à la rive du Paraguassú, endroit très insalubre, désert et dépourvu de toutes les ressources qu'exige le stationnement des troupes de muletiers; aussi les premiers convoyeurs qui y étaient venus après l'inauguration du trafic avaient-ils déserté ce point, au grand préjudice des recettes de la ligne.

Comme d'autre part la compagnie était tenue de fournir encore un certain nombre de wagons, dont l'état du trafic permettait de se passer, et de construire 3 kilomètres de plus sur la rive du Paraguassú, conformément à son contrat de concession, son surintendant proposa au gouvernement brésilien d'appliquer le capital destiné à ces chapitres à la construction d'une ligne qui, partant de la dernière station Queimadinhas au kil. 243 irait terminer à Olhos d'Agoa, éloigné d'environ 12 kilomètres du Paraguassú, localité salubre, peuplée et pourvue en abondance de bonne eau et de pâturages, où la station terminale serait évidemment dans de meilleures conditions. La compagnie s'est engagée à fournir l'excédent nécessaire de la dépense, en outre de la somme qui serait consacrée aux susdits 3 kilomètres et du matériel manquant ; de la sorte, l'État ne voyait nullement altérer sa responsabilité quant à la garantie d'intérêts, dont la charge diminuerait au contraire par suite de l'augmentation de recettes que la modification proposée allait donner à la ligne, en offrant toutes les facilités désirables à l'agriculture et au commerce de la région. La proposition conciliait d'ailleurs tous les intérêts, même ceux du prolongement à venir, puisque le tronçon projeté va justement dans la direction qu'on a cru préférable pour gagner le S. Francisco.

Cette modification répondait parfaitement aux besoins comme aux désirs de la population intéressée; une enquête l'avait prouvé, en même temps qu'elle avait provoqué l'organisation du trafic mutuel entre le chemin de fer et la navigation de Cachoeira à la capitale de la province.

Par décret du 21 juillet 1877, le gouvernement acquiesça à cette demande ; les études furent approuvées le 19 novembre, fixant la longueur de ce tronçon à 13 k. 600 et le 6 mars 1888 on commençait les travaux, à la grande satisfaction des gens de la contrée accourus à cette inauguration. La construction a été terminée et l'exploitation commencée vers le 20 décembre de l'an dernier. — L'ingénieur du contrôle disait dans son rapport au gouvernement au mois de mars 1888 : « Ce tronçon est d'une grande importance. Le prolongement de la ligne d'Olhos d'Agua jusqu'à Caeteté desservant les cantons du Brejo Grande et Rio de Contas, la construction des embranchements d'Amargosa et Baixa Grande passant par le Rosario de Orobó, constituent un projet d'une valeur incomparable pour le pays et le levier le plus puissant du relèvement de cette province.

« L'énorme tronc et ses principales branches étant achevés, les rameaux secondaires formeront des artères lui apportant la vie et la sève du progrès, et courant avec une force irrésistible vers le système général. C'est ici la *bitola* (le type de largeur de voie) réduite et économique qui apportera la solution du problème.

« Dans la zone desservie et à desservir par la ligne centrale, il ne manque pas d'or, de diamants, de cuivre, de fer, de plomb ; on a déjà découvert de l'argent dans le rio das Caixas (canton du Rio de Contas) et dans les environs d'Andarahy ; les cristaux de roche, la pierre à chaux, les marbres, l'alun, le salpêtre et les nitrates abondent ; d'épaisses et énormes forêts sont dévastées par la hache du *sertanejo* insouciant qui abat le palissandre ou le Gonçalo Alves pour les brûler. Sur de vastes régions le terrain est d'une admirable fertilité : il produit avec vigueur toutes sortes de légumes et de céréales, la canne à sucre, le coton, mais principalement le tabac et le café. Là où il n'est pas très propre à la culture, il est extraordinairement propice à l'élevage et l'industrie pastorale y prospère avec une rare facilité. »

L'État a payé, en garantie d'intérêts, en 1887, 1,483,537 $ 831 et depuis 1867 un total de 7,784,570 $ 839.

Par la loi budgétaire de 1889, le gouvernement a été autorisé à concéder le prolongement dans la direction indiquée et d'un embranchement desservant les terres si fertiles de la Serra de Orobó ; elle accorde en même temps pendant 30 ans une garantie de 6 % d'intérêt sur un capital à raison de 30,000 $ maxima de coût kilométrique.

En justifiant ce projet devant le Sénat, le ministre, M. Antonio Prado, a résumé tout ce que je viens d'exposer, en invoquant diverses autorités techniques, et en particulier celle de M. Silva Coutinho ; il a ajouté qu'après l'examen fait sur les lieux par un ingénieur qu'il y avait délégué, ce fonctionnaire a reconnu la région du Orobó comme la plus favorable de toute la province à l'établissement de centres coloniaux.

4° La ligne de Santo Amaro complète la série des voies

ferrées qui ont leur point de départ dans la baie de Tous-les-Saints, ou sur les cours d'eau qui s'y déversent. Elle a été ouverte au trafic le 23 décembre 1883.

Ce chemin appartient à la province de Bahia, qui l'a construit à ses frais, sans autre faveur du gouvernement général que l'exemption des droits de douane pour importer les matériaux.

Il a une longueur de 35 kil. 800, de Santo-Amaro, près de l'embouchure du Sabahé, à Bom Jardim. Il dessert les stations de Santo Amaro K. 0; Pilar K. 1; Traripe 6, Jacuhype 15, Terra Nova 26,500; Jacú ou Bom Jardim, 35,800.

Il est malaisé de rencontrer pour cette ligne provinciale des données aussi précises que pour celles dont l'État a soit la propriété, soit le contrôle. Les rapports présidentiels ne fournissent que quelques indications, dont voici les plus utiles :

	Recettes.	Dépenses.	Solde.
1884.	115.474$187	109.650$306	+ 5.824$171
1886.	105.709 880	107.977 034	− 2.287 154

Les années précédentes ayant produit des excédents pour 10,028 $ 178, ce déficit déduit laissait encore depuis l'ouverture du trafic un bénéfice net pour l'exploitation de 7,741 $ 024.

Quant à la composition des recettes, on peut avec intérêt faire la comparaison suivante :

	1884	1886
Voyageurs	25.678$020	21.403$020
Trains spéciaux.	2.089 320	981 880
Excédents de bagages . .	890 147	408 550
Animaux	1.257 405	841 530
Sucre.	36.502 817	20.944 730
Tabac	5.727 644	5.067 450
Divers	22.055 182	25.245 140

La diminution de recettes en 1886 était due, d'après le président M. Bandeira de Mello, au découragement des cultivateurs qui ont regardé cette année comme une des plus funestes pour eux, soit à cause du bas prix des produits sur le marché, soit par suite des vicissitudes atmosphériques qui n'ont permis aucune constance ni régularité dans la fabrication, en mouillant à tout instant le combustible. Le déficit était dû plus encore à la paralysation du travail dans l'usine centrale du Rio Fundo, et aux réparations que des pluies torrentielles ont obligé d'effectuer au pont Martins Ribeiro, et qui ont occasionné, outre une dépense de 3,221 $ 290, plusieurs jours d'interruption du trafic.

Néanmoins les fonctionnaires chargés de gérer les finances de la province concluent à la vente de ce chemin de fer, qui lui a coûté 2,287,124 $ 187. Toutefois l'emprunt dernièrement réalisé à Paris en permettant à l'administration de convertir la dette provinciale consolidée pour en diminuer la charge de l'intérêt, va peut-être faire ajourner cette mesure, qui me paraît absolument sage quand même.

5° On appelle *Tram-Road* un tramway à vapeur ou chemin de fer économique, allant de Nazareth, sur le Jaguaripe, à 40 kil. de son embouchure, par la Barra Falsa, dans la grande baie jusqu'à Santo Antonio de Jesus — et desservant les stations de Nazareth k. 0, Onha k. 8, Rio Fundo 13, Taitingo 17, Mutum 23 et Capella de Santo Antonio de Jesus, 34.

Le trafic a été inauguré en septembre 1880. La Compagnie anglaise *Tram Road de Nazareth* qui l'exploite, a dû, à la suite d'un arrêté présidentiel du 8 avril 1885, livrer au Trésor provincial 2,500 de ses actions au pair, formant une somme de 500,000 $, pour rembourser celle qu'elle avait empruntée en 1878. Ces actions, dont le dividende était recouvrable dès le 1er octobre 1884, portaient au bénéfice de la province intérêt à 7 % sur 1,100,000 $ capital de construction, à dater de l'inauguration du trafic, c'est-à-dire du 30 septembre 1880.

Les résultats de l'exploitation peuvent être évalués d'après ces données.

	Recettes.	Dépenses.	Soldes.
1884.......	171.964$570	115.372$130	+ 56.592$440
1886.......	158.290 970	104.457 956	+ 53.883 614

En 1885, la recette était moindre de 414 $ 760 et la dépense supérieure de 1,076 $ 476.

Le capital de la ligne était encore de 1,250,000 $ dont 1,100,000 $ jouissant de la garantie provinciale de 7 %.

Le 24 juillet 1887, on a commencé les travaux du prolongement décrété par la loi du 11 août 1881, et dont les plans étaient approuvés depuis 1885. La première section va de Santo Antonio de Jesus à S. Miguel, distants de 35 kil. et la seconde de S. Miguel à la ville d'Amargosa, séparées par 23 kilomètres. Il sera poursuivi sur 80 kil. encore jusqu'à la ville d'Areia, l'objectif de la ligne. La loi budgétaire générale a autorisé à cet effet une garantie d'intérêt de l'État de 6 % sur un coût kilométrique maximum de 30,000 $ pour le prolongement depuis Santo Antonio de Jesus jusqu'à Amargosa.

« Cette ligne, a dit le ministre M. A. Prado dans son discours à l'appui, est d'après mes informations l'une des plus prospères et du plus grand avenir de la province de Bahia ; toutefois il faudra se garder d'accepter, après étude définitive, un tracé qui puisse entraver le développement des produits du chemin de fer central de Bahia. »

6°. Bahia et Minas. — C'est le chemin de fer du Sud, qui reliera la partie méridionale de Bahia au nord-est de Minas, le port de Caravellas sur l'Atlantique, au port fluvial de Guaycuhy sur le S. Francisco, à peu près à la hauteur du 17e parallèle sud.

Une loi provinciale du 28 août 1876 a concédé à M. l'ingénieur Miguel de Teive et Argôllo, le privilége pendant 50 ans pour la construction d'un chemin de fer économique partant de Caravellas et allant aux limites de la province se raccorder à la ligne du nord de Minas ; elle accordait une garantie d'intérêts de 7 % sur un capital maximum de 3,600,000 $ ou une subvention kilométrique de 9,000 $. Le 9 juillet 1880, un contrat avec le concessionnaire stipulait cette subvention kilométrique, qui a été payée par la province pour 142 kilomètres et s'est élevée à 1.178,000 $. Ce contrat déclare qu'à l'expiration du privilège la ligne fera retour au domaine provincial, quoique puisse réclamer le gouvernement, et en même temps il décharge l'entreprise de cette réversion dès qu'elle aura restitué à la province avec intérêts à 6 % les sommes que celle-ci a avancées.

La première section en exploitation dès avril 1888 est de 142 kil. 400. Elle dessert les stations de Caravellas (gare maritime) k. 0 ; Taquary, k. 38, Juerana, k. 51, Peruhype, k. 66, Mucury, k. 122,035, et Aymorés, k. 142,400.

La ligne est maintenant la propriété d'une compagnie présidée par M. de Paula Mayrink, capitaliste de Rio de Janeiro, organisée en janvier 1883, et qui s'est engagée à payer à Bahia la somme que la province a avancée avec les intérêts à 6 %.

D'après le rapport du 11 juillet 1887, publié par la direction, l'exploitation était effectuée par 6 locomotives, 3 voitures de 1re classe, 2 voitures de 2e classe, 1 voiture mixte, 46 wagons de marchandises, 2 fourgons à bagages et pour la poste et 1 wagon avec grue mobile. Il n'y avait qu'un train par semaine.

En 1886, la recette avait été de	150.211$020
Et la dépense de	121.653 890
Laissant un excédent de	28.557 130
Pour 1884, la recette avait été de.	89.932$695
Et la dépense s'était montée à.	175.382 646
Laissant un déficit de	85.449 951

L'étendue en exploitation était la même ; le matériel seul était, en 1884, un peu plus considérable. Les locomotives ne brûlaient que du bois, qui est fort abondant dans la région et qui revient à meilleur marché que le charbon.

En 1887, la recette s'est augmentée, parce que l'influence de la ligne elle-même a déterminé une plus grande activité dans le mouvement commercial de la région qu'elle dessert. Voici les résultats :

Recettes	218,765$439
Dépenses	140.459 495
Produit net	78.305 944

En 1888, la compagnie a construit la 2e section de la Serra dos Aymorès à Philadelphia, entièrement sur le territoire de la province de Minas, qui lui a accordé une garantie de 7 % sur le capital de 6,000.000 $. Les premiers 50 kil. de cette 2e section au delà de Aymorès devaient être ouverts au trafic au commencement de 1889. Pour la partie construite, la province de Minas avait déjà payé au 31 décembre 1887 la somme de 142,430 $ 050 à titre de garantie d'intérêts.

La compagnie croit que ce prolongement, traversant une zone qui jouit d'un excellent climat, de terrains prodigieusement fertiles, qui produisent le café, le coton, le lin, la canne, le froment et toutes les céréales, qui est remarquable par ses richesses minières et forestières, comme est le nord de Minas, va répondre à un urgent besoin en activant et en fomentant le développement d'une culture placée en si bonnes conditions, et rémunérera avantageusement les capitaux qui y seront employés.

On sait que ces capitaux sont français, et qu'une émission faite par la Banque Parisienne en novembre 1888 a réuni un capital de 34,000,000 de francs, ou 12,000 contos, par 33,000 obligations de 500 francs, à 5 %.

La longueur de cette seconde section doit être de 235 kil. — Philadelphia se trouvant ainsi à 377 kil. de Caravellas. La 3e section est déjà décrétée ; la construction en est autorisée de Philadelphia à S. João Baptista de Minas-Novas et le gouvernement, conformément à la loi budgétaire, lui a accordé la garantie de l'État de 6 0/0 d'intérêts sur un coût maximum de 30,000 $ le kilomètre. — Le gouvernement a en outre autorisé les études définitives du tracé de la 4e section qui doit prolonger ce chemin de fer de Minas Novas au S. Francisco, près du confluent du Jequitahy, et probablement à Guaycuhy. M. Lima Duarte, sénateur de Minas, qui a soutenu vigoureusement à la tribune l'amendement passé ensuite dans la loi, dit qu'il y a de Philadelphia à Minas Novas 140 kilomètres. Il y en a environ 245 depuis cette ville jusqu'à Guaycuhy. Il en résulte qu'une fois complété le chemin de fer de Bahia et Minas aurait 762 kilomètres environ.

S'il n'est pas permis d'espérer que la Bahia et Minas voie de longtemps ses rails traversés ou raccordés à une grande ligne intérieure perpendiculaire, il n'en est pas de même des autres chemins de fer de Bahia. Celui de Timbó en particulier sera fatalement continué vers Sergipe, non seulement jusqu'au rio Real qui en est la frontière, mais jusqu'à Estancia, ou tout autre point de raccord avec la ligne Sergipana de Aracajú à Simão Dias. La loi ne l'a point encore décidé, mais la force des choses l'emportera sur des hésitations bien peu compréhensibles, car les mêmes motifs qui ont rendu évidente la nécessité de relier les lignes éparses du nord s'imposera également pour celles de Bahia. Et, franchement, les cantons si producteurs, si riches du Reconcavo gagneraient à se trouver en rapports rapides avec S. Salvador, par une courte ligne qui rejoindrait Cachoeira en passant par Santo Amaro.

Il suffit de jeter un coup d'œil sur la carte de la région du nord et d'y regarder le dessin formé par les lignes que j'ai successivement étudiées, pour être frappé de la facilité avec laquelle on peut les relier toutes de façon à en faire un réseau embrassant de quatre à six provinces, desservant en général leurs vallées les plus riches, les plus productrices et mettant en même temps en communication réciproque les capitales.

Les lignes des provinces de Parahyba, Rio Grande, Pernambuco et Alagôas, comprennent 722 kil. 187, dont 170 kil. 864 appartiennent à l'État et 551 kil. 323 à cinq compagnies anglaises, mais toutes ayant leur capital garanti. Avec les travaux en construction ou récemment terminés, le total se monte à 882 kil.

Pour en relier les quatre groupes distincts, mais voisins, il suffira de construire 110 k. 50 entre les chemins de Rio Grande et du Parahyba, 40 renouant les chemins de Pilar et de Timbauba, et 30 de Lage jusqu'au croisement de la ligne de Garanhuns. M. Coutinho, qui a étudié mûrement cette question sur place, estime qu'en raison du peu de difficulté du terrain, une somme de 2.500,000 $ suffirait à raison de 22,000 $ le kil. On aurait ainsi à peu de frais un réseau d'environ 1,000 kilomètres. C'est le seul moyen d'ailleurs de sauver des entreprises trop étouffées dans la zone de leurs tracés imprudents; on pourra en fusionner quelques-unes et réaliser l'économie d'une ou deux administrations comme d'une partie du personnel technique.

En opérant le raccord avec les chemins de Bahia, on ajouterait au moins 1,000 kil. au réseau, ce qui lui donnerait 2,700 kil. car il embrasserait aussi la ligne isolée de Paulo Affonso, et étendrait son action sur une population d'environ 4 millions d'habitants.

Il est peut-être bon de jeter un coup d'œil d'ensemble sur la vaste région qu'un tel réseau sillonnerait : on comprendra mieux alors et les nécessités qui s'imposent et l'avenir qui se prépare.

De Bahia au Ceará, ou dans la région comprise entre les rios Paraguassú et Parnahyba, le terrain est généralement uni, plan, ou légèrement ondulé, le sable y prédomine, sauf quelques exceptions; la zone qui borde le littoral sur une largeur de 20 à 30 kilomètres est de formation sédimentaire. Vers l'intérieur, à cette zone succède la formation cristalline, mais sans troubler l'uniformité avec laquelle le terrain s'élève insensiblement à partir de la côte, à quelques points près. Dans le sertão, les chaînes éruptives se trouvent détachées au milieu de la plaine, sans liaison sensible, elles s'étendent en plateaux horizontaux par rapport aux couches sédimentaires; il en résulte que la séparation des vallées est presque insensible, et que le voyageur franchit leurs limites sans noter de différences de niveau.

En arrivant à la zone du littoral, formée de couches horizontales de grès, d'argile et de calcaire, généralement friables, les eaux se sont ouvert un chemin, détruisant le sol, formant des vallées de dénudation, dont la largeur est proportionnelle au volume des eaux qui y descendent.

Les vallées, réceptacles des détritus que les eaux y charrient périodiquement, sont d'une grande fertilité, que vient encore augmenter l'élément calcaire, presque partout rencontré. Entr'elles s'interpose le terrain qui n'a pas été dénudé, constituant des plateaux d'une hauteur variant de 60 à 90 mètres dans leur partie moyenne, et le fond des vallées se trouvant à 20 mètres environ au-dessus du niveau de la mer.

Ces plateaux occupent une grande partie de la zone littorale et s'avancent même jusqu'au bord de l'Océan. C'est de leur horizontalité que provient le nom de *taboleiros*, que leur ont donné les naturels. (Le *taboleiro* est une table à rebords.) Ils sont généralement sablonneux, en grande partie stériles, impropres à une culture régulière, sauf quelques places où se rencontre un peu d'argile. Sur leur surface croît naturellement la *mangabeira*, (*Hancornia speciosa*) dont les indigènes retirent quelque profit en extrayant sa sève gommeuse, qui donne un caoutchouc spécial; ces taboleiros se prêtent d'ailleurs aussi bien à la plantation du cocotier et du ricin, bien que jusqu'à présent ils soient surtout utilisés par l'élevage, mais dans une proportion restreinte, parce que les pâturages sont d'une qualité inférieure.

Cette forme générale s'altère au sud de la province de Pernambuco, et dans la région voisine de celle d'Alagôas.

Ici la zone sédimentaire est plus étroite, le terrain cristallin lui succède, franchement montagneux, très fertile, bien arrosé et partiellement couvert encore d'une épaisse forêt vierge qui s'étend jusqu'à 80 kilomètres du littoral. C'est la région agricole la plus vaste des provinces que je viens de parcourir, où sont cultivés sur une grande échelle, non seulement le coton et les céréales, mais principalement la canne et où la production du sucre est extrêmement considérable.

Faisant preuve d'une grande intelligence, les cultivateurs ont laissé intacte la forêt qui couronne les collines; cette précaution avisée contribue beaucoup non seulement à entretenir la fertilité des vallées intermédiaires, mais aussi à conserver leurs terres toujours fraîches.

Au delà de 80 kilomètres s'étend la zone du *Agreste*, où la végétation est moins développée, le terrain plus sablonneux, où les rivières se dessèchent généralement pendant l'été. Quand les hivers sont bons, qu'il pleut régulièrement, on cultive dans l'*Agreste* le coton sur une vaste échelle, puis les céréales et le tabac; les pâturages y sont de meilleure qualité que sur les *taboleiros* du littoral. C'est là que commence proprement l'industrie de l'élevage, qui devient presque exclusive dans le *sertão*, où la culture se montre seulement dans les serras possédant des sources permanentes, ou aux environs des plateaux sédimentaires, près desquels s'accumulent les eaux descendues de leurs versants, forment des marais, où s'épandant à travers les terrains voisins.

Dans la province du Ceará, cette disposition se modifie un peu; les centres agricoles les plus importants se trouvent dans les serras éruptives situées dans l'intérieur de la province, à partir de 30 kil. du littoral. Près de la côte, on rencontre quelques terrains utilisables pour la culture, dans le voisinage des lacs formés par l'accumulation des eaux des petites rivières qui n'ont pu franchir la barrière opposée par les dunes du rivage maritime.

Quand les saisons sont régulières, on cultive les céréales principalement, puis le coton, sur beaucoup d'autres points de la zone maritime, et le sable lui-même devient fertile si la pluie est tombée assez abondante.

Sur le littoral du Nord, outre les ports principaux des capitales de provinces, il en existe une foule d'autres permettant le trafic à des barques de 1 à 2 mètres de calaison. Les plus insignifiants sont même utilisés en raison de la hauteur énorme des marées : la navigation côtière est aussi facile et sûre que celle d'une rivière; tempêtes et naufrages y sont extrêmement rares, car la mer y est toujours bénigne et les vents soufflent en chaque saison avec régularité.

C'est par l'intermédiaire de ces ports que sont portés aux marchés exportateurs, par des barques, des yachts et des bâtiments à vapeur, les produits des vallées qui en sont le plus rapprochées et une grande partie de ceux qui descendent des sertões voisins.

Ainsi, non seulement on effectue en général, avec facilité, les transports par terre de l'intérieur directement sur les marchés ou par les ports secondaires, sans obstacle de hauteurs ou de bourbiers, mais aussi par l'intermédiaire de la navigation côtière, depuis le fond des vallées les plus éloignées du littoral.

Quelques habitants de l'agreste et même du sertão descendent au littoral en été, après la fin de la récolte des céréales qu'ils cultivent pour leur alimentation personnelle, et s'emploient, s'ils possèdent des animaux, au transport des produits d'importation étrangère; les autres se louent comme journaliers dans les fazendas sucrières. Le salaire varie selon la façon dont court la saison; il est de 300 reis si les pluies sont maigres et de 640 dans les années d'hiver bien caractérisé.

Les convoyeurs ou les muletiers prenaient de 30 à 40 reis par arrobe de 15 kilogs et par lieue avant l'établissement des chemins de fer, et le fret par la navigation côtière était beaucoup moins élevé encore. N'ayant pas, durant l'été, d'autre occupation pour eux et pour leurs animaux, les chemins étant généralement bons, les muletiers ont immédiatement réduit leurs tarifs, sauf de rares exceptions, lorsqu'ils ont eu la concurrence de la voie ferrée.

La culture de la canne a progressé lentement et n'a jamais pu attirer les bras employés à d'autres travaux, parce que le bénéfice qu'elle offre est trop mince.

Les habitants de l'*agreste* et du *sertão*, occupés de l'élevage, industrie plus en rapport avec leur caractère, et accidentellement de la culture du coton et des céréales, supportent la rigueur des sécheresses avec la plus grande constance; quelques-uns émigrent temporairement, mais rentrent dès qu'apparaissent les pluies et reprennent leur travail.

Depuis un certain temps, les bras employés à la culture ont commencé à s'exporter, mais cette diminution ne serait pas bien sensible si la baisse du prix du sucre n'était venue aggraver la position des cultivateurs, déjà compromise par l'intérêt de 12 à 18 0/0 qu'ils doivent payer aux prêteurs d'argent.

La disposition de la zone agricole proprement dite, qui borde le littoral avec une largeur de 20 à 60 kilomètres, tantôt continue comme au sud de Pernambuco, une partie d'Alagôas et de Sergipe, tantôt interrompue par les *taboleiros*, comme à Rio Grande, au Parahyba, une partie de Bahia, le sud d'Alagôas et le nord de Pernambuco; la facilité de sortie des produits par les divers ports éparpillés sur la côte, et leur transport par la navigation côtière sur les marchés d'exportation, tout a concouru à réduire le trafic des chemins de fer, qu'ils se développent dans une direction perpendiculaire à la côte, ou qu'ils inclinent vers un côté ou un autre peu éloigné du littoral. Les premiers ont contre eux la circonstance de parcourir la zone agricole sur une petite étendue, et d'y être eux-mêmes attaqués par la concurrence du *cargueiro* (à plus forte raison dans leur région terminale); les seconds, embrassant une plus grande partie de la zone ou plus d'une vallée productive, doivent à la fois lutter contre la navigation côtière et le *cargueiro*.

Un peu de statistique le démontrera surabondamment, et je l'ai fait sentir au passage, pour chacune des lignes que j'ai étudiées.

Voici, au surplus, quelques chiffres relatifs à celles pour lesquelles je n'en ai pas produit à ce point de vue.

De 1885 à 1886, les chemins de Limoeiro et de Palmares ont amené 667,000 sacs de sucre; les barques et les *carqueiros* 732,000.

De 1884 à 1885, le chemin de Macció à Imperatriz a transporté 37,785 sacs de sucre; les barques, les vapeurs et les *carqueiros* 484,000. Le chemin de fer avait amené 6,317 balles de coton; les vapeurs côtiers, les barques et les *carqueiros* 43,268 sacs.

De la vallée même du Mundahú que parcourt la ligne, les *carqueiros* ont apporté 27,032 sacs et la ligne 37,885.

On voit donc par ces données que la plus grande partie des denrées d'exportation ne vient pas au chemin de fer. Celles qui sont détournées par la navigation côtière lui seront difficilement attirées, à cause de la situation spéciale des centres agricoles; quant à celles des zones mêmes des lignes, il ne sera pas bien malaisé de les enlever au *carqueiro*, si l'on adopte des tarifs plus raisonnables et accorde à la culture des faveurs d'un autre ordre.

La concurrence du *carqueiro* ne s'exerce pas seulement sur les denrées d'exportation, mais encore et principalement sur les articles d'importation qui viennent plus rarement par le chemin de fer. Prenons pour exemple le chemin de Limoeiro, qui se trouve dans des conditions identiques aux autres, et nous allons voir la grande différence en matière de frets d'importation.

Sur ce chemin, le tarif du sucre est de 185 reis les 10 kilos, celui du coton de 148, pour la distance de 83 kilom. de Limoeiro à Recife. Les muletiers apportent une charge de 120 kilos pour 2 $ 500, soit 167 reis pour 10 kilos et pour la même distance.

Mais le *carqueiro* prend l'article dans la maison même du producteur ou du négociant, et il le livre au magasin même du destinataire, économisant ainsi les frais du camionnage entre le lieu d'expédition et la gare d'envoi, entre la gare d'arrivée et le lieu de réception de la marchandise.

Ces frais, ceux du connaissement et de déchargement au chemin de fer, élèvent le fret de celui-ci presqu'au niveau de celui du *carqueiro*, qui toutefois dispense des formalités d'expédition et de livraison.

Pour l'importation des étoffes, le tarif du chemin de fer est de 250 reis les 10 kilos de Recife à Limoeiro; le muletier les prend au même prix que pour l'exportation à 167 reis.

Le tarif moyen de l'exportation et de l'importation du sucre et des étoffes est donc, par chemin de fer, de 192,5 pour 10 kilos, il est de 199 pour le coton brut et les étoffes.

Les camionnages additionnels, le connaissement, le déchargement, se réglant à 10 0/0 en plus, élèvent le premier chiffre à 211,25 et le second à 219.

Il s'ensuit que la dépense, par le chemin de fer, pour le transport d'une tonne de sucre de Limoeiro à Recife et d'une tonne d'étoffes de Recife à Limoeiro est de 42 $ 250, de 43,800 pour une tonne de coton et une d'étoffes, ou en moyenne de 43 $ 025. Le muletier effectue le même transport pour 33 $ 100, soit pour 9 $ 625 en moins, différence qui se retourne en faveur de la culture et du commerce, et qui justifie pleinement la concurrence éprouvée par le chemin de fer.

Cette comparaison a trait aux denrées partant de la zone même des lignes ou qui y sont dirigées; celles qui proviennent de localités éloignées des stations terminales, et le coton est la plus considérable, sont presque toutes directement portées au marché par le muletier; il en est de même pour les denrées d'importation en sens inverse, car le chemin de fer ne transporte presque point de ces dernières.

Ordinairement, les muletiers partent des localités du centre, engagés pour y ramener des charges de la capitale; aussi ont-ils intérêt à porter à celle-ci les denrées d'exportation qu'ils obtiennent et souvent pour le même prix que devraient payer les exportateurs pour les amener seulement aux stations terminales de la voie ferrée. Tant que celle-ci ne pénétrera pas plus loin dans l'intérieur, elle ne pourra pas aisément attirer les produits du sertão, mais cet accroissement de parcours ne se réalisera avec avantage pour les entreprises que dans des circonstances spéciales.

Dans les contrées montagneuses du sud du Brésil, la viabilité ferrée a rendu de bien plus grands services à l'agriculture et au commerce; le terrain surtout argileux produit le café, dont la culture est plus fructueuse, et qui peut supporter des frais de transport plus élevés. Le muletier y prenait beaucoup plus cher, à cause des mauvais chemins, et les rails en approchant des centres producteurs ont économisé aux expéditeurs une dépense sensible. Le muletier a dû y renoncer bien vite à la concurrence et s'y faire l'auxiliaire précieux de la voie ferrée, dont il effectue, à sa façon, le camionnage dans l'intérieur.

Dans le nord, la nécessité d'abaisser le plus possible les tarifs apparaît donc évidente. On a vu que l'expérience a confirmé cette déduction. Depuis un an ou un an et demi, le ministère a obtenu des compagnies certaines diminutions qui ont eu pour effet presque immédiat de faire passer sur leurs rails un tonnage de beaucoup supérieur à celui qu'elles voyaient auparavant venir à elles.

Si le résultat de l'exploitation des chemins de fer du nord n'a pas été aussi fructueux que dans le sud, si plusieurs ont été d'abord mal tracés, mal dirigés, il n'en reste pas moins qu'ils ont très efficacement contribué aux progrès de la civilisation, même dans les localités très éloignées en rapport avec leur zone naturelle d'influence. Il faut racheter la partie des deux lignes appartenant aux compagnies anglaises, établir l'uniformité de voie entre ces sections et leurs prolongements construits par l'État, opérer la revision des tarifs en accord avec les intérêts des industries, et ainsi l'on accroîtra le trafic d'abord, mais surtout l'on dégrèvera le Trésor des charges excessives qui pèsent actuellement sur lui.

Les 20 ans de pratique des chemins de fer ont profondément modifié l'état où était la population de l'intérieur, qui a acquis de nouveaux besoins et de meilleures habitudes de vie. Leur progrès est désormais plus facile, car influera puissamment sur l'accroissement des transactiot...

Je veux terminer ces considérations par un aperçu succinct et rapide de la production et du commerce de la province de Bahia.

Voici un tableau qui remonte à 1881 :

PRINCIPAUX PRODUITS D'EXPORTATION

Sucre	47.055.467	kilos.
Tabac et préparations	12.018.334	—
Café	6.765.010	—
Cacao	2.434.034	—
Coton	29.500	—

PRODUITS DIVERS

Eau-de-vie	769.449	litres.
Cuirs	459.902	unités.
Piassaba	345.509	volumes.
Cocos	4.208.000	unités.
Bois Brésil	440.359	billes.
Polissandre	12.720	—
Tapioca	1.070	caisses.

Le cacáo est en progrès constant : la production s'en développe, surtout vers le sud de la province, d'une façon prodigieuse.

Le sucre, quoique moins précieux, moins rémunérateur, est resté le produit principal. Cela tient à ce que les premiers colons de Bahia et de quelques autres parties du Brésil se sont adonnés de préférence à la culture de la canne et à la fabrication du sucre, non seulement parce qu'alors elles étaient plus connues et plus lucratives, mais parce que les terrains voisins du littoral et des centres de population s'y prêtaient fort bien, qu'ils offraient justement les plus grands avantages, par la facilité des transports et la sécurité des travailleurs, moins exposés sur ce point aux attaques des indigènes.

La culture de la canne prit un grand développement; partout on éleva des usines, de grands capitaux s'appliquèrent à cette industrie, qui bientôt devint prédominante et fut le principal aliment du commerce. Abandonner la canne dans ces conditions aurait entraîné la ruine de grandes fortunes; elle s'est maintenue un peu par routine et beaucoup dans l'espérance que des temps meilleurs reviendraient.

Le coton, le tabac, le café sont venus plus tard, cultivés surtout par le bras libre, puis le cacáo, le roi des fruits tropicaux. Le tabac n'exige pas de grandes dépenses de préparation, comme le sucre; ayant doublé de valeur, il s'est développé considérablement et la culture s'en augmentera beaucoup encore avec le bon marché des tarifs sur les chemins de fer. Il en est de même pour le café, qui a un vaste avenir dans les très fertiles vallées des rios Pardo et Jequitinhonha, dans les serras riveraines du Paraguassú, et même dans quelques régions du littoral, comme Maragogipe et autres.

Le cacáo s'est tellement développé naguère qu'en peu d'années il tiendra la tête de la liste des produits d'exportation. De Valença à l'extrémité méridionale de la province, sur plus de 4 degrés en latitude, il existe actuellement des plantations de cacáo sur la zone littorale, à l'exception du petit tronçon qui va de Santarém à Marahú; le sol est extrêmement fécond, admirablement approprié à la culture de cette plante, surtout à Cannavieiras et Belmonte, sur les bords du Pardo et du Jequitinhonha. A Ilhéos on en compte de nombreuses fazendas importantes, à Cachoeira de Itabura et sur les bords des rios Almada et Itahype ; les établissements de Cannavieiras et Belmonte sont toutefois supérieurs par leur organisation et leur grande production, beaucoup valent de 60 à 100,000 $. Les terres y sont vendues fort cher, et la demande de fazendas de cacáo a été si forte récemment qu'on a payé certaines plantations 10 fois ce qu'elles valaient quelques années auparavant.

Le coton qui, en 1872, figurait à l'exportation pour 6,670,861 kilog. valant 4,121,043 $, le double du café et un peu moins que le tabac, va disparaissant peu à peu. On le consomme sur place et, d'autre part, les bras qui le cultivaient sont attirés par le café et plus encore par le cacáo.

De 1870 à 1880, il s'est monté, dans la province, six fabriques de tissus au capital d'environ 1,300,000 $, occupant 90 ouvriers, qui doivent absorber une grande partie de la matière première indigène.

En pénétrant plus avant dans l'intérieur, les chemins de fer contribueront puissamment au développement de la culture du coton dans les régions centrales, où la plupart des terrains s'y prêtent. Et cela se fera plus sûrement encore si les compagnies ou les entreprises encouragent directement les établissements qui se chargeront de la préparation de l'article pour l'exportation, en l'achetant aux cultivateurs; ces intermédiaires sont éminemment utiles au milieu de populations ignorantes, dépourvues de ressources et sans la moindre initiative, en provoquant la culture de beaucoup de denrées, en les achetant immédiatement, car sans cela jamais peut-être on ne les verrait sur le marché.

Après ce qu'on vient de lire, on ne sera pas surpris que l'État ait accordé la faveur d'une garantie d'intérêts aux usines centrales sucrières qui devaient ranimer la culture de la canne en la rendant plus stable et plus fructueuse. Depuis 1876, les concessions ont été nombreuses, mais les déclarations de caducité aussi, tant les organisateurs ont été impuissants à aboutir.

Enfin, le 15 octobre 1881, Dennis Blair and C° obtinrent la garantie de 6 % sur un capital de 5,600,000 $ pour 8 usines. Pour exploiter cette concession, ils fondèrent à Londres *The Bahia Central Sugar Factories L.*, constituée le 21 mars 1882 et autorisée au Brésil le 17 juin de la même année. Le 17 février 1883, tous les plans et devis étaient approuvés et, le 25 août suivant, étaient acceptés les contrats de fourniture de cannes passés avec les planteurs. Le tiers du capital fut réalisé pour 4 usines, en février 1883, et le reste de la première moitié en février 1884. En mars 1885, le gouvernement résiliait le contrat pour 4 usines sur 8, et fixait à 2,800,000 $ le capital relatif aux quatre usines restantes à Iguape, Rio Fundo, Rosario et Cotegipe. Il fixait en outre, au 29 juillet 1886, l'achèvement des travaux.

Ceux-ci n'étant pas prêts à la date indiquée, la garantie fut, le 28 août 1886, suspendue pour 3 mois à l'égard des usines d'Iguape et Rio Fundo, pour 6 mois à l'égard de celles de Rosario et Cotegipe; au 30 janvier 1888, cette suspension, durait toujours.

Les deux plus grandes usines, Iguape et Rio Fundo, d'une capacité de broyage quotidien de 400 tonnes, sont construites; à Rio Fundo, le travail a commencé le 23 novembre 1886 et, jusqu'au 17 décembre de la même année, on avait à peine broyé 4,464 tonnes, en dépensant 270 tonnes de charbon, 940 de bois et toute la bagasse; la distillerie avait fabriqué 2,312 gallons (de 4 lit. 54); le maximum de cannes traité par jour a été de 248 k. 420; celle d'Iguape broyait, en 24 heures, 240 tonnes, au lieu des 400 tonnes requises par le contrat.

L'insuffisance est due à diverses défectuosités de l'outillage, à l'absence d'un personnel habitué à la fabrication; c'est ainsi du moins qu'explique la chose M. A. Joaquim da Costa Couto, ingénieur du contrôle du 2e district des usines centrales.

Les usines de Rosario et de Cotegipe, dont la capacité a été fixée à 300 tonnes, ont les bâtiments construits, mais les appareils n'y sont pas montés.

Au Rosario, il y a 4 kil. de tramways, et il en reste de 7 à 8 à construire ; à Cotegipe, il existe un simple raccord avec le chemin de fer de Bahia au Sam Francisco, long de 100 mètres.

La direction de la Compagnie, *qui est à Londres*, a subitement, le 17 décembre 1886, donné ordre de suspendre les travaux de construction et de broyage dans les 4 usines, jusqu'à nouvel avis. Depuis lors, les choses sont restées dans le même état et les planteurs avec leurs cannes sur les bras, en vertu des contrats passés avec les usines :

« Il faut d'autant plus le regretter, dit l'ingénieur du contrôle, que certainement ces usines, soit en raison de la fertilité de leur région, soit par la solidité de l'outillage mécanique, devront être des établissements de premier ordre, dès qu'ils seront convenablement administrés. »

Il propose, en conséquence, de rétablir le fonctionnement de la garantie d'intérêts, mais à diverses conditions dont l'une est d'établir dans les six mois sa direction administrative à Bahia.

Le rapport du ministre de l'agriculture, du 14 mai 1888, dit que la compagnie est en liquidation.

Voilà donc, une fois de plus, le Trésor brésilien frustré des sacrifices qu'il a consentis, et ce par l'incapacité administrative de ceux qui ont réclamé ses faveurs et qui n'ont pas exécuté loyalement les engagements pris envers lui.

Bahia voudrait bien attirer sur son territoire la colonisation, qu'elle s'effectue par des travailleurs indigènes ou par des immigrants étrangers. On s'en occupe beaucoup dans la capitale, et, en général, on s'y est accordé à reconnaître qu'en ce qui concerne les colons européens, du moins, mieux valait chercher à les installer aussitôt dès leur arrivée sur des terres dont ils seraient les propriétaires.

La province est grande, il est vrai, et d'immenses étendues de son territoire sont encore en friches. Mais, quand il s'agit de localiser des immigrants, il faut que les terres qu'on leur destine possèdent des qualités exceptionnelles et en même temps soient avantageusement situées. — Cette nécessité a été parfaitement comprise à Bahia.

Dès le début de 1887, M. l'ingénieur Miguel de Teive e Argôllo, muni d'instructions du ministre de l'agriculture et du président de la province, allait dans ce but explorer minutieusement les régions qui commencent près de la station de Sitio Novo, sur le chemin de fer central, kil. 264, et qui renferme en quantité assez considérable les terrains appelés *devolutos*, c'est-à-dire du domaine public. Cette station appartient à la *comarca* de Amargosa, elle est voisine du canton de Orobó et de la *freguezia* ou village de N. S. du Rosario. Le sol, d'ailleurs, en très grande partie la propriété de particuliers, est de *catinga*, et par conséquent surtout propre à l'élevage.

De là à la station d'Orobó, le terrain est à peu près le même, mais le chemin de fer, par une négligence du contrôle de la construction, a laissé sur sa droite, à une distance d'environ 25 kil., le commencement de la zone de la *matta*, dont les terres, de qualité supérieure, sont appropriées à toutes les cultures tropicales ; la ville de Orobó est à 70 kil. de Sitio Novo ; un peu avant d'y arriver, du côté du nord, on rencontre les célèbres terres des *mattas* de Orobó, si renommées pour leur phénoménale fertilité. On y trouve des terres publiques absolument appropriées à la colonisation étrangère, offrant réunies toutes les conditions favorables à son développement : proximité du marché consommateur, grande fertilité du terrain, climat agréable, sinon frais, du moins par l'élévation du sol au-dessus du niveau de la mer, beaucoup moins chaud que celui du littoral et très salubre. Ces terres, d'une fécondité prodigieuse, s'étendent de la ville de Orobó jusqu'à 80 kil. plus loin que la bourgade de Mundo Novo, qui en est distante d'environ 100 kil. au nord-est, et comprennent toute la zone baignée par les eaux du rio Uttinga, d'une superficie d'au moins 6,000 kil. carrés.

Cette zone produit à peu de frais le haricot, le maïs, le riz, le manioc, la canne à sucre, et plus spécialement le tabac, le café; M. de Teive e Argôllo y a vu des caféiers de 30 ans chargés de fruits au point que chaque arbre pouvait produire 10 kilogr. de graines. Mais les plantations sont rares, bien que, depuis 1883, une partie de cette zone ait été peuplée. Les habitants s'y efforcent de créer, dans leurs propriétés, d'immenses et excellents pâturages de différentes qualités de graminées, et surtout de *capim-guiné*; ils achètent le bétail maigre venu du haut *sertão*, l'engraissent et l'envoient vendre à la foire de Sant'Anna, où ils obtiennent un bénéfice supérieur à 100 0/0. Le prix du transport est en moyenne de 600 reis par 15 kil. de Sitio Novo jusqu'à Cachoeira et de 800 reis pour l'embranchement de Feira de Sant'Anna.

L'ingénieur-explorateur propose d'allotir convenablement les terres situées entre la partie inférieure du Rio d'Agua Branca, les pentes de la serra da Rosa et la route de Lençôes, pour établir, sur cette superficie de 2,000 kil. carrés, des colons de race germanique. Il évalue à 80,000 âmes la population de ce district, population très mêlée, méritant bien son nom de *Mundo Novo*, où l'on trouve beaucoup de criminels fuyant l'action de la justice. Naturellement, ces réfugiés se sont emparés de la terre à leur convenance, sans se soucier des droits de l'État ou d'autrui. Il y a, parmi eux, beaucoup de gens qui ont émigré du haut Sertão, afin de trouver un sol qui leur donne mieux les moyens de vivre : ceux-ci sont de forts et vigoureux travailleurs qui méritent d'être encouragés.

De tout ce qui précède, on peut conclure que l'avenir de Bahia, comme de toutes les contrées avoisinantes auxquelles elle sert de centre d'attraction, est intimement lié à la communication aisée, rapide et continuelle avec le S. Francisco, la grande artère fluviale du centre du Brésil.

Pour nous rendre compte de son importance, esquissons à grands traits la physionomie du bassin de ce fleuve.

Le bras principal du S. Francisco a ses sources par 20°30' de latitude sud, sur la pente orientale de la serra da Cannastra, à l'angle que forme l'intersection de la serra des Vertentes, près de Piumhy, dans la province de Minas Geraes. On dit que la plus forte est formée par la *cachoeira* appelée Casa d'Anta, qui aurait plus de 200 mètres de hauteur. — Son cours est tout d'abord de l'ouest à l'est, puis il prend la direction générale du nord jusqu'au 13° parallèle, où il s'incline vers le nord-est. Après avoir gardé cette direction jusqu'à la ville de Cabrobó, à 8°30', il l'abandonne pour aller au sud-est se déverser dans l'Océan.

Des chaînes qui enserrent la vallée du S. Francisco, la Cordillère orientale, en se continuant vers le nord, vient couper le fleuve en avant de son embouchure, fermant ainsi le plateau dont les eaux cherchent l'escarpement le plus faible et d'où se précipite le fleuve, par une des cataractes les plus grandioses du monde. Dans son long parcours évalué par Liais à 2,900 kil., le S. Francisco traverse les provinces de Minas Geraes et de Bahia, sert de frontière entre celle-ci et Pernambuco, et, plus bas aussi, entre Sergipe et Alagôas.

Aussi long que l'Orénoque, un tiers plus large que le Rhin, le Sam Francisco est un des fleuves les plus considérables de l'Amérique du Sud. Ses principaux affluents sont, par la droite : 1° le rio Pará (280 kil.), venant du sud; — le Paraopeba (450 kil.) venu du sud-est, et dont le confluent rend le S. Francisco navigable pour des barques ou *canôas* sur une longueur de 159 kil.; — 2° le rio das Velhas (autrefois Guaycuhy), 27 kil. au-dessous de la chute de Pirapora ; il descend de l'escarpement septentrional de la Serra da Cachoeira, au nord-ouest de Ouro Preto; presque aussi long que le haut S. Francisco, il offre de Sabará en aval des conditions de navigabilité meilleures que celui-ci au-dessus de la chute de Pirapora; sa largeur au confluent est de 171 mètres et son débit à l'étiage est de 97 mètres cubes (114 kil. de cours); — 3° le Jequitahy, 280 kil., 45 mètres de large et 51 mètres cubes de débit (800 kil.); — 4° le rio Verde Grande, qui coule dans la direction générale du sud au nord jusqu'à sa réunion avec le rio Verde Pequeno, pour prendre ensuite au nord-ouest jusqu'à ce qu'il se déverse dans le S. Francisco, avec une largeur de 50 mètres.

Par sa rive gauche, le S. Francisco reçoit : 1° le Bambuhy (50 kil. de cours); — 2° l'Indayá (250 kil.); — 3° le Borrachudo ; — 4° l'Abaeté (240 kil.); — 5° le Paracatú, le plus puissant de ses affluents dans la province de Minas. cours de 630 kil., large à sa barre de 330 mètres, et d'un débit de 643 mètres cubes à la seconde; navigation franche pendant 53 kil. à la remonte, jusqu'à la chute de Santa-Fé; plus haut, les barques les plus grosses vont jusqu'à Porto de Barity, à 369 kil. en amont de cette chute; sont également navigables pour des barques, les trois principaux affluents du Paracatú, le rio Prata sur 133 kil., le rio Preto sur 66 et le rio do Somno sur autant; — 6° l'Urucuya, 500 kil. de cours, 75 mètres de largeur à la barre, 78 mètres cubes de débit à la seconde, navigable en amont sur 132 kil.; — 7° le rio Pardo, 440 kil. de cours, 48 mètres de largeur et 53 mètres cubes de débit à la seconde à son embouchure; — 8° le Carinhanha, né dans le voisinage de la serra dos Pyrineos, traverse la serra du Paranam à l'endroit appelé *Vão*; depuis ce point jusqu'à son embouchure, sur plus de 450 kil., il sert de limite aux provinces de Minas et de Bahia; large de 75 mètres et débitant 78 mètres cubes par seconde à son embouchure; navigable en amont sur 105 kil.

Tous ces affluents appartiennent à la province de Minas Geraes, dont le rio Verde forme la frontière à droite du S. Francisco. Au-dessous de Carinhanha, les affluents importants lui arrivent par la gauche, ce sont : 9° le Corrente, large à la barre de 110 mètres et débitant 304 mètres cubes par seconde, navigable sur 184 kil.; — 10° le rio Grande, franchement navigable sur 297 kil. jusqu'à Campo Largo, où sa largeur est de 107 mètres, sa profondeur 3m,6, sa vitesse 0m,712 par seconde; son débit à la barre est de 188 mètres cubes; on peut encore, mais dans des conditions moins favorables, le naviguer sur 128 kil. au-dessus de Campo Largo jusqu'à Limoeiro; le rio Preto, son tributaire, est navigable en amont jusqu'à 214 kil. de son confluent.

Les principales chutes du S. Francisco, après celle qui lui donne naissance, sont celles de : Pirapora, 650 kil. en aval de la source, 27 kil. au-dessus du confluent du rio das Velhas, 531m,68 au-dessus du niveau de la mer; Liais donne 3m,50 de différence entre les niveaux des eaux au-dessus et au-dessous de la *Cachoeira*, qui est formée par des roches de grès d'un rouge foncé; elle a plus de 1,000 mètres de largeur. Le fleuve est sur ce point déjà large de 500 mètres avec 5 à 6 mètres de profondeur au moment des hautes eaux, 1 à 2 mètres durant la saison sèche: — celle de Sobradinho, à 1,050 kil. au-dessous de Carinhanha; — celle de Paulo Affonso, 650 kil. environ au-dessous de la dernière, à 310 kil. de l'Océan.

Sur ce dernier point, les eaux du S. Francisco, resserrées entre deux murailles énormes de granit, se répandent d'abord en courants impétueux sur un plan incliné, puis elles se précipitent subitement en trois énormes cataractes. Au moment des crues la chute forme 4 grands bras séparés par de pittoresques groupes de rochers; le bras nord, large de 18 à 24 mètres, ne se forme qu'au moment des grandes eaux.

La principale chute d'eau tombe en formant une courbe; à mi-hauteur, le canal de pierre, dans lequel passent les eaux, projette le courant vers le nord, contre celles qu'entraîne un autre bras de la chute, absorbant et écrasant pour ainsi dire ces dernières.

Dès lors, on n'aperçoit plus l'eau en masses appréciables :

tout est écume, vapeur, brouillard, et, dans un saut immense, le cahos des eaux dilacérées se jette dans l'abîme. Cette cataracte a 15 à 18 mètres de largeur, et c'est ainsi que, forcée de passer dans un canal si étroit, elle devient si remarquable par la violence de son courant: c'est à cette circonstance que la cataracte de Paulo Affonso, la rivale du Niagara en hauteur et en volume, doit de présenter un aspect si différent de celle-ci, où l'eau se précipite en tombant très uniformément sur une vaste surface. Vue de loin, la chute du Niagara a plus de majesté, mais, observée de près, celle de Paulo Affonso lui est supérieure. Le volume des eaux du Niagara est peut-être plus considérable, mais pour la variété des aspects, pour la singularité des contrastes, aucune cataracte ne peut se comparer à celle de Paulo Affonso.

Au fond du précipice, le torrent, resserré entre deux rochers, continue sa course sans interruption et forme encore de petites cataractes dont la plus considérable est celle *dos Veados* (des cerfs). — La différence de niveau entre la partie supérieure et la partie inférieure des différentes chutes de la cataracte de Paulo Affonso est de 81 mètres.

Les sections navigables du S. Francisco peuvent se diviser ainsi : de la chute de Pirapora à celle de Sobradinho, 1,584 kil.; de Piranhas à l'embouchure dans l'Océan, 258 kil. En face de la ville de Penedo, 50 kil. au-dessus de cette embouchure, le fleuve est large de 1,220 mètres.

Lors des *repiquetes* de mars à septembre, c'est-à-dire durant les crues, l'eau généralement claire se trouble, le fleuve déborde et inonde les terrains voisins. C'est mai qui marque l'étiage de ses eaux : la différence de niveau au-dessus de l'étiage, observée à Penedo, a été, dans la crue de 1792, de $6^m,74$; en 1833, de 5 mètres.

Tout près de la bouche, les eaux du S. Francisco ont formé des bancs de sable, qui s'avancent en mer à l'intérieur, terminant en un demi-cercle, appelé par les pilotes cordon de la Barre. Le canal le plus large a $2^m,64$ de profondeur à marée basse et 4^m^,55 durant le flux. Le plus étroit a 2^m^,20 à 2^m^,42 au reflux, 4^m^,30 à 4^m^,55 durant le flux. Près du cordon de la Barre, les vagues forment des brisants violents sur une largeur de 600 à 900 mètres. Les dépôts de sable, les accidents physiques de la Barre ont fait conclure que l'embouchure va en pénétrant dans la mer. Le terrain gagné en 20 ou 25 ans est de 165 mètres et les marins confirment cette évaluation.

Le cours total du S. Francisco est donc d'environ 3,122 kilomètres, sur lesquels 258 constituent ce qu'on peut appeler la partie maritime ; de Pirapora en amont jusqu'à Sobradinho, la navigation a toujours été aisée pour la batellerie, les vapeurs d'un tirant d'eau modéré. — Le réseau de cette navigation fluviale comprend 1,580 kil. du fleuve lui-même et 2,238 kil. de ses affluents, soit un total de 3,818 kil.

Mais, à partir de Sobradinho jusqu'à Jatobá, au-dessous de Paulo Affonso, il y a 650 kil. qu'on peut rendre à la navigation, moyennant des travaux de désobstruction, d'endiguement, d'approfondissement et de canalisation. — Les travaux ont été entrepris par ce qu'on appelle ici la Commission des améliorations du S. Francisco (de *Melhoramentos*) dirigée par M. l'ingénieur Antonio Placido Peixoto Amarante. Cette commission a déjà fait disparaître en amont tous les obstacles opposés par la chute de Sobradinho à l'arrivée des bateaux jusqu'à Joazeiro et fait de cette ville le vrai port fluvial du haut S. Francisco. En 1887, elle a continué ses travaux en aval et régularisé les eaux du fleuve près de Boa-Vista ; cette amélioration a tout de suite fait réaliser une économie de 50 % sur les transports, en même temps qu'elle a provoqué un accroissement notable des voyages. — En 1886, il était passé dans le canal de Sobradinho 690 bateaux avec 6,490 tonnes de marchandises ; en 1887, on en a compté 742 avec 8,974 tonnes.

La plupart de ces bateaux ont déjà adopté la voile, ainsi que cela se pratique dans le cours inférieur ou partie maritime du fleuve, et ont franchi les chutes sans le secours de la perche. Parmi les marchandises transportées, on a noté la grande quantité de caoutchouc ou gomme de mangabeira, extrait dans le bassin supérieur du fleuve et dans la province de Goyaz, et expédié sur les ports de Joazeiro et de Jatobá, puis des milliers de tuyaux en fer pour la canalisation des eaux, amenés de ces ports et appartenant à la Compagnie des mines d'or d'Assuruá. De nombreuses flottes de bois ont également descendu le canal.

Joazeiro, assis sur la rive droite, à 8 mètres au-dessus du niveau moyen des eaux, est le plus important entrepôt commercial du S. Francisco. Il possède un excellent port toujours rempli d'une foule d'embarcations qui animent le commerce de la vallée du grand fleuve; il a plus de 500 maisons, dont quelques-unes fort bien construites, une belle église bâtie au centre d'une grande place plantée d'arbres, etc. Les rues sont bien nivelées, éclairées par des réverbères à pétrole, les places arrangées en jardins; un beau quai en pierre facilite le mouvement du port. Vis-à-vis de Joazeiro, sur la rive gauche, s'élève la jolie ville de Petrolina, assez peuplée et dont le commerce est déjà florissant.

Barra, située sur la rive gauche au confluent du Rio Grande, est très populeuse et plus considérable que Joazeiro; elle a une richesse et une activité qui en feront la cité riveraine la plus importante, dès qu'elle aura organisé la navigation régulière et permanente des bateaux à vapeur.

Bien d'autres localités sont baignées par le S. Francisco dans la province de Bahia; ce sont, par exemple, en descendant le fleuve, Carinhanha, Cachoeira, Taúa, Angicos, Espirito Santo, à gauche; à droite, Buraco de Inferno et Barra do Senhor Bom Jesus da Lapa, endroit très fréquenté par les habitants de l'intérieur qui y affluent chaque année en pélerinage. L'église est bâtie dans une grotte admirable, œuvre de la nature seule; puis Urubú, ville où l'on pratique l'élevage du bétail et la culture du manioc, du coton et des céréales, et ce avec des récoltes extraordinairement abondantes. Vis-à-vis s'étend la longue île du Urubú (du Vautour) qui divise le fleuve en deux bras.

Plus bas, sur la même rive, est le village de Bom Jardim avec la chapelle de N.-D. da Guia, un des points les plus charmants de la vallée. Les rives du fleuve et de ses affluents sont en général très fertiles et se prêtent à toutes les cultures, y compris celle du café.

Cependant, à partir de Bom Jardim, commencent à apparaître les forêts de carnaubas, de buritys, etc.; le terrain devient sablonneux, presque stérile; on ne voit de plantations que dans les îles et sur les points de la rive fertilisés par les eaux du fleuve et connus sous le nom de *vasantes* (terres basses).

Viennent ensuite à droite les villages de Boa Vista, Barro Alto, Caraibas et Riachão; à gauche, de Peripiri, Timbó, Jatobá, Juá, Conceição; puis l'on arrive à Barra du Rio Grande, devant laquelle le S. Francisco est large de 1,700 mètres; plus bas, se trouvent successivement Porto Alegre (gauche), Chique-Chique (droite), Pilão Arcado (gauche), Remanso, (id); Páo a Pique, Sento Sé, Boqueirão (droite); Casa Nova, et Sant'Anna (gauche).

Le S. Francisco et ses affluents, au moment des crues, débordent sur de larges espaces, de 15, 20 et même 40 kilomètres. Comme ceux du Nil, ces débordements donnent aux terres riveraines une fertilité étonnante. La canne à sucre y prolonge sa vigueur si longtemps, qu'il est passé en proverbe qu'on n'y a besoin de la planter qu'une fois. Avec la navigation à vapeur régulière qui, d'ici à quelques mois, y va fonctionner, grâce aux subventions du gouvernement, cette belle vallée va prendre un essor illimité.

Les mines d'or d'Assurua, situées dans la Comarca de Chique-Chique, étant aux mains d'une société au capital de 4,000,000 $, le directeur, M. André Paulo de Frontin, a découvert dans les montagnes voisines des sources puissantes dont la dérivation va fournir à cette Société le moyen d'exploitation dont jusqu'à présent l'absence avait entravé ses travaux.

Voici maintenant une courte nomenclature des cités les plus importantes de la province, en outre de celles dont j'ai parlé plus haut :

Valença, sur l'Una, qui possède la manufacture de tissus de coton *Todos os Santos* dont les produits passent pour les meilleurs du Brésil; *Barra*, au confluent du Rio Grande et du S. Francisco, qui fait un commerce très important avec le S. Francisco.

Areia, 1,500 habitants, centre d'un canton qui en compte 30,000, sur la rive droite du Jequiriçá, dans un ravin entre deux collines; produit du tabac, du café, du manioc et de la canne, qui sont surtout expédiés au port de Nazareth; plantations considérables de *capim* ou *mungos* (foin), employé à l'engraissement du bétail.

La ville a quelques établissements commerciaux et la banlieue un peu d'élevage de bœufs et de chevaux.

Belmonte, 6,000 habitants, à l'embouchure du Jequitinhonha; canton producteur de cacao, de palissandre, cèdre, *vinhatico*, bois-brésil et piassava; culture de légumes et céréales sur une petite échelle; grande fertilité des terres; importe le sel de Bahia pour l'exporter à Minas par le Jequitinhonha.

Camamú, ville de 2,000 habitants, dans un canton de 12,000, à l'ouest de la barre du rio Camamú et sur sa rive gauche; centre de manioc, un peu de café et de cacáo, des ananas en masse, surtout au bord de la mer; un peu depiassava et de tapioca. La foire est à Acarahy, un mille au-dessus à l'est où se trouve l'agglomération la plus importante.

Cannavieiras, 3,000 habitants, le canton 8,000; ville située dans une île marécageuse formée par les rios Pardo et Patife; localité agréable, mais peu salubre, sujette aux fièvres paludéennes et aux maladies endémiques. C'est, dans le sud de la province, malgré tout, la ville de plus d'avenir, où roule le plus d'argent et se traitent le plus d'affaires. Le cacáo y est cultivé avec passion; l'exportation, déjà considérable, en sera bientôt énorme. Elle exporte aussi des bois et de la piassava; possède d'excellents gisements de marbre, aux couleurs variées, et fabrique beaucoup d'huile de coco. — Le canton possède les importantes mines de Salobro, dont les diamants sont réputés les plus beaux du monde pour leur éclat, leur grandeur et leur rigidité. Il y a déjà à ces mines une population de 8,000 habitants, qui s'augmente chaque jour par l'arrivée de gens de Minas et du nord de Bahia.

Caravellas, 3,000 habitants, port sur l'Atlantique, tête de ligne du chemin de fer allant à la Serra de Aymorés et au nord de Minas.

Jaguaripe, 12,000 habitants, canton produisant sucre, farine, café, tabac, bois, piassava. On y fabrique de la vaisselle, des vitres, des tuiles et des briques.

Maragogipe, patrie du café indigène, qui porte son nom, dont la fève est plus grosse, plus longue et plus jaune que la variété habituelle; produit un tabac supérieur, des arachides, des fruits, possède des mines d'or et de fer, des bois précieux; très riche en plantes médicinales.

Nazareth, sur le Jacuhype. Centre agricole très fertile; il y a sur le fleuve beaucoup de fabriques, sucreries, faïenceries, moulins, la scierie à vapeur de A. Claudio Araujo Góes; distilleries, dont celle de *Conceição* montée avec les appareils à vapeur du système Collares et Egrott : elle fait de l'alcool, du cognac, de la *laranginha*, du genièvre, de l'eau-de-vie de canne très bien rectifiée; café et tabac de premier ordre. — C'est là qu'en 1887, la Régie française est venue effectuer son premier achat (8 millions de kilos).

Sam Francisco da Barra, dans un isthme sur le rio Sergi, est en décadence, mais le canton est très fertile, renferme soixante-quinze usines sucrières, de nombreuses fermes de culture et d'élevage; il a 26,000 habitants, possède une école agricole, sur la rive droite du Sergi, en amont, à une demi-lieue de la ville ; cette école a des plantations de légumes, de patates, pommes de terre, manioc *arpim* (doux), de cannes de diverses variétés ; elle pratique l'élevage du mouton et du bœuf ; elle est dirigée par l'Institut Bahiano Agricole et entretenue aux frais de la province.

VIII

DE BAHIA A RIO DE JANEIRO.

La côte et ses particularités. — Espirito Santo, hydrographie ; qualités du territoire. — Victoria, Benevente, Cachoeiro de Itapemirim : le chemin de fer en construction. — Les ex-colonies et l'immigration. — La province de Rio de Janeiro. — La côte et la baie de Guanabara, Nitheroby, le Parahyba. *Serra abaixo*, et *serra acima* ; la chaîne des Orgues ; localités diverses.

LE RIO DOCE ET ESPIRITO SANTO.

Depuis la baie de S. Marcos, qui enserre l'île du Maranhão, la côte maritime a présenté un aspect assez monotone ; elle ne laisse guère soupçonner les richesses végétales de l'intérieur. Presque toujours, elle est basse, sablonneuse, elle étend sa nappe d'eau d'un blanc jaunâtre, à la façon d'un drap de lit gigantesque, et qui a tellement frappé l'imagination des indigènes qu'ils l'ont maintes fois appelée Lençóes. Çà et là, elle se relève en dunes vêtues d'une végétation sauvage, mais rabougrie et traînante. Tout littoral du Nord est à la fois protégé et obstrué par des bancs de sable et par les courants.

Une circonstance bizarre de cette section est que toutes les rives occidentales des cours d'eau à leur embouchure sont couvertes de végétation et de palétuviers, tandis que leurs rives orientales forment tout au plus des tertres arides. Ce phénomène ne s'explique que par l'action continue du vent d'Est sur les dunes. Leur sable est chassé vers l'ouest jusqu'à la rivière vers laquelle il tombe ; puis est emporté par le courant à la mer, où non seulement il forme les barres qui obstruent toutes les embouchures, mais constitue aussi, à une distance de 5 à 6 milles de terre, les bancs et les bas-fonds qui rendent la navigation si difficile. Les rives occidentales des cours d'eau demeurent ainsi libres des dépôts de sable et la végétation s'y peut développer autant que le permet la nature du sol.

L'influence du vent n'est pas moins sensible sur la forme des dunes de la côte, dont la hauteur moyenne varie de 10 à 15 mètres. Leur face orientale est raide et abrupte ; leur face occidentale est doucement inclinée et ressemble à un croissant dont la convexité serait tournée vers l'Est.

Jusqu'au cap S. Roque, la côte est si peu habitée qu'on l'appellerait volontiers un petit Sahara. Elle garde la même forme jusqu'à Olinda. Toutefois, dès le Ceará, apparaît un étroit banc de corail, tantôt accoté au littoral, tantôt s'en écartant de 300 à 400 mètres, mais sur divers points beaucoup plus éloigné. Çà et là, ce récif s'interrompt, et donne ainsi passage aux grandes embarcations pour la plupart des ports et des rivières du littoral. Ailleurs il forme les ports eux-mêmes, comme c'est le cas pour ceux de Pernambuco et de Rio Grande du Nord. En face du cap S. Roque, il constitue le canal de ce nom, fréquenté par tous les caboteurs.

Après la grande île d'Itamaracá, qui fait pour ainsi dire partie du continent, la côte prend un aspect agréable ; elle présente des collines verdoyantes et, près d'Olinda, le terrain s'élève. Elle continue plus verte et variée vers le Sud, gardant toutefois jus. 'à Bahia, le récif parallèle à elle.

Entre Bahia et Rio de Janeiro, elle offre trois parties bien distinctes.

Du 15° au 17° sud à la latitude des roches des Itacolumis, elle est d'une hauteur modérée, alternativement composée de berges sablonneuses, de collines verdoyantes et parfois de falaises rougeâtres hautes de 25 à 30 mètres.

Vers l'intérieur, on aperçoit des chaînes de 500 à 600 mètres d'élévation, que la distance transforme en sommets isolés, fort peu élevés au-dessus de l'horizon. Elles sont visibles, comme la côte, à 25 milles ; ce n'est qu'entre Ilhéos et le Rio de Contas qu'elles se rapprochent de la mer, en prenant le nom de Serra Grande.

La côte est elle-même peu accidentée ; j'y noterai toutefois en passant le port de Santa Cruz, où Pedro Alvares Cabral mouilla, le 24 avril 1500, en découvrant le Brésil, le cap Ioacema ou Insuacome, reconnaissable à ses roches blanches, les premières que l'on trouve en venant du Nord, et à 20 milles plus loin par O.-S.-O. le mont Paschoal, visible à 15 lieues, haut de 536 mètres, et le premier point aperçu du large par Cabral.

Les Itacolumis sont un groupe de rochers et de bancs de corail, qu'on rencontre entre 16°49' et 16°57', sur une étendue de 7 milles, du N. au S. et 4 milles de l'E. à l'O. et que la basse mer laisse à découvert. Quatre autres bancs leur succèdent, mais ils n'obstruent pas le passage et les bâtiments rencontrent toujours au moins 8 à 10 mètres d'eau.

Des Itacolumis à la baie de Espirito Santo (17° — 20° S), la côte est très basse, à l'exception d'un tronçon de 5 à 6 milles entre Prado et Comaratiba, où se montre une rampe escarpée, rougeâtre, haute de 50 pieds. En revanche, le fond de la mer s'élève brusquement et forme le plateau de 30 lieues de large sur 36 de long, qui sert d'assises au groupe des Abrolhos. Ce petit archipel comprend 5 îles et de nombreux récifs situés à 30 milles de la côte. Elles dressent, à 50 mètres au-dessus de l'eau, leurs roches blanchâtres, qui s'effritent promptement à l'air dans leurs couches madréporiques superficielles, mais qui s'endurcissent dans l'eau. On y trouve quelques bouquets de bois, mais il n'y a d'eau que celle qu'y laissent les pluies. Elles servent d'asile à d'innombrables oiseaux de mer qui y viven en compagnie des lézards et des rats. Le voisinage en est très poissonneux.

Le canal, qui s'étend entre ces rochers et la côte, a 10 mètres de large ; c'est le chemin que suivent les vapeurs. A la suite de plusieurs naufrages, en septembre 1887, M. le contre-amiral baron de Teffé a précisé la position d'un nouveau banc qui s'était dressé dans ce passage et qui l'a rétréci d'une façon inquiétante.

La baie de Espirito Santo, l'une des meilleures entre Bahia et Rio de Janeiro, n'est pas d'un accès facile et c'est en février dernier seulement (1889), qu'après des relevés hydrographiques soigneusement exécutés par le lieutenant Arthur Indio do Brazil, adjoint du baron de Teffé, l'*Adria*. un paquebot italien a pénétré dans l'intérieur sans dommage. On croyait qu'elle n'était pas praticable aux bâtiments calant plus de 12 pieds.

De Espirito Santo à Rio de Janeiro, la côte présente une série de hautes montagnes, qui tout d'abord se montrent isolées ou réunies en groupe, et plus loin, à partir du rio Parahyba, apparaissent en chaînes continues, visibles de 15 à 20 lieues. Le fond diminue graduellement à mesure qu'on se rapproche de la côte, de sorte que l'orientation est facilitée par les sondages et les promontoires du littoral, c'est à peine si devant le cap de S. Thomé il y a un banc de sable d'une approche dangereuse.

On rencontre, dans cette partie, le golfe de Guarapary, où débouche le rio, abrité par un petit groupe d'îles, laissant passage aux embarcations calant 15 pieds ; la baie de Benevente, entre la pointe de ce nom et l'île Française, celle-ci séparée de la terre par un étroit canal ; l'embouchure de l'Itabopoana ; S. João da Barra à celle du Parahyba, le cap S. Thomé, très bas, entouré de marais et de lagunes, dont la plus grande est la Lagôa Feia.

La baie de Espirito Santo est formée par le mont Moreno au Sud et au Nord par la pointe du Pirahé ou du Pirahim, nommée du Tabarão par l'amiral Roussin ; elle est large de 7 kil., et dominée par les deux capitales de la province : Villa Velha, sur le continent, l'ancienne, près de laquelle il y a 3 mètres de profondeur et Victoria, la nouvelle, dans l'île qui est au fond du golfe. — Cette île, successivement appelée jadis Antonio, puis Duarte de Lemos, a près de 30 kil. de tour, est haute, bien cultivée ; elle semble un morceau de la terre ferme, détaché d'elle par le courant du rio de Santa Maria, qui, à son embouchure, l'enserre dans ses deux bras. La ville de Victoria s'y dresse en amphithéâtre sur son rivage au sud-ouest.

Le paquebot de la compagnie Brazileira est le seul qui, de Bahia, amène le voyageur à Victoria; au contraire, si l'on y vient en partant de Rio de Janeiro, on a en outre à sa disposition les bateaux de la *Companhia de Navegeção e estrada de ferro Espirito Santo e Caravellas*, qui, deux fois par mois, desservent les ports de Itapemirim, Piúma, Benevente, Guarapary, Victoria, Santa Cruz, Rio Doce, S. Matheus et Caravellas; elle reçoit, à cet effet, une subvention de 30 contos du gouvernement général.

Espirito Santo est l'une des capitaineries les plus anciennement constituées du Brésil. Ce fut d'abord le nom d'une bourgade, fondée en 1534 par Vasco Fernandes Coutinho, sur le continent, dans une anse méridionale de la baie, au pied du versant occidental du mont Moreno. Ce bourg, que les Indiens Goytacazes avaient appelé *Mboab*, village d'hommes chaussés, donna son nom à toute la capitainerie. Son existence n'a pas eu l'éclat de quelques voisines, mais elle ne manque ni de gloire, ni d'intérêt.

Telle qu'elle se trouve constituée aujourd'hui, la province s'étend entre 18°5′ et 21°28′ de latitude sud, entre 1°40′ et 3′ 22′ de longitude orientale de Rio de Janeiro. Du Mucury qui lui sert de frontière au nord avec Bahia, à l'Itabapoana qui la sépare au Sud de Rio de Janeiro, elle a 485 kil ; des îles Guarapary à l'Est, à la rive droite du ruisseau Jequitibá à l'ouest, elle a 165 kil.. Sa superficie, selon Macedo, est de 69,240 kil. carrés, selon l'exposé officiel, de 44,839, pour une population de 173,000 habitants. Elle confine à l'ouest avec Minas Geraes, dont elle est séparée par le rio Jequitibá, le rio José Pedro, les chaînes de Souza et des Aymorés.

L'aspect général du pays est surtout montagneux; partout la forêt vierge, presque aussi belle que dans l'Amazonie, s'étend sur les pentes et les sommets. On verra plus tard les caractéristiques diverses de ces grands bois. De la cordillière maîtresse, partie intégrante de la Serra do Mar, à l'Ouest, descendent tout au Sud l'Itabapoana et le rio Preto, dont les eaux reçoivent quantité de petits tributaires envoyés par les pentes méridionales des Serras des Pilões et des Puris, ramifications qu'envoie la Serra maîtresse vers l'Est et la mer, entre le bassin de l'Itabapoana et celui de l'Itapemirim.

Celui-ci est enserré entre la Serra do Espigão ou Secreta, dont l'angle d'intersection avec celui de la Chibata contient les sources du rio Pardo, son formateur, et les précédentes; la Chibata est également une ramification sortie de la chaîne maîtresse et courant fort sinueuse vers la mer à l'Est; sous le nom de Serra do Campo, elle vient mourir dans les terrains de la colonie Leopoldina, rive droite du Santa Maria. Mais, dans ce trajet, elle détache sur sa droite de nombreux contreforts dont les plus occidentaux, se dirigeant au sud et au sud-est, envoient des eaux à l'Itapemirim, comme le rio do Norte Direito, le rio Alegre, le rio do Castello, et le rio Caxixa, ces trois derniers formant un bassin secondaire et un déverseur unique, compris entre les serras du Apollinario, de Pombal à l'Ouest, et du Centro à l'Est. Entre celle-ci et la serra du Batatal, contrefort d'une sous-ramification toujours dirigée vers le sud-est de la Chibata, descend le rio Benevente, qui se jette dans l'Océan au port de ce nom.

La serra da Chibata et do Campo court droit de l Ouest à l'Est. Presqu'à son extrémité, un contrefort se dresse dans la direction du nord, sous le nom de serra du Timbuy; de ses divers plis descendent le rio Santa Maria et ses affluents : au delà de ce cours d'eau, elle se prolonge par les sinuosités les plus capricieuses, qui lui ont justement valu le pittoresque nom de Serra *das once Voltas* (des onze retours). C'est de celle-ci que sort le rio Timbuy, qui se déverse dans la mer à Nova Almeida. Vers le nord jusqu'à Bahia, il n'y a plus que les serras de Souza et des Aymorés, couvertes d'immenses forêts inexplorées et parcourues par les Indiens Botocudos et Aymorés, le plus souvent encore sauvages. Le rio Doce s'ouvre un passage à leur naissance par une série de chutes renommées, comme celle do *Inferno* (de l'Enfer).

Depuis le Timbuy, jusqu'au Mucury, ce qu'on connaît le mieux de la région comprise entre ces chaînes et la mer, c'est qu'elles sont parsemées d'immenses lagunes, presque toutes en communication soit avec les rios, soit avec l'Océan. — Le rio Piraqué coule encore au sud du rio Doce et son embouchure forme le port de Santa Cruz; le S. Matheus est beaucoup plus au nord, et le Mucury, venu comme lui de la chaîne des Aymorés et des serras plus occidentales encore de Minas, débouche dans la mer par le port de Porto Alegre.

Le Rio Doce, le fleuve principal, appartient par la plus longue partie de son cours à Minas Geraes. Il prend naissance 80 kil. à l'Est de Barbacena, sous le nom de Chapotó, à l'extrémité orientale de la serra da Mantiqueira, proprement dite. Il coule pendant 120 kil. vers le nord, recevant sur sa gauche le Piranga et le Guallacho, puis le Turvo à droite; il incline vers l'est à partir de Santa Anna do Deserto, tombe par la cascade do Inferno, où il prend le nom de Rio Doce. Il reçoit à droite le Casca, à gauche le Piracicaba ; 40 kil. plus loin, son lit est parsemé de récifs qui font bouillonner ses eaux à la *Cachoeira Escura ;* 20 kil. en aval il recueille à gauche le Santo-Antonio ; 50 kil. après, le Correntes : au-dessous de ce confluent il se divise à la cataracte *Baguary*, se subdivise encore, et, plus bas, va réunir ses eaux dans une espèce de bassin formé d'une suite d'îlots qui occupent un espace de 12 kil., où son courant est assez considérable.

Il reprend alors son cours tranquille jusqu'au-dessous

de l'embouchure du Suassuhy Pequeno, où il redevient impétueux et forme les trois chutes successives d'*Ilha Brava*, *Figueira*, beaucoup plus dangereuse, dans la chaîne Beturuna, et *Rebojo do Capim*; 32 kil. au-dessous, il reçoit le Suassuhy Grande, et ensuite le Larangeiras à gauche, le Cuité à droite ; son cours, devenu considérable, est alors assez paisible pendant 12 kil., mais bientôt apparaissent les écueils et les récifs formés par les roches de la Serra des Aymorés ; le lit décrit des diagonales qu'on désigne sous le nom de M parce qu'elles forment à peu près la figure de cette majuscule, puis il est intercepté par diverses cataractes, se divise pour entourer l'île de la Natividade, et descend par la *Escadinha*, chute en escalier, longue de six kil. Pendant la saison sèche, les pirogues déposent sur cette île leur chargement, que les rameurs transportent sur leur dos, le long de la rive, jusqu'au port de Souza, où ils rechargent leurs barques. Durant les crues, le fleuve est navigable jusqu'au bureau de Lorena (*Resplendor Lorena*), près de l'embouchure du Manhuassù qui vient du Sud.

Au-dessous de Porto de Souza, le Rio Doce reçoit encore à gauche le Mutum, le Pancas, le Santo Antonio ; à gauche le Guandù, le Santa Joanna, le Santa Maria, coulant superbe entre des montagnes de granit sur une longueur de 70 kil. ; il traverse, sur pareille distance, une plaine marécageuse et baigne le bourg de Linhares, au confluent du S. José qui lui apporte, sur la gauche, les eaux du grand lac Juparanã ; 20 kil. au dessous, il tourne brusquement vers le S.-S.-E., et, 60 kil. plus loin, entre dans l'Océan par deux embouchures entre lesquelles s'allonge un banc de sable, près de la bourgade de Regencia.

Cette description, à dessein un peu détaillée, montre combien est difficile l'installation d'un service régulier de batellerie ou de transport sur ce fleuve, bien qu'il soit un puissant cours d'eau. Les Brésiliens ont longtemps affirmé que les obstacles étaient faciles à surmonter, mais l'événement leur a donné tort. En 1887, M. Wm. John Steains, un Anglais, a fait l'exploration complète du Rio Doce, et en a rendu compte, le 16 janvier 1888, devant la Société Royale de Géographie de Londres. Je relève, dans le texte publié par les *Proceedingss* (février 1889), quelques indications intéressantes.

La longueur du Rio Doce est évaluée par l'explorateur à 450 milles, et par Wappeus à 744 kilomètres. Les terres basses qu'il arrose à l'Est de la serra des Aymorés sont considérablement boisées. Près de la côte, cette plaine devient une longue et étroite bande de terrains d'alluvion, parsemés de lagunes reliées, comme je l'ai dit tout à l'heure, par de petits cours d'eau, appelés *Vallões* par les gens du pays.

La plus grande de ces lagunes est le Japuraná, qui communique avec le Rio Doce, auquel elle envoie le Rio Preto ; elle a 18 milles de long et 2 1/2 de large ; elle est très profonde et presque entièrement entourée par de hautes collines très boisées, composées pour la plupart de terre rouge sur une strate de *redsandstone* ou grès rouge. Au milieu se trouve l'île do Imperador. Les bords du rio Sam José qui y entre par le nord et vient de la serra des Aymorès, en parcourant des régions abondantes en *jacarandá* ou palissandre, sont habitées par des *Botocudos*, Indiens *bravos* ou sauvages.

A deux exceptions près, aucun des affluents du Rio Doce n'est navigable, en raison des remous et des rapides qui, presque toujours, obligent le voyageur à traîner son canot par terre. Les plus faciles à naviguer sont le Suassuhy Grande et le Santo Antonio ; le premier descend par une grande cascade tout près de son confluent, mais au-dessus la navigation est libre sur un certain nombre de milles.

« L'enchantement » de cette région est dans les forêts vierges qui couvrent presque toute la vallée du fleuve et celles de ses affluents. Sur les rives, on rencontre des variétés d'essences végétales par centaines, qui forment une muraille impénétrable de la plus sauvage et grandiose végétation tropicale. Voici l'énumération des principales espèces produites par M. John Steains :

Jacarandá, *Bignonia cœrulea*, bignonacée; — palissandre: — Peroba, *bignonia similis trapeu*; idem, bois de construction, surtout navale; — maçaranduba, *mimusops excelsa*, sapotacée, bois employé surtout pour les poteaux et piliers; — Ipé, *Tecoma Ipé*, bignonacée, bois pour la construction et de propriétés médicinales; — Sapucaia, *Lecythis Ollaria L.*, myrtacée, bois de construction; — coração do negro, légumineuse, 40 mètres de haut, bois noir et fort, bâtisse commune et construction navale; écorce donnant une résine caustique; — Páo d'Arco, *Bignonia chrysantha*, bois pour traverses de chemins de fer, usages thérapeutiques; — Vinhatico, *Schyrospermum Brasiliensis*, cœsalpinacée, 25 à 30 mètres de haut, bois jaune à veines ellipsoïdes, supérieur pour les panneaux d'ébénisterie; — Angico, *Acacia angico*, construction et médecine; — Argelin pedra, *Andira spectabilis*, légumineuse, construction. Gracina, id; — Bacuita. *Myristica officinalis*, myristicacée, médecine, ébénisterie et construction; — araribá, idem; — Sicupirá, Robinia coccinea, légumineuse, construction et médecine; — Pequiá, *marfim* ou ivoire végétal; construction, surtout pour les poutres et chevrons des maisons; — Guarabú, *astronium coccineum*, térébinthacée, id.; — copahyba, *copaifera officinalis*, légumineuse; andiroba, *carapa guyanensis*, *méliacée*; almecegueiro, *Bursera gumifera*, térébinthacée; ces derniers tous de propriétés médicinales. — Parmi les arbustes, le guaxima, *helicteres melliflua*, sterculiacée; l'ipécacuanha, *Cephoelis ipecacuanha*, rubiacée; la salsepareille, *smilax salsaparilla*, asparaginée; le sassafras, *otolea cymbarum*; Hunt., laurinée; le Jumbéba, *cactus opuntia*, l; cactacée.

Le Bois-Brésil, cœsalpinia brasiliensis de Linnée, ou *echinata*, légumineuse, se rencontre partout, mais dans une abondance exceptionnelle, sur les terrains avoisinant le rio S. José.

La présence des Botocudos sauvages, et auxquels on a fait une réputation de cannibalisme, je ne sais trop sur quels motifs (c'est là une légende courante pour excuser ce qu'on appelle ici la *frouxidão*, — et que, par une version hardie, on traduirait assez bien par le mot gavroche la *frousse*, — des voyageurs explorateurs, mais qui n'a jamais trouvé à s'appuyer sur des fondements sérieux, sur des faits prouvés, non seulement à l'égard des Indiens d'Espirito Santo, mais également au sujet de beaucoup d'autres Peaux-Rouges de tout le Brésil) ; — a empêché l'exploitation de la vallée ; ces Indiens ne sont pas endurants ; quand on trouble la jouissance de leurs paisibles retraites, ils se défendent et se vengent, ce qui paraît outrecuidant aux envahisseurs civilisés ; si ces derniers avaient songé, comme cela s'est fait en maints endroits, à s'accommoder avec les aborigènes, à les apprivoiser, il est probable qu'ils n'eussent pas eu à s'en plaindre ; cela explique que, depuis 380 ans, les Botocudos aient pu résister à toutes les tentatives, dont aucune n'a été bien organisée.

Une mission bien comprise en viendrait à bout, dit notre voyageur anglais lui-même ; et le bienfait serait immense, car la vallée du Rio Doce est une des plus riches régions du Brésil. Pour le moment on n'y trouve guère que trois bourgades : Linhares, à 30 milles de l'embouchure, localité en décadence ; Guandú, près du confluent du rio de ce nom où il a rencontré quelques Yankees, établis là à la suite de la guerre de Sécession, et Figueira, qui renferme 700 habitants, vivant assez pauvrement.

« La vallée du Rio Doce constitue, ajoute-t-il, un grand vide, et la province d'Espirito Santo est une des plus pauvres — ce n'est vrai que pour le bassin proprement dit de ce fleuve, — bien qu'elle renferme autant de richesses que les plus prospères du Brésil. L'Empire ne possède pas de terres plus fertiles que les 25 milles carrés qui s'étendent entre le Rio Doce et le Mucury, et cependant cette région est un véritable désert par suite de la peur qu'inspiren les incursions des Indiens. »

J'avoue que cette explication ne me satisfait pas. L'observation même de l'auteur est en défaut. La région qui indique n'est pas un désert, elle est exploitée fructueusement, mais si on n'en tire pas ce qu'elle pourrait donner, c'est en raison de l'insalubrité de cette partie marécageuse, qu'une main-d'œuvre intelligente et active seule pourrait vite admirablement transformer par le drainage.

M. Steains n'a d'ailleurs vu et bien vu que les environs immédiats du Rio Doce même ; de ceux-là seulement il peut parler en témoin ; des autres cantons, uniquement par ouï-dire, et je dois confesser que, pour ces derniers, ou il a mal écouté, ou n'a pas eu le temps de s'informer ; quoi qu'il en soit, il a été vivement frappé de la prodigieuse richesse forestière, et c'est là qu'il voit l'avenir de la contrée.

Il signale aussi quelques ressources minérales : de l'or, dans le voisinage du Caylé, des cristaux de roche innombrables à Onça et des grenats dans le cours supérieur des rios Pancas et S. José. La tradition rapporte qu'en ce dernier point on a exploité beaucoup le fer. Selon lui, le climat du Rio Doce est généralement salubre ; quoique assez forte, la chaleur est tempérée par les vents frais, chargés d'humidité (*tradewinds*), qui soufflent constamment et par des pluies qui tombent régulièrement toute l'année, en faisant de cette vallée une région étonnamment fertile.

Puisque je parle de cette exploration, je veux tout de suite en mentionner une particularité. Sur le rio S. José, qui s'écoule dans le lac Japuraná, — et que, à tort, il prétend être le seul à avoir exploré, reconnaissant que les rios S. Raphaël et Preto n'y débouchent pas, car j'ai sous les yeux une superbe carte très détaillée, datée de 1875, douze ans auparavant, qui, à cet égard, est des plus péremptoires ; — il a rencontré les Indiens Pojichas, appartenant à la grande famille des Botocudos. Il paraît que ces sauvages se marient de fort bonne heure avec une petite fille de neuf ans. Ils n'ont pas tous la même couleur ; les uns sont d'un rouge cuivré, les autres d'un rouge foncé ; en général les femmes ont la peau plus claire. Les macrobes sont communs parmi eux. Mourir à 70 ans, c'est, à leur avis, s'en aller à la fleur de l'âge. Les femmes y remplissent les fonctions d'architectes, elles bâtissent les paillotes, et, pendant les marches, elles portent les bagages ; les hommes se contentent de porter leurs arcs et leurs flèches. La polygamie est admise, toutefois bien peu de Botocudos ont plusieurs femmes, car il faut qu'ils puissent entretenir et nourrir celles qu'ils prennent. Ils croient à un Esprit qui a fait la terre, la leur, mais ne lui font ni prières, ni sacrifices. Quand il tonne, ils supposent que Coopán, le grand Esprit, est fâché, et alors ils brûlent à l'air libre quelques torches pour l'apaiser. Ils croient aussi qu'un esprit méchant réside dans le corps d'un oiseau de nuit, dont le chant lugubre les réveille en les remplissant d'effroi.

J'ai parlé, tout à l'heure, incidemment, d'une carte datant de 1875 ; elle fait partie d'une notice descriptive en plusieurs langues, organisée par l'Inspection des terres publiques et de la colonisation. C'est ce qu'on connaît aujourd'hui encore de plus complet et de plus précis sur la configuration de la province. Elle avait été faite en vue de la colonisation, commencée dans la province depuis plus de 30 ans, et qui, sans y avoir produit des résultats merveilleux, grâce à l'inexpérience, à l'absolutisme des théories préconçues, au mauvais système du recrutement des immigrants, n'en a pas moins donné la preuve qu'il était aisé de la rendre féconde, plus peut-être que partout ailleurs. Je reviendrai, dans quelques instants, à cette question.

Comprenant 6 comarcas de juges de droit, 9 termos de juges municipaux, 15 municipes ou cantóns, renfermant 3 cités, 12 villes et 29 paroisses, elle dépend judiciairement de la relação de Rio de Janeiro et, au point de vue ecclésiastique, de l'évêché de la même ville.

Elle compte, au Sénat, 1 représentant, 2 à la Chambre des députés et son assemblée législative provinciale a 24 membres.

SITUATION FINANCIÈRE EN 1885-86

	Recettes.	Dépenses.
Budget général	376.617$677	421.075$268
— provincial.	540.683 607	445.627 911
Totaux.	217.301$284	866.703$179

DETTE

Consolidée	282.800$	à 7 %
Flottantes.	19.353 649	
Totaux	302.153$649	

COMMERCE

1884-85

	Importation.	Exportation.	Total.
Long cours.	81.267 $	876.442 $	857.709 $
Cabotage.	1.044.380	408.290	1.452.590
Totaux.	1.125.567 $	1.184.732 $	2.310.299 $

1885-86

	Importation.	Exportation.	Total.
Long cours.	76.930 $	804.254 $	881.184 $
Cabotage.	1.109.100	380.900	1.490.000
Totaux.	1.186.030 $	1.185.154 $	2.371.184 $

1886-87

	Importation.	Exportation.	Total.
Long cours.	162.444 $	2.806.251 $	2.968.695 $
Cabotage.	1.705.852	83.036	1.788.888
Totaux.	1.868.296 $	2.889.387 $	4.757.683 $

Ces chiffres sont extraits du rapport général du ministre des finances pour 1888.

Ils ne concordent pas avec ceux que je trouve dans le rapport présidentiel du 5 octobre 1886, présenté à l'assemblée provinciale par M. Antonio Joaqüim Rodrigues

Voici les tableaux que lui a fournis la douane :

IMPORTATION DIRECTE A L'ÉTRANGER

Produits.	Destination.	Quantités.	Valeur
Café	Hambourg.	1.320 kilos.	398$880
—	Trieste.	276.720 —	83.445 120
—	New-York.	3.496.100 —	1.048.173 860
—	Falmouth.	270,000 —	64.200
Cuirs en poils	Gênes.	100 pièces.	15
—	Falmouth.	7 500 kilos.	2.310
Palissandre	Gênes.	120 —	15
Café	Lisbonne.	1.165.800 —	347.197 200
Total			1.565.820$060

EXPORTATION INTERPROVINCIALE PAR CABOTAGE.

Produits.	Destination.	Quantités.	Valeur.
Eau-de-vie de canne.	Rio de Janeiro.	4.800 litres.	384$
Graines de coton	—	4,000 kilos.	604 690
Sucre *moscovado*	—	183,420 —	16.735
Baies de ricin	—	1,050 —	56 800
Café —	Bahia.	42,002 —	12,600
— —	Pará.	3,840 —	985 300
— —	Rio de Janeiro.	258.043 —	68.300 660
Maïs	Bahia.	55.200 litres.	2.208
—	Rio de Janeiro.	560,680 —	15.710 400
Semelles	—	1.010 kilos.	1.960
Cuirs salés	—	792 —	725 600
— secs	—	1.300 —	1.518
Farine de manioc	Bahia.	36,000 litres.	1.720
—	Rio de Janeiro.	30,400 —	1.160
Tabac en corde	—	602 kilos.	481
Haricots	—	800 litres.	80
Bois de construction.	—	18,000 —	292
Poisson en saumûre.	—	4.450 —	1.122
Hamacs	—	29 pièces.	105
Divers non spécifiés.	—		1.230
Total			128.010$300

D'autre part, le président résume ainsi, pour cette année 1885-86, le mouvement des échanges :

Importation.

Venue directement de l'étranger	30.563$608
— par transbordement	14.075 704
— réexportation	59.470,977
— cabotage	1.216.080 164
Total	1.320.790$153

Exportation.

Pour l'étranger.	1.565.820$060
— le Brésil.	128.008 960
Total.	1.693.829$020

Je reproduirai plus loin un autre tableau organisé pour le même exercice par le Trésor provincial, d'après les données fournies par les bureaux fiscaux, et qui ne s'accorde pas davantage avec les précédents. Il a toutefois le mérite de préciser la production de chaque district fiscal. Aussi le présenterai-je à ce dernier point de vue.

Mais voici des chiffres plus frais : ils concernent l'année 1888, qui a été assez maigre, en raison du peu d'abondance des pluies :

Produits.		Quantités.	Valeur.
Cafés.	kilos.	14.625.625	5.827.008 $
Farine	litres.	3.275.080	148.170
Maïs	—	259.120	9.717
Bois.	kilos.	4.083	53.230

Le total de l'importation s'est monté à 6.051,422$346, et les droits perçus à 375,569$440.

Cette exportation s'est ainsi répartie entre les ports principaux :

Victoria	1.991.282$560
S. Matheus	284.279 500
Barra de S. Matheus	56.337 900

Le reste a été le lot du petit cabotage.

Quant au commerce avec l'étranger, voici quelle a été sa marche dans les dernières années :

	1882-83	1883-84	1884-85
Portugal	119.808$600	900$	286.550$400
Allemagne.	246.852 600	458.576 705	78.424 800
Angleterre.	—	272.626 508	75.600
États-Unis.	—	90.063 575	336.132 400
Italie.	—	—	134 560

	1885-86	1886-87 (18 mois).
Portugal	347.197$200	1.437.259$260
Allemagne.	398 880	66.612 900
Angleterre.	82.800	68.827 500
Autriche	83.445 120	102.975 600
États-Unis	1.068.173 880	2.770.033 380

Portugal.	1888	257.058$
Allemagne	—	66.786
Autriche.	—	299.227 500
États-Unis	—	1.145.389 200
Uruguay	—	3.549 600

Depuis 1881-82 jusqu'en 1888, la province a exporté directement pour l'étranger 442,837 sacs avec 26,568,748 kilos de café pour une valeur de 9,800,792$960.

Le mouvement du port de Victoria qui, en 1885-86, consistait, en 189 entrées de bâtiments, dont 6 de l'étranger et 179 sorties, dont 29 pour l'étranger, a été, en 1887, de 765 navires à l'entrée, dont 63 voiliers et 1 vapeur étrangers au long cours , 14 voiliers et 585 vapeurs brésiliens au cabotage, et de 759 navires à la sortie, dont 67 voiliers et 5 vapeurs étrangers au long cours, 108 voiliers et 583 vapeurs brésiliens au cabotage.

La capitale Victoria est une ville bâtie, comme je l'ai déjà dit, en amphithéâtre, sur l'extrémité sud-ouest de l'île de Espirito Santo, à l'entrée de la baie du même nom, et à la sortie du bras droit du rio Santa Maria. Elle peut avoir près de 10,000 habitants. Des rues parallèles à la plage, coupées par quelques étroites traversières, la divisent en quartiers longs et sans symétrie ; ces rues sont presque toutes irrégulières ; en général, elles manquent de largeur. A part quelques églises et des couvents, la cité n'offre rien de remarquable.

L'autre côté du bras du Santa Maria, au sud-est de la baie, est Villa Velha, l'ancienne capitale, presque en ruines actuellement. On y trouve un beau couvent de Franciscains et l'église Nossa Senhora da Penha, bâtie sur une colline en forme de pain de sucre, à environ 2 kilom. à l'ouest du Monte Moreno ; le phare élevé sur celui-ci est visible de 30 kilom. au large.

La municipalité de Victoria comprend en outre les paroisses et hameaux de Carapina, Pitanga, Porto da Cachoeira, Ribeirão dos Pardos, Santa Thereza, Queimado, Itaiobaya, Santa Leopoldina de Mangaraby, Rio do Meio, Hollanda, Una de Santa Maria, S. João de Cariacica, Cachoeiro de Fóra, Duas Boccas, Itanguá, Tanque et Itapóca. Cette municipalité doit renfermer environ 35,000 habitants.

En 1885-86, la production en était ainsi évaluée par le bureau douanier d'exportation : café, 5,405,143 kilogs ; sucre, 177,420,30 ; farine de manioc, 84,800 litres ; maïs, 541,120 litres ; eau-de-vie, 4,800 litres ; haricots, 800 litres ; coton, 4,866 kil. ; flèches, 35,000 centaines ; cuirs salés, 538 ; cuirs secs, 100 ; cuirs tannés, 363 ; billes de palissandre, 2 ; madriers id., 120 ; marmites d'argile, 500 ; bois de Camará, 48 ; baies, 1,350 litres ; filets, 29.

Espirito Santo est une bourgade, siège d'une municipalité, bâtie dans une anse de l'entrée méridionale de la baie. On y trouve à peu près 2,000 habitants disséminés dans cette agglomération et dans les localités de Barra du Jucú, Cambôapina. — Son exportation est comprise dans les chiffres ci-dessus.

Vianna, autre siège de municipe, au sud-ouest, sur la route des colonies de Santa Izabel et Rio Novo. Il compte 7,000 âmes environ, tant dans l'agglomération que dans les hameaux d'Itaquary, Lama Preta, Santa Izabel et Campinho. Son exportation est également comprise dans les totaux fournis par le bureau douanier de Victoria.

Serra, siège de comarca et de municipe, a peut-être près de 6,000 habitants dans son canton, qui renferme les localités de Campinho, Tatú-assú, Jacarahype ; il y a 3,000 habitants à peu près dans le municipe de Nova Almeida, et les bourgades de Biriricas et Passunsuga, toutes situées dans la basse vallée du Timbuy. — Leurs produits sont aussi exportés par le bureau de Victoria.

Santa Cruz, à l'embouchure du Rio Piraqué, compte dans son canton environ 8,000 âmes; un peu en avant, sur la rive gauche du cours d'eau, est le *nucleo* ou centre colonial Santa Cruz, où il y a 1,500 habitants, la plupart Tyroliens, établis là depuis 1877. Dès l'année suivante, ils avaient déjà plus de 100,000 pieds de café. Le municipe comprend encore les localités de Sau-Assú, conde d'Eu, Santa Rosa et de Riacho, sur le ruisseau déverseur des lagunes de Aguiar, du Meio et de Baixo. L'exportation, en 1885-86, se décomposait ainsi : 152,780 kilogs de café, 12,240 de sucre, 2,560 litres de maïs, 13 billes de palissandre, 190 madriers du même bois.

Linhares, municipe de la rive gauche du Rio Doce, a un peu plus de 2,000 habitants, soit au siège administratif, soit à Guandù; le bureau fiscal établi à Regencia, sur la barre du Rio Doce, accuse l'exportation suivante : 272,677 kilos de café, 4,000 litres de farine de Manioc, 1,200 litres de haricots, 1,108 kilos de tabac, 872 madriers de palissandre, 36 plateaux de cèdre.

Sam Matheus, sur la rivière de ce nom qui lui forme un assez bon port à 25 kilom. de la mer, 5,000 âmes environ, commerçante et prospère, centre d'un territoire extraordinairement fertile ; comme dans le canton de Linhares, sur les bords du lac Japurana, il y a sur les affluents du S. Matheus inférieur de riches cultures, formant des exploitations privées très florissantes. L'exportation comprenait 492,778 kilos de café, 1,927,055 litres de farine de manioc, 80 litres d'amidon.

Le canton, dont le siège est à l'embouchure même du Rio S. Matheus, possède environ 4,000 habitants, soit à Barra, soit à Itaúnas, village situé plus au nord sur un rio affluent, mais tout au bord de la mer. Son exportation consistait en : 35,908 kil. de café, 1,267 litres de gomme, 1,567,161 litres de farine de manioc, 900 litres d'amidon, 2,349 litres de tapioca, 402 billes de palissandre, 27 madriers, 20 plateaux de bois divers, 222 planches et 32 poutres ou chevrons.

Toute la région ainsi détaillée, sauf la comarca de Victoria, n'est guère peuplée. On rencontre tout au plus quelques centres, presque commerçants, dans le voisinage de la côte ; en arrière, s'étend une zône vaste et fertile, qui est encore occupée par la forêt vierge et par ses habitants, les *Aymorés* et les *Botocudos*.

Revenons maintenant au sud de Victoria, dans la région vraiment exploitée, cultivée et déjà très prospère de la province plus montagneuse, mais plus saine, plus agréable aussi que la contrée encore trop fruste du nord.

Guarapary est le siège d'un canton assez étendu, peuplé de plus de 4,000 âmes ; la ville est située à l'embouchure du rio Guarapary ; on y trouve en outre les localités de Meahype, Jaboty, Aldea Velha, Rio Grande ; l'exportation comprenait 237,360 kilos de café, 13,360 litres de maïs, 160 litres de haricots, 4,000 centaines de flèches. — La serra du Guarapary resserre beaucoup la zone de vraie culture près de la mer.

Benevente, port de mer, à l'embouchure du rio de même nom, compte dans son canton environ 15,000 âmes. La ville seule en a près de 7,000, le reste appartient aux localités de Piúma, Iconha, Imbitiba, Picão, Ubú, Sacy, Subaya. — L'exportation enregistrée au bureau de Benevente comprenait : 737,450 kil. de café, 6,620 litres de farine de manioc, 41,440 litres de maïs, 500 boîtes de poisson en conserve, 5,000 centaines de flèches, 22 cuirs secs, 47 madriers de palissandre, 88 madriers divers, 106 plateaux de bois divers, 469 stères de solives, 96 kil. de cacáo, 72 billes de bois vinhatico, 91 kil. de *tombo*, 313 nattes, 75 chevrons, 180 bois de camará.

Du même canton sortent les articles suivants, enregistrés au bureau fiscal de Piúma, la bourgade située à l'embouchure de cette rivière, à quelques kilomètres au sud de Benevente : 212,640 kil. de café et 63,200 litres de maïs.

Plus au sud encore, est le municipe de Itapemirim ; le

bourg chef-lieu est près de la barre du rio, contenant plus de 15,000 habitants, avec les localités de Santo Antonio du Rio Novo, Barra de Itapemirim, Rio Muqui et Capím d'Angola. Il a une exportation consistant en 5,647,991 kil. de café décortiqué, 271,569 kil. de sucre, 26,640 litres d'eau de vie, 960 d° de haricots, 420 kil. de coton, 938 de tabac, 15,000 centaines de flèches, 26 cuirs secs, 6 billes de palissandre, 42 solives, 40 pièces de bois d'oleo. Ces chiffres comprennent l'exportation de la vallée de l'Itapemirim et du municipe de Cachoeiro, peuplé de plus de 20,000 âmes, et dont le chef-lieu est situé un peu au-dessous du confluent du rio Castello. Ce canton est très montagneux : il produit en abondance la canne à sucre avec l'eau-de-vie, le tabac, le maïs, les haricots, la farine, les patates, les oignons et les céréales, ainsi que le lard et les fromages. La récolte du café n'est pas moindre de 12 millions de kilos par an.

Outre le bourg de Cachoeiro de Itapemirim, gros de 6,000 habitants au moins, on y trouve les localités de S. Pedro de Itabapoana (4,500 hab.), Santo Eduardo (3,000 habitants), S. José du Calçado (3,500 hab.), Nossa Senhora da Penha do Alegre (3,000 hab.), S. Miguel du Veado (2,000 hab.), Barra, S. Pedro de Alcantara do Rio Pardo (3,500 hab.), Espirito Santo do Rio Pardo, Aldeamento Imperial Affonsino (2,700 hab.).

Les deux bureaux du fisc établis à Itabapoana, à l'embouchure du rio et à S. Eduardo, où aboutit sur le même cours d'eau un embranchement du chemin de fer de Carangola, ont accusé en 1885-86 une exportation de 750,103 et 4,501,873 kil. de café, 51,412 kil. de café en gousse (S. Eduardo), 1,097 kil. de lard, 40,645 kil. de sucre (Itabapoana), 4,000 litres de haricots (id.).

Le cours supérieur de l'Itapemirim et de ses affluents est toutefois peuplé de fazendas fort prospères : en remontant le rio Duas Barras, Pedro Dias, Livra, Morro Secco, Bananal, Major Mísael, Alegre, et sur le rio Pardo, Apollinario, José Antonio, Joaquim Gomes, Rodrigues d'Oliveira, João Valentino, Gomes da Silva, Simpliciano, aujourd'hui devenue Santa Cruz du Rio Pardo.

Ces fazendas, ces localités et l'ensemble de leurs productions vont former les éléments du trafic du chemin de fer décrété et qui va être mis en construction, venant de Santa Luzía sur le rio Carangola, affluent du Parahyba, dans Minas Geraes, et qui, descendant les vallées du Rio Pardo et de l'Itapemirím jusqu'à Cachóeiro, se dirigera ensuite sur Victoria, par la colonie Rio Novo, mais en projetant au plus court un embranchement sur le port de Benevente.

Si l'on résume ce qui vient d'être dit, on voit que, même d'après cette statistique déjà un peu vieille, le trafic à l'exportation de cette ligne, pourrait, dans l'état présent des choses, porter sur plus de 12 millions de kil. de café, 120,000 litres de maïs, 20,000 kil. de farine de manioc, 350,000 kil. de sucre, et 50,000 litres d'eau-de-vie, sans parler des autres denrées dont l'exploitation se développera fatalement par le fait seul de l'existence de la voie ferrée.

Sa sphère d'attraction embrassera toutes les vallées du sud de la province, car les barres des rios sont incommodes ou dangereuses, leur cours n'est navigable que pour des péniches de faible tirant et de façon très irrégulière, obligeant les produits à subir des transbordements coûteux et fort longs.

Ce qui fait de cette ligne une entreprise absolument supérieure, c'est qu'elle donne à toute la production du Manhuassú et de cette région septentrionale de Minas si fertile, en même temps qu'aux plantureuses vallées de l'Itapemirím, de ses affluents, de l'Itabapoana, du Piúma, une sortie facile, assurée et plus rapide, par conséquent bien moins coûteuse que par les procédés auxquels on est actuellement forcé de recourir. La ligne de Benevente, à laquelle la loi budgétaire a accordé 6 % de garantie d'intérêt sur 30,000 $ de coût kilométrique maximum, n'aura que 180 kilom. et il y a 551 kilom. de Santa

Luzía à Rio de Janeiro par les lignes de la Leopoldina.

Déjà il existe un lambeau de voie ferrée dans cette zone : c'est celui que MM. Henri Deslandes et João José dos Reis ont construit de Cachoeiro à Alegre et au Castello ; il a 47 kilom. et l'embranchement de Duas Barras à Castello en mesure 25. — Ces deux vallées sont très fécondes et le trafic de ces petites lignes viendra forcément grossir celui de la Benevente, ou, pour l'appeler par son nom officiel, de la Cie du Benevente à Minas.

La section de la ligne de Cachoeiro à Victoria ne sera pas non plus au-dessous de celle dont je viens de parler.

Elle doit terminer, dans la section Mathilde de l'ex-colonie Castello, entre les rios Iriritimirim et Benevente, à environ 80 kilomètres de distance du port de Victoria. Le trafic jusqu'à ce dernier sera continué par la ligne de Victoria au rio Pardo, qui, pour ce tronçon, jouira lui aussi de la garantie d'intérêt de l'Etat.

La colonie Rio Novo (émancipée) que traversera la ligne de Benevente s'étend au nord et au sud du rio Benevente, presque du rio Jucú à l'Itabapoana. Sa superficie de 28,259 hectares, 0127, est arrosée par les rios Novo, Itapemirim, Iconha et Benevente; elle avait, en 1888, une population de 4,000 âmes : Allemands, Suisses, Italiens, Belges, Hollandais, Français, Autrichiens, Portugais, Chinois et Brésiliens. Elle est divisée en cinq territoires, dont les deux premiers se trouvent dans le bassin de l'Itapemirim, le siège colonial a été installé dans le premier; les autres territoires font partie du bassin du rio Benevente. Les cultures ont pour objet le café, le maïs, les haricots, le manioc, le riz, les pommes de terre, le café domine et rend à peu près 500,000 kilogrammes par an, soit 375,000 francs. Les promoteurs de la ligne Benevente affirment qu'actuellement la production du café est de 950 tonnes.

La colonie Castello, (1,450 habitants) que traversera aussi ce chemin de fer est émancipée, c'est-à-dire qu'elle a cessé d'être soumise à un régime spécial et vit aujourd'hui sous le droit municipal commun : elle était limitrophe par le nord-ouest de celle du Rio Novo. Celle de Santa Izabel, qui lui fait suite au nord en se rapprochant de Vianna et de Victoria, est également émancipée depuis 1866. Dans l'une comme dans l'autre, il reste de nombreuses terres publiques libres à affecter à la colonisation.

La colonie de Santa Leopoldina est située au nord-ouest, entre les rios Jucú et Santa Maria. Elle comprend trois centres coloniaux : Porto do Cachoeiro, Timbuy ou Timbuby, et Santa-Cruz. Porto do Cachoeiro, dans le canton de Victoria, est le principal groupe habité; il est situé dans l'angle formé par les rios Santa Maria et Curubixá-Mirim ou Bragança; le Santa Maria est navigable pour des barques portant 6 tonnes, jusqu'à ce port depuis la mer. Au moment des crues, il est sillonné par des vapeurs. Il y a plus de 4,000 habitants : Suisses, Hollandais, Français, Allemands, Polonais et Tyroliens : les Brésiliens ne dépassent pas 900. Cette population très laborieuse, très ordonnée, fournit la preuve de la prospérité des colonies fondées au Brésil, lorsque l'administration en a été intelligente. En 1885, elle a exporté 1,000 tonnes de café, et elle possède une superbe usine pour le préparer. Le territoire, très accidenté, abonde en eaux courantes, partout utilisées comme force motrice. Il produit en outre : cannes, haricots, maïs, manioc, pommes de terre et légumes de toutes sortes ; il dispose de beaucoup de terrains fertiles pour la colonisation, et vend beaucoup de bétail engraissé, que les caboteurs transportent sur le marché de Rio de Janeiro. Il possède des chevaux de race poméranienne très soignés, des porcs et de la volaille en abondance énorme.

Timbuy est sur les bords du rio Timbuy, à 10 kilomètres de Porto do Cachoeiro, à 66 de Victoria. Il a 3,500 habitants, la plupart Italiens, Allemands, Polonais.

Santa-Cruz, dont j'ai déjà parlé plus haut, en comptait 2,300 en 1888, tous Tyroliens, à l'exception de 210 Brésiliens.

La colonie Santa Leopoldina est elle aussi émancipée depuis 1882. Les agglomérations sont toutes reliées par des routes qui facilitent les communications; ces routes sont plus ou moins activement entretenues, mais assurément elles sont meilleures que celles qu'on trouve dans d'autres régions non soumises à l'action du colon européen. De longtemps toutefois, en ce qui concerne la vallée de Rio Doce, si fertile, si plantureuse, c'est le fleuve lui-même qui constituera la meilleure route de sortie. Malheureusement, si des bateaux d'un tirant d'eau de $0^m,60$ peuvent y circuler, la barre est d'une pratique difficile, souvent même périlleuse, surtout lorsque règne le vent du sud. Le bras du nord a $2^m,60$ et celui du sud $1^m,50$. Il faudrait restreindre la largeur de la barre pour lui donner une profondeur raisonnable. On y travaille, et l'on espère obtenir un fond de 3 mètres et demi qui permettra alors une navigation régulière.

La province a besoin du chemin de fer et son développement ne prendra son essor qu'avec la marche en avant de la locomotive. L'immigration recommence avec quelque activité. L'on a amené près de 3,000 étrangers durant les premiers mois de 1889, lesquels vont surtout sur les territoires de Benevente et d'Itapemirim, en raison de la facilité d'y acquérir des terres et de la quantité des cultures commencées. La cueillette du café, grâce à ce contingent de bras laborieux, va au minimum donner régulièrement 20,000 tonnes. La province s'est engagée à garantir 4 % d'intérêt à une banque qui fera, à ce taux maximum, des avances pour 4 ans au moins aux immigrants installés à leur compte sur des lots achetés au gouvernement.

« Aucune province, dit excellemment le rapport de l'inspecteur général Accioli de Vasconcellos, n'offre à l'immigration des avantages plus assurés. L'état florissant des noyaux existants, la prospérité dont jouit la majeure partie de la population européenne qui y est établie, l'excellence du sol et du climat sont autant de conditions favorables qui méritent l'attention. »

Durant ces derniers mois, le commerce direct de la province avec l'étranger s'est notablement accru. Une lettre du 12 mai 1889 m'apprend que le port de Victoria est davantage fréquenté par les longs courriers. La maison Wetzel et Cie avait chargé 4,000 sacs de café sur la patache norwégienne *Hermann* à destination des États-Unis; le vapeur *Truno City* avait emporté 3,000 sacs de la maison Édouard Pécher et Cie et 1,200 de Manoel Pinto Netto et Cie. Espirito Sancto a tout bénéfice à attendre de cette multiplicité de ses relations directes et à s'affranchir progressivement du vasselage dans lequel l'a tenu le commerce de Rio de Janeiro.

LA PROVINCE DU RIO DE JANEIRO

C'est l'Itabapoana qui forme la frontière entre Espirito Santo et la province de Rio de Janeiro, dont la capitale est Nitheroliy, en face la grande cité Impériale. On rencontre au passage le cap Sam-Thomé, où la côte commence à obliquer vers le sud-ouest. Ce cap, très bas, est entouré de lagunes, dont une est considérable, la Lagôa Feia; le rio Sam João débouche plus loin dans une jolie baie dont la partie nord est bien nommée *Bahia Formosa* et la partie sud s'appelle *Bahia de Sant'Anna;* le cap des Buzios qui limite celle-ci est un promontoire rocheux, assez élevé, tourné vers le nord-est. Vient ensuite une série de baies sablonneuses, de pointes escarpées et rocheuses, qui ménagent des mouillages abrités par une chaîne d'îlots parallèles au littoral. La plus notable est celle du *Cabo Frio,* à l'embouchure du déverseur de la Lagôa Araruama, où est la ville de Cabo Frio; ce cap, le plus important repère de la côte sud-est de l'Amérique, n'est que l'extrémité escarpée de l'île du même nom, dont le point culminant est à 394 mètres au-dessus du niveau de la mer. L'île est à peine séparée du continent par un passage large de 150 à 200 mètres, qui a cette particularité que, même lors des tempêtes du sud, il offre un hâvre profond et tranquille.

Du Cabo Frio à Rio de Janeiro, la côte court droit à l'ouest, présentant jusqu'à la Ponta Negra une plage de sable nue, qui s'étale entre l'Océan et les lagunes intérieures. Plus loin, on rencontre désormais des rochers abrupts, contreforts de la Serra des Orgues (*dos Orgãos*) qui, de l'entrée de Rio, ressemblent à des murs de granit surgissant de la mer, et hauts de plus de 100 mètres. La chaîne côtière est raide et escarpée. Ses pics sont tout à fait coniques et ses versants descendent en pente rapide jusqu'à la mer, dont toutefois çà et là une large plage sablonneuse les sépare. Le paysage devient de plus en plus grandiose à mesure que l'on approche de la baie, gardée de chaque côté par de hauts rochers en sentinelle, masses granitiques verticales, qui ménagent entre eux une passe de 1,500 mètres, sans bas-fonds ni récifs, où les navires trouvent toujours au moins 30 mètres d'eau.

Tout le monde connaît la forme singulière qu'affecte la ligne des montagnes rocheuses que l'on a à sa gauche avant d'entrer dans la baie ; le fameux Pão de Assucar ou Pain de sucre constitue le pied du « Géant qui dort » et que plusieurs de nos compatriotes, émus par la ferveur de leurs sentiments royalistes, ont trouvé d'une étonnante ressemblance avec Louis XVI.

Dès qu'on a franchi la passe, la baie s'élargit, formant à gauche l'anse de Botafogo, à droite celle de Jurubeba ou *sacco* de Sam Francisco et celle de Sam Lourenço, toutes gracieuses et faisant contraste par leur aspect séduisant avec le panorama somptueux, grave et imposant, qu'offrent de loin la baie et ses nombreuses îles, au milieu d'un vaste amphithéâtre de verdure, constitué par de hautes montagnes, des monts et des collines qui semblent baigner leur pied dans la mer ; on dirait plutôt d'un vaste lac enfermé par les montagnes que d'un repli de l'Océan.

Cette baie de Rio est la première de l'Amérique et même du monde entier par son heureuse situation géographique et par les nombreuses conditions favorables qu'elle présente. Les chaînes environnantes lui envoient quantité de petites rivières, dont beaucoup naviguées par des barques et de petits bateaux sont autant d'artères commerciales fort utiles aux localités situées à quelques milles du rivage dans cette immense et si plantureuse banlieue.

Les îles de cette baie sont nombreuses; il y en a trois cents environ de toutes dimensions; c'est une mosaïque de tons très divers, qui s'élève sur le fond tranquille et bleu de l'onde. La plus grande est celle que les Indiens appelaient Maracaïa (du chat), appelée ensuite par les Portugais du Governador, en souvenir du gouverneur Salvador Corrêa de Sâ qui l'acheta à son premier propriétaire. Elle a 13 kilomètres de long sur 3 kil. 400 de large; on y trouve une maison de moines bénédictins, un petit centre de population, des établissements agricoles et de jolies *chacaras* ou maisons de campagne, à 6 kilomètres seulement de la capitale de l'Empire.

Un peu au nord-est, presqu'au milieu de la baie, s'élève souriante, comme un lever d'aurore, la poétique île Paquetá, de 3,200 mètres de long sur 1,200 de large, ornée de jolies villas et de beaux jardins ; centre du joyeux pèlerinage de S. Roch, si fréquenté par les *Fluminenses*, les habitants de Rio de Janeiro.

Dès que l'on a dépassé la capitale, qui est bâtie sur la gauche, dans une saillie au nord de l'anse de Botafogo, la baie prend des proportions énormes; vers le nord elle s'enfonce jusqu'à près de 38 kilomètres avec une largeur de 18 à 25. — Les plus grandes flottes du monde y évolueraient à l'aise en tournoi de gala.

Rio de Janeiro se déploie en forme de croissant, sur la rive occidentale, le long de la mer, ou bien serpente à la fois en arrière sur le versant des côteaux. Par suite de ces dispositions des maisons, qui s'éparpillent sur une large surface et se disséminent au bord des plages, au lieu de se concentrer en une agglomération compacte, l'aspect de la ville, vu de la baie, est tout à fait pittoresque. La nuit, elle offre un spectacle extraordinairement féerique. Les lumières gravissent les pentes des hauteurs dominant leurs contours, couronnant çà et là les sommets d'un faisceau plus fourni, ou bien s'éloignent en mourant sur les sinuosités de la plage, de chaque côté de la cité coloniale, restée la ville marchande et située au centre.

Je ne veux pas essayer de retracer le pittoresque de ce tableau, cent fois décrit; ce voyage et cette étude ont un autre but plus pratique. Je ne puis pas davantage répéter l'histoire bien connue des tentatives françaises sur ce point : la colonie de Villegaignon, dont une forteresse de la barre garde le nom, l'expédition malheureuse de Duclerc en 1710 et le bombardement de la ville par Duguay-Trouin en 1711. L'histoire de Rio de Janeiro, de sa fondation, de son développement, de son avènement au rôle de capitale de la colonie portugaise d'abord, de l'Empire du Brésil ensuite après la conquête de l'indépendance en 1822, tout cela sortirait trop de mon cadre, déjà bien plus étendu que je ne l'eusse souhaité.

Je m'occuperai tout à l'heure en particulier de Rio de Janeiro ville et de sa banlieue qui forment le *Municipe neutre*, canton directement administré par le ministre *do Imperio* ou de l'intérieur, au nom du gouvernement Impérial, et je veux tout de suite étudier la région qui a gardé le nom de province du Rio de Janeiro, bien que sa capitale soit Nitheroby.

Elle commence à l'Itabapoana au nord, sa limite avec Espirito Santo; est séparée au nord-ouest et à l'ouest de Minas par le rio Preto, les serras de Batatal, Gavião, Frecheiras, Santo Antonio et Mantiqueira, par le Parahybuna et le Parahyba du sud, le Pirapitinga, le rio et la serra de Santo-Antonio; au sud elle confine avec celle de S. Paulo, dont elle séparée par les serras de Paraty, Geral, Bocaina, Ariró, Carioca et la petite rivière du Salto. Elle s'étend entre 20°50' et 23°19' de latitude, entre 2°9' est et 10°12' ouest en longitude, soit environ 300 kil. sur 530, avec un littoral d'à peu près 800 kil. et une superficie de

68,982 kil. carrés ; la population est évaluée à 1,144,000 habitants.

Cette simple énumération des limites montre que la province est très montagneuse. Le Parahyba, le plus grand cours d'eau de la province, offre, dès ses premiers pas, une singularité frappante. Il sort d'un petit lac de la serra da Bocaina, à 40 kil. N.-N.-O. environ de la ville côtière de Paraty, située à l'extrême sud de la province de Rio. Il coule d'abord vers l'ouest ou le sud-ouest, comme s'il voulait, à l'exemple du Tieté, son voisin, aller rejoindre le Paraná, longeant la pente sud de la serra du Quebra Cangalhas ; mais soudain, près de Guararema, il se heurte à la haute muraille de la Mantiqueira, qui l'oblige à brusquement modifier sa route vers le nord-est ; il effectue ainsi un détour de près de 400 kilomètres, autour de cette serra du Quebra Cangalhas, se repliant en quelque sorte sur lui-même, puis se creuse un lit entre de hauts rochers, et rentre dans la province de Rio d'où il était sorti. Suivant toujours la même direction nord-est, il reçoit à droite le Pirahy, sorti tout au sud-ouest d'un repli de la serra do Mar ; et au-dessous du bourg de Parahyba, à gauche, le Parahybuna, qui double son volume. Dès lors il incline de plus en plus à l'est, et après avoir reçu le Pomba, il s'infléchit au sud-est, direction qu'il garde jusqu'à son embouchure dans l'Océan, à S. João da Barra.

Bien qu'il ait 1,059 kil. de longueur, ce fleuve n'est qu'une rigole d'écoulement et d'irrigation : les *itapébas*, rapides et chutes de modestes dimensions, entravent toute navigation sérieuse ; c'est à peine si, de Sam Fidelis, de petits navires d'un faible tirant d'eau y peuvent circuler sur une étendue de 87 kilomètres. Son lit est trop rocheux pour que les canots menés à la perche puissent en parcourir eux-mêmes des sections un peu longues. En revanche, son eau claire (*Para*, rivière, *hyba*, eau limpide) est souvent troublée par les nombreux courants de montagne qui jaillissent des versants de la serra do Mar ou de la Mantiqueira. Tout le plateau qu'il traverse est donc fort bien arrosé.

La *Mantiqueira* et la *serra do Mar* forment deux divisions parallèles bien définies du grand système montagneux oriental. Leur direction générale est du sud-ouest au nord-est et c'est précisément la grande courbe du Parahyba qui dessine leur écartement. Leur parallélisme toutefois n'est pas bien rigoureux ; à la hauteur du confluent du Pirahy déjà leurs lignes s'écartent : la Mantiqueira incline vers le nord-ouest projetant ensuite tout droit au nord dans Minas la serra du Espinhaço qui accompagne la rive orientale du S. Francisco ; elle a des sommets remarquables : l'Itatiaya (2,712 m.) que l'on croit le plus élevé du Brésil, l'Itacolumy (1.752 m.), le Caraça (1,955 m.) auprès d'Ouro Preto ; Piedade (1,783) près de Sabará et Itambé (1,823 m.), près de Diamantina. A Barbacena, elle détache à l'ouest une série lombaire, comme un dos de livre, qui va rejoindre les montagnes de Goyaz et forme le faîte de partage des eaux entre le Paraná et le S. Francisco.

La serra do Mar élargit ses ramifications selon la distance à laquelle elle côtoie la mer, se reliant de temps à autre avec la chaîne précédente par des branches latérales, par des crêtes et des plateaux aboutissants, de sorte que le pays situé entre elles, le plateau de Parahyba, est justement appelé *Serra Acima*, par opposition à la zone côtière, située à l'est de la Serra do Mar, et qui forme la *Serra Abaixo*, le pays des basses montagnes. La côte, en se prolongeant au nord-est, étend beaucoup cette zone, au-dessus de Rio de Janeiro. Elle est au contraire excessivement étroite près de la ville et vers le sud; on y trouve à peine la vallée du Guandú et de son affluent le Lages, qui se jettent dans la mer près de Santa-Cruz ; là, la chaîne s'élève comme un gigantesque rempart de granit vis-à-vis de la partie occidentale de la baie de Rio : ses pics, aux singulières aiguilles, ont une forme particulière ; ils sont escarpés et coniques et, à première vue, donnent l'idée d'une origine volcanique. Ce sont ces lignes abruptes qui donnent à la chaîne tant de grandeur, car en moyenne les sommets ne dépassent pas la hauteur de 900 mètres.

Néanmoins plusieurs d'entre eux montent jusqu'à 2,232 mètres. L'ensemble porte le nom fameux de *Serra dos Orgãos* ou serra des orgues qui rappelle la forme typique des aiguilles. — Les ramifications qu'elle détache au nord-est sont très nombreuses et vont tout doucement s'éteindre près du rivage.

L'attention de l'étranger, en débarquant à Rio, est attirée par la couleur rouge brique du sol ; cette couleur générale se maintient dans toute la province et dans les parties de celles de Minas et de S. Paulo qui appartiennent à la vallée du Parahyba. La terre superficielle est presque exclusivement composée de granit et de gneiss décomposé, et la présence du peroxyde dans le feldspath et le mica, y détermine la couleur rouge.

C'est la *terra vermelha* ou *roxa* qui se distingue de la terre *massapé*, plus brune, dans laquelle au lieu du fer dominent l'argile, la potasse, et le quartz arénacé ? Toutes deux sont bonnes pour le café, le roi des cultures du centre du Brésil, mais la première lui offre des conditions particulièrement excellentes.

On n'attend pas de moi que je vienne ici raconter la culture, la cueillette, la préparation et le commerce du café. Ce sujet, fort connu d'ailleurs, réclame un traité spécial qui s'écarte tout à fait de mon but.

Aussi bien le café du Brésil est-il aujourd'hui coté à sa vraie valeur. Partout l'on sait que le Brésil est le plus grand producteur du monde, auquel il fournit au moins la moitié de sa consommation. Partout l'on sait également que ce café est excellent, bien préparé, de plus en plus soigné ; si le gros des consommateurs l'ignore, c'est que le commerce lui livre sous le nom de « cafés du Brésil » des cafés inférieurs, et même de rebut, quand ils ne sont pas déjà gâtés par des avaries, mais en même temps il lui vend, sous le nom de Moka, Bourbon, Martinique, Java, etc., des graines non moins brésiliennes et plus choisies.

Le dessus du panier de la récolte du Brésil arrive

ainsi aux mains des consommateurs défiguré par des appellations étrangères.

Tout à l'heure, en traitant de l'évolution agricole et économique, qui prépare l'avenir de la region caféière, j'essayerai de dire ce que vaut actuellement pour le pays et ce que peut donner davantage encore, cette culture devenue, à mon sens, trop exclusive ici.

Si la province de Rio de Janeiro est, par excellence, le pays du café, elle devient aussi de plus en plus une région sucrière. Les territoires d'où le café s'exile lui-même, quand la culture extensive les a épuisés, deviennent un champ très propice à la canne, dès qu'une nouvelle méthode de culture sert à leur exploitation.

C'est le district de la *Serra abaixo*, toute la région qui, vers le nord-est, s'étend entre le littoral et la Serra do Mar jusqu'à Campos, qui voit surtout fleurir la production de la canne à sucre. Les *engenhos* apparaissent à chaque pas le long des voies ferrées. Beaucoup sont déjà fort bien montés, et, comme j'aurai l'occasion de le dire tout à l'heure à propos de *Pureza*, il y a déjà quantité d'usines centrales, pour lesquelles aucun subside n'a été demandé à l'État. Celui-ci n'a que trois usines dont il garantit l'intérêt : *Quissamã* ou *Quissaman*, dans le canton de Macahé, *Bracuhy* dans celui d'Angra dos Reis, et *Porto Real* dans celui de Rezende.

La plus importante est sans contredit Quissaman, dont il convient de dire quelques mots. Reliée par la ligne ferrée agricole qui s'embranche à Macabú, au chemin de fer de Macahé-Campos, et qui est sa propriété, elle appartient à une Société anonyme, dont le fondateur fut le vicomte d'Araruama, en 1876-77. Cette compagnie organisée d'abord au capital de 700 contos, dut, le 3 juin 1878, porter ce capital à 1,700 contos et obtint, le 31 décembre, la garantie de l'État de 7 0/0 sur les 1,000 contos additionnels. Par un arrangement avec la Banque du Brésil, elle se procura ces 1,000 contos contre un nantissement des obligations de 200 $, aujourd'hui très recherchées du public et cotées en Bourse à 192 $. Elles rapportent 7 0/0.

Cette usine a broyé annuellement de 54 à 62,000 tonnes de cannes de 1879 à 1882, et ces cannes lui étaient fournies par 37 propriétaires cultivateurs de la région. En 1886-87, elle a fabriqué 2,970,900 kilogrammes de sucre, et 5,673 hectolitres d'eau-de-vie, au prix de revient de 165 $ 908 par tonne de sucre. Celui-ci est excellent; il contient 99,25 0/0 de saccharose.

Sa production a diminué ces dernières années, parce qu'une maladie de la canne a sensiblement réduit le total de la matière première dont elle s'alimente. Le remède, intelligemment conseillé par l'ingénieur du contrôle, M. José Gonçalves de Oliveira, est dans l'adoption de la culture expérimentale sur un terrain amélioré par l'emploi des engrais.

En 1887-88, l'usine a broyé en 117 jours de travail effectif, 56,083 tonnes de canne, dont le jus a rendu dans la proportion de 76 0/0. Au 31 décembre 1887, elle avait fabriqué 3,289 tonnes de sucre, et distillé 5,529 hectolitres d'eau-de-vie, en consommant du combustible dans la proportion de 18 0/0 du poids de la canne. La richesse saccharine moyenne de la canne est de 12,56 0/0, mais cette teneur technique est loin d'être réalisée dans le rendement industriel, qui ne dépasse pas 6,546 0/0.

La canne lui est fournie par les cultivateurs à 5 $ la tonne; les terres qui la produisent sont excellentes, et la seule recommandation à faire à ceux qui la cultivent est celle-ci : labour profond, plantation à grand intervalle, soit 0m,40 en profondeur, 1m,50 d'écartement. Celui-ci est nécessaire parce que c'est de l'air que la plante tire exclusivement par les feuilles les éléments nécessaires à l'élaboration de la saccharose.

Le produit net de la récolte de 1886-87 a été de 79,187 $ 520. Ce produit net s'élèverait beaucoup, si, outre les perfectionnements d'outillage tendant à augmenter le coefficient de rendement, cette usine entreprenait la fabrication d'un type de sucre plus en usage sur les marchés d'exportation. Celui qu'elle livre est excellent, mais il répond surtout aux goûts et aux habitudes de la consommation indigène. Cette observation s'applique d'ailleurs avec une parfaite justesse à toutes les grandes usines sucrières du Brésil.

Bracuhy est doté d'un outillage très perfectionné ; le coefficient du rendement en sucre y atteint 9,70 0/0. Porto Real a broyé, en 1887-88, 5,326 tonnes de cannes, dont 3,667 lui ont été fournies par les cultivateurs du voisinage, 69 0/0 de la matière première employée a été produite par des colons italiens établis sur le territoire environnant. En terrain ordinaire, le rendement en cannes est de 55 tonnes à l'hectare, mais il dépasse de beaucoup ce chiffre dans les terrains plus riches situés entre le centre de l'ex-colonie Porto Réal et l'usine.

Les éléments du fonctionnement économique de la province de Rio de Janeiro sont intimement mêlés à ceux de la capitale même de l'Empire. Les statistiques ne distinguent pas pour la production et le commerce.

Divisée en 24 comarcas et 33 termos judiciaires, ressortissant à la *relação* ou cour d'appel de Rio, en 36 municipes, comprenant 18 cités, 18 villes et 134 paroisses, celles-ci soumises à la juridiction de l'évêque de S. Sébastien de Rio de Janeiro, la province envoie 6 représentants au Sénat, 12 à la Chambre des députés, et compte 45 représentants dans son Assemblée législative.

BUDGET

	Recettes.	Dépenses.
Général	1.314.673$525	488.329$567
Provincial.	4.994.366 557	6.458.199 868
Totaux.	6.309.040$082	6.946.529$435

Dette consolidée à 6 0/0 : 8,050, 800 $.

Voici une rapide notice sur les villes et localités principales que je compléterai en étudiant plus tard les chemins de fer et leurs zones propres, car, au point de vue économique, il est impossible de séparer celles-ci des régions voisines de Minas :

Nitheroby, 30,000 habitants, la capitale, est assise sur le rivage oriental de la baie de Rio de Janeiro, en face même de cette dernière, avec laquelle des bateaux à vapeur la mettent en communications constantes et rapides, autant qu'économiques et confortables. Elle comprend les trois quartiers de : Sam-Domingos, le plus riche en maisons élégantes, en *chacaras* et en jardins, la résidence préférée des familles *fluminenses* (de Rio), qui, pendant l'été, y viennent prendre des bains de mer, sur la belle plage de Icarahy; Praia Grande, le centre commercial, et Sam Lourenço, sorte de commune suburbaine. Les rues, surtout dans Praia Grande, sont larges, bien entretenues, d'un bel aspect. La ville, bien éclairée au gaz, possède l'important laboratoire pyrotechnique de la marine et le polygone de l'artillerie de celle-ci. On y remarque un mouvement commercial très actif, favorisé par un réseau étendu de tramways, et par le chemin de fer qui y a son point de départ.

Angra dos Reis, sur la baie magnifique de ce nom, au sud-ouest; dotée d'une plage charmante, très fréquentée; possède deux orphelinats agricoles et fait un grand commerce de sucre, de café, d'eau-de-vie.

S. João da Barra, à l'embouchure du Parahyba, que les bateaux remontent jusqu'à 13 lieues; ville pittoresque et très salubre, située sur une langue de terre plane, large d'un kilomètre, entre l'Océan et le fleuve; très florissante, fait une grande exportation de sucre par les caboteurs.

Cabo Frio, au bout d'une péninsule formée par l'Océan et le lac Araruama; sept usines à sucre et distilleries; exporte, en outre, café, farine, haricots, maïs et poissons, surtout la crevette et le homard dont la fabrique *Itajurú* prépare des conserves. Sur tout le bord du lac, on produit du sel; cinq établissements à vapeur font de la chaux de coquillage, très recherchée; la fabrication de l'huile de ricin est, dans ce canton (22,000 habitants), une industrie de beaucoup d'avenir.

Campos, plus de 25,000 habitants; la ville la plus commerçante et la plus riche de toute la province, sur le Parahyba, avec un beau pont en fer sur le fleuve en face la cité; éclairée à l'électricité; grand développement intellectuel et économique; foyer ardent du progrès sous toutes ses formes; canton de 100,000 habitants où l'organisation du travail agricole moderne a été initiée tout d'abord dans la province; les terres, d'une fertilité extraordinaire, produisent concurremment les denrées coloniales et les céréales; l'industrie principale est la fabrication du sucre. Centre des communications par voies ferrées de la province avec le Nord Minas et Espirito Santo.

Cantagallo, située un peu au-dessus du rio Macuco, près de la célèbre fontaine *Mão de Luva*, rappelant le souvenir du brigand qui l'a fondée; très jolie ville, dont les progrès sont dus surtout aux Suisses et aux Allemands venus de Nova Friburgo, qui s'y sont fixés; climat frais, qui en fait une station d'été pour les convalescents; territoire très fertile: grande production de café et de céréales. Le canton compte 40,000 habitants.

Petropolis, 10,000 habitants, à 800 mètres d'altitude en haut de la Serra da Estrella; véritable ville-jardin, unique en son genre dans l'Amérique du Sud, résidence d'été de la famille impériale, du corps diplomatique et de la meilleure société de Rio de Janeiro, dont elle n'est éloignée que de 10 lieues, franchies en deux heures par le bateau à vapeur jusqu'à Mauá, et par le chemin de fer du *Gram Pará*, depuis ce port; environs charmants, panoramas splendides sur la baie et la montagne; tracée et créée à son origine par une colonie allemande qui s'est conservée avec beaucoup de cohésion; maintenant cité très aristocratique, qu'on peut assimiler à Spa, Baden, ou même encore au Versailles de jadis.

Estrella, un peu plus bas, près de la baie, à 33 kilomètres de Rio; très salubre, bien que dans la zone littorale : territoire en partie montagneux, très arrosé ; café et manioc sur les pentes ; dans les vallées très fertiles, maïs, riz, cannes atteignant jusqu'à cinq mètres de hauteur, fruits, légumes, horticulture florissante. L'Inhomirim, qui la traverse, est le premier rio au Brésil qui fut desservi quotidiennement par des bateaux à vapeurs (1840) ; orphelinat agricole. Le commerce avec Rio se fait, outre les chemins de fer, par d'innombrables barques qui parcourent la baie à toute heure du jour et de la nuit et portent les denrées au marché.

Barra do Pirahy 3.000 habitants ; gros bourg à une bifurcation importante du chemin de fer D. Pedro II ; très commerçant, fonderie, construction de machines agricoles, fabrication de produits tirés de l'élevage du porc.

Macahé, avec le port de Imbetibá, sur l'Océan : entrepôt commercial de la région nord-est, centre très producteur, céréales, sucre, café : grande fabrication de charbon de bois, commerce de bois pour la construction navale.

Rezende, rive droite du Parahyba, sur trois petites éminences, 3,000 habitants ; — Vassouras, Valença, villes actives et commerçantes de la même vallée, desservies par le chemin de fer ; — Nova Friburgo, à 876 mètres d'altitude, sur la serra du même nom, fondée par les Suisses, et devenue une station d'été très recherchée par les familles de Rio ; territoire très fertile, produisant beaucoup de café, mais propre à toutes les cultures européennes ; — Rio Bonito, centre de colonisation, à quelques heures de Nitherohy, sur le chemin de fer de Macahé ; climat excellent ; cité très active comptant près de 20,000 habitants ; Rio Claro, 12,000 habitants, desservie par l'embranchement de Passa-Tres ; S. José do Rio Preto, 5,000 habitants environ ; et enfin Theresopolis, aussi d'origine coloniale, dans un pli de la serra des Orgues, à 1,064 mètres d'altitude, climat excellent, territoire d'une prodigieuse fertilité, et dont l'agriculture progresse très rapidement.

IX

LA CAPITALE DU BRÉSIL

Divers aspects de la ville. — Variétés des sites. — La vie, les habitudes, les mœurs. — Le commerce; éléments statistiques; importation, exportation et banques. — Le café, son importance; industrie; influence de l'étranger. — La population, les ouvriers, les tramways. — Salubrité.

Il me paraît superflu de retracer ici le tableau que présente, à l'entrée de la rade, Rio de Janeiro avec ses environs. La poésie indigène ou lusitanienne n'a pas été seule à le chanter : il n'est pas un voyageur, pas un touriste, qui n'ait essayé d'accorder sa lyre pour en tirer à ce sujet des accents enthousiastes. Aussi trouve-t-on partout ces éloges devenus un lieu commun, mais que la réalité justifie toujours et au delà.

Ce qui frappe particulièrement l'Européen, c'est l'étendue immense de cette ville, disséminée sur une superficie incroyable, bâtie à la fois sur des montagnes et des vallées; c'est aussi l'aspect des rues sillonnées de tramways, qui vont se perdre derrière des collines verdoyantes, dont la végétation puissante descend jusqu'au bord même de la mer.

Tout à côté sur la droite, la vue de la baie n'est pas moins superbe : une forêt de mâts et de voiles indiquant le mouillage des navires de commerce; des panaches de fumée mobiles, ambulants, se croisant dans tous les sens, retenant le regard sur les bateaux à vapeur de toutes tailles, de toutes formes, qui entrent, sortent, vont d'un point à l'autre du vaste littoral intérieur; au delà, devant, derrière vous, des îles, grandes ou petites, couvertes de bosquets touffus, qui semblent servir de rideau à une autre baie plus grande encore que la première; de toutes parts à l'horizon, des maisons blanches, des villas roses, des villages et des hameaux émergeant d'une végétation merveilleusement puissante.

A droite de la rade, on voit Nitheroby, et aussi loin que porte la vue, — avec de bonnes jumelles, — on distingue sur la côte des habitations et des jardins.

On débarque sur le quai Pharoux, la principale jetée, et l'on entre dans la vieille ville, qu'on pourrait justement appeler la Cité, à Rio comme à Londres.

C'est en effet le quartier commercial par excellence : les rues *Ouvidor*, *Ourives*, *Quitanda*, *Uruguayana*, *Carmo*, etc., n'offrent aux regards que des magasins depuis le rez-de-chaussée jusqu'aux étages supérieurs ; dans celle du *Ouvidor*, la circulation des voitures est interdite, tant elle est étroite. C'est à se figurer qu'on est subitement tombé dans un bazar étrange, fantastique, d'un cachet très spécial. Des deux côtés, ce ne sont que boutiques, quelques-unes d'un grand luxe et dignes de figurer dans la plus coquette des capitales d'Europe, d'autres, très modestes et d'un caractère complètement brésilien.

On s'aperçoit qu'on est en Amérique, mais dans une Amérique plus colorée, d'un tempérament moins austère, plus gracieux que celle du Nord et des Yankees. Les murs des maisons sont ici comme à New-York, plus qu'à Paris, couverts d'affiches, d'échantillons ou d'énormes figures soit en carton, soit en métal; d'un côté de la rue à l'autre, il y a fréquemment des arcs d'illuminations, qui servent pour les fêtes publiques, très nombreuses, et des lanternes utilisées pour la réclame comerciale. L'aspect de cet ensemble bizarre de plaques, d'affiches et de lanternes-réclames, est très curieux jusqu'à huit heures du soir, car tout est à ce moment éclairé : les grands magasins ressemblent à autant de palais de cristal. illuminés *a giorno*. Jusque sur les toits, on aperçoit partout des lumières placées de façon à attirer l'attention sur telle ou telle industrie. Les grandes confiseries de Paschoal ou Castellões, remplies de pyramides de gâteaux, de bombons et de fruits, sont fréquentées par la foule qui vient prendre des rafraîchissements. Aussi tout cela donne-t-il à la rue du Ouvidor une animation absolument spéciale, qui rappelle celle de certains passages ou galeries célèbres des grandes cités d'Europe.

Pour compléter le tableau, des orchestres ambulants, *bandas de musica*, plus ou moins gais, réunissent autour d'eux des groupes d'élégants flâneurs ; la rue du Ouvidor devient une vraie fourmilière, où des gens de toutes les couleurs et de tous les costumes s'agitent, au milieu d'une orgie de lumière et de bruits de toute espèce.

Dans les rues étroites, il n'y a pas de trottoirs, ou bien s'il en existe, ils sont aussi étroits que les rues ; celles-ci sont mal pavées et néanmoins, à quelque heure du jour que ce soit, le mouvement y est extraordinaire. On va, on vient, on entre, on sort des magasins, on s'arrête en groupes au coin et même au milieu de la rue, on se parle à haute voix, comme si l'on était dans un lieu de réunion. Tout le monde cause, rit, regarde, marche tranquillement, chacun se figure évidemment être et se croit chez soi.

Tout Rio se donne rendez-vous dans cette rue du Ouvidor ; dès quatre heures du soir, tous ceux qui ont terminé leurs affaires, ou quitté leur bureau, s'y viennent promener ; le samedi soir, c'est un véritable pèlerinage. Cette rue devient le *forum* classique de Rio ; on y discute avec vivacité toutes les questions, depuis celles dont s'occupe la petite bourse du boulevard des Italiens, jusqu'aux graves affaires politiques des *hustings* d'Angleterre.

Toutes les lignes de *bonds* (tramways) aboutissent à cette rue ou en partent, soit au commencement, soit à la fin, par des rues qui lui sont verticales. On peut dire qu'elle est le cœur de la ville, où vient et d'où part tout le monde, avec la même vitalité que le sang qui, du cœur humain, sort par les artères et revient par les veines. A toute heure du jour et de la nuit, les *trams* vont et viennent remplis de voyageurs. Le matin, la rue du Ouvidor est fréquentée par les hommes d'affaires qui, en allant à leurs occupations, sont bien aise de jeter en passant un coup d'œil sur les magasins; dans la journée, tous ceux qui ont un moment disponible ne manquent pas d'aller l'y dépenser; dans l'après-midi, c'est le lieu de rendez-vous obligatoire de tous ceux et de toutes celles qui suivent la mode. Tandis que, pendant les premières heures de la soirée, les *bonds* amènent de tous les faubourgs suburbains des milliers de personnes, des familles entières depuis le père jusqu'au bébé, les servantes, les domestiques, les ouvriers, tous pêle-mêle se dirigent vers la promenade *fluminense* favorite.

Dans cette rue si étroite qu'on la nommerait mieux une impasse, sous l'éclat des mille lumières des magasins, des fenêtres et des arcs, cette foule compacte, composée de Noirs et de Blancs, de personnes distinguées et de va-nu-pieds déguenillés, se coudoie, se bouscule, crie, rit et s'amuse. Quand on traverse cette foule, en côtoyant les musiques ambulantes, en entendant les orchestres de cours de danses (pour hommes seulement), l'impression est absolument bizarre et indescriptible.

Toutes les compagnies importantes ont leurs bureaux, ou leurs succursales tout au moins, dans ce quartier, exactement comme cela se passe pour la Cité de Londres. Toutes les affaires sont concentrées dans certaines rues et rien, par exemple, n'est original pour l'étranger comme la rue Sam Bento, où l'on ne voit que des magasins de café qui reçoivent toute la production des si nombreuses plantations de l'intérieur. Le régime de ces établissements est patriarcal : aux heures du déjeuner et du dîner, l'affluence des visiteurs s'accroît, car dans chaque maison le couvert est mis pour ceux qui en veulent profiter,

L'usage indigène est de servir en même temps tout le repas : s'il y a vingt plats, on les met tous sur la table et chaque convive se sert à sa guise.

Les petits commerçants seuls demeurent dans ce quartier : le haut commerce, les gens riches et les fonctionnaires habitent les *Suburbios*, faubourgs très beaux et très élégants. C'est la vie à la façon d'Europe, surtout de Londres. Ces faubourgs élégants commencent presqu'au centre de la ville, car le quartier du Cattete est assurément l'un des plus jolis et à la mode. Le Cattete, Botafago, Sam Clemente, Larangeiras et son prolongement vers le Cosme Velho, à gauche de la ville, Rio Comprido, Engenho Velho, Andarahy Pequeno sont les environs préférés par les gens de haute position. Les maisons très élégantes y foisonnent et même les palais, *palacetes*, comme ceux du baron de Nova Friburgo, de Cornalio, du baron de Mesquita, du comte da Estrella, du marquis d'Abrantes, du vicomte de Cavalcante, comte de Carapebus, etc.

Dans ces élégants faubourgs, les rues sont larges, spacieuses, et parfaitement ombragées par des arbres, le plus souvent des palmiers; les maisons, isolées, sont entourées de jardins plus ou moins luxueux, qu'on voit de la route à travers leurs grilles. Non seulement le bien-être, mais le confortable apparaît dans ces quartiers, où tout est grand et d'un luxe de bon aloi. Il n'y a d'ailleurs à Rio rien de mieux.

La plage de Botafogo est célèbre par sa beauté qui défie la description et par le splendide panorama dont on y jouit. Andarahy Pequeno présente la plus luxuriante végétation et son climat est d'une salubrité renommée. Cattete réunit les commodités de la ville aux avantages du faubourg : à Larangeiras, la vie est plus caractéristique encore et l'on peut dire que le Cosme Velho est exclusivement habité par les Anglais. Le faubourg de Larangeiras part de la place Duque de Caxias, dans la même direction que la ligne du tramway et aboutit à Cosme Velho. C'est une vallée étroite, resserrée entre de hautes montagnes, couvertes de forêts, dont la forme et la couleur varient à l'infini : à droite le morro de Cantagallo, à gauche ceux de Boa Vista et de Donna Martha, au fond la colline de l'Anglais, puis, dominant l'ensemble, le Corcovado, la colline du Bossu, et sa curieuse muraille blanche, baignée par la lumière d'un soleil ardent.

A gauche de cette rue, coule encaissé entre des quais, et traversé par quelques ponts, le rio Carioca, qui se jette dans la mer, près de l'hôtel des Étrangers. Cette rue est large, mais irrégulière, car elle suit les sinuosités de la vallée resserrée entre des montagnes verdoyantes. On n'y voit que de jolies maisons appartenant aux *titulares* (la noblesse), aux familles riches et aux commerçants étrangers, qui y vivent tranquillement, jouissant d'une végétation splendide, d'un air saturé de l'arome des bois et des plantes tropicales. Le calme y est délicieux et la vie s'écoule tout à fait douce au sein de cette nature si belle et de cette société choisie.

Mais, dans ce quartier, il n'y a presque aucun magasin et il faut aller en ville chercher ses provisoins. Le *bond* du Jardim Botanico (Ouvidor-Larangeiras) circule continuellement, grâce à sa double voie, depuis la fin de cette rue, au Bico da Rainha, jusqu'à la rue Gonçalves Dias près de celle du Ouvidor. Les habitants de ce beau faubourg peuvent donc, jour et nuit, aller et venir d'un point de la ville à l'autre, en passant par les principaux points de Rio, moyennant la somme infime de 200 reis (50 centimes) — Les maisons du côté droit de ce quartier sont bâties sur le versant du morro de Cantagallo et ont pris par là l'aspect de châteaux féodaux; pour y arriver, l'on doit gravir un long escalier en pierre.

Vers l'entrée de ce faubourg, à l'angle formé par le Morro da Boa Vista, commence la rue latérale de Guanabara, et à son extrémité, en face la rue de Paysandú, ornée d'une double rangée de palmiers, se trouve le palais Izabel, résidence du comte d'Eu et de la princesse impériale. Il n'a guère de remarquable que le beau parc qui l'entoure. La résidence de l'empereur, Sam Christovão, est à l'autre extrémité de la ville, du côté droit; son parc est splendide, et le public y a libre accès. Le souverain y reçoit les jours ordinaires, mais les jours de grand gala, comme on appelle ici les solennités officielles, il accomplit ses fonctions de représentation au *Paço da Cidade*, le vieux palais colonial de la ville, qui date du temps des Portugais. Pour aller du palais Izabel à Sam Christovão, il faut au moins une heure en voiture, et traverser les quartiers les plus divers, tantôt par des rues très étroites, ou des montées abruptes, tantôt par de larges chaussées ou par les bords des canaux. Cette traversée est la meilleure façon de se faire une idée de Rio; non seulement les distances sont énormes, mais les divers quartiers présentent des aspects complètement différents, ce qui permet aisément de conclure que la vie ne doit pas être la même dans tous.

Les *bonds* cependant vont de tous les côtés; il y en a quatre compagnies seulement, il est vrai, mais chacune a un grand nombre de lignes, ce qui constitue un véritable grand réseau urbain. Dans la ville même, la voie est étroite, et les voitures, traînées par une seule mule, sont de vrais *trams* en miniature. On ne voit plus guère de voitures de maîtres; en revanche, celles de grande remise sont nombreuses; toutes, pour ainsi dire, sont attelées de mules fringantes. Les *parelhas* de chevaux sont devenues fort rares depuis l'établissement des tramways; le *bond* est le véhicule préféré par tous indistinctement; c'est le grand instrument de démocratisation sociale. Tout au plus commande-t-on un *bond* spécial, quand on veut faire autrement que le public. Quant aux mulets, ils supportent mieux les montées et les descentes, alors que les chevaux se fatiguent très vite. On ne les attelle plus guère qu'aux tilburys, aux *trolys*, tout le reste est traîné par des mulets. Rien de plus drôle pour un Parisien que les conducteurs de ces *carros*, voitures, charrettes, etc., allant nu-pieds avec un immense parapluie sous le bras, à côté de leur bête; ils marchent ainsi sur des distances énormes, que la charrette soit chargée ou vide. Quand les chargements ont un grand volume, sans être d'un poids énorme, comme les pianos, les buffets, ils sont transportés sur la tête par plusieurs nègres, qui marchent en chantant au rythme monotone d'un petit instrument réglant leur cadence.

On rencontre de même à chaque instant des hommes portant sur la tête un tonneau d'une forme spéciale : ce sont des porteurs d'eau qui vont s'alimenter aux innombrables fontaines de la ville. L'approvisionnement d'eau est un grand problème, qui, dès l'époque coloniale, a fait entreprendre de grands travaux pour amener dans la ville les petites rivières du voisinage. Cette année, on en a commencé de nouveaux pour capter des cours d'eau supplémentaires; il est probable qu'avant la fin de 1889, ce service sera assuré dans les conditions les plus complètes. Le public prétend que la meilleure des eaux ainsi captée est celle du rio Carioca, à laquelle il attribue la vertu de guérir les affections du larynx et de procurer de belles couleurs aux femmes.

Partout, en même temps qu'on constate dans les rues le mouvement habituel, on voit du monde aux fenêtres et aux portes; à certaines heures, ce sont des femmes, à d'autres ce sont des hommes et des enfants qui passent là des heures entières, regardant les passants ou se reposant peut-être des fatigues de la journée, ou bien rêvant à... la fragilité de la vie. Je n'ai jamais vu une autre ville où l'on ait à ce point cette étrange habitude ou cette affectation de montrer l'ennui domestique. Par moment on dirait que toutes les maisons appartiennent à des capitalistes et à des gens qui s'ennuient par oisiveté; on se demande, quand ces hommes et ces femmes travaillent, puisqu'ils témoignent à regarder ainsi les passants qu'ils n'ont rien à faire. Les femmes ne savent-elles donc pas se créer des occupations intérieures ? Les hommes, rentrant de leurs affaires, ont-ils donc assez de temps pour passer des heures entières accoudés aux fenêtres ? Habitude laissée par les Portugais, me dit-on; comme les curieuses confréries laïques, dont les membres doivent porter le costume rouge quand ils servent la messe ou quand ils demandent l'aumône pour des œuvres pies; dans cette occasion, l'un d'eux porte un long bâton d'argent.

Il y a pourtant des points de la ville qui semblent éloignés de tout contact social : les maisons, les rues, les coutumes sont entièrement différentes. La colline de la Gloria, par exemple, est si escarpée que ses rues sont des montées excessivement raides, inaccessibles aux voitures, bien qu'elles soient au centre de la cité.

Les maisons sont entourées de jardins, où la végétation est si exubérante que les plantes couvrent les murs de pierre donnant sur la voie publique, les emplissant de fleurs et de feuillage; certaines rues, très étroites, sont tapissées entièrement par les plantes grimpantes des jardins. Le spectacle est pittoresque et le coin charmant, et je comprends que ses habitants n'aillent pas volontiers de leurs hauteurs dans les autres quartiers. De ces maisons anciennes, bâties au sommet de la colline, on domine d'un côté toute la baie jusqu'à l'entrée du port, et de l'autre on découvre la ville dans toutes les directions. De ce charmant refuge de la Gloria, on peut contempler tout l'ensemble si complet de la vie d'une grande capitale. Le fracas du train-train journalier n'y arrive jamais; on entend seulement le bruit des vagues venant se briser contre les rochers et soulevant de gros flocons d'écume blanche, puis le murmure produit par le flux et le reflux de la marée. C'est vraiment imposant. On a construit en haut de cette colline un petit sanctuaire, *Nossa Senhora da Gloria*, qui est pour les marins de Rio ce que Notre-Dame de la Garde est pour ceux de Marseille.

Bien que l'architecture des maisons me paraisse absurde, et que les Portugais qui l'y ont introduite n'aient fait que répéter ici ce qu'ils avaient vu en Europe, sans tenir compte aucunement des énormes différences des milieux, cependant le climat de Rio a exercé son influence sur les procédés auxquels a dû recourir cette architecture. Ainsi grand nombre de maisons ont la façade couverte de carreaux polis et les murs latéraux de tuiles superposées pour éviter la trop grande chaleur et les rendre plus fraîches. Beaucoup d'autres, même les plus petites, sont entourées de jardins dont l'exubérante végétation embaume l'atmosphère du parfum des fleurs, en même temps que le vert éclatant du feuillage repose la vue.

Le pittoresque est donc abondant à Rio : prenons, par exemple, dans la rue de Riachuelo le tramway du Plan incliné pour gravir la colline de Santa Thereza. Le voyageur entre dans des voitures ouvertes des deux côtés, dont les portes latérales sont soigneusement fermées avant le départ du convoi. Celui-ci, au signal donné. commence à monter par une voie ferrée presque perpendiculaire, au moyen d'un gros câble métallique qui s'enroule sur un tambour, mis en mouvement par un engrenage attaché à un puissant moteur à vapeur. Ce Plan est à deux voies; le convoi montant est entraîné par le contre-poids d'un convoi descendant jusqu'au moment de leur rencontre; on sent alors une légère vibration due à l'effort de la machine pour vaincre le poids mort, et l'on continue ensuite tranquillement l'intéressant voyage aérien.

Le plan incliné est établi en certains points sur d'immenses piliers en fer; en d'autres, il repose simplement sur la rampe. A mesure qu'on monte, le coup d'œil augmente en beauté et en pittoresque; on a successivement à ses pieds les toits des maisons, puis des quartiers entiers. bâtis sur d'autres collines ou au fond de la vallée, et l'on voit plus loin la mer; plus haut, on passe à travers les maisons bâties sur le flanc de la montagne, et qui, une minute plus tard, seront sous vos pieds. Ce spectacle se renouvelle à tout instant, et, quand on parvient à la station du sommet, il est grandiose.

Pendant les belles nuits, il est étrange et mystérieux comme un conte de fées; au loin, la mer, éclairée par la douce lumière de la lune, semble vous attirer par un prestige fantastique, et, autour de vous, les groupes informes des maisons, les hauts clochers, les sommets des collines couvertes du manteau de leur épaisse végétation, les rues et les maisons fortement éclairées, ressemblant, dans la noire obscurité de la nuit, aux gigantesques prunelles des monstres fabuleux, qui guettent dans toute l'étendue de l'horizon, produisant un effet magique dans lequel ressortent les tons sombres des arbres et les masses touffues des innombrables jardins. La colline de Santa Thereza est très irrégulière et élevée, et les maisons bâties soit au sommet, soit aux flancs des collines environnantes, semblent au milieu de l'obscurité suspendues dans l'espace : l'illusion ainsi produite est d'une fantasmagorie singulièrement difficile à retracer.

De cette station supérieure du Plan incliné, part le tramway qui conduit à França, dans une voiture traînée par quatre mules et par le chemin le plus original du monde. Parfois il passe par des voies coupées à pic dans la roche vive, et d'où, en cas de déraillement, véhicule et voyageurs seraient précipités, d'une hauteur prodigieuse, dans des abîmes recouverts d'arbres et de rochers. Quoique très tortueux, ce chemin est si poétique que le sentiment du danger semble augmenter l'enchantement de l'excursion nocturne. Tant qu'on monte la côte, les mulets vont au pas, mais à la descente ils prennent le galop, et, dans cette course vertigineuse, le voyageur ferme les yeux pour échapper à l'oppression. Un instant encore, et une brusque secousse vous avertit que la voiture a soudainement effectué une courbe ; alors, dans l'obscurité de l'abîme, les yeux étonnés aperçoivent des maisons et des rues bien éclairées.

Devant vous, est l'hôtel de Vista Alegre habité par des convalescents ou des Anglais. Il est construit sur une pointe de la colline ; l'espace l'entoure de tous côtés, et, pour y arriver, il faut passer par un sentier très étroit.

Rio de Janeiro possède des promenades magnifiques. Le *Passeio Publico* est un superbe jardin, situé au bord de la mer sur le chemin du Cattete; on y trouve non seulement de très belles plantes, mais encore des statues et des pyramides. Il possède surtout une vaste terrasse qui donne sur la baie. De ce point, celle-ci exerce de singulières fascinations. Pendant les nuits sombres, les jardins sont éclairés au gaz, mais on l'éteint trop tôt. Les vagues de la mer viennent lentement mourir sur la plage; leur blanche écume, comme un fil d'argent se dessine aussi loin que la vue peut atteindre, et le grand silence nocturne n'est troublé que par le bruit sourd, mais grandiose, du flot. La vague avec son aigrette neigeuse semble enfin disparaître fatiguée, se traînant avec indolence par les contours inégaux du sable de la plage qui, en cet endroit, forme une longue courbe. Les Fluminenses sont très friands de ce spectacle, et, aux soirs de lune, on les voit demeurer des heures entières mélancoliquement accoudés sur la balustrade sans dire un mot.

Un autre jardin non moins beau, mais d'autre façon, c'est celui de la place d'*Acclamação* (d'acclamation), inauguré en 1880; cette œuvre d'un compatriote, M. Glaziou, rappelle par ses cascades, ses groupes, ses lacs, ses prairies artificielles, ses bois ombreux, ses larges avenues et ses petits sentiers, les plus fameux parcs d'Europe. On dirait nos Buttes-Chaumont, s'il n'était interdit aux voitures d'y entrer. La mode ne l'a pas encore adopté sous ce rapport.

La place de la Constitution est ornée de la statue équestre de D. Pedro Ier, œuvre d'un artiste français, tout à fait remarquable, montée sur un magnifique piédestal où sont des groupes représentant les grands fleuves du Brésil : S. Francisco, Madeira, Amazone et Paraná. L'Empereur, montant un coursier fougueux, montre au peuple son fameux cri historique : *Independencia ou Morte!* Le monument qui est grandiose manque un peu d'air; les grands arbres qui l'entourent semblent l'étouffer.

La plus belle promenade de Rio est sans contredit celle du Jardin Botanique. Celui-ci est situé à une assez grande distance de la ville, sur la gauche, derrière le Corcovado, près de la grande lagune Rodrigo de Freitas. Le tramway qui y conduit et en ramène en 3 heures, part de l'angle des rues du Ouvidor et de Gonçalves Dias, passe à la Gloria, par la plage de Botafogo et le quartier aristocratique de Sam Clemente.

Depuis le *Morro da Viuva* jusqu'à la Pedra da Ursa, la baie de Botafogo présente graduellement au regard des promeneurs un panorama splendide. A gauche, la ligne sinueuse des crêtes, dont les tons se nuancent du vert au bleu, selon la distance, se réfléchit dans ses eaux en apparence immobiles comme dans un brillant miroir; à droite de très belles maisons, des palais, de magnifiques jardins, et au fond de ce tableau dû à la seule nature, les chemins ombragés qui mènent à la montagne; l'œuvre de l'homme n'a pas gâté ici celle du Créateur et Camões aurait pu répéter son célèbre axiome : « Des choses qu'on rencontre rarement ensemble. »

En suivant la rue circulaire de Sam Clemente, on traverse un joli quartier rempli de chalets et de maisons, dont quelques-unes d'une architecture capricieuse, ornées avec goût, sont peintes extérieurement. Elles sont de toutes parts garnies de plantes odoriférantes et de feuillage tropical. A l'extrémité de cette rue, le sommet du Corcovado se dresse en ligne perpendiculaire, imposant ou pittoresque, à deux mille pieds, s'isolant dans l'azur du ciel qui sert de fond au tableau.

Le panorama change dès qu'on arrive par la rue de Humaytá et qu'on entre dans celle du Jardim. A gauche, on découvre une petite baie qui semble formée par la mer et n'est cependant qu'une immense lagune; en face, la Pedra da Gavêa se détache de l'horizon et derrière, entre deux montagnes qui côtoient la rue de Humaytá, on voit le Pão de Assucar. Après avoir dépassé les belles *chacaras* ou maisons de campagne, de Lages et Calláo, on arrive bientôt au Jardin Botanique. Dès l'entrée, le regard est absorbé extatiquement par une grande et superbe avenue, bordée de chaque côté par plus de cent palmiers bien alignés, d'une hauteur extraordinaire, se prolongeant jusqu'à la montagne verte marquant irrégulièrement la ligne de l'horizon.

Ces palmiers géants (*oreodoxo oleracea*) aux verts chapiteaux se rejoignant en voûte, aux troncs droits, polis et d'une circonférence constamment égale, sont d'une beauté architecturale qui rappelle les colonnes d'un temple de la vieille Égypte. Quand on frappe de sa canne l'un de ces troncs, on entend un son creux et prolongé; l'intérieur est fibreux, blanc et mou; il n'y a de solide que l'écorce extérieure.

Le bassin en marbre, qui divise en deux parties égales, cette longue avenue, vu de l'entrée, semble se trouver à la fin, mais quand on arrive à la clairière circulaire où il se trouve, on reconnaît qu'il est bien au milieu et l'on admire, à droite et à gauche, deux rues également longues, également droites et soigneusement sablées. D'un autre côté de ce bassin est une allée plantée de gros cèdres retenus au sol par de grosses racines étrangement entrelacées, et dont les troncs tourmentés semblent avoir été tordus par d'effroyables ouragans. On dirait que ce sont d'immenses couleuvres pétrifiées ou des lézards antédiluviens. Les allées et les bosquets de manguiers, de *jaqueiras*, de girofliers, de canneliers, etc., se succèdent sans interruption. Certains bosquets sont si épais que jamais le soleil n'y pénètre. La petite rivière Macaco coule à travers le Jardin Botanique, elle remplit de son eau cristalline les lacs, au bord desquels des bancs et des tables sont à la disposition des promeneurs. Dans ce jardin, on rencontre des milliers de plantes indigènes aux formes les plus capricieuses, aux feuillages les plus fantastiques et aux fleurs les plus rares. Toute la fabuleuse fécondité du sol tropical y apparaît dans la majesté tranquille et superbe de son exubérante efflorescence. La flore brésilienne s'y montre merveilleuse.

Comme me le faisait remarquer un compagnon de voyage, il est impossible d'imiter ailleurs un tel jardin, car il n'est pas possible d'y produire le luxe de la végétation tropicale, véritable débordement de la vie végétale, que l'on remarque dans la nature de ce pays et qui éclate partout, même dans les fentes des rochers. Parfois cette exubérance de vie produit des luttes silencieuses et touchantes; les troncs des arbres sont envahis par des parasites de mille formes, et, de leurs hautes branches, en tombent d'autres, appelés ici *barba do Velho*, barbe de vieillard. Les lianes grimpantes, semblables à de grosses cordes, les enserrent et les retiennent. Ainsi lié, dominé, serré, un arbre colossal ressemble à un Titan vaincu et enchaîné par des pygmées.

On voit de toutes parts cette prodigieuse nature déborder de vie. Les couleurs de ses fleurs sauvages sont fortes et vigoureuses. L'homme se sent petit devant la forêt vierge, où la hache seule lui peut ouvrir un passage; il s'indigne de la pauvreté de son pouvoir destructeur, quand, impatient de rendre ses terres propres à la culture, il allume des feux énormes qui brûlent l'herbe et détruisent la végétation, qui produisent des incendies immenses, s'étendant à des régions entières. Maintes fois j'ai pu voir en chemin de fer des langues de feu courir sur le sol, ou s'élevant vers le ciel, se détacher ardentes sur le fond noir de la nuit.

Il est peut-être bon de couper court à ces contemplations poétiques et d'essayer de donner l'idée de l'importance de Rio de Janeiro. Le Municipe neutre, canton à part, comprenant la capitale et sa banlieue, entouré par la province de Rio, comme le département de la Seine l'est par celui de Seine-et-Oise, est compris entre 22°43' et 23°6' en latitude, entre 4' est et 35' ouest en longitude, celle-ci comptée du méridien de l'Observatoire impérial du Castello, soit environ 52 kilomètres sur 80. Il a près de 200 kil. de côtes et une superficie de 1,394 kilom. carrés. La population n'y est pas mieux recensée qu'ailleurs. On l'évaluait, il y a deux ans, à 360,000 habitants; aujourd'hui des gens, qui s'affirment très bien informés, prétendent qu'elle n'est pas moindre de 800,000 âmes, dont tout près de 500,000 pour l'agglomération urbaine de Rio de Janeiro. Ce qui me paraît le plus plausible, c'est que cette population de la capitale est aujourd'hui de 400 à 450,000 âmes.

Il est certain que l'impôt foncier atteint 32,688 maisons, et que si l'on compte les maisons exemptes de cet impôt, les *freguezias* urbaines et suburbaines renferment ensemble 33,721 immeubles, dont la valeur locative, estimée à 36,988,655 $ 210, permet d'évaluer à 600,000,000 $ le capital engagé dans leur construction.

Le Municipe neutre renferme 13 paroisses urbaines et 8 suburbaines. Les premières s'appellent : *Candelaria, Engenho Novo, Espirito Santo, Gavêa, Gloria, Sacramento, Sant'Anna, Santo Antonio, Santa Rita, Sam Christovão, Engenho Velho, S. João Baptista da Lagôa* et *S. José*. Les suburbaines sont : *Campo Grande, Guaratiba, Ilha* (île) *do Governador, Inhaúma, Irajá, Jacarépagua, Paquetá* et *Santa Cruz*. Ensemble ces dernières comprennent un peu plus de 80,000 habitants ; l'abattoir municipal de la capitale est dans cette dernière localité, où conduit un chemin de fer spécial.

Trois lignes ferrées, deux de petits bateaux à vapeur, cinq entreprises de tramways, exploitant 45 lignes et 288 kilomètres, desservent la ville de Rio et ses faubourgs, (au nombre de 33, m'a-t-on assuré, mais je n'ai pu vérifier). Les édifices sont nombreux, mais en général peu remarquables. Il y a 31 églises ou couvents, 14 jardins publics et 10 théâtres, sans compter les 4 théâtres de la banlieue. La vie intellectuelle est très intense ; elle est alimentée par environ 60 journaux, sans parler des revues, des publications éphémères vendues tous les jours par de petits gamins qui les crient par les rues.

Le voyageur auquel des recommandations intelligentes ont ouvert les portes de la bonne société Fluminense éprouve le plus vif intérêt à en voir de près les allures et l'existence.

Au théâtre, au bal, dans les réceptions, on l'observe le plus aisément, si on la connaît de près. Au théâtre impérial D. Pedro II, les spectateurs viennent généralement en grande toilette et la famille impériale s'y montre assez souvent : dans cette salle grande, mais basse de plafond, les loges sont découvertes; l'affluence du public y rend l'animation extraordinaire. Pendant les entr'actes, les dames se lèvent, se promènent, se rendent mutuellement visite. L'aspect d'ensemble est très gai.

Les bals ont lieu généralement au *Novo Casino Fluminense*, grand bâtiment situé presqu'en face du *Passeio Publico;* espèce de club, propriété d'une société particulière, qui donne chaque année 4 grandes fêtes : en juillet, août, septembre et octobre, les mois de la saison fraîche. Ces bals sont très courus et le meilleur monde se fait un point d'honneur d'y paraître.

Les réunions les plus distinguées sont les raoûts de la princesse Impériale Izabel, qui voit alors dans ses salons le dessus du panier mondain de Rio : la distinction et une simplicité élégante en forment le cachet particulier.

Du reste, pour apprécier avec équité et intelligence, les habitudes et les allures actuelles de cette population *fluminense*, il ne faut jamais perdre de vue l'influence prépondérante exercée sur elle par l'élément portugais auquel elle doit son origine. Le Portugais d'une part, la possession de l'esclave de l'autre, sont deux facteurs qui ont puissamment agi pour élaborer le caractère ethnique brésilien. C'est depuis trente à quarante ans seulement qu'il tend à se modifier sous l'action incessante des éléments étrangers venus d'Europe.

On sait que la métropole portugaise avait eu pour politique de tenir sa colonie brésilienne sous une étroite dépendance économique : il en est résulté que celle-ci se modelait en tout et pour tout sur Lisbonne, sur sa cour, sur son commerce. Aujourd'hui encore, dans l'intérieur, les bonnes gens vous disent couramment : « Ceci vient du royaume, du Roi (do Reino, do Rei) », c'est-à-dire du Portugal, à leurs yeux le royaume par excellence, et son roi le seul qu'ils connaissent. Par une association d'idées toute naturelle, le gouvernement indigène a succédé à celui de Lisbonne et quand, l'an dernier, les nègres se sont vus affranchis par la loi du 13 mars 1888, attribuant avec raison, du moins pour une bonne part, leur liberté à la Princesse Régente, ils lui ont témoigné leur reconnaissance par le cri de : *Viva a Rainha*! Vive la Reine!

Évidemment, c'est là l'effet de la persistance du pouvoir des mots, de la routine. De même quand, dans les *Sertões* du Ceará, aux époques de sécheresses, arrivent les secours en subsistances expédiés par le gouvernement, ces bonnes gens s'écrient : « *Isto é do Rei*. Cela vient du roi », comme leurs pères le disaient à l'époque coloniale, où la cour de Lisbonne les tenait dans une dépendance si étroite.

Il est bien évident que, dans les grandes villes, à Rio particulièrement, la persistance des habitudes routinières s'accuse sous des formes différentes. Le Portugais y est toujours très puissant et numériquement considérable, seulement il est chaque jour diminué dans sa prépondérance par l'importance croissante des autres éléments étrangers.

Si la Couronne portugaise a jadis fait présent de vastes domaines à quelques favoris, si même elle leur avait fait cadeau du Brésil partagé en capitaineries, il n'en est pas moins certain qu'en général ceux qui émigraient au Brésil pour s'y établir ne formaient pas l'élite intellectuelle et morale du Portugal. Aussi n'y a-t-il rien de surprenant à ce que le commerce, même à Rio, ne se composât jusque vers le milieu de ce siècle, que de gens peu instruits, n'ayant quitté leur patrie que pour faire fortune en peu de temps. L'aristocratie, les hommes d'une grande culture d'esprit, étaient repartis en 1821 avec la Cour, un peu avant la déclaration de l'indépendance.

Le Brésilien indigène, descendant pur-sang des *Conquistadores*, ou bien métis issu de leurs croisements avec les diverses races soit autochtones, soit importées, n'a guère le tempérament commercial. Quand il a un peu de capital, il achète une *fazenda* et devient *lavrador*. C'est pourquoi en politique tous les *fazendeiros*, tous les *lavradores* étaient, jusqu'à ces temps derniers, fermement partisans du maintien de l'état de choses économique basé sur l'esclavage. La *lavoura*. l'agriculture, et, dans le centre du Brésil, la *grande lavoura*, la grande culture, avait groupé en un faisceau tous ces fazendeiros; elle était avant tout le parti conservateur.

Quand il n'a pas de capital pour acheter et exploiter une propriété, le Brésilien aspire à un petit emploi public; il préfère les émoluments d'un fonctionnaire même très modeste à la vie industrielle et commerciale. Aussi le fonctionnarisme est-il dans ce pays une plaie profonde autant que funeste.

Je me hâte de dire tout de suite que déjà le tableau que je viens de tracer a subi beaucoup de modifications; actuellement le commerce et surtout l'industrie ont attiré à eux de nombreux Brésiliens, parfaitement indigènes, qui y ont déployé des aptitudes au moins égales à celle des Portugais pur-sang.

Mais, il y a trente ans encore, la plus grande partie du commerce de Rio était entre les mains d'un petit nombre de maisons portugaises, dirigées par des hommes, pieux et ignorants, qui se distinguaient seulement par leur sévérité envers leurs employés et par le mystère dont ils entouraient leurs affaires. Ils avaient réussi à entasser de grands capitaux, mais beaucoup plus à force d'épargne et d'économie, la principale vertu de la nation portugaise, que par des spéculations bien conduites, pour lesquelles ils ne possédaient ni les aptitudes ni l'habileté nécessaires. En général, ils faisaient à commission le commerce des produits du pays: café, coton, sucre, toile, *xarque* ou *charque* (viande sèche). Dès 6 heures du matin, ils étaient à leur poste; ils ne le quittaient pas avant 10 heures du soir.

L'importation était surtout effectuée par des commerçants de différentes nationalités, Anglais, Français, Allemands et Belges, indistinctement appelés *Inglezes*. Leurs maisons, s'écartant des coutumes portugaises, n'ouvraient leurs portes qu'à 9 heures du matin pour terminer leurs affaires vers 4 heures du soir. Ces négociants, au lieu de rester ensuite dans la ville, n'y avaient que leurs magasins ou comptoirs, et allaient établir leur habitation dans les faubourgs, plus agréables, plus salubres aussi. Ils savaient en général mieux jouir de la vie que leurs collègues, Portugais ou Brésiliens, trop attachés aux anciennes coutumes pour suivre leur exemple. Toutefois celui-ci agit à la longue : l'opinion de ces étrangers sur les affaires et la manière de vivre fut tenue en compte sérieux, et, de cette époque, date sans doute le dicton brésilien caractéristique : *para Inglez ver*, appliqué surtout dans ce sens qu'en apparence du moins on s'organisait pour que l'étranger fut favorablement impressionné.

Cette apparition des étrangers commerçants coïncida avec la venue de la Cour de Portugal, et les mesures libérales économiques qu'elle dut prendre, lorsqu'elle érigea le Brésil en royaume. Le roi et son aristocratie partirent, mais les commerçants étrangers restèrent, et leur action s'est fait sentir de la façon la plus heureuse aux premiers jours de la vie nationale brésilienne.

Avant eux, lorsque les rapports avec l'extérieur, effectués par des voiliers, étaient rares et si longs, tout dans le commerce allait paisiblement. Le *time is money* était inconnu — il l'est encore beaucoup aujourd'hui pour le Brésilien *genuino*, — on allait au quai de Pharoux, comme aujourd'hui on se rencontre rue du Ouvidor : les pères de famille y étaient accompagnés de leurs filles et des petits *caixeiros* ou commis qui, arrivés de la patrie avec une chaude recommandation du curé de la paroisse, étaient destinés à devenir les gendres et les associés des patrons. La simplicité était à l'ordre du jour dans la mise comme dans l'habitation. Une redingote blanche sans gilet, un pantalon nankin, confectionné chez soi, une cravate faite du premier morceau d'étoffe venu, un chapeau de paille appelé *manilha*, quoique de fabrication indigène, constituaient un *full dress*, qui devenait *quite correct*, si l'on pouvait y ajouter une paire de bottines à l'européenne du magasin en vogue de Clarck.

Graduellement toutefois des changements s'opérèrent dans cet état de choses, sous l'influence des étrangers, et par le fait du jeune Brésil, des *doutores* adolescents, dont l'ambition était de se montrer en redingote couleur d'olive, aux boutons dorés, en pantalon blanc ou jaune, en bottines vernies et en chapeau rond. Aujourd'hui leur élégance peut rivaliser de correction avec les « *copurchics* » de Hyde Park ou du boulevard des Italiens. C'est toujours pour moi un étonnement que de voir ces braves gens se soumettre aux tortures qu'impose la tyrannie de la mode, sous un ciel clément qui permettrait si bien de se mettre avec décence à son aise.

Le commerce, jadis groupé dans une partie de la ville ancienne, la *cidade velha*, aux environs des rues *Direita et dos Ourives*, s'étend aujourd'hui dans beaucoup d'autres directions, car, malgré l'éloignement des quartiers, le réseau des tramways est si étendu et si bien dirigé qu'on n'en trouvera peut-être nulle part un mieux organisé. Toutefois diverses branches commerciales se trouvent concentrées dans des rues ou des quartiers déterminés; ainsi les banques, le télégraphe sous-marin, la douane, la poste, la caisse d'amortissement se trouvent dans la rue *Primeiro de Março*; les rues des modes et confections sont celles du *Ouvidor, Theatro, de la Quitanda*; la rue des cordonniers et des marchands de comestibles, celle du *Sete de Setembre*; les nouveautés et étoffes en gros sont dans la *Primeiro de Março* et les voisines; les marchands de viande sèche (*Xarque*) dans celle *do Rosario*, comme les ferblantiers; quant au commerce du café, les *commissarios* et les *ensaccadores* occupent surtout les rues de *S. Bento, Municipal*, des *Benedictinos, Visconde de Inhaúma et da Saude*, près des bassins D. Pedro II; les *exportateurs*, celles de *S. Pedro*, *Alfandega*, *General Camara* ; les *trapicheiros*, celles da Saude et de Gambôa. Ces derniers sont les propriétaires des magasins du quai (*trapiches*), où le café, apporté par chemin de fer ou par navire, est temporairement gardé.

Le *commissario* est l'homme qui reçoit directement le café envoyé de la fazenda et le tient dans ses magasins à la disposition des acheteurs ; l'*ensaccador* est l'acheteur de première main, qui trie et assortit les diverses qualités cotées sur le marché ; il achète et vend à ses propres risques. C'est pour cela qu'on ne trouve pas dans le commerce extérieur du café de *fazenda*, mais seulement du café *liga* ou mélangé. Seule l'exportation directe quand elle trouvera au dehors des preneurs s'engageant à faire entrer telle quelle la denrée dans la consommation, pourra fournir ces cafés, spécialement soignés sous tous les rapports. L'*exportateur* achète pour compte du dehors et sur ordres ; jadis il passait par l'intermédiaire du *corretor* ou courtier, aidé de ses *zangões* ou coulissiers.

Ce commerce est très compliqué, surchargé de formalités coûteuses, longues et inutiles, sa réglementation est évidemment un reste de l'ancien système colonial.

On dit qu'il y a au moins 120,000 étrangers à Rio de Janeiro. Et, en effet, la *Muito leal e heroica cidade de São Sebastião do Rio de Janeiro*, ainsi que l'appellent les chartes officielles, la *Côrte*, telle qu'elle est dénommée dans le langage courant, a pris maintenant un caractère très cosmopolite. Depuis les bateaux à vapeur, le télégraphe, les chemins de fer, les usines centrales sucrières, les grandes entreprises industrielles de toute espèce, qui ont exigé de nombreux appels aux capitaux de l'Europe, les relations avec l'extérieur se sont multipliées ; chaque jour, il entre dans le port des paquebots venant d'Europe : on met 15 jours, 17 à 18 au plus pour effectuer une traversée qui jadis demandait plusieurs mois. Rio est devenue l'escale des paquebots rapides d'Angleterre à la Nouvelle-Zélande par le cap Horn, de ceux qui vont dans le Sud à la Plata, et dans le Pacifique au Chili et au Pérou. Les représentants des capitalistes étrangers, les entrepreneurs des travaux et des industries, leur personnel, tout le commerce d'échanges qui s'est développé à côté d'eux, ont accru singulièrement, comme c'était chose bien naturelle, le contingent des non-Brésiliens et des non-Portugais, car aujourd'hui encore le Brésilien ne regarde pas le Portugais comme un étranger ; la vie affairée, que mènent ces nouveaux venus a donné au Rio indolent d'autrefois une animation fébrile qui a dérangé des habitudes chères, mais à laquelle on s'est fait assez vite, parce que chaque jour on en reconnaît l'avantage, non seulement pour son compte personnel, mais pour le pays en général, et, ne l'oublions pas, le Brésilien est très chauvin ; pour un peu, il éprouverait toutes les surexcitations du *nativisme*.

C'est donc à présent une cité très animée que Rio ; chemins de fer, tramways et barques à vapeur, ne transportent pas moins chaque jour de 125,000 personnes qui habitent les environs et viennent en ville pour leurs affaires et leurs occupations. — Cela seul suffit à donner une idée du mouvement de la cité.

Voyons maintenant de plus près les éléments fournis par la statistique sur sa vie économique. Tous les tableaux que l'on va trouver présentent la comparaison des résultats entre 1887 et 1888.

MOUVEMENT DU PORT DE 1879 A 1888

ENTRÉES

ANNÉES	LONG COURS		CABOTAGE	
	NAVIRES	TONNAGE	NAVIRES	TONNAGE
1879.	1,313	1,075,847	1.628	513.564
1880.	1,297	1.069.186	1.409	440.996
1881.	1,285	1,125,059	1.456	450.662
1882.	1,288	1.197.671	1,439	400.480
1883.	1.218	1,220.332	1.414	454.739
1884.	1,245	1,281.388	1 346	470.251
1885.	1.282	1.376.023	1.417	475,298
1886.	1.215	1.208.291	1,345	485,708
1887.	1.403	1.178.330	1.253	487.203
1888.	1.193	1.487.652	1,279	560.619
Total.	12,439	12,309 778	11,016	4,748,080

SORTIES

ANNÉES	LONG COURS		CABOTAGE	
	NAVIRES	TONNAGE	NAVIRES	TONNAGE
1879.	1,127	1.059.115	1.857	601,790
1880.	1.083	1.006.719	1,632	541,448
1881.	1.121	1.117.187	1,631	540,019
1882.	1.064	1,140,439	1,642	535.558
1883.	1.067	1.207,821	1,588	540,891
1884.	1,111	1,233,096	1,499	518,883
1885.	1,033	1,244,847	1,557	512,064
1886.	980	1.196.115	1,502	563,593
1887.	789	999,881	1,491	526,008
1888.	1,040	1,369,353	1,361	634,063
Total.	10.415	11,584.528	15,761	5,403,297

1888

MOUVEMENT PAR NATIONALITÉS

NAVIRES	ENTRÉES			SORTIES		
	VOIL.	VAP.	CABOT.	VOIL.	VAP.	CABOT.
Américains.	63	17	17	61	17	34
Allemands.	25	115	72	13	100	85
Argentins	—	2	1	3	2	—
Belges.	—	30	—	—	30	2
Brésiliens.	9	39	959	3	3	944
Danois	9	—	14	4	—	15
Français.	4	148	35	7	140	37
Grecs.	1	—	—	—	—	—
Espagnols	6	2	1	1	2	6
Hollandais.	3	—	8	7	—	8
Hongrois.	—	5	41	—	2	15
Anglais.	192	225	98	163	243	182
Italiens.	11	75	8	10	72	7
Norwégiens	149	3	28	149	—	33
Portugais	35	4	14	13	4	31
Russes	2	—	—	2	—	—
Suédois.	22	—	18	17	—	17
Autrichiens	1	6	—	2	11	—
Total.	622	675	1,279	445	595	1.361

REGISTRE MARITIME

EMBARCATIONS CLASSIFIÉES AU 31 DÉCEMBRE 1888

Navires.

Brésiliens à voile	184	mesurant	21.075	tonnes.
— à vapeur. . .	87	—	17.371	—
Anglais — . . .	3	—	1.207	—
Argentins à voile. . . .	2	—	1.044	—
Portugais —	2	—	7.391	—
Danois —	2	—	372	—

RECETTES DE LA DOUANE DE RIO

ANNÉES	IMPORTATION	EXPORTATION	TOTALE
1879	31.954.997 $	9.800.327 $	41.755.324 $
1880	33.319.825	9.531.170	42.850.995
1881	32.346.129	9.215.227	41.501.356
1882	32.991.907	7.021.819	40.013.726
1883	33.261.474	5.915.396	39.176.870
1884	33.336.358	6.961.473	40.297.833
1885	33.130.288	7.198.373	40.328.661
1886	36.591.736	6.509.650	43.101.386
1887	38.726.730	6.205.437	45.932.167
1888	48.850.440	6.633.383	48.483.823

TRAITES NÉGOCIÉES SUR LA PLACE DE RIO

ANNÉES	LONDRES EN LIVRES ST.	PARIS EN FRANCS	HAMBOURG EN MARKS
1884.	12.541.359	32.254.844	2.213.726
1885.	11.147.135	27.074.572	3.363.198
1886.	20.284.438	36.259.803	3.211.824
1887.	25.320.271	48.780.199	2.024.885
1888.	22.579.863	59.235.198	2.725.124

Dans les chiffres de 1888, manque le mois de décembre.

Jusqu'au dernier moment, j'ai attendu les tableaux statistiques détaillés de la douane pour présenter les données spécifiques du commerce; je n'ai pu encore les recevoir (juin 1889) et dois me contenter de présenter les résultats de 1886-87, en ajoutant ceux qui me sont parvenus pour la période ultérieure.

Je prie le lecteur d'établir lui-même les comparaisons que la difficulté de l'établissement typographique m'empêche de lui présenter toutes faites.

EXPORTATION DIRECTE A L'ÉTRANGER PAR LA DOUANE DE RIO

ARTICLES	UNITÉS	QUANTITÉS		VALEURS	
		1886-87	3e SEMESTRE	1886-87	3e SEMESTRE
Eau-de-vie	Litres.	42.584	39.485	7:856$	7:290$
Coton brut	Kil.	200		120	
Sucre	—	401.590	2.014.765	56:252	288:004
Café	—	201.502.929	30.905.726	106.274:358	37.227:358
Cuirs	—	4.209.226	1.920.488	866:148	407:460
Cristaux	—			19:063	4:288
Diamants	Gramme.	4.306	1.807	275:584	115:648
Sucreries	—			99:547	22:434
Farines	—	519.492	404.953	91:021	80:543
Fruits	—			48:063	57:230
Tabac	Kil.	1.950.400	1.092.308	1.153:450	517:241
Cigarres	Cents	286	173	858	519
Gomme élastique	Kil.		68.928	53:761	68:938
Herbes médicinales	—			7:666	281
Palissandre	—	1.184.274	826.360	100:089	69:098
Laine brute	—	1.380	1.200	690	3:055
Bois de construction	—			2:005	1:173
Or en poudre	Gramme.	1.151.879	440.859	1.197:684	664:940
Or monnayé	—			151:370	503:629
Cornes	—	2.820	1.215	33:840	15:309
Argent en barre	—	1.069	3.700	21:962	548
Divers					47:199
Totaux				110.524:198$	40.209:946$
Exercice de 1886-87				150.733:144$000	

Je note, si je ne l'ai déjà fait, que l'exercice 1886-87, a eu un semestre additionnel, parce qu'une loi a prescrit de faire commencer l'année financière au 1er janvier, comme l'année civile. Jusqu'au 1er janvier 1888, l'année financière allait du 1er juillet au 30 juin.

EXPORTATION DIRECTE EN 1888.

Articles.	Quantités.		Valeurs.
Eau-de-vie.	67.814	litres.	42.851$385
Sucre.	55.692	volumes.	566.768
Café.	490.501.518	kilos.	92.463.888 820
Crins	7.540	—	527 800
Cuirs en poils . . .	4.205.055 5	—	782.156 070
Diamants.	1.387	grammes.	88.768
Sucreries.	1.444	volumes.	68.546
Farines de manioc.	404.494	kilos.	74.281.410
— de froment.	18.000	—	2.700
Fruits.		—	65.211
Cigarres	182	5 cents.	547 590
Tabac.	1.977.211	5 kilos.	814.909 540
Gomme élastique. .		—	43.769
Mate	7.344	—	2.233 200
Palissandre	1.128.959	—	92.154 240
Or en poudre. . . .	306.407	grammes.	309.541 770
— en barres	143.631 7	—	145.068 080
— monnayé.		—	375.239 066
Divers		—	143.538 339
Total			95.752.919$201

Pour les deux années 1885-86 et 1886-87, le commerce international s'est établi relativement aux principaux pays :

PROVENANCES ET DESTINATIONS	IMPORTATION		EXPORTATION	
	1885-1886	1886-1887	1885-1886	1886-1887
Allemagne . . .	9.641.860	13.125.210	9 751.484	13.914.39..
Autriche	127.406	193.080	4.123.651	4.836.779
Belgique. . . .	5.941.527	6.202.504	1.433.855	2.626.328
États-Unis . . .	7.741.178	9.016.439	59.430.586	62.921.872
France.	12.614.651	12.889.863	6.645.542	8.291.061
Angleterre . . .	41.847.088	45.424.562	5.280.401	9.123.434
Portugal. . . .	6.150.188	6.920.836	215.705	1.553.014
Rép. Argentine.	5.522.306	3.199.088	1.760.406	2 571.379
Uruguay. . . .	11.109.170	4.622.000	963.680	781.742

Voici le tableau complet pour les 18 mois de l'exercice xceptionnel de 1886-87 :

VALEURS OFFICIELLES

PROVENANCES ET DESTINATIONS	IMPORTATION		EXPORTATION	
	1886-1887	3e SEMESTRE	1886-1887	3e SEMESTRE
Allemagne	13.125:210$	6.063:898$	13.914:395$	2.697:852$
Autriche	193:086	142:971	4.836:779	895:617
Belgique	6.292:564	2.089:442	2.627:328	818:306
Le Cap			701:547	612:127
Chili	135:738	22:284	21:754	20:150
Danemarck	34:712			
Uruguay	4.622:090	5.357:139	781:742	533:943
États-Unis	9.046:239	4.088:370	62.911:872	22.816:040
France	13.124:143	6.983:808	8.294:061	2.022:579
Grande-Bretagne	55.424:562	20.860:931	9.123:434	2.803:009
Espagne	43:740	62:647	247:140	920
Hollande	94:282	60:698	5:820	
Indo-Chine	1.012:600	878:307		
Italie	1.003:845	533:659	1.521:778	650:187
Nouvelle-Zélande	99:358	372:961	2:640	
Paraguay		8	24	1:797
Pérou				
Portugal	6.920:036	3.387:177	1.553:014	501:253
République Argentine	3.109:088	3.898:420	2.571:379	1.379:949
Russie	35:570		63:015	10:905
Suède-Norvège	330:620	181:940	20:382	
Divers	938:474	306:198	1.326:094	474:422
Totaux	105.586:157$	55.197:068$	110.524:198$	42.209:046$
Exercice de 1886-1887	161.783:225$		150.733:244$	

IMPORTATION DIRECTE DE L'ÉTRANGER PAR LA DOUANE DE RIO DE JANEIRO DURANT L'EXERCICE DE 1886-1887

ARTICLES	UNITÉS	QUANTITÉS		VALEUR OFFICIELLE	
		1886-1887	2e semestre	1886-1887	2e semestre
Eaux minérales	Kilogramme.	304.070	199.440	304:070$	26:246$
Coton	—	9.464.268	3.483.185	25.412:232	11.065:508
Huile douce	Litre.	747.879	316.133	166:269	218:025
Bacalhão	Kilogramme.	6.334.887	2.753.316	1.266:277	738:283
Saindoux	—	1.084.730	165.351	650:838	254:426
Patates alimentaires	—	7.821.800	4.425.969	391:090	290:606
Jouets	—	168.429	64.009	355:974	137:451
Chaussures	Paire.	1.101.961	426.939	1.533:291	825:286
Carne secca (Exarque)	Kilogramme.	18.227.100	15.072.732	2.645:420	3.275:806
Viandes préparées	—	461.656	221.825	434:430	205:009
Charbon de terre	Ton. metr.	210.528	135.571	4.210:480	2.711:420
Céréales et légumes	Kilogramme.	27.661.887	19.810.678	2.282:840	2.116:285
Bière	Litre.	1.039.835	604.866	162:845	299:610
Thé	Kilogramme.	94.730	39.167	281:190	121:660
Cigarres	Cents.	27.283	16.897	272:350	117:845
Plomb, étain, etc.	Kilogramme.	1.010.535	709.176	357:955	226:576
Ciment	—	10.660.000	6.803.686	333:000	429:143
Cuivre	—	153.266	135.033	1.151:726	571:136
Cuirs et peaux	—	307.597	163.537	706:042	180:870
Son	—	2.737.820	1.249.117	136:879	93:699
Farine de blé	—	39.305.400	20.581.426	3.930:540	2.191:065
Farines et pâtes	—	726.290	428.300	420:381	332:083
Fruits frais, secs, etc.	—	1.638.685	957.036	480:060	295:625
Foin et fourrages	—	8.195.000	3.840.210	409:750	285:015
Fer et acier	—	8.992.777	1.898.097	1.277:645	2.545:455
Bétail	Un	6.666	8.367	98:809	90:537

IMPORTATION DIRECTE DE L'ÉTRANGER PAR LA DOUANE DE RIO DE JANEIRO DURANT L'EXERCICE DE 1886-1887

ARTICLES	UNITÉS	QUANTITÉS		VALEUR OFFICIELLE	
		1886-1887	3e semestre	1880-1887	3e SEMESTRE
Glace	Kilogramme.		450.000		15:000$
Laine	—	2.069.969	603.418	8.237:451$	2.835:973
Lin	—	3.292.250	1.874.418	3.184:314	1.475:635
Livres imprimés	—	208.700	111.613	224:985	138:141
Vaisselle et verrerie	—	2.510.301	1.499.467	844:140	452:570
Machines, appareils, etc.				4.187:332	1.474:564
Beurre	Kilogramme.	944.868	601.565	1.102:346	723:497
Huiles minérales	—	8.732.700	4.832.286	1.746:540	897:928
Or et argent				5.644:354	4.140:772
Papier d'impression	Kilogramme.	2.472.000	1.207.763	587:079	302:396
Parfumeries	—	219.830	124.687	420:980	256:363
Allumettes	—	1.256.240	547.794	852:729	376:068
Produits chimiques et pharmaceutiques	—	763.021	351.797	701:778	421:512
Fromages	—	330.660	180.206	330:660	228:635
Sel commun	Litre.	30.849.600	10.637.470	462:744	222:030
Suif	Kilogramme.	282.690	291.974	113:076	131:458
Soie	—	72.146	30.761	2.165:305	827:389
Madriers	Mètre cube.	59.424	31.780	1.030:016	616:429
Blé en grains	Kilogramme.	3.473.500	1.993.685	138:940	79:787
Bougies stéarines	—	242.200	133.909	242:200	112:007
Vins	Litre.	18.731.198	8.658.558	4.924:400	2.396:549
Articles divers				13.961:131	5.885:384
Totaux				105.586:157$	56.197:068$
Exercice de 1886-1887				161.783:225	

Il est particulièrement intéressant de faire ressortir la part prise par la France dans cet ensemble d'échanges. Voici, selon les données officielles et les plus récentes que j'ai pu recueillir, comment elle s'établit. Je prends d'abord les tableaux comparatifs complets de deux exercices :

IMPORTATION FRANÇAISE

A RIO DE JANEIRO

(*Nomenclature de la Douane.*)

Articles.	1885-1886	1886-1887
Animaux vivants et desséchés	12.210$000	13.330$000
Cheveux, poils et plumes	156.021 854	177.786 000
Cuirs et peaux	904.227 651	1.058.103 100
Viandes, poissons, huiles animales	1.162.488 937	1.006.449 700
Ivoire, nacre, écaille	118.790 701	135.980 000
Fruits	68.991 000	84.000 000
Légumes, farineux, céréales	89.644 301	107.090 000
Arbustes, arbres, plantes vivantes	222.534 817	254.796 000
Sucs végétaux, boissons fermentées	838.785.444	668.710 800
Parfumerie, teinturerie	208.658 967	353.313 400
Produits chimiques et pharmaceutiques	444.422 707	426.427 000
Bois	176.716 043	149.714 000
Bambous, joncs, rotins, etc.	6.021 934	14.012 000
Paille, sparterie, jute, aloès	119.478 000	96.480 000
Coton	1.859.797 520	1.772.492 900
Laine	1.184.435 488	1.368.801 700
Lin	266.432 755	352.605 300
Soie	1.283.283 572	1.449.951 140
Papier et applications	382.631 435	840.863 200
Pierres, terres, minéraux divers	285.062 784	411.825 000
Vaisselle et verrerie	202.653 700	285.222 000
Or, argent, platine	564.332 540	490.985 520
Cuivre et alliages	168.989 934	189.455 000
Plomb, étain, zinc	18.782 068	26.121 200

Fer et acier.	26,339 584	261,554 000
Métalloïdes et métaux divers	11.102 700	19.677 800
Armurerie.	13.461 468	12,400 000
Coutellerie.	22,457 834	26.800 000
Horlogerie.	303.666 968	280.918 000
Sellerie et carrosserie. . . .	20.132 500	61.740 000
Instruments de physique et de mathématique	83.398 067	88.015 000
Instruments de chirurgie et de l'art dentaire.	79,754 700	61,154 000
Instruments de musique . .	155,086 034	135,096 000
Machines, appareils, etc . .	314,271 437	209.793 000
Articles divers	376,423 449	306.701 400
Totaux	12.229.385$044	12.648.857$160
Différence en plus pour 1887.	419.472$116	

EXPORTATION EN FRANCE DE RIO DE JANEIRO

(*Nomenclature de la Douane.*)

Articles.	1885-1886	1886-1887
Eau-de-vie.	—	263$000
Riz	31$800	24 000
Sucre blanc	14 400	16 800
— raffiné	54 000	552 960
Barbatanas	—	100 000
Biscuit.	3 000	—
Café.	5.492,395 896	7.721.632 500
Viandes préparées sèches .	105 000	10 000
— langue de bœuf. .	—	30 000
Crin animal.	650 580	570 000
Cire végétale brute	—	1.468 000
Bière.	—	152 000
Cristaux	3.592 000	9.624 000
Cendres d'orfèvres.	230 000	—
Cuirs avec poils salés. . . .	721.831 000	831.350 800
— secs.	44.281 250	18 160
— verts	—	900 000
Diamants bruts.	25.000 000	10.496 000
Confiserie	1.453 000	2.207 000
Farine de manioc	70 200	81 900
— de maïs.	—	40 000
A reporter.	6.290.101$835	8.579.440$120

Report.	6.290.401$636	8.579.440$120
Farine de tapioca	87.811 000	70.487 200
Fleurs artificielles	—	400 000
Fruits	95 000	70 000
Tabac en feuille.	225 000	87 000
— en corde	349 340	183 000
— en cigares	465 000	75 000
— défibré	31 500	—
— en cigarettes.	—	464 000
Caoutchouc de mangabeira.	190 400	8.023 200
Cuirs de pied (à colle) . . .	4.767 750	142 500
Guarana	—	30 000
Mate	20 000	190 000
Herbes et écorces médicinales.	1.815 000	20 000
Palissandre en madriers . .	148.820 997	72.849 400
Laine brute	1.394 560	680 000
Légumes (haricots)	133 000	16 000
Liqueurs.	—	40 000
Bois de construction (madriers).	403 000	630 000
Os.	1.409 000	465 000
Or, espèces	67.506 020	12.533 740
Pierres diverses	200 000	—
Piassava brute.	2 800	—
Cornes de bœuf	36.536 000	33.840 000
Argent (espèces et barres).	1.326 000	—
Bois-Brésil (teinture)	—	216 000
Issues	—	5 400
Savon	50 000	—
Sabots de bœuf.	190 000	—
Teintures médicinales. . . .	—	—
Vins divers	32 000	—
Produits non spécifiés . . .	9.254 909	5.461 000
Totaux.	6.647.839$971	8.785.449$160
Différence en plus pour 1887.	1.237.609$189	

Si nous réduisons ces totaux en francs, nous aurons, pour le mouvement comparé des trois dernières années, des échanges entre la France et le port de Rio de Janeiro (exportation en France, importation à Rio) :

Exercices.	Importation.		Exportation.		Total des échanges.
1884-85 . .	31.286.635 14	+	16.613.855 38	=	47.900.490 50
1885-86 . .	30.573.402 63	+	16.619.660	=	47.193.062 85
1886-87 . .	31.822.142 90	+	21.963.662 90	=	53.785.766 80

Quant à l'année 1888, voici le tableau que me permet d'établir, pour l'exportation de Rio en France, le *Bulletin de la douane*, du 11 janvier 1889 :

Articles.	Quantités.		Valeurs.
Café.	14.285.308	kilos.	6.658.480$831
— moulu	64	—	64
Eau-de-vie	4.077	litres.	897 701
Chiens.	2	têtes.	14
Huile d'aloès.	1	colis.	10
Crins	7.540	kilos.	527 800
Cuirs salés.	1.567.950	—	297.708 040
— secs	12.288	—	7.954 700
— déchets	1.714	—	523 200
— décharnés . . .	18.240	—	912
Peau de jaguar	1	—	10
Diamants bruts	472	grammes.	30.208
Farine manioc.	2.054	kilos.	147 700
— tapioca.	311.650	—	62 330
Tabac en corde	120	—	48
— en feuille. . . .	180	—	252
Sabots de bœuf	2.310	—	346 500
Gomme élastique de mangabeira	12.250	—	12.250
Palissandre 1re qual.	2.100	—	378
Palissandre madriers 2e qualité	560.660	—	56.066
Palissandre madriers 3e qualité	365.730	—	21.944 340
Palissandre en billes.	2.800	—	224
Laine brute	6.440	—	3.542
Bois de construction (échantillons)	—		20
Cornes de bœuf. . . .	1.524	cents.	18.288
Vin d'orange.	2	colis.	24
Son.	—		6.425
Résidus stéariques . .	185	barils.	6.000
Total.			7.179.955$812

de marchandises soumises aux droits de sortie seulement, sur un total de 94,950,829$958.

Soit en francs.	40,049,889 fr. 65
Sur total de.	237,377,074 fr. 85

Je n'ai pu trouver la contre partie exacte de l'importation de France à Rio.

Voici toutefois le tableau des marchandises exemptes de droits à l'entrée, soit en vertu d'une loi à raison de leurs destinataires, soit en vertu du tarif en raison de leur nature spécifique, qui ont été importées de France à Rio en 1888 :

1° Exemptées par la loi :	
Pour le gouvernement général	204.593$
— le culte divin.	8.122
— le corps diplomatique	13.630
— diverses entreprises	67.714
— des particuliers	5.496
2° Exemptés par le tarif :	
Animaux, 5 têtes.	13
Plantes vivantes, 16 colis	270
Oiseaux, 47 têtes.	217
Guano diverses, 73 colis.	4.416
Graine, 25 colis	320 070
Matériel de chemin de fer	2.980
Machines 876 colis.	171.443
Or monnayé	129.400 800
Argent.	330.003
Total	958.640$870

Soit en francs 2,396,617 fr. 20.

IMPORTATION DE *fazendas* (ÉTOFFES) EN NOMBRE DE COLIS

Articles.		1887	1888
Coton		53.841	55.047
Laine		5.166	4.778
Lin.		1.204	1.423
Confections	modes.	370	4.403
	lingerie.	1	7
Soie		496	200
Totaux		60.877	67.828

DÉTAIL DE L'EXPORTATION EN 1888

Eau-de-vie.

Allemagne	1:845$204	
Belgique	24 370	
Chili	5 310	
État Oriental	188 442	
France	807 701	
Italie	29 640	
Paraguay	14 000	
Portugal	7:242 785	
République Argentine	185$361	9:884$803

Café.

Afrique	37:490$	
Allemagne	10.451:387 800	
Asie Mineure	8:874	
Autriche	5.825:442 530	
Belgique	2.449:943 587	
C. de B. Espérance	2.097:209 400	
Chili	30:883 605	
Corfou	7:496 400	
Danemarck	8:492 820	
États-Unis	58.457:035 828	
État Oriental	617:525 808	
France	6.044:754 031	
Espagne	64 970	
Angleterre	3.547:480 560	
Italie	803:270 094	
Paraguay	335 500	
Portugal	303:369 547	
République Argentine	1.172:751 468	
Russie	27:680 700	
Suède	22:008	
Turquie	14:580	
Turquie d'Asie	662$460	91.030:189$387
A reporter		91.040:074$190

Report		91.040.074$190
Cornes.		
Allemagne	600$	
Canal	5:880 960	
France.	15:642 100	
Angleterre	25$	22:148$60
Cuirs.		
Allemagne.	9:259$	
Autriche.	4:823	
Canal	422:190 780	
Corfou.	4:943 500	
France.	344:241 940	
Angleterre.	475 200	
Italie.	6:776$	789:709$429
Crin animal.		
France.		527$460
Diamants.		
France.	30:208$	
Angleterre	50:560$	88:768$
Farine de manioc.		
Allemagne.	31$100	
État Oriental.	6 900	
États-Unis.	2	
Espagne.	1	
Angleterre	2	
Italie.	3	
Paraguay	9	
Portugal.	1:390 150	
République Argentine .	634$600	2:079$750
Cigarres.		
Allemagne	45$	
Belgique.	6	
Chili	420	
Angleterre.	18	
Portugal.	16 500	
République Argentine .	42$	547$500
A reporter		92.883:854$480

Report.		92.833:854$480
	Cigarettes.	
Allemagne.	56$	
État Oriental	24	
États-Unis.	9 600	
Angleterre	424 800	
Portugal.	68 400	
République Argentine.	6:436$	6:418$800
	Tabac.	
Allemagne.	293$300	
Chili	434 410	
État Oriental.	179:478 748	
France.	659	
Angleterre	4:043 800	
Portugal.	428 400	
République Argentine .	620:435$331	805:472$050
	Palissandre.	
États-Unis.	2:502$100	
France.	78:720 640	
Angleterre.	9:256 400	
Italie.	2:934 600	
Portugal	4:008$	94:850$740
	Or en poudre et fondu.	
Angleterre		706:662$880
	Tapioca.	
Belgique	3$400	
États-Unis.	424 200	
France	70.977 600	
Angleterre	8,903	
Portugal.	76	80:084$200
	Articles divers.	
États-Unis.		84:345$270
Total.		94.711:639$329

Voici maintenant le tableau des établissements de crédit et des principales données permettant d'apprécier leur situation en 1888 :

BANQUES. — BILAN AU 30 NOVEMBRE 1888.

DÉNOMINATIONS	CAPITAL NOMINAL	CAPITAL RÉALISÉ	A RÉALISER	FONDS DE RÉSERVE ET BÉNÉFICES EN SUSPENS	SOLDES EN CAISSE	ENGAGEMENTS
Auxiliar	2.000:000$	500:000$	1.500:000$	46:441$	133:908$	765:629$
Brazil	33.000:000	33.000:000	—	7.255:475	960:211	202.001:949
Brasilianische B. für Deutschland	4.760:000	1.115:000	3.345:000	—	165:298	2.336:508
Caixa de Credito Commercial	500:000	133:550	366:450	—	12:265	88:569
Commercial do Rio de Janeiro	20.000:000	11.000:000	9.000:000	3.306:075	746:000	48.225:427
Commercial de S. Paulo	2.000:000	1.000:000	1.000:000	13:742	150:801	1.809:861
Commercio	12.000:000	10.797:200	1.202:800	1.235:000	629:657	7.166:161
Credito Real do Brazil	20.000:000	1.248:480	18.751:520	537:771	159:101	13.098:268
Credito Real de S. Paulo	5.000:000	2.000:000	3.000:000	319:425	22:581	8.840:958
Delcredere	2.000:000	2.000:000	—	137:794	142:500	3.973:197
English Bank of Rio de Janeiro	8.888:889	4.444:444	4.444:445	1.227:460	731:336	8.309:340
Industrial e Mercantil	6.000:000	6.000:000	—	1.250:000	835:172	8.193:388
Internacional de Brazil	20.000:000	12.000:000	8.000:000	533:545	695:376	34.740:638
London et Brazilian Bank	11.111:111	5.555:555	5.555:556	2.888:025	1.322:795	12.465:720
Mercantil de Santos	1.000:000	1.000:000	—	300:000	398:417	4.115:666
Popular	1.000:000	803:040	106:960	—	30:377	1.004:028
Popular de S. Paulo	500:000	292:090	207:910	—	98:105	1.726:998
Predial	4.000:000	2.000:000	2.000:000	150:000	5:231	11.013:732
Rural e Hypothecario	10.000:000	10.000:000	—	2.980:026	2.050:399	27.903:572
Territorial e Mercantil de Minas	1.000:000	693:500	306:500	2:944	119:052	2.164:837
União de Credito	4.000:000	803:000	3.197:000	147:742	108:166	2.896:975
Totaux	168.760:000$	106.385:859$	22.074:141$	22.549:565$	9.517:948$	402.811:410$

Sous le nom d'*engagements*, je comprends le total du passif des banques, en dehors du capital, fonds de réserves, bénéfices en suspens, valeurs hypothéquées en garantie de dettes hypothécaires.

Le *solde en caisse* comprend le numéraire existant en caisse et non déposé dans d'autres banques.

La situation du *Banco auxiliar* est arrêtée au 30 juin : c'est le seul établissement qui ne publie pas son bilan mensuel.

Durant l'année 1888, se sont fondés le *Banco popular*, à 1,000 contos de capital; le *Banco Agricola do Brazil*, à 5,000 contos; le *Banco União* des employés publics, à 500 contos; le Banco-Italia-Brasile (pour S. Paulo), à 1,000 contos; le Banco popular de S. Paulo à 500 contos; la *Brasilianische Bank fur Deutschland*, avec agence succursale en Allemagne, au capital de 10,000 contos; la Caisse de crédit commercial à 1,000 contos; le *Banco Mercantil dos Varegistas*, à 2,000 contos; le *Banco provincial de Minas Geraes*, à 5,000 contos.

L'association commerciale de Rio de Janeiro, sur le type de laquelle ont été organisées celles des autres villes de l'Empire, a pour sociétaires les principaux négociants et industriels résidant dans la province, *sans distinction de nationalité ;* ses statuts en précisent ainsi le but : 1° être l'organe, devant le gouvernement du pays et ses délégués, du corps commercial de Rio de Janeiro, et de ceux des provinces qui, par l'entremise d'associations congénères, s'adresseront à elle, en portant à la connaissance des autorités respectives les réclamations où les plaintes pour la défense des intérêts du commerce et de l'industrie; — 2° se constituer le défenseur, le coopérateur actif et constant, par les moyens en son pouvoir, de tout ce qui peut contribuer au développement et à la prospérité des classes qu'elle représente; — 3° recueillir les données et les éléments concernant le mouvement commercial et industriel de Rio de Janeiro, en organisant sous ce rapport la statistique annuelle, qui sera publiée à part ou annexée au rapport de la direction; — 4° créer un fonds destiné non seulement à l'agrandissement, la conservation et l'amélioration des bâtiments de la *Praça* (Bourse) du commerce, appartenant à l'Association, mais encore à l'achat, la conservation et l'accroissement d'une bibliothèque contenant de préférence les ouvrages spéciaux au commerce et à l'industrie; — 5° augmenter le fonds spécial déjà créé pour secourir les sociétaires qui tomberaient dans l'indigence ou leurs familles, si par leur mort celles-ci se trouvaient sans moyens de subsistance, en effectuant la répartition des secours conformément au règlement spécial; — 6° créer au moyen d'un crédit spécial tiré des recettes de l'Association ou par des dons, un fonds destiné à soutenir un Institut commercial, où seront recueillis et élevés gratuitement les enfants des sociétaires se trouvant dans la situation prévue par les statuts, les enfants des serviteurs de l'État trop âgés ou devenus invalides au service du pays; — 7° contribuer à faire que les litiges, pendants entre ses membres ou entre ceux-ci et des tiers, soient résolus par une commission arbitrale, sans recours aux tribunaux judiciaires; — 8° contribuer pour que les usages de la *Praça* soient toujours basés sur l'équité, cherchant autant que possible à les mettre en harmonie avec ceux des autres places étrangères.

La *Junta commercial* est un corps électif de commerçants, dont le président est choisi par le gouvernement parmi les élus des collèges commerciaux; elle est investie de la partie de la juridiction volontaire et disciplinaire qui n'a pas été dévolue aux juges de commerce; elle doit aussi surveiller les agents auxiliaires et les établissements créés pour l'usage des commerçants et enfin fournir au gouvernement, soit d'office, soit sur sa demande, les avis et renseignements nécessaires sur les faits et les intérêts industriels et commerciaux. Elle tient le registre où sont obligatoirement inscrites toutes les créations de sociétés anonymes, et autres.

Voici la liste des sociétés enregistrées en 1888 :

NOMS DES SOCIÉTÉS.	CAPITAUX.
Société en commandite par actions Gianelli et Cie, *Moinho Fluminense*.	1.000.000$
Idem Anonyme Centro Bibliographico Vulgarisador.	400.000$
Compagnie Estrada de Ferro Santa Isabel de Rio-Preto.	4.000.000$
Idem Idem de Rezende et Bocaina.	301.200$
Idem Idem de Sapucahy	3.000.000$
Idem Manufacture d'allumettes de sûreté. . .	200.000$
Idem Agricola de Sapucaia.	200.000$
Idem Engenho Central de Porto Feliz	400.000$
Idem Illuminação Domestica.	120.000$
Idem Fabrica de Tecidos S. Christovão. . . .	300.000$
Société anonyme Caixa de crédit commercial.	500.000$
Novo Companhia Commercio e Lavoura. . .	1.500.000$
Empreza de Navegação Açoriana.	20.000$
Companhia Lampada Electrica Brazileira . .	200.000$
Banco Popular.	1.000.000$
Companhia Cordoalho.	450.000$
Idem Industria de Biribiry.	600.000$
Idem Manufactureira Linha Estrella	200.000$
Idem de Seguros Maritimos e Terrestres Indemnisadora	2.000.000$
Idem Industrial de Cal e Marmores de Carandahy.	200.000$
Idem Pastoril Mineira	1.000.000$
Total.	16.991.200$

Il serait outrecuidant, voire insensé, de prétendre résumer, dans des notes rapides comme celles-ci, les éléments constitutifs de la situation commerciale de Rio de Janeiro : la grande maison de typographie Laemmert et Cie publie tous les ans un gros volume qu'on appelle ici le *Laemmert* tout court, comme nous disons à Paris le *Bottin*, et qui joue le même rôle que lui. — Les intéressés doivent y recourir pour trouver ce dont ils ont besoin et je dois dire que l'organisation de ce volume rend les recherches très faciles, car elle est admirable de clarté et de simplicité. Ce Laemmert a la forme d'un dictionnaire de moyenne taille. On comprendra aisément que je n'essaie même pas de le résumer ici.

Ce volume est assez répandu et facile à trouver à Paris; j'y renvoie ceux qui auraient besoin d'indications pratiques précises. Si on le parcourt avec un peu de suite, on verra que nos compatriotes occupent ici une place importante et à peu près dans toutes les professions. Il leur faudrait seulement un peu plus d'appui de la part de la France; nous n'avons pas de Banque au Brésil, quand tous nos concurrents en possèdent. Les relations commerciales s'y pratiquent d'après des usages surannés, nullement en harmonie avec les exigences de l'activité, de la rapidité et de la hardiesse actuelles. Nous commençons à mettre un peu notre argent dans les entreprises d'ici et à acquérir des intérêts au Brésil. Il est fort désirable qu'on le fasse un peu plus vite et sur une assez grande échelle; ce sera le meilleur moyen de regagner le terrain et le temps perdus, et d'arriver sinon à distancer, du moins à égaler nos rivaux.

Siège du gouvernement central, résidence du souverain, de la cour et du corps diplomatique, Rio de Janeiro a naturellement tous les organes de la vie sociale qui conviennent à une capitale. Tribunaux, administrations publiques supérieures, École de médecine, sociétés savantes, Académies de médecine, des Beaux-Arts, — on parle même d'une académie littéraire qui serait le pendant de notre Académie française et dont l'Empereur voudrait doter son pays avant de mourir; — instituts, historique, géographique et ethnographique du Brésil, l'une des associations les plus vivantes et les plus utiles, et qui rend chaque jour les plus grands services; philotechnique, polytechnique, pharmaceutique, etc.; une foule de sociétés littéraires, artistiques, pédagogiques; la société de géographie, des clubs de l'armée, de la marine, du génie, etc., avec le muséum national, l'École polytechnique, l'observatoire astronomique, divers centres littéraires et scientifiques, complètent cet ensemble de haute culture intellectuelle d'une activité sans cesse croissante.

La philanthropie, l'hygiène, la charité n'y ont pas moins d'organes d'action collective. Les hôpitaux, hospices, asiles sont nombreux, les patronages également. Chaque nationalité, représentée à Rio, a eu l'excellente idée d'y organiser le sien à l'usage de ses compatriotes.

La Société Centrale d'Immigration, dont les bureaux sont 63, rue du Général Camará, mérite ici une mention particulière. Dirigée par MM. le général vicomte de Beaurepaire Rohan et le sénateur d'Escragnolle-Taunay, tous deux Français d'origine, c'est un actif foyer de progrès. On peut, en toute confiance, s'adresser à elle, pour tout ce qui concerne l'établissement des émigrants au Brésil. N'ayant d'autre intérêt que le patriotisme le plus pur et le plus intelligent, elle appréciera tout ce qui lui sera soumis avec une compétence absolue comme avec la plus entière et la plus insuspectable loyauté. Le Brésil lui doit déjà beaucoup et l'immigration davantage encore.

Sous peine d'entrer dans des détails incompatibles avec le cadre de cette étude, il me semble inutile d'allonger ces notes déjà si étendues au sujet de la capitale de l'Empire; elles suffisent à donner une juste idée de son caractère, de sa grandeur, de son activité et de l'avenir qui lui est réservé.

Les faubourgs de Rio de Janeiro méritent quelques observations. J'ai donné plus haut la liste des paroisses de cette banlieue comprises dans le municipe ou canton neutre, dont la population, au dire des fluminenses compétents, est de plus de 100,000 âmes aujourd'hui.

Campo Grande, qui a six lieues sur trois et demie d'étendue, est à deux heures et demie de la ville par chemin de fer (42 kilomètres, ligne de Santa Cruz). On y compte 11,000 âmes réparties dans la paroisse de N.-S. do Desterro et dans le hameau de Realengo (27 kilomètres de Rio, même ligne); dans celui-ci est l'école de tir où s'exercent les jeunes soldats et les élèves de l'école militaire.

En face l'église du village principal de cette freguezia, est le petit monument élevé sur le tombeau de Freire Allemão, le grand botaniste brésilien.

C'est un territoire très propice pour la culture de la canne. On y a même fondé une usine centrale, mais elle ne fonctionne pas encore; en revanche on y trouve beaucoup de petites sucreries, d'assez beaux terrains de pâturage, abondamment arrosés d'une eau de qualité excellente. La fazenda du Tinguy, propriété de M. José Faria de Loureiro, le principal entrepreneur de déménagements (on appelle ici ses voitures *andorinhas*, hirondelles), en possède de quoi nourrir au moins 10,000 bestiaux.

La population se nourrit encore principalement de haricots noirs, de viande fraîche et salée, surtout de celle que l'on appelle *carne do sol*. En général, les cultures ont bon aspect, et la population est laborieuse; comme les lambeaux de forêt sont en grand nombre, ils s'adonnent entre temps à la fabrication de charbon de bois et à l'exploitation du bois de construction. Il y a un peu d'industrie à Palmarès, l'un des écarts, où l'on fabrique de la boissellerie. Tout cela se fait en petits groupes de familles réunies dans la maison de l'une d'elles, transformée en atelier. On ajoute en ce moment une petite station, ou plutôt une halte à Santissimo, à mi-chemin entre les deux déjà citées du chemin de fer de Santa-Cruz.

Guaratiba a près de 8,000 habitants; très jolie localité, riche et florissante jadis, et qui se meurt d'anémie maintenant par l'isolement dans lequel la laisse le manque de communications faciles. Climat excellent, où la fièvre jaune est inconnue alors même qu'elle sévit à quelques lieues plus loin, c'est un nid de petits cultivateurs, qui, s'ils étaient reliés à la capitale par un embranchement de chemin de fer, alimenteraient aisément son marché de légumes, surtout de tomates, qu'ils produisent en abondance. Les plus beaux bois de construction du monde se trouvent sur son territoire. Le poisson de la *praia da Pedra*, la plage de la pierre, est l'un des meilleurs de la région; malheureusement les difficultés actuelles du transport le rendent fort cher à son arrivée à Rio. — Guaratiba qui est au sud limitée par l'Océan, est divisée en deux districts.

Ilha do Governador, l'île du Gouverneur, située en pleine baie de Rio, au nord de la capitale, compte environ 4,000 habitants. Elle a 13 kil. sur 3 et demi de superficie. Ses maisons de campagne, son couvent de bénédictins, ses petits établissements agricoles, en font un des points favoris d'excursion pour les Fluminenses, qui n'ont pour s'y rendre que 8 kil. à franchir en bateau à vapeur. On y trouve quelques fabriques de chaux, deux ou trois d'insecticide contre les fourmis surtout, un dépôt de poudres, une briqueterie et une fabrique de sulfure de carbone.

Inhaúma, sur le D. Pedro II, dont les stations de Engenho do Dentro, Encantado, Piedade, Cascadura, en desservent les différents points, compte 11,500 âmes. Elle n'est éloignée de Rio que de 12 à 16 kilomètres. C'est devenu un centre industriel. Les ateliers de la grande ligne brésilienne, à Engenho do Dentro, y occupent 800 ouvriers. A la Chacara do Paraiso (qu'on pourrait traduire la villa du Paradis), on a, cette année même, fondé une importante distillerie pour fabriquer des boissons avec les produits indigènes; Praia Pequena, une grande clouterie; plus une fabrique de conserves de viande de porc, par le système allemand et italien, celle-ci à Engenho do Dentro. On y en construit une autre d'allumettes et un tissage mécanique à Venda-Grande. — Cette localité se peuple à vue d'œil et son commerce s'augmente rapidement. L'abattage et la préparation des bois sont, comme sur toutes les pentes des serras environnantes, l'occupation des gens non employés par l'industrie. Ces bois sont envoyés à Rio, d'où on les exporte en Angleterre pour en faire des cannes et de la fine menuiserie.

Irajá, au sud de Campo Grande et touchant par l'est à l'Atlantique, est desservie par trois lignes ferrées; à la station de Sapopemba, d'où part l'embranchement de

Santa Cruz, kil 22, par le D. Pedro II : à celle d'Irajá, kil. 16, par la ligne du Rio do Ouro et à celle de Penha, kil. 13, par le chemin de fer du Nord. La population approche de 8,000 âmes

A Campinho, distant de 2 kil. de la station de Cascadura, se trouve le laboratoire pyrotechnique du ministère de la guerre, établissement de premier ordre, doté de l'outillage le plus perfectionné. A Sapopemba, est une grande usine centrale bâtie sur les terres de l'ancienne fazenda Mauá : elle fabrique surtout de l'eau-de-vie avec les vastes plantations de cannes qui occupent une immense superficie. Elle est fort bien outillée, reliée par un raccord au chemin de fer et possède un tramway de service pour son exploitation. Le directeur est M. José Antonio dos Santos Cortiço.

Rattachés à cette *frequezia* sont deux ports de mer assez commerçants et quelques îles, occupées par de petites cultures et des viviers de poisson. On y compte nombre d'usines à sucre, des faïenceries, des fermes d'élevage et de cannes, parmi lesquelles : *Affonsos* au capitaine Carlos José de Azevedo Magalhães : Bôa Esperança à M. Manoel Ignacio de Castro Viramundo ; Valqueiro au feu comte de Mesquita et Conceição à M. Antonio Tavares Guerra. Sur les terres de l'ancienne fazenda du Portella, vit une petite population portugaise qui fait beaucoup de maraîchage et produit beaucoup de fruits, expédiés les uns et les autres chaque jour au marché de la capitale. A Saravatá, une assez grande fabrique de chaux occupant beaucoup d'ouvriers ; la fazenda Conceição possède une importante faïencerie.

La population est surtout occupée à faire du bois et du charbon ; c'est une des plus ardentes à dévaster les forêts. Une foire franche, inaugurée le 6 janvier à Penha, lui a donné une animation nouvelle ; c'est un grand marché pour toutes les petites cultures. Tout voisin est un champ de courses.

Jacarépaguá, la plus importante des localités suburbaines, s'étend de l'Atlantique au sud, jusqu'à Inhaúma et Irajá au nord. Elle a 11,500 habitants, parmi lesquels on cite un certain nombre de centenaires, ce qui fait le meilleur éloge de son climat. L'aspect est riant, joli; du haut du monticule où s'élève la chapelle de N. S. da Penha, on a un panorama merveilleux : plaines immenses, routes ombreuses, bosquets, coteaux, collines, et, parmi celles-ci, les *Tres Irmãos* ou Trois Frères d'une forme très originale. La terre est partout fertile, les forêts offrent du bois de construction d'une grosseur énorme et de qualités très recherchées : cèdres (*pão santo*), ipés, perobas, bois-satin, canellas, massarandubas, vinhatico, gonçalo-alves, jequitibá, jacarandá, bois brésil, guarabú et autres. Ces forêts forment d'excellentes chasses où l'on trouve : capivaras, tamanduás, caftetús, iráras, pacas, loutres, bracatás, lapins, tatús, singes, etc., sans parler des oiseaux, jacús, azulões, sabiás, colombes, etc. Par exemple, il y a aussi beaucoup de serpents et quelques-uns fort venimeux, puis des caïmans, des tortues d'eau et de terre.

La localité compte 18 fazendas, plusieurs faisant du café, du sucre et de l'eau-de-vie ; à citer celle du baron de *Taquara*, *Engenho Novo* à M. Telles Cosme dos Reis, *Engenho da Serra* à M. Joaquim José de Siqueira, *Engenho de Fóra* et *Pão da Fome* au baron de Taquara; celle-ci a une grande fabrique de tuiles et de briques, *Camorim*, *Vargem Pequena* et *Vargem Grande*, qui appartenaient à des religieux, sont actuellement loués à des petits cultivateurs qui produisent des bananes, du maïs et de la canne. Il y a une importaute saboterie à Camorim, une fabrique de chaux dans l'île du Ribeiro, quatre fabriques de papier et de carton, une à Gávea et trois à Quebra Cangalhas. La population est douce, hospitalière; dans chaque *sitio* on trouve au moins 7 ou 8 personnes, et surtout beaucoup d'enfants, gros, gras « jouissant d'une santé de fer ». Dès huit ans, ils travaillent déjà à la culture. C'est une jolie promenade à recommander aux voyageurs, un tramway circule dans la plus grande partie du territoire, venant de

Cascadura. D'autre part les *bonds* de la compagnie Villa Izabel vont à Engenho-Novo, qui dépend de cette localité.

On a établi dans l'agglomération principale de Jacarépaguá une école agricole et professionnelle, qui est dirigée par M. Alfredo Angelo; à Boca do Mato, il y a une fabrique de vannérie assez importante.

Paquetá est une île charmante au nord-est de la baie de Rio. La freguezia de ce nom, comptant 1,500 âmes, comprend en outre les îles Brocoió, Pancarahyba, Braço-Forte, Romana, Ferro ou Ambrosio, Redonda, Ilhãoquinha et divers îlots. Ces trois dernières ont des fabriques de chaux qui exportent annuellement plus de 15,000 tonnes de cet article. Un *bond* maritime va du quai Pharoux à Piedade, en faisant escale à Paquetá, qui est un vrai centre de plaisir et un but de promenade pour les jours de repos.

Santa-Cruz est à 55 kilomètres au sud-ouest de Rio, auquel elle est reliée par l'embranchement dit de l'abattoir. C'est une ancienne ferme d'élevage, créée par les Jésuites sur 4 lieues de terre que leur avait données la marquise de Ferreira, et qui leur a été reprise par l'État lors de la confiscation de leurs biens. Aujourd'hui elle comprend une agglomération sur la plage de Sepetiba, où tous sont pêcheurs ou commerçants, puis la Fazenda Imperiale qui a près de 2,000 habitants, vivant de pêche, de chasse et d'un peu de culture du manioc. L'abattoir public de Rio, (*Matadouro publico*) est à 2 kilomètres de la Fazenda, à 55 de Rio; c'est un bâtiment ancien et immonde, aussi fâcheusement situé que possible.

FIN DU TOME PREMIER

TABLE DES MATIÈRES

IV

LE BASSIN DU TOCANTINS-ARAGUAYA.

V

DE PARÁ A PERNAMBUCO.

VI

RECIFE ET PERNAMBUCO.

VII

LA RÉGION DU SAN FRANCISCO

VIII

DE BAHIA A RIO DE JANEIRO

IX

LA CAPITALE DU BRÉSIL.

FIN DE LA TABLE.

Sceaux. — Imp. Charaire et Fils.

www.ingramcontent.com/pod-product-compliance
Ingram Content Group UK Ltd.
Pitfield, Milton Keynes, MK11 3LW, UK
UKHW021840190726
13855UKWH00001B/78

9 782012 893610